U0230854

国家出版基金项目
NATIONAL PUBLICATION FOUNDATION

矿区生态环境修复丛书

煤矿区复垦土壤重构的
理论与方法

胡振琪 著

科学出版社
龙门书局
北京

内 容 简 介

　　土壤是生命之基。土壤重构是矿山土地复垦与生态修复的核心和关键。本书介绍土壤重构的作用、理念、原理与技术。从土壤发生学、仿自然地层和仿自然土壤的视角，阐述矿区复垦土壤重构的概念、内涵与理念。土壤重构的实质是单元土体的仿自然四维构建，其中复垦土壤剖面构型及关键层构造是关键。广义的土壤重构界定为地貌重塑、土壤剖面重构和土壤改良，狭义的土壤重构界定为土壤剖面重构。本书提出"分层剥离、交错回填"的土壤重构原理和数学模型，并分别从露天煤矿复垦土壤重构、采煤沉陷地非充填复垦（挖深垫浅）土壤重构、采煤沉陷地黄河泥沙充填复垦土壤重构、采煤沉陷地粉煤灰/煤矸石充填复垦土壤重构、煤矸石山土壤重构和重构土壤质量检测与评价等方面介绍土壤重构技术。

　　本书可供高等院校矿山生态修复、环境工程、土壤学、土地资源管理、土地整治工程等相关专业的高年级本科生和研究生阅读，也可供从事土地复垦与生态修复的相关工作人员参考。

图书在版编目（CIP）数据

煤矿区复垦土壤重构的理论与方法 / 胡振琪著. —北京：龙门书局，2021.10
（矿区生态环境修复丛书）
国家出版基金项目
ISBN 978-7-5088-6164-7

Ⅰ.①煤⋯　Ⅱ.①胡⋯　Ⅲ.①煤矿-矿区-复土造田-研究　Ⅳ.①TD88

中国版本图书馆 CIP 数据核字（2021）第 193938 号

责任编辑：李建峰　杨光华 / 责任校对：高　嵘
责任印制：彭　超 / 封面设计：苏　波

科 学 出 版 社
龍 門 書 局　出版
北京东黄城根北街 16 号
邮政编码：100717
http://www.sciencep.com

武汉精一佳印刷有限公司印刷
科学出版社发行　各地新华书店经销
*
开本：787×1092　1/16
2021 年 10 月第 一 版　　印张：21 3/4
2021 年 10 月第一次印刷　　字数：520 000
定价：268.00 元
（如有印装质量问题，我社负责调换）

"矿区生态环境修复丛书"

编 委 会

顾问专家

傅伯杰　彭苏萍　邱冠周　张铁岗　王金南

袁　亮　武　强　顾大钊　王双明

主　编

干　勇　胡振琪　党　志

副主编

柴立元　周连碧　束文圣

编　委（按姓氏拼音排序）

陈永亨　冯春涛　侯恩科　侯浩波　黄占斌　李建中

李金天　林　海　刘　恢　卢桂宁　罗　琳　齐剑英

沈渭寿　汪云甲　夏金兰　谢水波　薛生国　杨胜香

杨志辉　余振国　赵廷宁　周　旻　周爱国　周建伟

秘　书

杨光华

"矿区生态环境修复丛书"序

我国是矿产大国，矿产资源丰富，已探明的矿产资源总量约占世界的 12%，仅次于美国和俄罗斯，居世界第三位。新中国成立尤其是改革开放以后，经济的发展使得国内矿山资源开发技术和开发需求上升，从而加快了矿山的开发速度。由于我国矿产资源开发利用总体上还比较传统粗放，土地损毁、生态破坏、环境问题仍然十分突出，矿山开采造成的生态破坏和环境污染点多、量大、面广。截至 2017 年底，全国矿产资源开发占用土地面积约 362 万公顷，有色金属矿区周边土壤和水中镉、砷、铅、汞等污染较为严重，严重影响国家粮食安全、食品安全、生态安全与人体健康。党的十八大、十九大高度重视生态文明建设，矿业产业作为国民经济的重要支柱性产业，矿产资源的合理开发与矿业转型发展成为生态文明建设的重要领域，建设绿色矿山、发展绿色矿业是加快推进矿业领域生态文明建设的重大举措和必然要求，是党中央、国务院做出的重大决策部署。习近平总书记多次对矿产开发做出重要批示，强调"坚持生态保护第一，充分尊重群众意愿"，全面落实科学发展观，做好矿产开发与生态保护工作。为了积极响应习总书记号召，更好地保护矿区环境，我国加快了矿山生态修复，并取得了较为显著的成效。截至 2017 年底，我国用于矿山地质环境治理的资金超过 1 000 亿元，累计完成治理恢复土地面积约 92 万公顷，治理率约为 28.75%。

我国矿区生态环境修复研究虽然起步较晚，但是近年来发展迅速，已经取得了许多理论创新和技术突破。特别是在近几年，修复理论、修复技术、修复实践都取得了很多重要的成果，在国际上产生了重要的影响力。目前，国内在矿区生态环境修复研究领域尚缺乏全面、系统反映学科研究全貌的理论、技术与实践科研成果的系列化著作。如能及时将该领域所取得的创新性科研成果进行系统性整理和出版，将对推进我国矿区生态环境修复的跨越式发展起到极大的促进作用，并对矿区生态修复学科的建立与发展起到十分重要的作用。矿区生态环境修复属于交叉学科，涉及管理、采矿、冶金、地质、测绘、土地、规划、水资源、环境、生态等多个领域，要做好我国矿区生态环境的修复工作离不开多学科专家的共同参与。基于此，"矿区生态环境修复丛书"汇聚了国内从事矿区生态环境修复工作的各个学科的众多专家，在编委会的统一组织和规划下，将我国矿区生态环境修复中的基础性和共性问题、法规与监管、基础原理/理论、监测与评价、规划、金属矿冶区/能源矿山/非金属矿区/砂石矿废弃地修复技术、典型实践案例等已取得的理论创新性成果和技术突破进行系统整理，综合反映了该领域的研究内容，系统化、专业化、整体性较强，本套丛书将是该领域的第一套丛书，也是该领域科学前沿和国家级科研项目成果的展示平台。

本套丛书通过科技出版与传播的实际行动来践行党的十九大报告"绿水青山就是金山银山"的理念和"节约资源和保护环境"的基本国策，其出版将具有非常重要的政治意义、理论和技术创新价值及社会价值。希望通过本套丛书的出版能够为我国矿区生态环境修复事业发挥积极的促进作用,吸引更多的人才投身到矿区修复事业中,为加快矿区受损生态环境的修复工作提供科技支撑,为我国矿区生态环境修复理论与技术在国际上全面实现领先奠定基础。

干 勇 胡振琪 党 志

柴立元 周连碧 束文圣

2020 年 4 月

序

    土壤是人类生存与发展的基础，是一切生物之基。作为地球生态系统的关键带，土壤圈具有很强的生产功能和环境功能，是生命和非生命联系的中心环境。土壤是农业生产的基础，是绿色植物生长和生物生产不可缺少的基地。土壤在植物生长和生物生产过程中不断地进行养分的转化和循环，稳定和缓冲环境变化，涵养雨水，它不仅为植物的生长提供水和养料，还为生物的生产活动提供空气、有机质等。

    矿产资源的开采往往破坏土地，导致大量土壤资源的损失，使矿区生态环境恶化。因此，矿山生态环境修复的关键是土壤的修复重构。胡振琪教授是我国第一位中美联合培养的土地复垦学博士。1991年回国后一直研究复垦土壤的重构，在土壤重构的概念、理论与技术方面做了大量工作，取得了许多成果，《煤矿区复垦土壤重构的理论与方法》是胡振琪教授在多项国家自然科学基金项目、国家863项目、国家科技支撑计划项目等纵、横向科研项目支持下，带领团队30多年来研究成果的结晶。

    土壤重构即重构土壤，是对采矿破坏的土壤，重新构造一个适宜的土壤剖面和土壤肥力因素，在较短时间内达到最优的生产力，为植物生长构造一个最优的物理、化学和生物条件。它是将缓慢的地质过程，通过人工措施，快速重构优质土壤的方法。胡振琪教授基于"师法自然"的思想，在揭示土壤关键土层作用机理的基础上，创新性提出了"土层生态位"概念和以仿自然地层和土壤剖面为核心、以"关键层"重构为关键的土壤重构概念和理论。创立了"分层剥离、交错回填"的土壤重构技术原理和数学模型，实现了土壤分层剥离—堆存—回填和"关键层"的重构，使土壤剖面构型和施工工艺最优，可在1~3年内使复垦耕地生产力达到开采前耕地水平。首创了类"五花肉"的"夹层式"充填复垦土壤剖面结构，并发明了间隔条带交替式多层多次黄河泥沙充填复垦采煤沉陷地的施工工艺。土壤重构已成为矿山生态修复独特的基础理论和关键技术工艺，被纳入土地复垦行业标准。该书分别从露天矿复垦土壤重构、采煤沉陷地非充填复垦（挖深垫浅）土壤重构、采煤沉陷地黄河泥沙充填复垦土壤重构、采煤沉陷地煤矸石/粉煤灰充填复垦土壤重构、煤矸石山土壤重构、重构土壤质量检测与评价6个方面介绍了土壤重构技术。

    该书是第一本系统研究矿山复垦土壤重构理论与技术的专著，是胡振琪教授领导30余位博士、硕士长期研究的结果，值得学习和借鉴，以期促进土壤学在矿山生态修复中的应用和发展。

赵其国

2021年4月15日

前　言

矿产资源的开发利用给我国经济建设带来强有力的支持，同时产生了较多的生态环境问题，严重制约着我国生态文明建设。土地复垦与生态修复作为矿区生态修复的重要手段，是实现矿区经济绿色发展与生态环境建设的必由之路。

矿产资源的开采不可避免地要破坏土地，导致土壤资源的损失。土壤是一切生物之基，万物生长离不开土壤，如果没有很好地恢复土壤，矿区生态系统就很难恢复，因此，许多国家常常把复垦土壤生产力作为衡量农林复垦成败的标准。所以，土壤重构是矿山生态修复的关键和核心措施，其他措施可以看作土壤重构的支撑措施。

土壤重构即重构土壤，是矿区土地复垦与生态修复中最重要的组成部分和核心内容，其目的是恢复或重建矿区被破坏的土壤，重新构造适宜的土壤剖面和土壤肥力因素，在较短时间内达到最优的生产力，为植物生长构造一个最优的物理、化学和生物条件。土壤剖面重构是土壤重构中最为基础的部分，是采用合理的重构工艺来构造一个适宜植物生长的土壤剖面层次，其决定了土壤水、肥、气、热等条件，一个良好的土壤剖面构型有利于提升复垦耕地的质量和生产力。

本书试图在国内外已有研究成果的基础上，根据土壤重构交叉、应用和工程等特点，结合学科领域进展实际和引领未来发展的需求，从土壤发生学、仿自然地层、仿自然土壤的角度出发，革新和阐明土壤重构的概念、内涵、原理与技术。土壤重构的理念就是"师法自然"，即仿自然土壤进行四维时空重构，其核心是模拟自然土壤剖面的层状结构和自然地貌景观形态，以"土层生态位"为基础，以"关键层"为核心构造仿自然垂直剖面和仿自然地形地貌。土壤重构的技术原理就是"分层剥离、交错回填"，实现土壤分层剥离—堆存—回填和"关键层"的重构，使土壤剖面构型最优和施工工艺最佳。"分层"是构造仿自然土壤剖面及其"关键层"，"交错"是实现土壤重构连续、高效的施工工艺。

本书旨在构建煤矿区复垦土壤重构的理论与技术，支撑煤矿山土地复垦与生态修复的技术革新，为后续修定或制定有关土地复垦、矿山生态修复等相关法规提供参考，从而进一步促进土地复垦学、矿山生态修复学理论与方法体系的建立与完善。

本书是我从 1989 年开始带领团队长期研究矿山复垦土壤的一些成果，众多的博士（后）和硕士做出了重要贡献，他们是魏忠义博士、戚家忠博士、张学礼博士、陈宝政博士、陈星彤博士、康惊涛博士、李新举博士后、杨秀红博士、郑礼全博士、杨秀敏博士、王萍博士、李玲博士、陈胜华博士、李鹏波博士、孙海运博士、李晓静博士、张明亮博士、马保国博士、许献磊博士、王新静博士、何瑞珍博士、刘雪冉博士后、徐晶晶博士、魏婷婷博士、王培俊博士、邵芳博士、陈超博士、荣颖博士、多玲花博士、王晓彤博士、位蓓蕾硕士、张璇硕士、王建硕士、彭猛硕士等，在此一并表示衷心感谢。李玲参加了第 3 章的撰写，位蓓蕾参加了第 5 章的撰写，陈宝政、陈星彤、王萍、孙海运、魏忠义、李新举、刘雪冉等参加了第 10 章的撰写。此外，本书撰写过程中，李勇、陈洋、杨坤、刘曙光、刘金兰、阮梦颖、梁宇生、郭家新、胡雪松、刘雪冉、李新举、王培俊、赵艳玲等做了大量工作，在此也表示衷心感谢。

1989 年 2 月我赴美学习矿山土地复垦与生态修复时，就开始从事矿山复垦土壤的研究，深知其研究的重要性，也深深体会到室内和田间研究的艰辛。土壤研究不仅需要科学设计、细心试验、精密的数据分析，也需要承受野外采样试验的体力劳动辛苦和日晒虫咬，同时也需要承受室内试验时各种土样准备的艰苦和分析测试的枯燥。我的许多学生都有这些经历，不乏累得哭鼻子的，但他（她）们都是好样的，不怕脏、不怕累，经历了很多艰辛，克服了一个又一个的困难，都很好地完成了复垦土壤有关的学位论文。我为他（她）们感到骄傲和自豪，也深深地感谢他（她）们。

本书是在国家自然科学基金项目（41771542，49401007，49701010，40071045）、国家重点研发计划项目（2020YFC1806503、2019YFC1805003、2018YFC1801704-06）、国家科技支撑计划项目（2012BAC04B03、2008BAB38B02）、国家 863 项目（2006AA06Z355、2003AA322040），以及多个煤炭企业和地市土地管理部门委托科研项目的支持下取得的成果。在此也一并感谢。

本书是我的第一本系统研究煤矿区复垦土壤重构理论与技术的专著，不足之处在所难免，敬请读者批评指正。

胡振琪

2021 年 7 月

目　录

第1章 绪　论

1.1 概　述

我国是世界上最大的煤炭生产国,煤炭产量占世界总产量的 47%。煤炭作为我国的主要能源,占一次能源构成的 69.6%(2017 年),《中国能源中长期(2030、2050)发展战略研究》中指出:到 2050 年我国煤炭年产量控制在 30 亿 t,这意味着煤炭在很长一段时间内仍是我国主导能源。大规模的煤炭资源开采,为我国国民经济的高速发展提供了充足的能源储备,也不可避免地引发了诸如土地挖损、压占、沉陷及环境污染等许多土地与生态环境问题,直接影响国民经济的健康发展,并由此引发了一系列社会问题。因此进行煤矿区的土地复垦与生态修复成为我国一项十分紧迫的任务。

煤炭资源埋藏于地下,无论是露天开采还是地下开采都不可避免地损毁土地。露天开采是剥离矿床上面的表土和上覆岩层,使矿床暴露出来后进行的开采,对地表景观和土壤层造成十分剧烈的扰动,完全破坏了原有的岩土层结构。相比于井下开采,露天开采劳动生产率提高 5~10 倍,回采率提高 30%~40%。在安全性上,露天采矿更有井下开采不可比拟的效果,但它要求具有适宜的开采环境和经济剥采比。目前,全世界已有 90%的铁矿、40%的煤矿为露天开采,在美国、澳大利亚、印度、德国、俄罗斯、英国、加拿大等国,露天采煤在煤炭开采总量中均占有较大比重。近年来,我国露天采煤发展很快,露天采煤的比重已经从 1998 年的 7%提高到 15%左右。我国煤炭的地下开采量约占采煤总量的 85%,随着地下煤炭资源的持续采出,采空区上覆岩层的平衡遭到破坏,产生移动变形,最终波及地表,形成了一系列的地表沉陷形态:下沉盆地、塌陷漏斗、台阶、地堑状场陷坑、地表裂缝等,直接破坏或降低现有耕地资源质量,加剧了我国人多地少的紧张局面。在我国,矿井每开采 1 Mt 煤炭造成的地面沉陷面积约为 20 hm^2,据估算,我国累积采煤沉陷面积已达 160 万 hm^2,并以每年 7 万 hm^2 的速度递增。大面积的耕地被破坏或退化,使得矿区耕地资源严重不足,对矿区社会-经济-生态的协调可持续发展构成严重威胁。

矿山开采改变了土壤自然特征,使历经数百年甚至数千年形成的土壤结构受到破坏。土壤是指陆地表面具有肥力、能够生长植物的疏松表层,是一切生物之基。它可为植物生长提供机械支撑及所需要的水、肥、气、热等肥力要素。表层土壤具有丰富的养分、种子库和微生物,为生态系统的恢复提供了很好的支撑。土壤还有很强的自净能力,促进生态系统的健康发展。没有土壤,就没有植物,就没有人类。传统的土地复垦,较少考虑土壤重构,往往导致土层顺序的颠倒,在很大程度上限制了土壤的生产潜力(胡振琪,2019)。许多土地复垦(生态修复)工程,把土壤仅仅当作一般的土方原料进行工程施工，没有从生态功能的角度对待土壤，导致生态修复工程的失败。有关研究表明：现代复垦技术研究的重点应是土壤因素的重构，而不仅仅是作物因素的建立，为使复垦土壤达到最优的生产力，构造一个最优的、合理的、稳定的土壤物理、化学和生物条件是进行土地复垦最基本的工作（National Research Council，1981）。因此，土壤重构是土地复垦与生态修复的关键和核心，对复垦工程的成败起决定性作用。许多实践也表明，将土壤重构与矿山开采工艺相结合往往是最经济有效的方法。

西方工业国家对矿山复垦土壤重构的研究较多，从土壤重构的立法、实施及验收标准，到土壤重构的具体内容：如土壤与岩层的采前分析、表土的剥离与回填、土壤替代材料的选择、各岩土层剥离与回填的设备和方法、表土层厚度的优选、侵蚀控制、地貌及排灌系统设计等，都进行了较为深入的研究，制定了相关的复垦法规或标准，取得了显著的成果。但是，即使像美国、英国、加拿大等对土壤重构研究较多的国家，迄今也尚未形成系统的土壤重构理论与方法体系。究其原因，主要是西方国家侧重对露天矿复垦的研究，对采煤沉陷地等其他类型土地复垦中土壤重构的研究较少，而且对土地复垦理论研究总结也相对不足。

土地复垦在我国属于新兴的交叉学科，就目前而言，国内学者对复垦土壤重构的研究尚显不足，在一定程度上束缚了复垦的效果和复垦工艺的革新。我国的露天煤矿多处于西部的干旱半干旱、水土流失严重、生态脆弱的地区，且大都未采用采矿与复垦一体化的连续开采系统，因而针对我国露天矿实际情况，研发和推广新颖、实用的开采复垦一体化露天煤矿土壤重构方法与工艺显得尤为必要。采煤沉陷地复垦是具有我国地域特色的量大面广的研究焦点，国外在这方面研究较少。我国有关学者的研究已在一定程度上揭示了采煤沉陷对耕地景观和土壤特征的破坏及现行采煤沉陷地复垦工艺所导致的土壤问题：例如，沉陷地挖深垫浅法造成的上下土层的混合，矿区固体废弃物粉煤灰、煤矸石等充填复垦可能造成的土壤与种植作物的污染，为国内复垦土壤重构的研究提供了素材并进一步凸显了土壤重构工艺革新的重要性。国外有关研究表明：直接在废弃物上覆盖表土不是好方法，有可能导致土壤污染（胡振琪，1997a）。微生物与土壤具有密切的联系，复垦土壤除水、肥、气、热各肥力因素不同程度地遭到破坏外，还有一个重要的方面就是土壤的生物与微生物环境也遭受破坏，复垦土壤的微生物改良措施是矿山土壤重构研究的重要方面。

优质农田（prime farmland）的复垦往往要求严格地构造土壤剖面，对表土和心土的构造都有特定的要求，以保证复垦土壤的生产力等于或优于原土壤。如果解决了优质农田复垦的土壤重构问题，其他类型的土壤重构问题就显得较为简单，这也正是国外近十几年来一直将优质农田的复垦作为研究重点的重要原因。土壤重构研究的另一个目的是为制定详细的复垦法律法规提供依据，依法强制矿山企业重构较优的土壤。国务院1988年颁布的《土地复垦规定》，对土地复垦进行了原则性规定，但某些条款和内容需要进一步修改；2011年修订的《土地复垦条例》构建了我国土地复垦的基本制度框架。2013年国土资源部发布的《土地复垦质量控制标准》，虽然涉及了一些土壤重构的有关内容，但并未明确土壤重构概念,其中一些标准(如复垦土壤表土层的厚度等)还有待进一步研究验证,特别是这一标准基本上未在实际工作中得到有效落实。重构土壤物料的选择、重构土壤的污染、重构土壤的侵蚀、土壤重构的工艺等许多问题需要深入研究和表述。

1.2 国内外复垦土壤重构研究进展

土壤剖面重构是土壤重构中最为基础的部分,是采用合理的重构工艺来构造一个适宜植物生长的土壤剖面,其决定了土壤水、肥、气、热等条件,对土壤水分、养分和溶质运移均有显著影响,是影响复垦耕地质量的重要因素之一。一个良好的土壤剖面构型有利于提升复垦耕地质量和生产力(胡振琪,1997b)。

对于矿区土壤剖面重构,国内外均有所研究。由于国外采矿多以露天矿为主,井工矿采煤沉陷地复垦多作为生态湿地,故国外土壤剖面重构研究主要集中在露天矿复垦方面。美国《露天采矿控制与复垦法》要求复垦土地生产力达到、等于或超过采前土地生产力,对基本农田复垦要求剥离表土和构造较适宜的心土层,以形成较好的作物根系生长发育的土壤介质。

德国政府及北莱茵-威斯特法伦州政府法令规定"露天矿采空后要恢复原有的农、林经济和自然景色"。如德国莱茵露天矿农业复垦是将剥离的表土单独存放做复垦表土,把砂石和电厂的粉煤灰等废料直接回填到采坑,填至复垦设计高程,上面覆盖表土厚 1 m,施肥并先种植豆科牧草。

英国巴特威尔露天矿采用边采边回填,最后覆土造田。覆土厚度达 1.3 m,其中表层有 30 cm 厚的耕作层。阿克顿海尔煤矿还将井下煤矸石直接排到邻近的露天矿采坑中复垦,一举两得(付梅臣 等,2005)。

McSweeney 等(1984)则是将露天矿原有剖面中不同土层的混合物做基底,上覆一定厚度的表土层进行种植,研究了其理化性质和作物产量。Dancer 等(1977)将露天矿不同土层和深部松散岩层混合种植作物,表明石灰质岩层和酸性心土混合能改良土壤酸性和质地,从而增加作物产量,且某些深层土层性质优于原始心土层,可以作为心土替代物使用。McSweeney 等(1987)将露天矿不同深度心土层和基岩层材料进行混合,上覆 30 cm 表土层进行玉米和大豆种植,重构后的土壤剖面获得了比周围未破坏农田更高的作物产量。

覆盖土壤厚度对重构土壤至关重要。Power 等(1981)在碎岩石为基底的矿区废弃地上覆盖 0 cm、20 cm、60 cm 厚的表土和 0~210 cm 厚的心土进行复垦,研究表明总覆盖土壤厚度在 90~150 cm 时,4 种作物的产量均随着覆盖土壤厚度的增加而增加,且覆盖 20 cm 表土加 70 cm 心土时,作物取得最好的产量。Schladweiler 等(2005)对矿区土地复垦中不同覆盖表土厚度(15 cm、30 cm、50 cm)在 3 年中对土壤特性和植被覆盖、产量和多样性等方面的影响进行了研究。Bowen(1989)评估了 24 年来 4 种覆盖表土厚度（0 cm、20 cm、40 cm、60 cm）对植物群落和土壤特性的影响，研究结果表明 40 cm、60 cm 覆盖表土厚度具有最好的养分含量和土壤蓄水潜力。Huang 等（2015）长期监测了油砂矿复垦中基岩上覆盖 6 种复垦土壤材料厚度对水分分布、储水、植物蒸腾的影响。Pinchak 等（1985）在矿区复垦中将钙质和中等胶结的粉砂岩和泥岩铺设在底部，其上覆盖 1 m 厚的河流粗砂粒，最终覆盖 0~60 cm 厚的表土，研究了其对植被物种和群落的影响，结果表明种植 4 年后，有籽物种在覆盖 40 cm 厚的表土上具有较好的生产力。Halvorson 等（1986）在 3 种质地废弃土上覆盖 1.5 m 厚的心土和表土，表土厚度设置为 0.23 m、0.46 m 和 0.69 m，研究了其对作物产量的影响。

我国土壤重构理论与方法得到了长足的发展。胡振琪（1997b）提出了"分层剥离、交错回填"的土壤剖面重构原理，使破坏土地的土层顺序在复垦后保持基本不变，更适宜于作物生长，并以上覆土（岩）分为两层（部分）为例，给出了土壤剖面重构的公式和图示，进而总结出上覆土（岩）分为两层以上的通用的土壤剖面重构公式，同时成功地将这一原理应用于横跨采场倒堆工艺（连续开采工艺）的露天矿复垦，并且研制出一种采煤沉陷地挖深垫浅复垦的土壤剖面重构方法。在此基础上，对矿山土地复垦实践中的土壤重构问题进行了系统研究，明确了复垦土壤重构的概念并界定了其内涵，对土壤重构进行了系统分类与概括，提出了煤矿区土壤重构的一般方法。同时，胡振琪 等（2005）也提出了土壤重构是土地复垦的核心内容，土壤剖面重构是土壤重构的关键；土壤重构需要与具体采矿工艺相结合；重构土壤的质量优劣是检验土壤重构或农林草复垦成败的主要标准等观点。魏忠义 等（2001）以安太堡大型露天煤矿排土场为研究区，提出了"堆状地面"土壤重构方法；并通过水文分析计算研究了堆状地面的侵蚀控制机理和优化的堆状地面排土方式，之后在此基础上进一步提出了更为普遍适用的排土场"径流分散"水蚀控制模式。中国地质大学（北京）土地复垦团队将土壤多重分形理论等引入排土场土壤重构研究中，揭示了山西平朔矿区安太堡露天煤矿排土场的重构土壤结构特征（王金满 等，2014），同时通过内蒙古伊敏矿区排土场复垦土壤动态演变规律的研究分析了草原区露天煤矿排土场复垦土壤演替的一般规律（王金满 等，2012）。胡振琪 等（2017）基于前期土壤重构理论与方法的研究，提出了间隔条带式充填复垦方法，即通过分条带、分层剥离土壤方式，保障土壤的原有质量；通过间隔条带堆放剥离土壤（表土、心土），使所有的沉陷地都能充填且保障了土壤的剥离与回填有序。胡振琪 等（2018）依据仿自然修复原理，提出了夹层式充填复垦原理与方法，构建了多层结构的复垦土壤剖面。

煤矿区土壤重构研究是矿区土地复垦的核心内容，各国复垦对象和复垦目标有所不同，从而复垦技术与标准等方面存在较大差异。国外的土壤重构研究多为露天矿的土壤重构，国内学者的研究焦点主要集中在采煤沉陷地的复垦，迄今尚未形成系统的土壤重构理论与方法，亟待建立一套适宜中国矿区的土壤重构理念原理、技术工艺、技术体系、标准与模式，以推动我国土地复垦的进一步健康发展。

1.3 煤矿区土壤复垦重构的主要研究内容和研究方法

1.3.1 主要研究内容

针对以往复垦重视工程措施而忽视土壤内在质量的问题，本书从土壤学角度对我国煤矿区土壤重构类型、土壤重构工艺及土壤重构效果进行研究，但有所侧重。本书研究内容主要涉及以下 8 个方面。

（1）土壤重构的支撑理论研究。介绍土壤和土壤学相关概念、土壤的理化性质、结构和类型；阐述土壤发生学原理，介绍土壤形成因素、作用及土壤的形成；梳理土壤剖面类型，将其分为自然土壤剖面类型、农业土壤剖面类型；划分重构土壤剖面构型，将其分为简单剖面和复杂剖面。

（2）矿区复垦土壤重构的概念、内涵与基本原理。革新现有的矿区复垦土壤重构概念与内涵，界定复垦土壤关键层的概念；依据不同的标准，划分土壤重构类型。明确土壤剖面构型及优化的基本原则，阐明露天煤矿、采煤沉陷地和煤矸石山土壤剖面构型及优化的基本原理。

（3）露天煤矿复垦土壤重构。分析露天煤矿复垦土壤重构存在的问题，研究露天煤矿土壤重构技术特点。概述采矿-复垦一体化土壤重构技术：横跨采场堆工艺露天煤矿开采与复垦的工艺方法、条带式倒堆工艺的交错回填原理、其他开采类型的交错回填原理和上覆岩层分为两层以上的交错回填原理。以马家塔露天煤矿为例，研究采复一体化土壤重构工艺流程；阐述表土重构的重要性，除表土剥离、回填工艺外，研制表土替代材料和表土改良也是十分重要的，以神华宝日希勒煤矿为例，探索表土替代材料的研制。

（4）采煤沉陷地非充填复垦（挖深垫浅）土壤重构。总结采煤沉陷地的产生及危害，梳理挖深垫浅复垦土壤重构的传统工艺流程，明确现有工艺中存在的问题。革新现有工艺，探索泥浆泵挖深垫浅和拖式铲运机挖深垫浅复垦土壤重构新工艺。对现行挖深垫浅复垦技术工艺及其重构土壤存在的问题进行分析探讨，特别对泥浆泵和拖式铲运机挖深垫浅土壤重构新工艺研发及其重构土壤进行研究。

（5）黄河泥沙充填复垦土壤重构。分析黄河泥沙充填复垦的可行性和适宜性，采用室内试验和田间试验研究黄河泥沙充填复垦土壤"上土下沙"结构和"夹层式"结构，给出黄河泥沙充填层上适宜的土壤覆盖厚度，保证作物生长和经济可行，进行"夹层式"土壤重构工艺研发及效果分析。

（6）采煤沉陷地粉煤灰/煤矸石充填复垦土壤重构效果与重构模式。对沉陷地粉煤灰/煤矸石充填复垦重构土壤的理化特性进行全面分析，对粉煤灰/煤矸石的材料特性、充填复垦重构土壤的环境质量及对种植作物的污染特性进行分析评价（主要针对重金属类元素）。进一步完善沉陷地粉煤灰/煤矸石充填复垦土壤重构模式，为进一步提高重构土壤的生产力奠定基础。

（7）煤矸石山土壤重构。分析煤矸石的理化性质及污染特性，明确煤矸石山土壤重构的限制因素。分别介绍非酸性煤矸石山土壤重构工艺和酸性煤矸石山土壤重构工艺，其中非酸性煤矸石山土壤重构工艺主要包括无覆盖煤矸石山土壤重构工艺和土壤覆盖非酸性煤矸石土壤重构工艺；而酸性煤矸石山土壤重构工艺主要包括新建酸性煤矸石山土壤重构工艺和废弃酸性煤矸石山土壤重构工艺。以小康煤矿煤矸石山为例，介绍酸性煤矸石山土壤重构与生态修复技术。

（8）重构土壤质量检测与评价。通过模型试验和大田试验，提出基于探地雷达进行土壤重构质量检测技术（土壤剖面、土壤水分、土壤容重等方面）；研究重构土壤质量评价指标的选择、体系构建及综合评价方法。

1.3.2 研究方法

（1）理论研究。以土壤发生学、土壤物理学、土壤环境化学等土壤学科有关理论为主，结合采矿、农林、环境、生态等相关理论，对土壤重构的概念、内涵、分类与一般方法进行研究，并将研究成果应用于后续章节各类型土壤重构方法、工艺与措施，揭示现行复垦工艺存在的问题，寻求相应对策和改进措施。

（2）实地调查、观测、实/试验、取样。主要以马家塔露天煤矿排土场、神华宝日希勒煤矿排土场、山西平朔煤矿排土场、安徽淮北采煤沉陷地、河南平顶山采煤沉陷地、邱集煤矿采煤沉陷地、山西省潞安王庄煤矸石山、河南平顶山八矿矸石山、山西省平朔安太堡露天煤矿排土场等为研究基地，针对所述研究内容采取实地调查、观测、实/试验、取样、样品分析等研究手段。

（3）室内外实/试验。黄河泥沙充填复垦土壤重构室内试验；沉陷地粉煤灰、煤矸石充填复垦土壤的模拟雨水淋溶试验分析；去离子水与稀酸浸出实验分析；土柱试验和盆栽试验；野外田间小区试验；探地雷达土壤重构质量检测室内模型试验等。

参 考 文 献

付梅臣，胡振琪，2005. 煤矿区复垦农田景观演变及其控制研究. 北京：地质出版社.
胡振琪，1997a. 露天矿复垦土壤的研究现状. 农业环境保护(2): 90-92.
胡振琪，1997b. 煤矿山复垦土壤剖面重构的基本原理与方法. 煤炭学报(6): 59-64.
胡振琪，2019. 我国土地复垦与生态修复30年：回顾、反思与展望. 煤炭科学技术, 47(1): 25-35.
胡振琪，魏忠义，秦萍，2005. 矿山复垦土壤重构的概念与方法. 土壤(1): 8-12.
胡振琪，邵芳，多玲花，等，2017. 黄河泥沙间隔条带式充填采煤沉陷地复垦技术及实践. 煤炭学报, 42(3): 557-566.
胡振琪，多玲花，王晓彤，2018. 采煤沉陷地夹层式充填复垦原理与方法. 煤炭学报, 43(1): 198-206.
王金满，杨睿璇，白中科，2012. 草原区露天煤矿排土场复垦土壤质量演替规律与模型. 农业工程学报, 28(14): 229-235.

王金满, 张萌, 白中科, 等, 2014. 黄土区露天煤矿排土场重构土壤颗粒组成的多重分形特征. 农业工程学报, 30(4): 230-238.

魏忠义, 胡振琪, 白中科, 2001. 露天煤矿排土场平台"堆状地面"土壤重构方法. 煤炭学报(1): 18-21.

BOWEN G D, 1989. Nutrition of plantation forest. London: Academic Press.

DANCER W S, HANDLEYANDLEY J F, BRADSHAW A D, 1977. Nitrogen accumulation in Kaolin Mining Wastes in Cornwall. I. Natural communities. Plant and Soil, 48: 153-167.

HALVORSON G A, MELSTED S W, SCHROEDERS A, et al., 1986. Topsoil and subsoil thickness requirements for reclamation of nonsodic mined-land. Soil Science Society of America Journal, 50(2): 419-422.

HUANG M B, BARBOUR S L, ELSHORBAGY A, et al., 2015. Infiltration and drainage processes in multi-layered coarse soils. Canadian Journal of Soil Science, 91(2): 185-197.

MCSWEENEY K, JANSEN I J, 1984. Soil structure and associated rooting behavior in mine soils. Soil Science Society of America Journal, 48(3): 607-612.

MCSWEENEY K, JANSEN I J, 1987. Row crop productivity of eight constructed mine soils. Reclamation and Revegetation Research, 6(2): 137-144.

NATIONAL RESEARCH COUNCIL, 1981. Surface mining: Soil, coal and society. Washington D C: National Academy Press: 246.

PINCHAK B A, SCHUMAN G E, DEPUIT E J, et al., 1985. Topsoil and mulch effects on plant-species and community responses of revegetated mined land. Journal of Range Manage, 38(3): 262-265.

POWER J F, SANDOVAL F M, RIES R E, et al., 1981. Effects of topsoil and subsoil hickness on soil water content and crop production on a disturbed soil. Soil Science Society of America Journal, 45(1): 124-129.

SCHLADWEILER B K, VANCE G F, LEGG D E, et al., 2005. Topsoil depth effects on reclaimed coal mine and native area vegetation in Northeastern Wyoming. Rangeland Ecology& Management, 58: 167-176.

第2章　土壤重构的支撑理论

2.1　土　壤　学

土壤是地球表层系统自然地理环境的重要组成部分，它是水圈、大气圈和生物圈共同作用的结果。在地球表层系统中，土壤圈处于水圈、生物圈和岩石圈交界面上最富有生命活力的土壤覆盖层，同时具有很强的生产功能和环境功能，作为地球生态系统的关键带，构成了组合无机界和有机界，即生命和非生命联系的中心环境。

土壤是陆地生态系统的基础。土壤作为陆地生态系统中最活跃的生命层，是一个相对独立的子系统。土壤与土壤生物及其他环境要素之间相互作用、相互制约，并趋向于生态平衡。土壤可调节水体和溶质的流动、对有机、无机污染物进行过滤、缓冲、降解、固定和解毒，也可储存、循环生物圈及地表养分和其他元素，保持生态系统中的生物活性、多样性和生产性（陈怀满，1996）。

土壤是农业生产的基础，是绿色植物生长和生物生产不可缺少的基地。土壤在植物生长和生物生产过程中不断地进行养分的转化和循环，稳定和缓冲环境变化，涵养雨水，它不仅为植物的生长提供水和养料，还为生物的生产活动提供空气、有机质等。除此之外，它还是选择农业生产技术的重要依据。农民通常根据土壤的干湿程度确定是否对作物进行灌溉，同时作物的长势也反映出土壤中肥料的缺失情况，从而决定是否进行施肥（鲍士旦，2000）。

研究者以不同的视角来研究土壤、概括土壤，总结归纳出了不同的土壤概念。地质学家从岩石风化的地质学观点出发，将土壤仅作为岩石的变态来认识，认为土壤是地壳最表层的风化物质，可以生长植物。生态学家认为土壤是地球表层系统中的关键层次，是生物多样性最丰富，生物地球化学能量交换、物质循环最活跃的生命层。环境学家则认为土壤是重要的环境因素，是环境污染物的缓冲带和过滤器。农业科学工作者与广大农民则认为，土壤是植物生长的介质。直至苏联土壤学家威廉斯给出土壤的科学定义：土壤是地球陆地上能够生长绿色植物的疏松表层。此定义便成了土壤的经典定义。土壤作为最珍贵的自然资源，在人类农业和自然环境中具有较强的重要性（黄昌勇 等，2010）。

土壤学是研究土壤在气候、母质、生物、地形和时间等诸因子综合作用下形成的独立的历史自然体的一门独立学科，从开始创建起，就涉及地学、生物学、生态学、化学、物理学等多学科领域。土壤学是以地球表面能够生长绿色植物的疏松层为对象，研究其肥力、成分、特性等，探究其中的物质运动规律及其与环境之间的关系，是农业科学的基础学科之一。

土壤学基于宏观研究、微观研究、综合交叉研究等研究方法，在研究基础土壤的同时，也与地学、生物学、数学、化学、物理学等基础学科紧密结合，创新自身学科的基础理论，解决实际应用问题，不断扩大应用范围。该学科不仅在农业方面被广泛学习与利用，又服务于水利及工业、矿业、医药卫生、交通和国防事业等，也在环境保护、区域治理、全球变化等方面发挥越来越重要的作用。

2.1.1　土壤的物质组成

土壤由固体、气体和液体三类物质组成，固体物质包括土壤矿物质和有机质，气体是存在于土壤孔隙中的空气，液体物质主要指土壤水分。适于植物生长的典型壤质土壤的体积组成为土壤固体占 50%（矿物质占 45%，有机质占 5%），土壤孔隙占 50%（内含水分、空气及土壤微生物）。土壤中固体颗粒、孔隙中的水分与气体，三者构成了一个矛盾的统一体，它们互相联系、互相制约，直接或间接地影响土壤的各种性质及植物根系的定植、穿插和摄取土壤中水分和养分的能力，如图 2.1 所示。

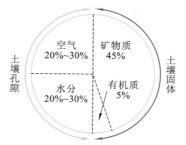

图 2.1　最适宜植物生长的土壤体积组成

1. 土壤固相

土壤固相包括土壤矿物质和土壤有机质。

土壤矿物质作为土壤的主要组成物质，构成了土壤"骨骼"，也影响着土壤组成、性状和功能。土壤矿物质主要来自成土母质或母岩，地壳中已知的 90 多种元素都在土壤中存在，按成因可分为原生矿物质和次生矿物质。土壤原生矿物质是指各种岩石受到不同程度的物理风化而未经化学风化的碎屑物，其原有的化学组成和晶体结构均未改变。土壤次生矿物质是由原生矿物质经风化后重新形成的新矿物，主要包括简单盐类、次生氧化物类和次生铝硅酸盐类。次生矿物质是土壤矿物中最细小的部分，具有活动的晶格，呈现高度分散性，并具有强烈的吸附代换性能，能吸收水分和膨胀，因而具有明显的胶体特性，又称为黏土矿物。

土壤有机质是指土壤中动植物残体微生物体及其分解和生成的物质，包括碳水化合物、含氮化合物、木质素、含硫含磷化合物等，主要由碳、氢、氧和氮等元素组成。土壤有机质绝大部分集中于土壤表层，含量变化很大，占土壤干重的 1%～10%，它们的含量虽然不高，但却是土壤中比较活跃的部分，在不断地发生变化，土壤有机质的转化分为矿质化过程和腐殖质化过程。腐殖质主要是具有多种功能团、芳香族结构的酸性高分子化合物，呈黑色或暗棕色胶体状，主要含有胡敏酸和富里酸。土壤中的细菌、放线菌、真菌、藻类和原生动物等是土壤有机质转化的主要动力。土壤有机质能够提供丰富的植物所需营养元素和多种微量元素，能改善土壤的物理、化学和生物学性状：如腐殖质作为胶结剂能使土壤形成良好的团粒结构，可刺激根系的发育，促进植物对营养物质的吸收；腐殖质作为两性有机胶体，通常带负电荷，具有吸附、缓冲及络合性能等，对保存养分、活化微量元素、缓冲酸碱、净化土壤污染等起着很大的积极作用。

2. 土壤气相

土壤气相主要指土壤空气，存在于土壤孔隙之中。

土壤空气主要来自大气，组成成分和大气基本相似，质和量上与大气有所不同：土壤中不断进行的动植物呼吸作用和微生物对有机物质的生物化学分解作用，使得土壤空气中 O_2 不断消耗和 CO_2 逐渐累积，必然引起气体分子扩散，使得土壤空气中 CO_2 含量比大气中高而 O_2 含量比大气中低；土壤空气中的水汽大于 70%，大气中水汽小于 4%；土壤固氮微生物能固定一部分氮气，增加土壤氮素含量，而土壤中进行的硝化作用和氨化作用，氮素又转化为氮气和氨释放到大气中，二者基本保持平衡。

3. 土壤液相

土壤液相主要指土壤水分，实际上是一种含有溶解物质（包括各种养分）的稀薄溶液，存在于土壤孔隙之中。

土壤水分不仅是植物生活所必需的生态因子，而且是土壤生态系统中物质和能量流动的介质，是土壤重要组成成分和重要的肥力因素。土壤水分主要来源于大气降水、地下水和灌溉用水，主要消耗有土壤蒸发、植物吸收利用和蒸腾、水分的渗漏和径流。土壤水分可分为吸湿水、毛管水和重力水：吸湿水是指土壤颗粒表面张力所吸收的水汽，不能移动，植物不能吸收；毛管水是指毛管孔隙中毛管力所吸附保存的水分，是自由液态水，是土壤中植物利用的有效水分；重力水是指土壤水分含量超过田间持水量（毛管悬着水达最大值）时沿土壤非毛管孔隙向下移动的多余水分（伍光和 等，2000）。

2.1.2 土壤的物理性质

土壤的物理性质是由物理力量引起的土壤特性、过程或反应。它决定土壤内部水分、空气和热量状况，决定耕作时农具与土壤之间的相互作用及耕作效果，决定对灌溉排水的要求。土壤物理性质包括颜色、质地、结构、容重、孔隙、水分、热量和空气状况等方面。各种性质和过程是相互联系和制约的，其中以土壤结构、土壤质地和土壤孔隙居主导地位，它们的变化常引起土壤其他物理性质和过程的变化。

1. 土壤颜色

土壤颜色与土壤矿物质成分和含量、有机质含量、土壤结构、排水、通气状况等密切相关，既反映土壤的物质组成，又是成土作用的综合表现。土壤颜色在剖面及结构体表面和内部的变化，可以提供有关土壤发生的重要信息，对诊断土壤具有重要意义。许多土壤的颜色与铁离子和有机质的含量与变化有关，如土壤若含有较多的氧化铁（Fe_2O_3）

就会呈现出红色，而高度水化后的氧化铁（$Fe_2O_3 \cdot 3H_2O$）则呈现偏黄色，干旱、半干旱地区的土壤多有碳酸钙、石膏和可溶性盐的聚集，呈现偏白色等，都与一些染色效果强的物质有关。

2. 土壤结构

土壤结构是指土壤颗粒（包括团聚体）的排列与组合形式。在田间鉴别时，通常指那些不同形态和大小，且能彼此分开的结构体。土壤结构体是不断变化的实体，在土壤结构体内不断进行着物质和能量的交换过程，自身也在运动和变化。成熟稳定的土壤结构的形成和演变是在成土过程或利用过程中，伴随地质大循环和生物小循环，由物理的、化学的和生物的多种过程综合作用使土壤基本物质的组成和排列发生改变而形成的。土壤结构与土壤水、气、热及养分的保持和移动有关，良好的土壤结构可促进土壤水分、养分的有效性和循环，有利于土壤中气体交流、热量平衡、微生物活动及根系的延伸，提高土壤生物多样性和植被覆盖度，降低土壤侵蚀，对农林业可持续发展极其重要。

各种土壤或同一土壤的不同层次，都可能有不同结构，按照结构体的长、宽、高三轴长度相互关系，可分为团粒状、块状/核状、片状、柱状等。在土壤结构体类型中，团粒结构是最适宜植物生长的结构体。

土壤团聚体是土壤结构构成的基础，又称土壤团粒结构。有良好团粒结构的土壤，不仅具有高度的孔隙度和持水性，而且具有良好的透水性；有良好的团粒结构的土壤在植物生长期间能很好地调节植物对水分、养分、空气、温度的需要。团粒结构体大体呈球形，粒径为 0.25～10 mm，自小米粒至蚕豆粒般大小；粒径<0.25 mm 者称为微团粒，是形成团粒的基础；按其对抵抗水分散力的大小，可分为水稳性团聚体和非水稳性团聚体。农林业生产中最理想的团粒粒径为 2～3 mm，具有良好的物理性能，具有水稳性（泡水后结构体不易分散）、力稳性（不易被机械力破坏）和多孔性；一般存在于腐殖质较多、植物生长茂盛的表层土中；可以协调土壤水分和空气，协调土壤养分的消耗和累积，调节土壤温度，改善土壤的温度状况，改善植物根系的生长伸长条件，土壤耕性良好，在一定程度上标志着土壤肥力的水平和利用价值。

块状结构体，呈不规则块状，长、宽、高三轴大体近似，轴长 5 cm 以上，内部紧实，在土壤质地比较黏重、缺乏有机质的土壤中容易形成，特别是土壤过湿或过干耕作时最易形成。一般表土中多大块状结构体和块状结构体，心土和底土中多块状结构体与碎块状结构体，核状结构体在黏重且缺乏有机质的表下层土壤中较多。

片状结构体，呈扁平状，横轴大于纵轴，其厚度可<1 cm，也可>5 cm；往往由流水沉积作用或某些机械压力所造成，常出现于森林土壤的灰化层、碱化土壤的表层和耕地土壤的犁底层；此外，在雨后或土壤灌溉后所形成的地表结壳或板结层，也属于片状结构体。

柱状结构体，呈立柱状，纵轴大于横轴，柱状横截面大小不等，棱角明显有定形者称为棱柱状结构体。柱状结构体常出现于半干旱地带的表下层，以碱土、碱化土表下层或黏重土壤心土层最为典型。具此结构的土壤常有垂直裂隙，通透性较好，但易漏水漏肥。结构坚实，不利于根系扎入或伸展。

土壤结构体形态对土壤发生和诊断具有重要意义，通过观察土壤剖面中的结构类型，可大致判别土壤的成土过程：如具有团粒结构的剖面与生草过程或腐殖质的形成和聚集有关，片状结构与压实、雨击、冻融等过程有关，淀积层中有柱状或圆柱状结构则与碱化过程有关等。

3. 土壤质地

土壤由不同比例、大小各异、形状和成分不一的颗粒组成，土壤颗粒大小及其特征是重要的土壤性质，它决定着土壤质地、土壤通透性、土壤结构、紧实度、黏结性、离子交换和营养物质储量等诸多理化性质，并最终影响植被的发育。不同土壤颗粒的理化及生物学性质不同。现行土壤颗粒分级基本上按粒径大小分成石砾、砂粒、粉粒和黏粒 4 个部分；国际制标准划分为黏粒（粒径<2 μm）、粉粒（粒径 2~20 μm）、砂粒（粒径 20~2 000 μm）、石砾（粒径>2 000 μm）；美国制标准划分为黏粒（粒径<2 μm）、粉粒（粒径 2~50 μm）、砂粒（粒径 50~2 000 μm）、砾石（粒径>2 000 μm）。

自然土壤的矿物是由大小不同的土粒组成的，各个粒级在土壤中所占的质量分数，称为土壤质地（soil texture）。土壤质地分类及划分标准世界各国不一。我国常用的质地分为砂土、砂壤土、轻壤土、中壤土、重壤土、黏土等。不同的土壤颗粒组成比例不同，构成的土壤质地不同，性质不同，以砂粒为主的砂壤土保水持水力低，有机质分解快，保肥供肥能力弱，缓冲能力差，无胀缩性，通透性好，升温快，易于耕作；以黏粒为主的黏壤土保水持水力高，有机质含量高，保肥能力强，土壤缓冲性好，胀缩性大，通透性不良，耕性差；以粉粒为主的壤土性状居于上述两者之间。

4. 土壤比重、容重与孔隙度

土壤比重（土粒密度）指单位体积土壤的固体颗粒（不包括粒间孔隙）的质量，土壤比重的大小取决于土壤固相组成物质的种类和相对含量，土壤比重主要决定于土壤的矿物组成，土壤有机质含量也对其有一定影响，典型土壤比重常取各种颗粒比重平均值2.65 g/cm^3。土壤容重是单位体积（包括土壤孔隙的体积）的原状土壤中干土的质量，是土壤紧实程度及气相比例的反映。土壤孔隙度是指单位原状土壤体积中土壤孔隙体积所占的百分率。

土壤比重、土壤容重、土壤孔隙度是反映土壤固体颗粒和孔隙状况的基本参数。影响土壤容重的因素有土壤矿物质、土壤有机质含量和孔隙状况等；影响土壤比重的因素有土壤中矿物质的组成和有机质的数量；影响土壤孔隙状况的因素有土壤团聚体直径、土壤质地及土壤中有机质含量。一般同等条件下，土壤容重小，表明土壤比较疏松，孔隙度大，熟化程度也较高；土粒密度大表明土体比较紧实，结构性差，孔隙度小。三者对土壤中的水、肥、气、热状况和农业生产有显著影响，根据容重和孔隙度可判定土壤的物理性质。土壤物理性质越好，表明土壤结构性越好。

土壤容重可综合反映土壤固体颗粒和土壤孔隙的状况，一般含矿物质多而结构差的土壤，容重在 1.4~1.7 g/cm^3（如砂土）；有机质多而结构好的土壤，容重在 1.1~1.4 g/cm^3

（如农业土壤）。土壤总孔隙度不直接测定，而是计算出来。孔隙度＝（1-土壤容重/土粒密度）×100%；土壤中大小孔隙同时存在，土壤孔隙度在 50%左右，而毛管孔隙度在 30%～40%，非毛管孔隙度在 10%～20%，非活性毛管孔隙很少，则比较理想；若总孔隙度大于 60%，则过分疏松，难于立苗，不能保水；若非毛管孔隙度小于 10%，不能保证空气充足，通气性差，水分也很难流通（渗水性差）。

5. 土壤含水量

土壤含水量是土壤中所含水分的数量，包括重量含水量和容积含水量，一般是指土壤重量含水量，即每百克干土中，所含的水的质量数，也称土壤含水量，又叫墒情。根据土壤含水量（重量）、容重、密度可以计算土壤的固、液、气的三相比。

土壤水分的多少影响植物的生长，常用一些与植物生长、土壤的保水能力及水分的移动特征有关的数值表示。农业生产中常用自然含水量、吸湿系数、凋萎系数、田间持水量、有效水含量等表示土壤水分对作物生长的影响，如吸湿系数有时称为致死水量，凋萎系数又称为土壤有效水分的下限，田间持水量又称为土壤有效水分的上限。

6. 土壤入渗率

入渗是指水分自地表进入土壤的过程。进入土壤后的水分转变为土壤水。土壤水饱和后可进一步下渗补充地下水。土壤入渗率，又称土壤入渗速率或土壤渗透速率，是指单位时间内地表单位面积土壤的入渗水量。一般常见条件下，初始土壤的入渗速率都较大，随着入渗时间的增加，入渗速率逐渐减小，直至降低到一个比较稳定的水平，此称为稳定入渗速率。土壤的入渗过程通常由初始入渗速率、稳定入渗速率及入渗开始后一小时的平均入渗速率三个指标表征。对于某一特定的土壤，稳定入渗速率是土壤本质特征的反映。几种不同质地土壤的最后稳定入渗速率分别为：砂土>2 cm/h，砂质和粉质土壤为 1～2 cm/h，壤土为 0.55～1 cm/h，黏质土壤 0.1～0.5 cm/h，碱化黏质土壤<0.1 cm/h。此外，土壤实际入渗速率还取决于供水强度。

7. 田间持水量

田间持水量指在地下水较深和排水良好的土地上充分灌水或降水后，允许水分充分下渗，并防止其水分蒸发，经过一定时间，土壤剖面所能维持的较稳定的土壤水含量。达到田间持水量时的土水势为-50～-350 mbar[①]，大多集中于-100～-300 mbar。田间持水量是土壤持水上限，其大小与土壤质地、土壤孔隙状况、有机质含量、土壤剖面结构及地下水埋深等因素有关，一般不同土质的田间持水量为黏土>壤土>砂土。为得到较可靠的田间持水量数值，多采用大田现场测定的方法。

2.1.3 土壤的化学性质

土壤中所含化学成分，如各种元素的含量、酸碱性、化学性质和化学过程是影响土

---

① 1 mbar =0.001 bar = 100 Pa。

壤肥力水平的重要因素之一。除元素的含量、土壤酸碱性和氧化还原性对植物生长产生直接影响外，其他化学性质主要是通过对土壤质地、土壤结构、土壤水分、物质转化和生物活性的干预间接地影响植物生长。

1. 土壤酸碱性

土壤酸碱性是土壤在形成过程中受生物、气候、地质、水文、人为活动及成土时间等综合因素的作用所产生的重要属性，其常用指标是 pH，是指土壤固相处于平衡的溶液中的氢离子浓度的负对数，即 $pH=-lgH^+$；若 pH=7，为中性，pH<7 为酸性，pH>7 为碱性，pH 越小，氢离子浓度越大，酸性越强，pH 每相差一个单位，氢离子浓度相差 10 倍。

我国土壤 pH 一般在 4～9。在地理分布上呈现南酸北碱，沿海偏酸、内陆偏碱的规律。土壤 pH 影响土壤溶液中各种离子的浓度，影响各种元素对植物的有效性。土壤对酸碱性具有一定的缓冲性能，即在自然条件下，向土壤加入一定量的酸或碱，土壤 pH 不因土壤酸碱环境条件的改变而发生剧烈的变化，这说明土壤具有抵抗酸碱变化的能力。

2. 土壤氧化还原性

土壤中存在多种氧化-还原体系，如氧体系、氢体系、有机碳体系、氮体系、硫体系、铁体系、锰体系等，一般以氧化还原电位（Eh）表示，单位为 mV。土壤是一个不均匀的多相氧化还原体系，处于动态平衡状态。土壤氧化还原电位的高低，取决于土壤溶液中氧化态和还原态物质的相对浓度。影响土壤氧化还原电位的主要因素有土壤通气性、土壤水分状况、植物根系的代谢作用、土壤中易分解的有机质含量。

旱地土壤的正常 Eh 为 200～750 mV。若 Eh 大于 750 mV，则土壤完全处于氧化状态，有机质消耗过快，有些养料由此丧失有效性，应灌水适当降低 Eh。若 Eh 小于 200 mV，则表明土壤水分过多，通气不良，应排水或松土以提高其 Eh。水田土壤 Eh 变动较大，在淹水期间 Eh 可低至-150 mV，甚至更低；在排水晒田期间，土壤通气性改善，Eh 可增至 500 mV 以上；一般稻田适宜的 Eh 为 200～400 mV。

3. 土壤阳离子交换量

土壤阳离子交换量（cation exchange capacity，CEC），是指土壤胶体所能吸附各种阳离子的总量，在一定 pH 条件下，每千克土壤中所含有的全部交换性阳离子的厘摩尔数，单位为 cmol/kg，与旧单位 me/100g 土等量换算。土壤阳离子交换量可以作为评价土壤保肥能力的指标。一般认为：CEC 小于 10 cmol/kg，保肥力弱；CEC 为 10～20 cmol/kg，保肥力中等；CEC 大于 20 cmol/kg，保肥力强。

影响土壤阳离子交换量的因素有土壤质地、腐殖质、无机胶体、酸碱性等。一般土壤质地越黏，土壤阳离子交换量也就越大；腐殖质含量越高，阳离子交换量越大；蒙脱石（100 cmol/kg）>伊利石（30 cmol/kg）>高岭石（6 cmol/kg）；可变的负电荷随 pH 升高而增加，另外高岭石、铁铝的含水氧化物所带电荷也受酸碱环境的影响。

4. 土壤盐基饱和度

土壤盐基饱和度（base saturation percent，BSP），是指土壤胶体上的交换性盐基离子占交换性阳离子总量的百分比。土壤交换性阳离子可分为两类：致酸离子（H^+、Al^{3+}）和盐基离子（K^+、Na^+、Ca^{2+}、Mg^{2+}等），其中盐基离子为植物所需的速效养分。

盐基饱和度可以真正反映土壤速效养分含量的高低。盐基饱和度>80%的土壤，一般是很肥沃的；盐基饱和度50%～80%的土壤，为中等肥力水平；盐基饱和度<50%的土壤肥力较低，需要采取措施对土壤加以改良，如施肥或用石灰中和。

5. 土壤盐分含量与碱化度

土壤盐分是指用一定的水土比例，在一定的时间内浸提出来的土壤所含的盐分。土壤盐分含量超标会对作物生长造成不良的影响，严重时甚至会导致作物死亡。土壤盐渍化是目前农业土壤面临的一个严重问题，是指易溶性盐分在土壤表层积累的现象或过程，土壤盐分含量介于0.3%～2%时为盐渍土，超过2%时为盐土。

碱化度，又称土壤钠饱和度，即交换性 Na^+ 占阳离子交换量的百分数。当土壤的交换性盐基中部分 Ca^{2+}、Mg^{2+} 被 Na^+ 所取代，土壤发生碱化现象或过程。碱化是以交换性 Na^+ 所占的阳离子交换量的百分比为标准衡量，通常把 pH 大于 8.5、碱化度大于 15% 的土壤称为碱土。

6. 土壤矿质全量

土壤矿质全量是指土壤原生矿物和次生矿物的化学组成。土壤矿质全量测定包括二氧化硅、氧化铁、氧化铝、氧化钙、氧化镁、氧化钛、氧化锰、氧化钾、氧化钠、五氧化二磷、烧失量等。通过矿质全量元素的测定，可以了解土壤矿质组成的元素迁移和变化，阐明土壤化学性质在成土过程中的演变情况及土壤肥力背景状况；测定黏粒（<0.002 mm）的元素成分，则可以计算硅铝率和硅铁铝率，以便了解土壤矿物的风化程度，为土壤发生分类的研究提供重要依据。

7. 土壤碳酸钙

土壤碳酸钙主要是大气中含碳酸钙的降尘、含 Ca^{2+} 的降水、成土母质的溶解与沉淀植物残体分解释放等，与土壤矿物质中的碳酸根离子结合形成碳酸盐而沉积下来。干旱和半干旱气候是碳酸钙形成的理想条件，土壤水的淋溶过程可决定土体内碳酸钙含量的变化。土壤中可见的土壤碳酸钙形态有白色假菌丝状、白色碳酸钙粉末、斑块状石灰质新生体及石灰结核（砂姜）等。对石灰性土壤，通常以碳酸钙在剖面中的淋溶移动及淀积状况，作为判断土壤形成发展和肥力特征的指标之一。

2.1.4　土壤的养分性质

土壤养分是指由土壤提供的植物生长所必需的营养元素，包括氮、磷、钾、钙、镁、硫、铁、硼、钼等元素，分为大量元素、中量元素和微量元素；在自然土壤中，主要来源于土壤矿物质和土壤有机质，在耕作土壤中主要来源于施肥和灌溉。土壤养分是作物摄取养分的重要来源之一，在作物的养分吸收总量中占很高比例。根据植物对营养元素吸收利用的难易程度，可将土壤养分分为速效性养分和迟效性养分。土壤养分的重要指标主要包括土壤有机质、土壤氮、土壤磷和土壤钾。

1. 土壤有机质

土壤有机质广义上是指各种形态存在于土壤中的所有含碳的有机物质，包括土壤中的各种动、植物残体，微生物及其分解和合成的各种有机物质；狭义上，土壤有机质一般是指有机残体经微生物作用形成的一类特殊、复杂、性质比较稳定的高分子有机化合物（腐殖酸）。土壤有机质是土壤肥力的标志性物质，是土壤固相的重要组成成分，是土壤营养的重要来源，也是酸、碱和有毒物质的良好缓冲剂。适宜的土壤有机质含量可促进团粒结构形成，改善土壤结构，促进土壤微生物活动，加快土壤形成的过程，对土壤的渗透性、可蚀性、持水性和养分循环等影响显著。

我国第二次土壤普查有机质含量分为六级，分别为：>4%，一级（很高）；3%～4%，二级（高）；2%～3%，三级（中等）；1%～2%，四级（低）；0.6%～1%，五级（很低）；<0.6%，六级（极低）。

土壤有机碳是指土壤有机质中的碳含量。虽然不同类型有机质的含碳量是不同的，但土壤有机碳含量与土壤有机质含量的数值可以相互转换，有机碳与有机质的转换系数平均值为 1.724。土壤有机质是岩石风化成壤过程中在生物因素的作用下逐渐形成累积的，岩浆岩与变质岩及其风化物不含有机物质。自然土壤有机碳量及分布深度均是成土时间的函数，成土时间短，有机碳含量少，且主要分布在土壤上部，因此有机碳可作为土壤发育速率的指标，显示土壤发生的趋势。

2. 土壤氮

土壤氮素是植物必需的大量营养元素之一，影响植物的生长和产量；而且含量过多可能造成水体和大气的污染，进而影响土壤环境质量。土壤速效氮可反映土壤近期内的氮供应状况，速效氮含量不仅受土壤全氮含量的影响，而且与土壤的物理性质、微生物、地表覆盖、耕作方式等相关。

我国第二次土壤普查全氮含量分级分别为：>0.2%，一级（很高）；0.15%～0.2%，二级（高）；0.1%～0.15%，三级（中等）；0.075%～0.1%，四级（低）；0.05%～0.075%，五级（很低）；<0.05%，六级（极低）。

我国第二次土壤普查速效氮，即碱解氮含量分级分别为：>150 mg/kg，一级（很高）；120～150 mg/kg，二级（高）；90～120 mg/kg，三级（中等）；60～90 mg/kg，四级（低）；30～60 mg/kg，五级（很低）；<30 mg/kg，六级（极低）。

碳氮比是指碳素总量和氮素总量之比，被认为是土壤氮素矿化能力的标志，即碳氮比影响土壤有机质的分解与周转，适当的碳氮比（一般为20～30）有利于微生物分解有机质。若有机质的碳氮比小于 15，矿化作用提供的有效氮量就会超过微生物同化量，使植物有可能从有机质矿化过程中获得有效氮的供应；若碳氮比大于 30，则在有机质矿化作用的最初阶段不可能对植物产生供氮的效果，反而可能使植物的缺氮现象更为严重。土壤碳氮比主要受地区的水热条件、成土作用及人为活动的影响，如管理措施、利用方式、施肥等农业措施都会改变碳氮比。

3. 土壤磷

磷是一种沉积性矿物，是植物所必需的大量营养元素之一，与其他营养元素相比，磷在风化壳的迁移最小。磷的风化、淋溶、富集等迁移是成土过程中各种因素综合作用的结果，其中生物富集迁移是磷累积的主导性因素。在土壤-植物生态系统中，磷几乎全部由土壤供给，土壤全磷含量主要受母质矿物成分、土壤质地、剖面层次及生态修复措施等因素的影响，土壤有效磷含量是判断土壤磷素丰缺和施肥的主要依据。一般土壤中的磷多以迟效态存在，土壤矿物质、土壤酸碱度、有机质含量、土壤含水量、碳酸盐含量、颗粒组成等土壤组成与性质均影响磷的形态与转化。

我国第二次土壤普查全磷（P_2O_5）含量分级分别为：>0.2%，一级（很高）；0.16%~0.2%，二级（高）；0.12%~0.16%，三级（中等）；0.08%~0.12%，四级（低）；0.04%~0.08%，五级（很低）；<0.04%，六级（极低）。

我国第二次土壤普查有效磷含量分级分别为：>40 mg/kg，一级（很高）；20~40 mg/kg，二级（高）；10~20 mg/kg，三级（中等）；5~10 mg/kg，四级（低）；3~5 mg/kg，五级（很低）；<3 mg/kg，六级（极低）。

4. 土壤钾

钾是植物所需的三大营养元素之一，能够提高植物对氮元素的吸收、利用，增强植物抗冻、抗旱、抗盐及抗病虫害等的抗逆能力；土壤中的钾多来自母质中含钾的矿物，其含量主要受土壤母质、矿物风化及成土条件、土壤质地、耕作及施肥情况等的影响，如高度风化的土壤，钾长石和云母类等含钾矿物彻底分解，细土全钾含量就很低；因此，土壤全钾的含量在一定程度上可以推测其矿物分解、土壤发育的状况。

土壤全钾含量对土壤供钾潜力及区域钾肥分配决策的制定具有十分重要的意义。土壤中存在不同形态的钾，它们之间相互转化，在对植物的有效性中发挥着不同的作用，共同维持动态平衡；其中土壤速效钾是一种生物有效性很高的钾素形态，包括水溶性钾和交换性钾，其含量直接影响植物的钾素营养。

我国第二次土壤普查全钾（K_2O）含量分级分别为：>3%，一级（很高）；2.4%~3%，二级（高）；1.8%~2.4%，三级（中等）；1.2%~1.8%，四级（低）；0.6%~1.2%，五级（很低）；<0.6%，六级（极低）。

我国第二次土壤普查速效钾含量分级分别为：>200 mg/kg，一级（很高）；150~200 mg/kg，二级（高）；100~150 mg/kg，三级（中等）；50~100 mg/kg，四级（低）；30~50 mg/kg，五级（很低）；<30 mg/kg，六级（极低）。

2.1.5　土壤的环境质量

土壤环境质量，是指在一个具体的环境内，土壤环境对人群和其他生物的生存和繁衍及社会经济发展的适宜程度。土壤环境质量是土壤污染及危害程度的指示，土壤环境质量问题也就是土壤污染问题。

土壤中污染物的来源具有多源性，其输入途径除地质异常外，主要是工业"三废"，即废气、废水、废渣，以及化肥农药、城市污染、垃圾，偶尔还有原子武器散落的放射性微粒等。土壤污染物质可分为无机污染物和有机污染物。一些主要无机污染物包括砷、镉、铜、铬、汞、铅、锌、镍、氟，以及盐、碱、酸、硫化物和卤化物等；有机物污染物包括酚类、氰化物、有机氯类（滴滴涕和六六六）、土壤多环芳烃类[苯并（a）芘，荧蒽等]、土壤酞酸酯类、有机悬浮物及含氮物质等。土壤无机污染物目前最为关注的是土壤重金属。重金属一般是指密度大于 5.0 g/cm^3 的金属元素，但通常所称的土壤重金属多指污染重金属，土壤环境质量标准中规定了常见的土壤污染重金属元素的限值。目前有一些重金属直接表现为环境污染物，如镉、铬、铅、汞及类金属砷等。镉极易被植物吸收，所以土壤中镉的含量稍有增加，便会导致作物体内的镉含量相应增加。土壤镉的环境容量很小，这是土壤镉污染的一个重要特点，因此土壤环境标准较为严格。土壤环境中的镉主要来源是铜铅锌矿山和洗矿厂废水，还有电镀、电池（镉电池）、颜料（镉黄）、半导体荧光体及工业中的废水。此外，燃烧煤的烟尘、各种肥料和由农田处置的废物中也含有一定的镉。

汞会通过食物链进入人体，对人体产生危害，土壤中的汞主要来源于土壤母质、大气沉降、工业生产废料和城市生活垃圾的堆放、农用耕作中不合理地施用含汞的肥料和农药及灌溉等。

砷和砷化物一般可通过水、大气和食物等途径进入人体并危害人体健康。元素砷的毒性极低，且砷化物均有毒性，其中三价砷化合物的毒性更强。砷在土壤中不易移动，土壤砷主要来源于大气沉降、废水灌溉、磷肥施用、含砷化合物施用等。

铬是植物生长必需的微量元素，微量铬可以促进植物的生长发育，而高浓度铬则对植物产生毒害作用，铬的毒性主要由六价铬引起；土壤环境中的铬主要来源是工业废水和矿渣，如电镀、制革、染色、颜料、金属酸洗和铬酸盐工业等。

铅在土壤中不易溶解，不易被植物吸收及迁移，易与有机质螯合；铅对植物的直接危害主要是降低植物的光合作用和蒸腾作用的强度；土壤环境中铅的来源除铅锌矿山及冶炼厂的废水外，还有汽油的防爆剂、母质铅含量、含铅飘尘的降落等。

2.2　土壤地理学

土壤地理学是研究土壤与地理环境相互关系的学科，是土壤学和自然地理学之间的边缘学科。它研究土壤的形成、演变、分类和分布，为评价、改良、利用和保护土壤资源，发展农、林、牧业生产，提供科学依据。

其中，土壤的发生和演变主要是研究土壤与地理环境间物质和能量的交换，土体中物质和能量的迁移与转化，成土因素在土壤形成中的作用，以及土壤在成土过程中的变化和发展。

土壤分类是在一定的原则和系统下，参照土壤成土因素、成土过程及土壤自身属性和肥力特征等方面的异同，对土壤进行的划分归类。土壤分布是对土壤及其组合在地球表面的空间序列、空间格局、与自然环境的关系及分布规律进行研究。

对野外土壤的成土因素、成土过程和土壤剖面形态进行观察、描述、比较、分析是土壤调查的基本依据，根据定性和定量的内外业的分析测试结果，分别制作各种土壤分布图、土壤性质图等是土壤地理学的基本方法。随着科学技术的发展，如 3S（遥感、地理信息系统、全球定位系统）、无人机、虚拟现实（virtual reality，VR）等的使用，土壤地理学的技术手段、方法和装备已有很大改进。

2.2.1　土壤发生学

俄国著名学者道库恰耶夫 1900 年创立了土壤发生学，成为近代土壤发生学的奠基人。道库恰耶夫运用发生学观点，研究了土壤一系列特性与外界环境条件的关系，认为土壤形成过程是由岩石风化过程和成土过程所推动的，影响土壤发生和发育的因素有母质、气候、生物、地形和时间 5 个自然因素，因此提出了著名的土壤成土因素学说。同时，通过对土壤发生学的研究，他还揭示了地球表面土壤的地带性分布规律与纬度及气候带的一致性，提出了水平地带性和山区随海拔高度而变的垂直地带性规律，创立了土壤地带性学说。

道库恰耶夫认为：土壤是母岩、生物、气候、陆地年龄和地形等成土因素综合作用而形成的；上述因素具有同等重要的意义，它们相互之间的关系是不可替代的；土壤的形成和演化与上述 5 个因素的发展和演变紧密关联，5 个因素中只要其中一个因素发生变化，其他因素也会随之变化；土壤与 5 个成土因素都具有地理分布的规律。通过运用综合观点和方法研究，他得出土壤是一个独立的历史自然体，它不是孤立存在的，而是与自然地理条件及其历史发展紧密联系。成土因素的发展与变化制约着土壤的形成和演化，土壤是随着成土因素的变化而变化的。成土因素，特别是气候和植被，具有地理分布规律性，因而土壤分布也表现出地理分布规律性。

土壤发生学也称土壤形成因素学，是一门专门研究成土因素的发展和变化制约土壤的形成和演化的科学，主要研究土壤形成因素、土壤发生过程、土壤类型及其性质三者之间的关系。其主要内容包括两点：①土壤的本质是土壤肥力。土壤肥力是土壤经常适时供给并协调植物生长所需的空气、温度、养分和无毒害物质的能力，是水、肥、气、热等各肥力因素的综合体现。土壤的形成发育过程也就是土壤肥力的形成变化过程，土壤的形成和发展变化是地质大循环和生物小循环的统一；②土壤肥力的变化决定大小循环的强弱对比，这种对比关系决定母质、气候、生物、地形、时间5个自然成土因素，其中生物是主导因素。

1. 成土因素

土壤形成因素又称成土因素，是影响土壤形成和发育的基本因素，它是一种物质、力、条件、关系或它们的组合，已经或即将对土壤形成发生影响。成土因素是影响土壤形成和发育的基本因素。土壤是五大成土因素，即母质、气候、生物、地形、时间综合作用的产物，其形成过程很隐蔽或很慢，以至于很难观察。但由于各种成土因素在土壤形成过程中起着同等重要和不可替代的作用，可以通过分析土壤形成因素的差异与土壤特征差异的相关性，从中获取土壤形成的部分信息。

母质，又称"成土母质"，指岩石风化后形成的疏松碎屑物，是土壤矿物质的来源，其矿物组成、化学组成及机械组成（颗粒大小），影响土壤的形成和性质。母质分为残积母质和运积母质，运积母质又分为坡积母质、冲积母质、风积母质、冰碛母质等。母质是形成土壤的物质基础，是土壤的前身，影响土壤质地、土壤物质与理化性质、土壤形成的速率和方向等，如同处亚热带红壤区的第四纪红土与砂岩发育的红壤，其性质差异显著。

气候主要表现为水热条件对土壤形成的方向、强度所发生的影响，体现在两个方面：一是直接参与母质的风化，水热状况直接影响矿物质的分解与合成和物质的积累与淋失；二是控制植物生长和微生物的活动，影响有机物质的积累和分解，决定养分物质循环的速度。如高温高湿环境下淋溶强、淀积弱，干旱低温条件下淋溶弱、淀积强。由于土壤水分运动的方向以下行为主，若空气中湿度较大，物质易受到淋溶，土壤的盐基饱和度低、酸性强，淀积层较少。

生物是土壤形成的主导因素，是促进土壤发生发展最活跃的因素，包括植物、土壤动物和土壤微生物三种因素，直接和间接地参与矿物的各种风化作用。植被在土壤形成中最重要的作用是利用太阳辐射能合成有机质，把分散在母质、水体和大气中的营养元素有选择地吸收起来，同时伴随着矿质营养元素的有效化；在不同的气候条件下，各种植被类型与土壤类型间呈现出密切的关系。土壤动物从微小的原生动物至高等的脊椎动物，都以各自特定的生活方式参与土壤中一些有机物残体的分解与破碎作用，以及搬运和疏松土壤及母质，使大量的空气、水分能更容易深入土壤中，从而影响土壤的温度和湿度，以及其他的物理性质。还有一些动物参与土壤结构的形成，并引起土壤的化学成分改变。微生物在分解残根败叶、动物尸体等过程中，释放植物生长所需的各种养分，合成土壤腐殖质，促进土壤物质的溶解和迁移，形成团粒结构，提升土壤肥力。

地形是影响土壤和环境之间进行物质、能量交换的一个重要条件，它与母质、生物、气候等因素的作用不同，不提供任何新的物质，主要作用在于对母质、水热等进行重新再分配，如侵蚀、搬运和沉积等，并影响地面接收水分和热量。

土壤的形成是一个极其漫长的过程，大约每100万年只能形成1 cm厚的土壤。时间因素对土壤形成没有直接的影响，但时间因素可体现土壤的不断发展。母质、气候、生物、地形4个成土因素及其相互间的作用，是随着时间的推移而不断深化的。成土时间越长，土壤发育越好，土壤层次分化越明显。

人类对土壤的影响是通过改变某一成土因素和各因素之间的对比关系来调整土壤发育方向的。人类活动对土壤的影响是有意识、有目的、定向的，受社会制度和社会生产力的影响。人类活动的影响可以通过改变各自然因素而起作用，并可分为有利和有害两个方面，如灌溉、排水和人工降雨等改变土壤的水分状况；而不合理地开发利用可能使土壤退化，如过度放牧导致的土壤荒漠化。

总之，每个成土因素在土壤形成中的作用各有其特点。母质是土壤形成的物质基础；气候中的热量是能量的最基本来源；生物把无机物转变成有机物，将太阳能转变成生物化学能，改造了母质，形成土壤；地形制约着地表物质和能量的再分配；时间是成土过程的一个条件；人类活动是土壤发展的推动力。各成土因素的作用有本质上的差别，但它们又同等重要彼此不可代替。

2. 成土过程

土壤的形成是物质的地质大循环和生物小循环或地球化学过程和生物积累过程的对立和统一。地质大循环是指结晶岩矿物在外力作用下形成风化变成细碎而可溶的物质，被流水搬运到湖海，经过漫长的地质年代变成沉积岩，当地壳上升，沉积岩又露出海面成为陆地，再次经受风化淋溶。生物小循环是由风化作用产生母质，为植物生长提供了植物在母质上生长的可能性，植物从中吸取矿质养分、水分，来建造自身的有机体，使得部分可溶性养分得到保存，当植物死亡后，经微生物的分解作用，有机残体中的营养元素又变成无机物质，一部分又重新利用，具体见图2.2（黄昌勇 等，2010）。

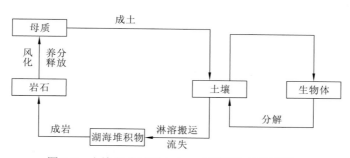

图 2.2　土壤形成过程中大、小循环的关系简图

土壤形成过程是在一定的空间条件下进行的动态的、复杂的、开放的、远离平衡的演化过程。成土过程按照物质迁移和转化的特征，可分为三大类：物质加入土体、物质迁出土体、物质在土体内迁移与转化。在自然界中，土壤形成过程的基本规律是统一的，但是由于成土条件的复杂性和多变性，决定了土壤形成过程总体的内容、性质及表现形式也是多种多样的。因此，根据土壤形成中的物质能量迁移、转化过程的特点，划分出以下主要成土过程（仲跻秀 等，1992）。

1）原始成土过程

原始成土过程是从岩石露出地表着生微生物和低等植物开始到高等植物定居之前

形成的土壤过程。原始土壤形成过程是土壤形成作用的起点，它是土壤发育的最初阶段，是土壤肥力的萌芽阶段。在高山冻寒气候条件的成土过程以原始成土过程为主。根据过程中生物的变化，分为"岩漆""地衣"和"苔藓"三个阶段。原始成土过程与风化作用相辅相成，是各种成土过程的先导。

2）有机质积累过程

有机质积累过程是生物因素在土壤形成过程中发展的结果。土壤有机质主要来源于动植物残体的分解。有机质积累过程普遍存在于各种土壤中，但因其环境条件不同，积累方式与速度有所不同。

3）黏化过程

黏化过程是指土体中原生铝硅酸盐矿物经过风化变质而形成次生铝硅酸盐黏土矿物。黏化过程使土体中一定深度黏化的黏粒含量增加，从而形成黏化层。黏化过程矿物颗粒由粗变细形成黏粒的过程，可分为淋溶黏化过程和残积黏化过程。

4）钙化过程与脱钙过程

钙化过程即碳酸钙在土壤剖面中的淋溶淀积。在干湿季节分明的条件下，矿物风化所释放出来的易溶盐类，一般情况下多被淋失，土壤溶液、胶体表面、土壤水和地下水中几乎为钙镁所饱和，土壤表层残存的钙离子与植物残体分解时产生的碳酸结合，形成溶解度大的重碳酸钙，在雨季随水向下移动至一定深度，由于水分减少和二氧化碳分压降低，重新形成碳酸钙淀积于剖面的中部或下部，土壤发生碳酸钙积累。

与钙化过程相反，在降水量大于蒸发量的生物气候条件下，土壤中的碳酸钙将转变为重碳酸钙溶于土壤水而从土体中淋失，称为脱钙过程，使土壤变为盐基不饱和状态。对于有一部分已经脱钙的土壤，由于自然（如生物表层吸收积累或风带来的含钙尘土降落或含碳酸盐地下水上升）或人为施肥（如施用石灰、钙质土粪等），而使土壤含钙量增加的过程，通常称为复钙过程。碳酸钙在土体中的积聚形态有多种，如粉末、假菌丝等。

5）盐化过程与脱盐过程

盐化过程是指在干旱、半干旱的气候条件下，地表水、地下水及母质中含有的盐分，在强烈的蒸发作用下，通过土壤水的垂直和水平移动，逐渐向地表积聚；除滨海地区外，盐化过程多发生在干旱、半干旱的大陆内地。盐化过程发生的基本条件是气候干旱，地势低平，地下水位高且水流滞缓，并且地下水矿化度较高。

脱盐过程指土壤中的能溶盐分被低矿化的降水、地表水和灌溉水下渗时溶解和带出的过程。它的强度取决于下渗水流的强度和性质、土壤的透水性、地下水面的深度和地下径流的大小。土壤脱盐过程普遍存在，近些年来由于大量机井灌溉，充分利用地下水源，同时由于大力疏浚河道，排除地面积水及降低地下水位，加速了土壤的脱盐过程。

6）碱化过程与脱碱过程

碱化过程是指土壤胶体逐步吸附较多的代换性钠，形成碱土或碱化土壤的过程。交换性钠进入胶体的程度取决于土壤溶液的盐类组成：当土壤溶液中含有大量 Na_2CO_3 时，交换性钠进入土壤胶体的能力最强；当土壤含有中性盐（如 NaCl、Na_2SO_4）时，需在土壤溶液的阳离子组成 $Na^+/(Ca^{2+}+Mg^{2+})≥4$ 的条件下，Na^+ 才能被土壤胶体吸收而引起碱化，碱化过程往往与脱盐过程相伴发生。碱化过程使土壤 pH>9.0，呈强碱性反应，并引起土壤物理性质恶化，如土壤分散、干时坚硬、湿时泥泞、透水性差。

脱碱化是指 Na^+ 和可溶性盐从碱化层（钠质层）淋失的过程。碱化土壤的碱化层水分通透性差，土壤水分不能进一步渗入土体而滞留在表土或碱化层上，滞水层次淋溶作用加强，发生水解作用，使土壤胶体吸附的交换性 Na^+ 被 H^+ 置换，铝硅酸盐晶格遭到破坏，加速分解。表现为碱化土壤去钠，pH 降低的过程，表现在土色变白，硅铝酸盐矿物破坏，出现 SiO_2 粉末。

7）潜育化过程和潴育化过程

潜育化过程是指土体在长期渍水条件下，严重缺氧，使变价元素（铁、锰）转变为还原状态，形成灰色、深灰色或灰蓝色土层的过程。它要求土壤有常年或季节性渍水和有机质处于嫌气分解状态这两个条件，土壤发生潜育化过程表明土壤水分过多，这将会严重影响植物根系的发育。

潴育化过程是指土体中地下水产生季节性升降变化，促进氧化还原作用交替进行，在土体结构表面出现锈纹、锈斑或铁锰结核的过程。潴育化过程出现位置的高低，可以判断地下水位上升的高低，通过观察潴育层的厚度可以了解地下水位变化幅度。

潜育化与潴育化的共同特点都是渍水影响下发生的，但后者渍水经常处于变动状况下，在这种干湿交替下，土体中形成锈纹、锈斑或铁锰结核的土层。

8）富铝化过程

富铝化过程是指在湿热条件下，原生矿物强烈分解，次生黏土矿物不断形成，盐基离子和硅受到淋失，铁铝氧化物含量相对增加的过程。

在高温多雨条件下，风化淋溶作用强烈进行，硅酸盐类矿物强烈分解，风化产物向下淋溶。淋溶初期，溶液呈中性或碱性，致使硅酸和盐基大量淋失，而含水铁、铝相对聚集，形成富含铁、铝的红色土体。随着盐基的不断淋溶，风化层上部变为酸性。当酸性达到一定程度时，含水氧化铁、铝开始溶解，并且具有流动性，但一般向下移动不深，旱季可随毛管上升至表层，经脱水以凝胶形式聚积或形成铁、铝结核体；又因土体上部植物残体矿化提供盐基较丰富，酸性较弱，故含水铁、铝氧化物活性也较弱，多淀积，更利于铁、铝残余积聚层的形成，脱硅富铝化是砖红壤和红壤的重要成土过程，但富铝化的程度不同，前者强于后者。

9）灰化过程

灰化过程是指在寒温带、寒带针叶林植被和湿润条件下，土壤中的二氧化硅残留、倍半氧化物与腐殖质（有机酸）螯合后淋溶淀积的过程。以粉砂粒为主的养分贫乏、强酸性、松散土层，即称为灰化层。灰化过程的产生需要充沛的水分淋洗、强酸性腐殖质产生和多酚类等有机络合物的存在这三个前提条件。

灰化过程明显进行地区是在我国寒温带针叶林。针叶林残落物被真菌分解产生强酸性富里酸，随着丰富的下渗水，对土壤表层矿物产生深刻的分解和淋溶，表层矿物质分解的盐基和黏粒、铁铝氧化物淋溶到土体中下部沉积，而上部土层中残留着不被酸性介质溶解的硅酸，经过脱水作用形成非结晶形态的硅粉。

10）白浆化过程

白浆化过程是指在还原条件下，土壤亚表层中的铁、锰还原淋失和黏粒的机械淋溶相结合，使土体中出现一个粉砂量高，铁、锰缺乏的白色淋溶层的过程。白浆化过程的实质是潴育淋溶过程。白浆化过程也可说成是还原性漂白过程，白浆层盐基、铁、锰严重漂失，土地团聚作用削弱，形成板结和无结构状态。

在较冷凉湿润地区，由于质地黏重、冻层顶托等原因，易使大气降水或融冻水在土壤表层阻滞，造成上层土壤还原条件，在有机质这个强还原剂的参与下，一部分铁锰被还原并随下渗水或侧渗水而漂洗出上层土体，另一部分铁锰干季就地形成铁锰结核，土壤表层逐渐脱色，形成白色土层和白浆层。

11）熟化过程

熟化过程指耕种土壤在自然因素和人为因素综合影响下进行土壤发育的过程。其中人为因素起主导作用。熟化的土壤土层深厚，有机质含量高，土壤结构良好，水、肥、气、热诸因素协调，微生物活动旺盛，供给作物水分、养分的能力强，为作物高产稳产创造了有利条件。土壤熟化过程具有快速、定向两大特点，熟化过程可分为水耕熟化过程与旱耕熟化过程：水稻土的形成就是经历着水耕熟化过程，除水稻田之外的土壤的形成过程则为旱耕熟化。

2.2.2　土壤分类

土壤分类就是根据土壤自身发展的规律，在系统地认识土壤的基础上，对土壤进行科学区分和归并。土壤分类的目的就在于阐明土壤的自然因素和人为因素影响下的发生发展规律，为合理开发利用土壤、发展和配置农林牧业生产提供科学依据。

我国近代土壤分类的进展演变，基本上分为美国马伯特分类、苏联土壤发生分类、全国第一次土壤普查分类、全国第二次土壤普查分类及土壤系统分类 5 个阶段，目前处于发生分类（全国第二次土壤普查分类）与系统分类并存阶段。

1. 土壤发生分类

1979 年开展了全国第二次土壤普查。随着土壤普查的逐步深入，土壤分类系统也逐渐得到补充、修订与发展；1984 年全国土壤普查办公室草拟了《中国土壤分类系统》，增加了许多土壤普查过程中发现的新土壤类型，如白浆化黄棕壤、脱潮土等；1985 年与1986 年召开的两次土壤基层分类单元学术研讨会，研究与探讨了土属与土种等基层分类单元，并赋予了土属与土种比较确切的新定义；同时确立了划分的原则与依据，推动我国的土壤分类学科的发展。全国第二次土壤普查的土壤分类是在苏联土壤发生分类体系的基础上确立了《中国土壤分类系统》（1992），拟定的分类体系为土纲、亚纲、土类、亚类、土属和土种，全国分为 12 个土纲，28 个亚纲，61 个土类，233 个亚类，编制了《中国土壤》《中国土种志》《中国土壤图》及各省、县土壤报告及图件等，在我国影响深远。

1）分类特点

全国第二次土壤普查所用的分类特点主要是：以发生学理论为基础；以土壤属性为主要依据，强调成土条件、成土过程、土壤属性三者是辩证的统一，成土条件决定成土过程，而成土过程的结果必然反映到土壤性态特征，即土壤属性；中心概念与边界定义相结合；多级别谱系式分类体系。

2）分类依据

土壤发生分类中高级分类单元包括土纲、亚纲、土类、亚类，主要用来反映土壤的发生分布规律；土属和土种为基层分类单元，主要用来指导农业生产利用。土类是高级分类级别中的基本单元，土种是基层分类级别中的基本单元。

土纲为最高级土壤分类级别，是土壤重大属性的差异和土类属性的共性的归纳和概括，反映了土壤不同发育阶段中，土壤物质移动累积所引起的重大属性的差异。

亚纲是在同一土纲中，根据土壤形成的水热条件、岩性及盐碱的重大差异来划分，一般地带性土纲可按水热条件来划分。

土类是高级分类的基本单元。它是在一定的自然或人为条件下产生独特的成土过程及其相适应的土壤属性的一群土壤。同一土类的土壤，成土条件、主导成土过程和主要土壤属性相同。每一个土类均要求：①具有一定的特征土层或其组合；②具有一定的生态条件和地理分布区域；③具有一定的成土过程和物质迁移的地球化学规律；④具有一定的理化属性和肥力特征及改良利用方向。

亚类是土类范围内的进一步续分，反映主导成土过程以外，还有其他附加的成土过程。一个土类中有代表它典型特性的典型亚类，即它是在定义土类的特定成土条件和主导成土过程作用下产生的；也有表示一个土类向另一个土类过渡的亚类，它是根据主导成土过程之外的附加成土来划分的。

土属是具有承上启下的分类单位。土属主要根据成土母质的成因、岩性及区域水分条件等地方性因素的差异来进行划分的。对于不同的土类或亚类，所选择的土属划分的具体标准不一样。

土种是土壤基层分类的基本单元。同一土种要求：①景观特征、地形部位、水热条件相同；②母质类型相同；③土体构型（包括厚度、层位、形态特征）一致；④生产性和生产潜力相似，而且具有一定的稳定性，在短期内不会改变。全国第二次土壤普查中，提出了土种划分的 10 项指标，即土体厚度、有机质层厚度、砾质度、特征土层的部位、特殊土层、土壤酸碱度、土壤质地及构型、特征土层的发育度、盐渍度、碱化度，并提出了数量化的划分标准。

2. 土壤系统分类

1984 年开始，中国科学院南京土壤研究所与多个高等院校和研究所，多次开展了以土壤诊断层和诊断特性为基础，以土壤属性为主的土壤系统分类，逐步建立以诊断层和诊断特性为基础的、全新的谱系式、具有我国特色、具有定量指标的土壤系统分类，使土壤分类发生了由定性向定量的转变。此外，也先后提出了《中国土壤系统分类（初拟）》（1985）、《中国土壤系统分类（二稿）》（1987）、《中国土壤系统分类（三稿）》（1988）、《中国土壤系统分类（首次方案）》（1991、1993）、《中国土壤系统分类（修订方案）》（1995）、《中国土壤系统分类——理论·方法·实践》（1999）、《土壤发生与系统分类》（2007），在国内外产生了巨大的影响；目前《中国土壤系统分类检索（第 3 版）》（2001）确立了从土纲、亚纲、土类、亚类、土族和土系的多级制的分类体系，将我国土壤划分为 14 个土纲、39 个亚纲、141 个土类、595 个亚类；除高级分类单元的框架外，对土族、土系的分类和命名进行了明确规定；同时为便于国际交流和国内其他分类系统比较，出版了对应的英文版和参比内容。

1）分类特点

土壤系统分类是以诊断层和诊断特性为基础的、以土壤定量属性为主的、谱系式的土壤分类，所以又称为土壤诊断分类。这一分类的特点是：①以诊断层和诊断特性为基础，指标定量化，概念边界明晰化；②以土壤发生学理论为依据，特别是将历史发生和形态发生结合起来；③与国际接轨，与美国的土壤系统分类、联合国图例单元（FAO/Unesco）和世界土壤资源参比基础的分类的基础、原则和方法基本相同，可以相互参比；④充分体现本国特色；⑤有检索系统，检索立足于土壤本身性质，即根据土壤属性可明确地检索到待查土壤的分类位置。

2）分类依据

土纲为最高土壤分类级别，根据主要成土过程产生的或影响主要成土过程的诊断层和诊断特征划分。如人为土根据水耕等人为过程产生的性质，淋溶土根据黏化过程产生的黏化层划分。

亚纲是土纲的辅助级别，主要根据影响现代成土过程的控制因素所反映的诊断特性（如水分状况、温度状况和岩性特征）或土壤性质划分。如淋溶土纲中分为冷凉淋溶土、干润淋溶土、常湿淋溶土和湿润淋溶土 4 个亚纲，主要是根据温度状况与水分状况划分。

土类是亚纲的续分。土类类别多根据反映主要成土过程强度或次要成土过程或次要控制因素的表现性质划分。如湿润淋溶土亚纲中的铝质湿润淋溶土、钙质湿润淋溶土、黏磐湿润淋溶土、铁质湿润淋溶土土类。

亚类是土类的辅助级别，主要根据是否偏离中心概念，是否具有附加过程的特性和是否具有母质残留的特性划分。代表中心概念的亚类为普通亚类，具有附加过程特性的亚类为过渡性亚类，如灰化、漂白、黏化、龟裂、潜育、斑纹、表蚀、耕淀、堆垫、肥熟等；具有母质残留特性的亚类为继承亚类，如石灰性、酸性、含硫等。

土族是土壤系统分类的低级分类单元，是在亚类范围内，主要反映与土壤利用管理有关的土壤理化性质发生明显分异的续分单元。同一亚类的土族划分是地域性（或地区性）成土因素引起土壤性质在不同地理区域的具体体现。不同类别的土壤划分土族所依据的指标各异。供土族分类选用的主要指标有剖面控制层段的土壤颗粒大小级别、不同颗粒级别的土壤矿物组成类型、土壤温度状况、土壤酸碱性、盐碱特性、污染特性及其他特性等。

土系是低级分类的基层分类单元，它是发育在相同母质上，由若干剖面性态特征相似的单个土体组成的聚合土体所构成。其性状的变异范围较窄，在分类上更具直观性和客观性。同一土系的土壤成土母质、所处地形部位及水热状况均相似。在一定剖面深度内，土壤的特殊土层的种类、性态、排列层序和层位，以及土壤生产利用的适宜性能大体一致。如雏形土或新成土，其剖面中不同性状沉积物的质地层次出现的位置及厚薄对于农业利用影响较大，可以分别划分出不同的土系（龚子同 等，2005）。

2.2.3　土壤调查

土壤调查是野外研究土壤的一种基本方法，以土壤地理学理论为指导，通过对土壤剖面性态及其周围环境的观察、描述记载和综合分析比较，对土壤的发生演变、分类分布、肥力变化和利用改良状况进行研究、判断。

根据调查目的、调查区自然条件（地形、母质、土被等）的复杂程度和农业生产特点及调查区面积的大小，土壤调查可分为大比例尺调查、中比例尺调查和小比例尺调查，在工作中选用合适的底图资料、确定合适的调查路线及设定相应的调查密度。

土壤调查主要内容包括：①成土环境，即区域气候、植被、地貌、母质、人为活动等成土因素的特点及其和土壤发生的联系；②剖面形态，包括土层划分、土层表示与土层形态描述等，是野外鉴别和划分土壤类型的主要依据；③采样与分析，即通过采样与室内分析，测定土壤的组成与理化性质，研究成土过程，确定土壤类型，绘制土壤图件，提升土壤质量等。

1. 成土环境

成土环境中主要调查自然成土因素，同时调查社会经济资料，了解人类活动对土壤发生与演变的影响，在调查前应有目的地收集区域的相关资料及报告图件等。自然成土因素中主要调查定位区域的气候、地形地貌、成土母质、水文状况、侵蚀状况等；社会经济资料特别是农业经济资料，主要包括土地利用类型、地表特征、基础设施、人口比例、产业构成、农业生产结构与产量、农业生产中产生的主要问题；水利、施肥状况、旱、涝、盐、碱、次生潜育化、水土流失情况等。此外，城市、工矿业发展带来的土壤污染或退化也需重视。

气候调查主要包括区域多年平均气候信息，包括气温、降水量、蒸散量、>10℃积温、无霜期，以及土壤温度及水分状况、是否存在永冻层及其深度等。

地形地貌调查主要是指区域地表面高低起伏的自然形态，其中大—中地形一般根据地貌图确定，小地形及其以下依据野外目测确定，包括微地貌类型、微地形类型、海拔、地形部位、坡型、坡度、坡向、侵蚀状况等；另外调查地表水和地下水的水量、水位、水质等。

成土母质调查主要是根据区域地质构造、岩石种类、岩性及其分布规律调查成土母质类型，一般以第四纪成因类型为基础，如花岗岩残积母质、河流冲积母质或洪积物、海（湖）相淤积物、冰碛母质等。在干旱和半干旱地区，应注意黄土和风沙物质；湿热的亚热带和热带，应注意红色风化壳。

生物调查主要是调查区域植被类型、组成结构、覆被情况、指示植物等。

地表状况主要调查土地利用类型、植被覆盖度、农业种植组成、作物长势、作物产量、疏松表层厚度、地表盐化情况、地表碱化情况、灌排状况等。

2. 剖面形态

土壤剖面指从地表到母质的垂直断面，深度一般在 2 m 以内。土壤在成土因素的作用下，土壤中物质以不同的方向、速度进行迁移、转化和积累，在土壤剖面上形成一系列组成和性质不同的、大致与地面相平行的，并具有成土过程特征的发生层。因此土壤发生层是成土因素综合作用的结果，也是土壤发生发育的结果，土壤发生层分化越明显，表示土体的非均一性越显著，土壤的发育程度越高。

1）发生层的划分

各发生层可以显示出成土过程所发生的特征与性状，表现出土层之间颜色、质地、结构、新生体、侵入体等形态特征，以及土壤成分和性质上等具有差异性。划分发生层时，可先根据土壤剖面的形态特征，如颜色、结构、松紧度、质地、植物根系分布等的差异，大致划分出土层界线，然后再根据土层在物理作用、化学作用、生物作用、耕作利用下所表现的特征（如物质的淋溶、淀积和新生体的情况等）确定。同时，还需注意土层间的变化及其相互关系，划分的各土层也应具有鲜明的特点。

不同的成土因素作用下形成不同的土类，具有不同的发生层次组成的土壤剖面形态，一般土壤剖面分为 3～5 层[图 2.3（熊毅 等，1965）]。

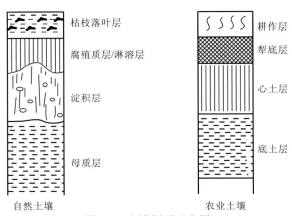

图 2.3　土壤剖面示意图

（1）自然土壤，是未经人类开垦利用，在自然成土因素综合作用下形成的土壤，剖面一般分为 3～4 层。

枯枝落叶层：森林土壤中由枯枝落叶形成的、未分解或有不同程度分解的有机物质层，草原土壤这一层很薄或不明显。

腐殖质层或淋溶层：枯枝落叶层之下，生物活动强，积聚腐殖质较多，一般具有良好的结构，呈暗色，故称腐殖质，但此层同时进行着物质的淋溶和转移过程，故又称淋溶层。

淀积层：从腐殖质淋溶的物质，移动到一定的深度，即淀积成层。此层积聚的物质较丰富，有各种有机、无机胶体，铁、铝、锰的化合物等。

母质层：位于淀积层之下，受成土作用影响小，发育程度低，一般为岩石风化层。

（2）农业土壤，是经过人为耕作的土壤，剖面一般分 4 层。

耕作层：经常耕翻的表土层，疏松、结构较好。

犁底层：在耕作层之下，由于受农业生产活动如农具机械的踏压和来自耕作层物质的淀积，土层较紧实，一般水田土壤较明显。

心土层：常称为半熟土层，根系分布少，有不同程度的沉积现象。该层也能受到一定的犁、畜压力的影响而较紧实，但受耕作影响较小，不像犁底层那样紧实。在耕作土壤中，心土层是起保水保肥作用的重要层次，是生长后期供应水肥的主要层次。

底土层：在心土层以下，受地表气候的影响很少，发育程度很低，同时也比较紧实，物质转化更为缓慢，可供利用的营养物质较少，根系分布更少，又称死土层，相当于自然土壤的母质层。但它也在不同程度上影响整个土体的水分保蓄、渗漏、供应及通气状况、物质运转等。

2）发生层的表示

土层划分后常用大小写字母及数字表示，目前常用的土层及符号说明有美国土壤系统分类、《中国土壤普查技术》（全国土壤普查办公室，1992）、《中国土壤系统分类：理论·方法·实践》（龚子同，1999）等，都拟定了相应的土层及土层特性符号。其中土层以大写字母表示；以小写字母表示土层发生学的从属特征，后缀在土层符号（大写字母）右下方，后缀小写字母一般不超过两个。

I. 《中国土壤普查技术》拟定的土层及符号

自然土壤：H（泥炭状有机质层）、Hi（纤维质泥炭层）、He（半分解泥炭层）、Ha（高分解泥炭层）、O（凋落物有机质层）、A（在地面或近地面形成的矿质层）、E（淡色、少有机质、砂粒或粉砂粒富积的矿质层）、B（母质特征消失或微弱可见的矿质层）、C（受成土过程影响小或不受影响的母质层）、D（不受成土过程影响的碎屑土层）、R（坚硬或极坚硬基岩）；

水作土壤：Aa（耕作层）、Ap（犁底层）、P（渗育层）、W（潴育层）、Gw（脱潜层）、G（潜育层）、E（漂洗层）和 M（腐泥层）；

旱作土壤：A_{11}（旱耕层）、A_{12}（亚耕层）、C_1（心土层）和 C_2（底土层）。

常用土层后缀符号：a（分解较好的有机质）、b（埋藏或重叠）、c（结核或硬结核）、e（漂洗特征）、f（永冻特征）、g（潜育斑纹特征，有亚铁反应特征）、h（有机质淀积）、i（弱分解有机质）、k（碳酸盐聚积）、m（胶结或固结）、n（钠质特征）、p（耕作或扰动）、q（硅聚积）、s（三二氧化物聚积）、t（黏粒淀积）、u（地下水升降引起的锈色斑纹）、v（网纹特征）、w（仅色泽或结构发育的过渡层）、x（脆盘）、y（石膏聚积）、 z（易溶盐聚积）。

II. 《野外土壤描述与采样手册》拟定的土层及符号

O（有机层）、A（腐殖质表层或受耕作影响的表层）、E（淋溶、漂白层）、B（物质淀积或聚积层，或风化B层）、C（母质层）、R（基岩）；G（潜育层）、K（矿质土壤A层之上的矿质结壳层，如盐结壳、铁结壳等）。

常用土层后缀符号：b（埋藏特征）、g（潜育特征）、h（腐殖质聚积）、i（低分解和未分解有机物质）、k（碳酸盐聚积）、l（网纹）、m（强胶结）、n（钠聚积）、o（根系盘结）、p（耕作影响，Ap1耕作层，Ap2犁底层）、r（氧化还原）、s（铁锰聚积）、t（黏粒聚积）、u（人为堆积、灌淤）、v（变性特征）、w（就地风化形成的显色、有结构层）、z（可溶盐聚积）。

3）剖面形态特征

土层划分并用符号加以标记后，采用连续读数，用钢卷尺从地表往下量取各层深度，单位为厘米，从上到下连续记录各层厚度，并观察与描述各土层特征。主要形态特征指标有：颜色（干和润）、质地、结构（类型和发育程度）、结持性（干和湿）、层次过渡（形式和表现程度）、孔隙的大小和丰度、黏结性、可塑性、碳酸盐（形态和丰度）、斑纹胶膜（丰度、厚度和位置）、侵入体及生物活动（根、动物）等。

土壤剖面构型是各土壤发生层在垂直方向有规律的组合和有序的排列状况，又称为土体构型。不同的土壤有不同的土壤剖面构型，因此土壤剖面构型是土壤分类的最重要的特征，土壤剖面构型不仅反映土壤形成的内部条件与外部环境，还体现耕作土壤的肥力状况和生产性能。

（1）土壤颜色：土壤颜色是土壤剖面表现最显著的特性，主要是采用芒塞尔（Munsell）土色卡目视比较法，获取颜色的三属性：色调（hue）、明度（value）和彩度（chroma）。色调指物体所呈现出来的颜色，与光的波长有关，包括红（R）、黄（Y）、绿（G）、蓝（B）、紫（P）5个主色调，黄红（YR）、绿黄（GY）、蓝绿（BG）、紫蓝（PB）、红紫（RP）5个半色调，每一个半色调又进一步划分为4个等级，如2.5YR、5YR、7.5YR、10YR；明度指颜色的相对亮度，以绝对黑作为0，绝对白作为10，分为10级，逐渐变亮。彩度指光谱色的相对纯度，在土色卡中取1~8。土壤颜色的比色，应在明亮光线下进行，但不宜在阳光下；土样应是新鲜而平的自然裂面，而不是用刀削平的平面。土壤颜色的完整命名法是颜色名称+明度/彩度，测定土壤的干态和润态土壤颜色，如淡棕（7.5YR5/6，干）。

（2）土壤质地：在野外用手捻搓的感觉来判断，一般根据干燥时压块的硬度或搓面的粗糙程度、湿时用手搓片或搓条的粗细及弯曲时断裂程度进行分类。①砂土：能见到或感觉到单个砂粒。干时抓在手中，稍松开后即散落；湿时可捏成团，但一碰即散。②砂壤土：干时手握成团，但极易散落；润时握成团后，用手小心拿不会散开。③轻壤土：干时手握成团，用手小心拿不会散开；润时手握成团后，一般性触动不至散开。④中壤土：干时成块，但易弄碎；湿时成团或为塑性胶泥，以拇指与食指撮捻不成条，呈断裂状。⑤重壤土：湿土可用拇指与食指撮捻成条，但往往受不住自身重量。⑥黏土：干时常为坚硬的土块，润时极可塑；通常有黏着性，手指间撮捻成长的可塑土条。

　　各土层的砂、壤、黏等土壤颗粒相互叠置，构成了土壤剖面质地土层排列的多样性。不同质地的土壤层理分布及其组合，又称为土体质地构型，明显影响土壤的水、肥、气、热的运行，直接影响土壤各种性质及植物生长，尤其是砂质土层及黏质土层（重壤土、黏土）在剖面中相间出现的部位及厚度影响显著，不同土体质地构型是土壤改良、利用的重要特征之一。

　　土体质地构型一般包括均质型（通体砂、通体壤、通体黏等）、夹层型（壤夹黏型、黏夹砂型等）和底层型（上砂下黏型、上黏下砂型等），如图 2.4（熊毅 等，1965）所示。

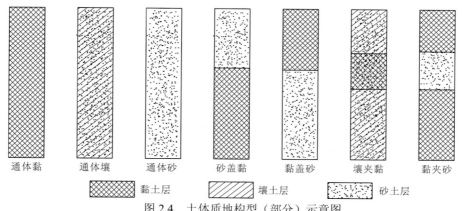

通体黏　通体壤　通体砂　砂盖黏　黏盖砂　壤夹黏　黏夹砂

▨ 黏土层　▨ 壤土层　▨ 砂土层

图 2.4　土体质地构型（部分）示意图

　　不均质土体质地构型中，如果突出砂土层及黏土层的出现部位与厚度，可按出现的部位分为浅位（20～60 cm）、中位（60～100 cm）、深位（100～150 cm）。按土层厚度分为 4 级：①极薄层（5～10 cm）；②薄层（10～30 cm）；③中层（30～60 cm）；④厚层（>60 cm）。<5 cm 者不予表示。

　　如黄淮海平原区的"蒙金土"，是指上部耕作层为轻壤质土层，透水通气良好，可以迅速地接纳较大的降水量，防止地面径流，减少水土流失；其下为质地偏黏的中层或厚层，起保水托肥作用，减少养分下渗流失，又有回润水分的能力，此类土壤是耕性良好、高产稳产的土体质地构型。与之相反的"倒蒙金土"，是指上层土壤质地黏重且厚度较大，土壤紧实而通气透水性差，干时坚硬龟裂，湿时膨胀闭结，不利于植物生长，是一种不良的土体质地构型。

　　（3）土壤结构：主要指土壤结构体的形状（粒状、片状、块状、柱状等）、大小及发育程度。发育程度主要可分为：①弱发育，可观看出结构体，但一触即碎；②中等发育，结构体可从中分出，分别观其结构形状；③强发育，结构体坚固，手中观察不碎。

（4）土壤紧实度：指土壤疏松紧实状况，也称坚实度或硬度。在野外若没有仪器的情况下，可用采土工具（剖面刀、取土铲等）测定土壤的松紧度。常分为极紧实、紧实、稍紧实、疏松、松散等级别。

（5）土壤孔隙：一般常在土壤剖面上和较大的结构体表面上观察土壤孔隙的大小与多少。按孔隙大小常分为小孔隙、中孔隙、大孔隙等；按多少可分为少量、中量、多量；孔隙形状也可形象地说明，如海绵状、穴管状、蜂窝状孔隙等。观察孔隙的同时，还需看有无裂隙。

（6）土壤干湿：在野外，土壤干湿度通过手感的凉湿程度及用手挤压土壤是否渍水的状况加以判断，常分为干、稍润、润、潮、湿五级。

（7）植物根系：植物根系的种类、粗细、多少和在土层中的分布状况。

（8）动物活动：土壤中动物活动，可以作为判断肥力的间接指标，如蚯蚓、田鼠、蚂蚁等昆虫及幼虫等的活动。应记述动物的种类、多少、活动情况，以及动物在土层中的分布、动物洞穴、动物填充物特征等。

（9）石灰反应：野外观察土壤剖面时，用 $1:5$（v/v）的稀盐酸，滴加在土壤上数滴，根据滴加盐酸后所发生的泡沫反应强弱，判断碳酸钙含量的多少，一般分为无、弱、中、强四等。

（10）土壤侵入体：土壤侵入体指的是由外界进入土壤中的物体，如动物的骨骼、贝壳、灰烬、炭屑、建筑碎石、水泥、混凝土、砖块、石灰、砂浆、玻璃、沥青、橡胶、塑料、纺织物、粉煤灰、煤渣、金属制品等多种类型；侵入体若数量较多可以改变土壤固、液、气三相组成、孔隙分布状态和土壤水、气、热、养分状况。

（11）土壤新生体是指土壤发育过程中物质重新淋溶淀积所形成的新的物质，包括化学起源的和生物起源的两种。化学起源的新生体包括易溶性盐类、石膏、碳酸钙、二氧化硅、三二氧化物、锰化合物、亚铁化合物、腐殖质等；生物起源的新生体包括粪粒、蠕虫穴、鼠穴斑、根孔。一般新生体多是化学起源，根据新生物质的性质和形状并考虑到它和土壤性质的相关性，可判断出土壤类型、发育过程及历史演变特征。

4）采样与分析

一般采集土壤的样品类型有土壤容重样品、土壤纸盒样品、土壤整段标本样品、土壤分析样品等。

土壤容重样品大都采用环刀法，自上而下逐层采集。土壤分析样品多采用取土钻在取样单元内随机采集。

土壤剖面采样宜采自新挖的人工剖面，为防止上层土壤物质下落而污染下部土壤，需"自下而上"采集土样，表层土样的采集深度一般 $\leq 20\ cm$，在一个土层内，尽可能与上、下土层界线保持适当的距离，在整个土层内均匀通层采集。

根据土壤调查目的及用途，选择合适的分析方法与规范，对土壤物质组成、理化性质进行室内测试分析。

参 考 文 献

鲍士旦, 2000. 土壤农化分析. 3 版. 北京: 中国农业出版社.

陈怀满, 1996. 土壤-植物系统中的重金属污染. 北京: 科学出版社.

龚子同, 1999. 中国土壤系统分类: 理论·方法·实践. 北京: 科学出版社.

龚子同, 张甘霖, 陈志诚, 2005. 中国土壤系统分类: 建立、发展和应用. 中国土壤学会.

黄昌勇, 徐建明, 2010. 土壤学. 北京: 中国农业出版社.

全国土壤普查办公室, 1992. 中国土壤普查技术. 北京: 农业出版社.

邵明安, 王全九, 黄明斌, 2006. 土壤物理学. 北京: 高等教育出版社.

伍光和, 田连恕, 胡双熙, 等, 2000. 自然地理学. 北京: 高等教育出版社.

熊毅, 席承藩, 等, 1965. 华北平原土壤. 北京: 科学出版社.

仲跻秀, 施岗陵. 1992. 土壤学. 北京: 中国农业出版社.

第3章 矿山复垦土壤的特征与分类

　　我国从 20 世纪 80 年代开始进行有组织的土地复垦,重点是对采煤塌陷地进行复垦,复垦了大量土地后, 复垦土壤的特征与问题是什么?直接关系到复垦技术的革新和复垦的成败。本章将基于已经复垦土壤的研究,利用土壤发生学和分类学原理,试图揭示现有复垦土壤的特征、分类和存在的问题,为复垦技术的改进和土壤重构理念、原理和技术的革新奠定基础。复垦土壤分类的研究工作辛苦且困难,国内很少有这方面的研究,直到 2008 年李玲博士研究生勇敢承担起这一研究任务。我们首次从土壤分类学的角度系统研究了高潜水位采煤塌陷地复垦土壤的特征与分类,是我国复垦土壤中难得的成果,特地将采集的 23 个剖面特征(见附录)和有关成果较详细地提供给读者,希望得到批评指正和进一步的研究与完善。

3.1 概　　述

　　采矿过程造成了土壤损毁,同样复垦过程也造成了土壤不同程度的扰动,如充填复垦完全改变了土体的构型,非充填复垦造成了土壤性质的改变等,人类已经认识到矿区内的土壤正遭受有史以来最为深刻持久的人为活动的影响,演变成一种特殊的土壤——复垦土壤,本质上是一种人为土壤或人造土壤(胡振琪 等,2013)。直至 20 世纪 80 年代后期城市和工矿区土壤(通称城市土壤)逐渐被重视,与此同时,人为土的研究在国际土壤学界逐渐得到重视。中国、苏联、荷兰、美国、比利时等国家的土壤学家针对人为土相继开展了专门研究。在此背景下,1998 年在法国蒙彼利埃(Montpellier)第 16 届国际土壤学大会正式组建了“城市、工业、交通和矿区土壤”(Soils in Urban, Industrial, Traffic and Mining Areas, SUITMA)工作组。SUITMA 成立后首次正式活动是在 2000 年 7 月 12~19 日于德国埃森(ESSEN)大学召开的首届 SUITMA 国际会议。

　　复垦土壤因人为剧烈扰动,土壤剖面构型、土壤理化性质都发生了巨大的变化;而且复垦土壤不是分类学上的概念,在分类中没有针对性或者相关的定义,即复垦土壤无法在土壤发生分类中找到自己的位置,已经不能再归入原先的土壤类型。但它作为土壤应该在土壤分类系统中有一个位置,土壤分类应该包含这些数量可观的“人造土壤”。而土壤分类系统以诊断层和诊断特性为分类依据,强调土壤本身的性质,使复垦土壤的分类成为可能。

　　随着经济与社会的发展,矿区的数量及规模不断扩大,土壤破坏与复垦的面积逐年增加,以及复垦工艺改进的需要,有关矿区土壤的特征、形成、分类和环境影响等诸多问题正在成为人们广泛关注的议题，也是当前矿区所面临的严峻挑战。只有通过对已经复垦土壤特征与问题的分析，才能找准问题，革新复垦技术，实现高质量土地复垦。

3.2　研究方法与设计

3.2.1　研究区选择

研究区域主要位于山东省南部、江苏省西部、安徽省北部和河南省东部之间的邹城市、徐州市、淮北市、宿州市、永城市，以及河南省中南部的平顶山市等煤炭资源丰富、潜水位较高的区域，地理坐标介于 116°21′~117°35′E，33°57′~35°28′N，以及 113°17′~113°25′E，33°43′~33°51′N。

研究区域煤炭资源丰富，煤层赋存稳定，开采技术条件简单，适于机械化开采。地处暖温带过渡型季风气候区，四季分明，雨量集中，雨热同期，有利于作物生长，年均日照时数为 2 200~2 500 h，年均气温 14.3~14.9℃，日均气温≥10℃的积温为 4 689.7~4 834.2℃，年均降水量 717.9~862.9 mm，年平均无霜期 202~220 天，能满足作物两年三熟和一年两熟的热量要求。

研究区域的土壤类型多为潮土土类，潮土中又以两合土为主，淤土次之；母质多为冲积物，土层深厚，层次明显，性质和流域上游的土壤物质（来源）有关。潮土是我国主要的旱作土壤，盛产粮棉。研究区域处于黄淮海夏玉米区，小麦、玉米一年两作制，小麦、玉米单产已连续十年过 15 t/hm²，而且优质粮棉种植面积不断扩大。研究区域的地貌类型多是山前倾斜平原或河流冲积平原，地势平坦，地下水位多在地表以下 1~4 m，是典型的高潜水位采煤沉陷区。

采煤沉陷区的土地复垦是通过一系列的工程技术措施对土地进行挖、铲、运、垫、平等处理，使之达到重新利用的目的。主要的复垦技术如下。①直接修整技术：主要通过土地平整技术和梯田技术实现损毁土地的再利用。主要消除附加坡度、地表裂缝及波浪状下沉、台阶状下沉等破坏特征对土地利用的影响，适用于丘陵山区或中低潜水位塌陷区。②直接利用技术：针对大面积沉陷地，尤其是大面积积水或积水较深的区域及未稳定或暂难复垦的沉陷地，常根据沉陷地损毁现状，因地制宜地直接加以利用，如网箱养鱼、养鸭、种植浅水藕或耐湿作物等。该方法在华东及部分华北地区应用较多。③疏排复垦技术：采用合理的排水措施（如建立排水沟、直接泵排等），以必要的地表整修，使采煤塌陷地不再积水并得以恢复利用；多用在低潜水位地区或单一煤层、较薄煤层开采的高、中潜水位地区；主要工作是构建排水系统。④挖深垫浅复垦技术：将沉陷深的区域再继续挖深，形成水（鱼）塘，将取出的土方充填在沉陷浅的区域形成耕地，实现水产养殖和农业种植并举利用；适用于沉陷较深，有积水的高、中潜水位地区，但对土壤的扰动大，需要考虑表土剥离、土壤剖面重构、土壤性质修复、土壤培肥等配套措施与技术。依据复垦设备的不同，可以分为泥浆泵复垦、拖式铲运机复垦、挖掘机复垦、推土机复垦等。⑤充填复垦技术：利用土壤或易得的矿区固体废弃物，如煤矸石、粉煤灰、露天矿排放的剥离物、垃圾、沙泥、湖泥、水库库泥和江河污泥等充填采煤沉陷地，恢复到设计地面高程来重构土壤,适用于有足够的充填材料且充填材料无污染的区域（胡振琪，1996，胡振琪 等，1993）。

考虑人类活动对研究区域复垦土壤形成演变的影响，选择不同区域、不同复垦方式的土壤进行野外调查和土壤剖面样品的采集，同时采集周围未塌陷的原状土壤剖面样品（表3.1）。

表3.1 剖面点基本情况

剖面号	北纬	东经	行政位置	复垦方式	复垦时间/年	种植时间/年	土地利用类型
1	35°25′05″	116°50′14″	山东省邹城市太平镇北林村东	挖深垫浅	1998	1999	耕地
2	35°28′13″	116°46′56″	山东省邹城市太平镇平阳寺村西	挖深垫浅	2001	2003	林地
*3	35°26′51″	116°49′19″	山东省邹城市太平镇平阳寺村南				耕地
4	34°24′37″	117°23′16″	江苏省徐州市贾汪区青山泉镇姚庄	充填复垦（粉煤灰）	2000	2001	林地
5	34°25′01″	117°35′04″	江苏省徐州市贾汪区青山泉镇四清村	充填复垦（煤矸石）	2003	2003	耕地
*6	34°26′26″	117°28′06″	江苏省徐州市贾汪区老矿办事处东				耕地
7	34°26′29″	117°25′28″	江苏省徐州市贾汪区老矿办事处西	充填复垦（外源土）	2007		
8	34°26′17″	117°25′30″	江苏省徐州市贾汪区泉旺头村西	挖深垫浅（泥浆泵）	2002	2003	耕地
9	33°58′59″	116°51′02″	安徽省淮北市杜集区矿山集街道西	充填复垦（粉煤灰）	2004	2005	耕地
*10	33°57′38″	116°49′52″	安徽省淮北市相山区任圩街道南				耕地
11	33°57′43″	116°50′33″	安徽省淮北市相山区任圩街道东	挖深垫浅	2004	2005	耕地
12	34°10′36″	116°57′28″	安徽省宿州市萧县龙城镇邵庄村	挖深垫浅（泥浆泵）	2004	2006	耕地
13	34°10′21″	116°57′51″	安徽省宿州市萧县龙城镇孟楼村	挖深垫浅（泥浆泵）	2008		
14	33°54′56″	116°35′09″	河南省商丘市永城市高庄镇葛店村	挖深垫浅	1998	2000	耕地
15	33°57′32″	116°21′29″	河南省商丘市永城市城厢乡刘岗村	挖深垫浅	2008		
16	34°02′26″	116°23′53″	河南省商丘市永城市陈集镇陈四楼村	挖深垫浅	2008		
17	34°14′37″	116°23′47″	河南省商丘市永城市陈集镇陈小楼村	挖深垫浅	2007	2008	耕地
*18	34°06′39″	116°21′25″	河南省商丘市永城市高庄镇王庄村				耕地
19	33°45′03″	113°23′25″	河南省平顶山市东高皇乡辛南村	充填复垦（外源土）	2005	2007	耕地
20	33°51′16″	113°17′33″	河南省平顶山市东高皇乡辛北村	充填复垦（外源土、煤矸石）	2004	2005	耕地
21	33°45′17″	113°25′48″	河南省襄城县湛北乡南武湾村北	充填复垦（外源土）	2004	2007	耕地
22	33°43′43″	113°24′39″	河南省襄城县湛北乡南武湾村南	充填复垦（外源土）	2007		耕地
*23	33°43′03″	113°25′06″	河南省平顶山市东高皇乡任寨村北				耕地

*为原状土壤（对照土壤），下同

未扰动的对照土壤剖面点有 5 个，分别在各小区域内；以挖深垫浅方式进行复垦的土壤剖面有 10 个，其中 3 个采用泥浆泵挖深垫浅，7 个采用挖掘机、铲运车等机械进行挖深垫浅复垦；以充填方式进行复垦的土壤剖面点有 8 个，其中充填粉煤灰的有 2 个，充填煤矸石的有 1 个，充填外源土壤的有 4 个，充填外源土壤和煤矸石的有 1 个。

3.2.2　外业调查

外业调查主要调查采样点的地形、地貌、植被覆盖、作物产量、地下水位、土地利用方式、复垦过程等，所有采样点都用 GPS 进行野外定位，并拍摄土壤剖面和景观照片。根据中国土壤系统分类要求，重点进行采样点剖面各土层形态描述，参照中国土壤系统分类用土壤剖面描述标准，包括层次、深度、质地、结构、颜色、干润、过渡状态、侵入体的种类和丰度、根系、孔隙、土壤动物等；同时用木铲进行土盒样品、分析样品和容重样品的分层取样，并填写标签，以及一些现场测试分析，如石灰反应的测试、硬度的测试等。另外，采用五点法采集表层土样若干。

3.2.3　室内分析方法

根据中国土壤系统分类要求分析采集的土壤剖面各土层的形态特征、基本理化性质、环境特征、生物特征等，样品室内理化分析主要按《土壤实验室分析项目及方法规范》和《土壤农化分析（第三版）》进行。

基本物理性质分析包括：含水量（烘干法）、颗粒组成（激光粒度仪法）、容重（环刀法）、土粒密度（比重瓶法）。

基本化学性质分析包括：pH（pH 计法）、电导率（electrical conductivity，EC）（电导率仪法）、碳酸钙相当物（气量法）、有机质（重铬酸钾—硫酸氧化法）、全氮（半微量凯氏法）、碱解氮（扩散法）、全磷（H_2SO_4-$HClO_4$ 混合酸溶，钼锑抗比色法）、速效磷（0.5 mol/L $NaHCO_3$ 浸提，钼锑抗比色法）、全钾（氢氧化钠熔融，火焰光度法）、速效钾（1 mol/L NH_4OAc 浸提，火焰光度法）；全铁（氢氟酸-高氯酸酸溶-邻菲咯啉比色法）、游离铁［连二亚硫酸钠-柠檬酸-碳酸氢钠（DCB）浸提-邻菲咯啉比色法］、活性铁（酸性草酸铵浸提-邻菲咯啉比色法）。

环境质量特征分析包括土壤重金属（Cr、Cd、Cu、Zn、Pb、Fe）全量分析（HNO_3-HF-$HClO_4$，混合酸溶解，等离子光谱仪法）。

3.3　矿山复垦土壤特征

3.3.1　土壤形态特征

通过土壤形态特征能够推断土壤发育的强弱，评价土壤发育程度和相对成土年龄，因此可以作为土壤分类的指标。

1. 土壤颜色

通过调查和分析，研究区复垦土壤色调、彩度和明度的频率与组合分布结果见图 3.1～图 3.3。

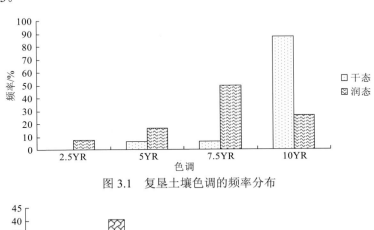

图 3.1　复垦土壤色调的频率分布

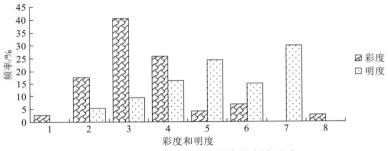

图 3.2　复垦土壤彩度和明度的频率分布

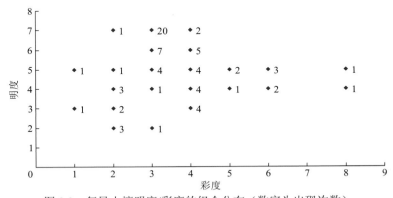

图 3.3　复垦土壤明度/彩度的组合分布（数字为出现次数）

研究区复垦土壤干态颜色有 5YR、7.5YR、10YR 3 种色调，其中以 10YR 为主；土壤润态颜色有 2.5YR、5YR、7.5YR、10YR 4 种色调，其中以 7.5YR 为主（图 3.1）。

复垦土壤颜色由于人为扰动，与原土壤及充填物质等有关，土壤颜色以 7.5YR 和 10YR 为主，主要是继承原土壤母质颜色特性；5YR 主要存在于平顶山矿区复垦时充填附近丘陵低山的土壤，来源于充填土壤；润态的土壤颜色的 2.5YR 主要来源于黑色物质粉煤灰或煤矸石，以及挖深垫浅复垦的深层土壤，因水分较多，土壤处于较低的氧化还原电位。

图 3.3 表明，在复垦土壤中，干态彩度小于 4 的土层明显多于彩度大于 4 的土层，而彩度为 3 以下所占比例最高，说明复垦土壤受人为扰动与堆填的影响较大。干态明度 7 所占比例最高，其次是 5 和 6，表明复垦土壤由于其他物质的混入或水分状况的改变，明度变暗。复垦土壤干态明度与彩度的组合中 5/3、6/3、7/3、3/4、4/4、5/4、6/4 几种出现频率较高（图 3.4），表明复垦土壤颜色较暗，可能指示着物质向土体的输入，以及土体内物质的迁移和转化。

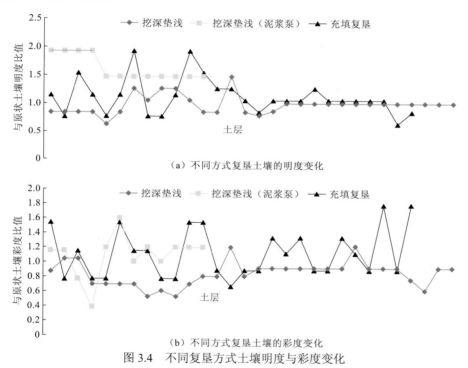

（a）不同方式复垦土壤的明度变化

（b）不同方式复垦土壤的彩度变化

图 3.4　不同复垦方式土壤明度与彩度变化

与原土比较，采用挖深垫浅方式的复垦土壤色调未发生改变，采用充填方式的复垦土壤在某些层次发生色调的改变，大部分土层色调不变，而平顶山采煤塌陷区采用大量外源土壤充填复垦，部分土层土壤色调转为充填的外源土壤。

由图 3.4 看出，与原状土壤比较，复垦土壤会因物质组成、土壤水分状况的改变而产生物质的迁移转化，如潮湿土壤水分状况下橙色的锈斑纹的形成、腐殖质/黏粒胶膜的破坏与形成等，在土壤颜色上表现出人为扰动的痕迹。

2. 土壤结构

土壤结构指土壤颗粒（包括团聚体）的排列与组合形式，其包含结构体和结构性双重含义。在田间鉴别时，土壤结构通常指那些形态、大小不同，且能彼此分开的结构体。

土壤结构按形状可分为块状、片状和柱状三大类型，按大小、发育程度和稳定性等，可分为团粒状、团块状、片状、块状、柱状、棱块状、棱柱状等。

在土壤结构体类型中，团粒结构是最适宜植物生长的结构体，可以协调土壤水分和空气，协调土壤养分的消耗和累积，调节土壤温度，改善土壤的温度状况，改善植物根系的生长伸长条件。

复垦土壤结构描述见附录，土壤结构由于人为翻动、搬运、压实等各种复垦活动的影响往往打破原有的土壤结构，以破碎的土块为主，主要描述为团块状，如一些外源土壤经人为筛选、搬运呈现较明显的团块状结构；基本无整块、柱状、片状等结构的存在；而其他屑粒状和团粒状较少，如某些人工制品（如粉煤灰）以单粒或屑粒状存在（图 3.5）；土壤结构大小多在 5～10 cm，属于小块结构，而且基本上为弱的发育程度。

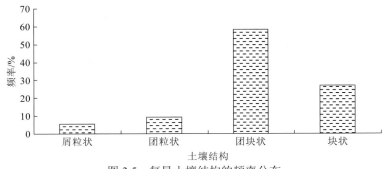

图 3.5　复垦土壤结构的频率分布

复垦土壤结构在一个较长的时间尺度内不仅受到复垦过程中机械与人为压实作用（王恩姮 等，2009），还受干湿交替、耕作等的影响；因此，复垦土壤结构管理具有过程性，在复垦过程中应通过人为活动使复垦土壤结构向较好的方向发展。

3. 土壤侵入体与新生体

土壤侵入体指的是由外力，主要是人为活动加入土壤中的物体。近年国际人为土壤委员会（International Commission on Man-made Soils，ICOMANTH）和世界土壤资源参比基础（World Reference Base for Soil Resources，WRB）提出了人工制品（artifact）、技术土壤物质（technic soil material）和人为搬运物质（human-transported material）三个概念，这些人为物质被看作是土壤母质。人工制品指人类为了某种实用目的而创造（或加工）的物质，如建筑碎石、水泥、混凝土、砖块、石灰、砂浆、玻璃、沥青、橡胶、塑料、纺织物、粉煤灰、煤渣、金属制品等多种类型；当土壤中人工制品占主体，其性质显著不同于自然土壤物质时，它们被称为技术土壤物质；人为搬运物质指人类有意识地（通常借助机械）从异地直接输入土体、未经二次加工或自然置换的任何物质。

复垦土壤剖面内人为侵入体主要是人工制品及人为搬运物质，如石块、瓷片、石砾、煤矸石、粉煤灰等人工制品，外源土壤、石灰结核等人为搬运物质；人工制品占相应土层土壤体积 90%以上时，可构成技术土壤物质特征土层。复垦土壤中还有因塌陷地长期积水产生的贝类、螺蛳等水体生物因挖深垫浅复垦被翻到土壤表层而遗留的壳类，构成了独特的复垦土壤剖面（图 3.6）。侵入体若数量较多可以改变土壤固、液、气三相组成，孔隙分布状态和土壤水、气、热、养分状况。

图 3.6　复垦土壤中的人为物质

复垦土壤中常见的新生体主要是锈纹锈斑、铁锰胶膜、铁锰结核、腐殖质胶膜、易溶性盐类等（图 3.7），它们单独存在或组合发生，反映了成土环境与成土过程的不同。

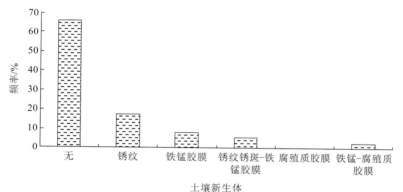

图 3.7　复垦土壤新生体及组合情况

复垦土壤新生体常呈现组合发生，煤矿区复垦土壤因微地形地貌的改变导致土壤剖面所处的水分状况受到影响，复垦人为活动导致土壤氧化还原、腐殖质积累过程等成土过程、位置等随之发生了改变。复垦土壤剖面内侵入体与新生体描述见附录。

4. 土层边界

土壤剖面是由一些大致呈水平状态、形态特征各异的层次叠加而成的，这些层次叫作土壤发生层，简称土层。因在土壤形成过程中物质迁移、转化和积累不同，各土层可以显示出成土过程所发生的特征与性状，表现出土层之间颜色、质地、结构、新生体、侵入体等形态特征，以及土壤成分和性质上等具有差异性。通过划分土层，记载土层特性及上下各层的关联性，可说明土壤中各土层间物质运动的关联性，是确定土壤发生的重要依据。

在复垦土壤土层划分中，颜色、质地、结构、湿度、结持性、锈斑纹、胶膜、侵入体和新生体等是划分土层的重要依据。复垦土壤受人为扰动，自然土壤发生层遭到破坏，不同外源物质混入，土壤剖面呈现无层次、无规律的状态，导致许多复垦土壤剖面土层之间没有土壤发生学上的联系，土层多以模糊不规则为主要特征；部分土壤由于充填物质和原土性质差异很大，土壤剖面表现出明显间断的过渡形式（图 3.8）；而原状土壤土层则大多呈现平滑过渡。复垦土壤土层边界和过渡情况描述见附录。

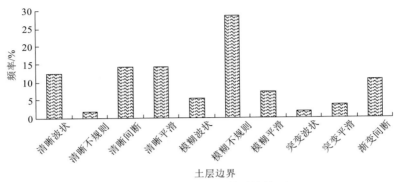

图 3.8　复垦土壤土层的过渡情况

5. 土壤形态发育评价

土壤形态特征指标较多，在系统地观测和描述复垦土壤形态特征的基础上，借鉴土壤发育指数的方法，利用土壤形态特征构建复垦土壤形态定量评价指标与评价体系，计算复垦土壤各土层发育指数（horizon index，HI）和权重剖面发育指数（weighted profile development index，WPDI），用来尝试辨别复垦土壤发育差异，建立复垦土壤发育相对时间序列，探索复垦土壤发育状况的定量表达和评价（李玲，2011）。

$$HI = \frac{\sum_{i=1}^{n}(X_i / X_{i\max})}{n} \tag{3.1}$$

$$WPDI = \frac{\sum HI \times d}{P_d} \tag{3.2}$$

式中：HI 为某一土层的土壤发育指数；X_i 为该层某土壤形态特征的赋分值；$X_{i\max}$ 为该形态特征的可能最大赋分值；n 为所选指标数；WPDI 为权重剖面发育指数；d 为某土层厚度；P_d 为整个剖面的深度。

通过以上处理，可以用 HI 反映各层的土壤发育程度，用 WPDI 反映复垦土壤剖面的发育程度。在进行土壤形态发育量化评价中，确定土壤形态发育的指标体系及土壤形态特征量化是非常重要的步骤。

在构建土壤形态发育指标体系时（表 3.2），注意所选土壤形态特征指标尽量反映剖面的土壤发育状况，与所选剖面的土壤发生及成土环境密切相关，因此保留了颜色（干、润）、质地、结构、结持性、土层边界、侵入体等指标，并在前人研究的基础上进行量化赋分，然后计算复垦土壤的 HI 和 WPDI。

表 3.2　土壤形态发育评价指标体系及赋分

指标	说明									
颜色 X_1	色调	2.5YR	5YR	7.5YR	10YR					
	赋分	10	30	50	70					
	彩度	1	2	3	4	5	6	7	8	
	赋分	10	20	30	40	50	60	70	80	
	明度	1	2	3	4	5	6	7	8	
	赋分	80	70	60	50	40	30	20	10	
	$X_1=$（色调+彩度+明度）湿+（色调+彩度+明度）干									
质地 X_2	类型	砂质	砂壤	壤质	粉壤	黏壤	黏土			
	赋分	10	20	30	40	50	60			
结持性 X_3	黏结性	无黏	稍黏	黏着	极黏	可塑性	无塑	稍塑	中塑	强塑
	赋分	10	20	30	40	赋分	10	20	30	40
	$X_3=$黏结性+可塑性									
结构 X_4	形状	屑粒	团块	团粒	块状	发育	无	弱	中等	强
	赋分	10	20	30	40	赋分	0	10	30	50
	$X_4=$形状+发育程度									
侵入体 X_5	体积	>35%	20%~35%	10%~20%	<10%	无				
	赋分	0	10	30	50	70				
土层边界 X_6	明显度	模糊	渐变	清晰	突变	过渡	间断	不规则	波状	平滑
	赋分	10	20	30	40	赋分	10	20	30	40
	$X_5=$土层明显度+土层过渡形式									

根据土壤剖面形态描述、HI 和 WPDI 计算公式，以及形态发育评价指标体系和相应所赋分值，对复垦土壤形态进行量化和标准化，得到各层 HI 和 WPDI，并对各层 HI 进行绘图以直观反映复垦土壤各土层发育相对程度。

由表 3.3 和图 3.9 可以看出，复垦土壤 HI 与当地原状土壤剖面比较，其形状相似程度极小，显示了复垦土壤发育过程与原状土壤的发育过程截然不同；复垦土壤表层 HI 普遍高于其他各层，但复垦时间较短或未种植的土壤剖面其表层 HI 较低，主要原因可能是复垦后进行农业种植、耕作培肥等使其发育程度较高。

表 3.3　复垦土壤形态发育评价指数

剖面号	HI	WPDI	剖面号	HI	WPDI
1	0.65、0.60、0.53、0.59、0.71	0.65	13	0.56、0.49、0.55、0.57	0.55
2	0.64、0.55、0.58、0.54、0.57、0.68	0.60	14	0.54、0.69、0.72、0.59、0.64	0.64
*3	0.67、0.64、0.68、0.70	0.68	15	0.51、0.51、0.53	0.52
4	0.59、0.61、0.55	0.58	16	0.48、0.48、0.43	0.46
5	0.64、0.52、0.55、0.51	0.55	17	0.48、0.64、0.58、0.52	0.57
*6	0.70、0.63、0.66、0.67、0.75	0.69	*18	0.68、0.86、0.85、0.63、0.58	0.72
7	0.65、0.60、0.60、0.57、0.51	0.58	19	0.57、0.61、0.65、0.63	0.61
8	0.54、0.60、0.49、0.55	0.56	20	0.56、0.49、0.56、0.57	0.55
9	0.69、0.55、0.47、0.54、0.25	0.46	21	0.58、0.65、0.62	0.62
*10	0.68、0.67、0.70、0.68	0.68	22	0.48、0.58、0.57、0.50	0.53
11	0.57、0.64、0.71、0.59	0.62	*23	0.70、0.61、0.69、0.67	0.67
12	0.60、0.66、0.45、0.46	0.53			

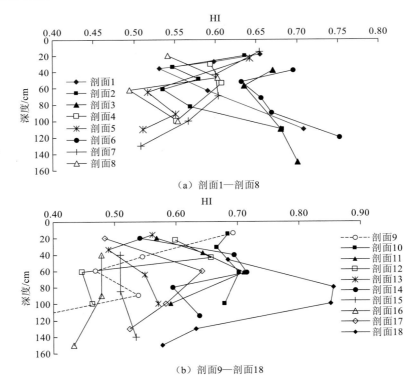

（a）剖面1—剖面8

（b）剖面9—剖面18

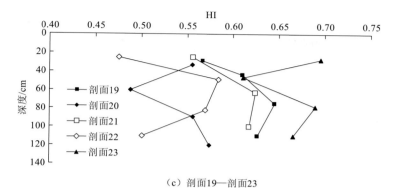

（c）剖面19—剖面23

图 3.9　复垦土壤剖面土层 HI 分布

　　表 3.3 和图 3.10 表明复垦土壤形态 WPDI 普遍小于当地原状土壤，如当地未复垦扰动的耕作土壤剖面 3、剖面 6、剖面 10、剖面 18、剖面 23 的 WPDI 均在 0.67 以上，而复垦土壤的 WPDI 均在 0.65 以下。复垦土壤 WPDI 受复垦方式、复垦时间、种植时间等影响。如图 3.11 所示，WPDI 在不同复垦方式表现的发育程度序列为充填复垦（外源土）＞挖深垫浅＞挖深垫浅（泥浆泵）＞充填复垦（粉煤灰、煤矸石等）。

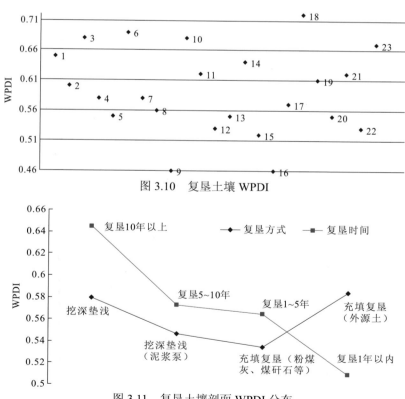

图 3.10　复垦土壤 WPDI

图 3.11　复垦土壤剖面 WPDI 分布

3.3.2 土壤物理特征

1. 颗粒组成

土壤颗粒粒径分布（particle-size distribution，PSD）可以指示土壤发育的强弱，可以反映成土母质的均一性，也可指示土壤化学风化程度，如随土壤年龄的增加，土壤发育程度加深，其黏粒和粉粒含量比值也增大，表明土壤中粉砂粒的原生矿物风化成黏粒的比例增大。

有关研究表明，与原状土壤比较，复垦土壤其土壤颗粒中黏粒含量减少，砂粒含量增加，在颗粒组成上有粗化现象，土壤发育程度降低；从复垦方式看，挖深垫浅、外源土充填复垦的土壤粒度分布频率曲线中的亚表层和下层曲线基本重合，层次分异不明显，表明挖深垫浅和外源土充填复垦土壤的表层以下的层次土壤颗粒有均一化的影响；而泥浆泵挖深垫浅复垦方式则因水的冲击对土壤颗粒粗化的影响从曲线上看明显大于其他复垦方式。以泥浆泵挖深垫浅为例，将不同时间（2002～2008 年）的复垦土壤粒度分布频率曲线进行比较分析，如图 3.12 所示。

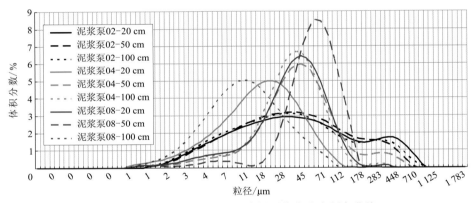

图 3.12　不同时间复垦土壤剖面粒度分布频率曲线

不同土壤颗粒的理化及生物学性质不同，复垦土壤砂粒和粉粒含量高而缺少黏粒，致使土粒间缺乏黏结性，毛管作用弱，由于机械压实等可能造成部分土层容重大，而导致其透水性弱，水、气等可能运行不畅，需要在农业生产上结合其他土壤性质区别对待。

2. 土壤比重、土壤容重与孔隙度

结合图 3.13 可以看出，原状土壤的比重在 0～60 cm 深度随土层深度的增加而增大，而在 60～80 cm 土层处土壤比重有所降低，呈现低—高—低的曲线起伏趋势；复垦土壤中除粉煤灰充填复垦土壤外，其余土壤的比重基本上都比原状土壤比重大；从曲线形态看，粉煤灰充填和煤矸石充填曲线形态在剖面中部呈现降低的趋势；外源土充填和挖深垫浅复垦土壤比重形态相近，随土层深度增加呈现高—低—高—低的趋势，但外源土充填复垦的比重整体比挖深垫浅大；泥浆泵复垦土壤比重远大于原状土。整体上复垦土壤

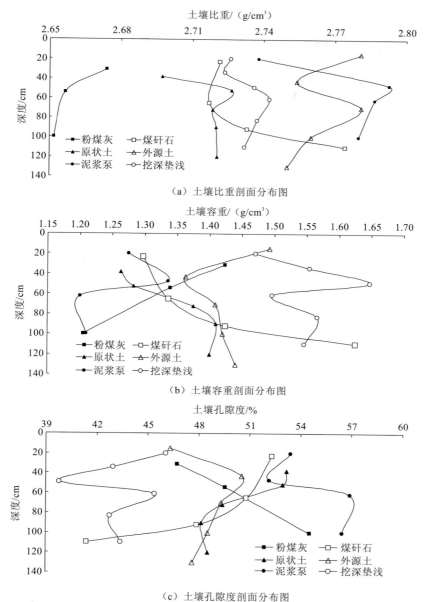

（a）土壤比重剖面分布图

（b）土壤容重剖面分布图

（c）土壤孔隙度剖面分布图

图 3.13　不同复垦方法土壤比重、容重与孔隙度剖面分布图

比重呈现泥浆泵>外源土>挖深垫浅>煤矸石>粉煤灰充填复垦土壤的趋势。

　　土壤容重在原状土壤剖面上基本上呈现"S"形，除泥浆泵复垦土壤剖面 60 cm 以下的土壤容重有小于原状土的趋势，粉煤灰充填复垦的土层容重小于相应层次原状土壤的容重，其余复垦土壤容重均大于相应层次的原状土，但整体剖面的容重从上至下则呈现复杂的变化趋势。复垦土壤剖面的孔隙度总体上小于原状土，但泥浆泵复垦土壤底层孔隙度则高出相应的原状土，而外源土充填复垦则类似于原状土的孔隙度，其曲线形态和容重基本相反。

复垦土壤总体表现为颗粒组成有粗化现象，土壤发育程度降低，容重增大，孔隙度减小，说明大多复垦土壤存在压实状况，土壤容重增大，团粒结构破坏，土壤孔隙减小，土壤更紧实，可能使土壤入渗能力降低。

3.3.3 土壤化学特征

1. pH 与 EC

土壤酸碱性是土壤在形成过程中受生物、气候、地质、水文、人为活动及成土时间等综合因素的作用所产生的重要属性，其常用指标是 pH，是指土壤固相处于平衡的溶液中的氢离子浓度的负对数；土壤溶液具有导电性，导电能力强弱的指标是电导率（EC）。

土壤 pH 直接或间接影响土壤的物理、化学和生物性质，而且土壤 pH 是鉴定某些诊断层或诊断特性的重要指标，如中国土壤系统分类中的灰化淀积层要求 pH≤5.9、碱积层要求 pH≥9.0、含硫层要求 pH<4.0、铝质特性要求 pH（KCl 浸提）≤4.0、铝质现象要求 pH（KCl 浸提）≤4.5 等；pH 也是土壤分类中划分某些酸性土类、亚类的重要指标。

土壤 EC 是能够迅速、准确地反映土壤水溶性盐的含量，是判断土壤盐渍化程度的常用指标；盐渍化土壤也将土壤 EC 作为分类的指标，如盐积层要求在干旱土或干旱地区盐成土 EC≥30 dS/m 或其他地区 EC≥15 dS/m，用于指示土壤发育的成土阶段；非盐渍化土壤的 EC 还是所含各种离子的总反映，也可以作为土壤肥力的一个综合性参考指标。

土壤 pH 和土壤 EC 都会影响养分在土体内的转化、存在状态和有效性，而且水溶性盐分含量的增加会增加土壤碱化度，使土壤物理性质恶化、土壤溶液的渗透压增加而引起植物生理干旱，导致作物减产。大多复垦土壤的 pH 和 EC 与原状土壤比较有增高的趋势，而且随着复垦时间的延长土壤 pH 和 EC 有下降的趋势。主要原因是土壤受到人为干扰，特别是充填一些外来碱性物质、土层混杂，可能使土壤中可溶性盐分含量增加，导致 pH 和 EC 增大。复垦土壤剖面 pH 和 EC 分布统计见表 3.4。

表 3.4　复垦土壤剖面 pH 与 EC 分布统计

剖面号	pH		EC/（dS/m）	
	范围	平均	范围	平均
1	7.26～7.91	7.62	0.78～1.05	0.89
2	8.14～8.32	8.23	0.98～1.16	1.09
*3	7.22～7.52	7.38	0.42～1.05	0.80
4	8.08～8.15	8.12	0.84～1.08	0.95
5	8.12～8.22	8.16	1.00～1.57	1.20
*6	8.03～8.09	8.06	0.70～0.84	0.79
7	8.07～8.15	8.12	0.93～1.19	1.04

续表

剖面号	pH		EC/（dS/m）	
	范围	平均	范围	平均
8	7.83～7.92	7.87	0.85～1.16	1.01
9	8.25～8.80	8.47	0.81～2.13	1.33
*10	8.04～8.36	8.16	0.27～0.43	0.36
11	7.91～8.45	8.21	0.33～0.69	0.56
12	7.89～8.23	8.10	0.94～1.21	1.04
13	8.03～8.32	8.13	0.95～1.27	1.11
14	7.93～8.85	8.28	1.13～1.32	1.20
15	8.07～8.61	8.41	1.23～1.26	1.25
16	8.37～8.46	8.42	1.21～1.25	1.24
17	7.97～8.32	8.14	1.15～1.27	1.20
*18	7.93～8.03	7.99	0.95～1.23	0.83
19	8.05～8.16	8.11	1.50～1.99	1.84
20	8.14～8.39	8.26	1.24～1.60	1.40
21	7.82～8.24	7.96	2.10～2.33	2.19
22	8.03～8.12	8.06	1.09～1.36	1.22
*23	7.75～7.79	7.77	0.76～1.02	0.90

2. 碳酸钙相当物

土壤碳酸钙相当物是土壤系统分类中的钙积层/钙积现象、钙磐、碳酸盐岩性特征及石灰性等诊断层或诊断特征的指标，如钙积层要求碳酸钙相当物质量分数为 150～500 g/kg，而且比下垫或上覆土层至少高 50 g/kg，一般或可辨认的次生碳酸盐按体积计≥5%等。土壤碳酸钙相当物与母质碳酸钙含量、年均降水量、季节、土壤质地、土壤孔隙及其分布、地形、坡度、植被覆盖度等因素有关。土壤碳酸钙的形态和质量分数可影响土壤 pH、土壤物质的形态、数量和有效性，进而影响植物的生长（郭堃梅 等，2006）。

在原状土壤中碳酸钙相当物含量与土壤 pH 在一定范围内有较大的相关关系，一般碳酸钙含量较多的土壤呈弱碱性至强碱性反应；但复垦土壤的碳酸钙相当物质量分数与土壤 pH 相关性很小，主要原因是复垦土壤受人为扰动较大，复垦方式多样，土体内物质不同，多有碱性物质如粉煤灰、煤矸石等的填充，造成土壤 pH 升高，而不完全是由碳酸钙相当物质量分数增加引起的 pH 升高。复垦土壤剖面碳酸钙相当物质量分数分布统计见表 3.5，频率与剖面分布见图 3.14。

表 3.5 复垦土壤剖面碳酸钙相当物质量分数分布统计

剖面号	碳酸钙相当物质量分数/（g/kg）		剖面号	碳酸钙相当物质量分数/（g/kg）	
	范围	平均		范围	平均
1	0.00	0.00	13	87.53～111.07	92.62
2	6.82～52.03	18.81	14	65.21～115.79	91.39
*3	0.00	0.00	15	116.36～137.11	125.02
4	0.00～46.85	18.94	16	76.57～83.36	79.40
5	11.18～135.34	67.02	17	86.47～112.05	97.09
*6	0.00～2.15	0.43	*18	57.13～73.41	67.99
7	12.68～370.10	170.05	19	3.05～14.37	9.68
8	121.71～153.16	139.19	20	4.95～35.22	17.15
9	0.00～69.80	28.96	21	0.00～7.15	4.60
*10	0.00	0.00	22	13.83～98.07	65.88
11	0.00～44.31	14.77	*23	1.07～3.17	2.38
12	95.69～153.13	121.62			

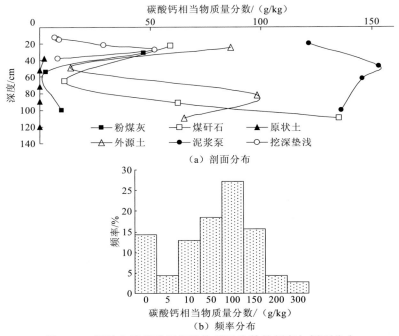

（a）剖面分布

（b）频率分布

图 3.14 复垦土壤碳酸钙相当物质量分数的频率与剖面分布

3. 有机碳、全氮与碳氮比

系统分类中，有机碳质量分数是一些诊断层和诊断特性的定量诊断指标，如有机表层（要求若矿质部分黏粒质量分数≥600 g/kg，则有机碳质量分数≥180 g/kg）、暗沃表层（要求有机碳质量分数≥6 g/kg）、肥熟表层（要求有机碳质量分数加权平均值≥6 g/kg）、腐殖质特性（要求土表至 100 cm 深度范围内土壤有机碳总储量≥12 kg/m²）等（《中国土壤系统分类检索（第三版）》，2001）。

复垦土壤与原状土壤比较黏粒质量分数减少，砂粒质量分数增加，颗粒组成上有粗化现象，也是造成土壤有机碳缺少的原因；复垦土壤全氮质量分数较低，而且土壤偏碱性，pH 比原状土更大，所以可能更容易产生氨的挥发损失，造成植物可直接利用的氮素可能特别缺乏，碱解氮可反映土壤近期内氮供应状况。

表 3.6 表明，无论原状土壤和复垦土壤剖面中表土层碳氮比最高，原状土壤表层碳氮比多在 20 左右，比例较为适中，而复垦土壤表层碳氮比往往与原状土壤差别较大；复垦土壤碳氮比在 15～30 的土层约占 78.38%，其中碳氮比在 15～20 的较多；如平顶山的 19 号、20 号、21 号、22 号土壤剖面是用附近的山脚生土进行条带式直接覆盖，表层土壤碳氮比很小的主要原因是土壤有机质和氮素质量分数都很少，尤其是土壤有机质。

表 3.6　复垦土壤剖面有机碳质量分数、全氮质量分数与碳氮比分布统计

剖面号	有机碳质量分数/（g/kg）		全氮质量分数/（g/kg）		碳氮比	
	范围	平均	范围	平均	范围	平均
1	6.45～10.05	8.11	0.32～0.46	0.38	22.29～27.94	25.24
2	1.66～5.50	3.02	0.09～0.20	0.14	20.38～31.45	24.99
*3	6.74～10.40	9.13	0.26～0.51	0.44	21.25～30.24	25.15
4	5.44～13.36	8.99	0.37～0.57	0.46	16.77～34.10	22.70
5	4.69～11.35	9.28	0.25～0.78	0.53	15.85～28.37	21.52
*6	4.80～16.25	9.34	0.30～0.72	0.54	16.74～26.46	19.74
7	3.35～6.08	4.39	0.20～0.35	0.27	16.19～22.79	19.21
8	4.76～6.49	5.66	0.28～0.38	0.30	19.81～25.01	21.89
9	1.92～4.51	3.77	0.16～0.31	0.22	14.01～26.75	19.54
*10	3.11～10.22	5.84	0.30～0.50	0.37	12.09～23.62	17.16
11	3.47～7.04	5.73	0.26～0.50	0.39	14.54～18.90	16.99
12	3.30～6.05	4.28	0.22～0.39	0.30	15.98～18.10	16.36
13	1.67～4.33	3.42	0.16～0.28	0.24	11.84～18.13	15.94
14	4.77～13.65	8.72	0.23～0.69	0.43	22.48～24.83	23.76

剖面号	有机碳质量分数/（g/kg）		全氮质量分数/（g/kg）		碳氮比	
	范围	平均	范围	平均	范围	平均
15	3.48～6.99	5.66	0.25～0.45	0.37	16.44～18.14	17.57
16	3.47～7.04	5.73	0.26～0.50	0.39	15.65～18.90	16.99
17	3.79～8.31	6.02	0.25～0.51	0.38	17.69～19.01	18.47
*18	4.13～18.46	9.73	0.32～0.91	0.60	15.06～23.67	18.08
19	2.74～6.75	5.37	0.24～0.50	0.33	12.41～25.64	19.50
20	1.69～3.14	2.15	0.11～0.25	0.21	7.85～22.28	13.56
21	1.43～6.02	3.11	0.06～0.45	0.24	7.58～35.97	19.68
22	1.90～3.07	2.49	0.24～0.27	0.25	8.32～14.66	11.77
*23	4.12～10.36	6.74	0.19～0.57	0.40	15.02～25.24	20.51

4. 全磷与有效磷

如表 3.7 所示，原状土壤的全磷质量分数大部分为表层高于下层，随着土层深度的增加，全磷质量分数呈现下降的趋势；复垦土壤表层全磷质量分数也高于下层，但随着土层深度的增加，其质量分数下降不明显，甚至剖面中下部出现全磷质量分数增加的现象，如煤矸石充填复垦土壤；泥浆泵复垦土壤的全磷质量分数高于原状土壤相应土层的全磷质量分数，其他复垦方式的表层土壤全磷质量分数稍低于原状土壤。一般复垦土壤中碳酸钙相当物的增加、pH 的升高利于磷酸钙的沉淀结晶，泥浆泵复垦土壤水分含量较大，氧化还原电位降低，磷酸高铁被还原为磷酸亚铁，溶解度提高等，都影响磷的有效性，总体而言，土地复垦可能使磷在土壤表层有富集的趋势。

表 3.7　复垦土壤剖面全磷质量分数与有效磷质量分数分布统计

剖面号	全磷 P_2O_5 质量分数/（g/kg）		有效磷 P 质量分数/（mg/kg）	
	范围	平均	范围	平均
1	0.93～1.26	1.11	3.49～4.89	3.99
2	1.10～1.21	1.14	7.33～10.29	7.87
*3	0.77～1.36	0.99	4.44～14.39	7.83
4	1.06～1.64	1.26	1.18～4.43	3.05
5	0.98～1.69	1.34	1.14～4.89	2.70
*6	0.89～1.56	1.24	0.99～6.02	2.29
7	0.77～1.28	1.02	1.26～4.93	3.09

剖面号	全磷 P$_2$O$_5$ 质量分数/（g/kg）		有效磷 P 质量分数/（mg/kg）	
	范围	平均	范围	平均
8	1.69～1.94	1.77	6.78～9.20	7.98
9	0.80～0.92	0.86	2.99～7.68	4.31
*10	0.85～0.91	0.88	1.56～9.85	4.70
11	0.86～0.96	0.91	3.63～9.53	7.07
12	1.40～1.61	1.51	8.51～10.50	9.04
13	1.20～1.57	1.36	3.93～9.95	6.07
14	0.52～0.76	0.67	3.21～5.39	4.26
15	0.66～0.73	0.70	3.13～4.94	4.07
16	0.72～0.81	0.77	1.95～4.26	2.77
17	0.63～0.72	0.67	3.34～5.56	4.16
*18	0.59～0.77	0.71	7.98～8.30	8.67
19	0.77～1.43	1.14	1.38～3.29	1.99
20	0.79～1.36	0.95	3.99～7.12	5.64
21	0.94～1.26	1.07	1.02～3.38	2.14
22	0.89～1.17	0.99	3.06～8.28	5.13
*23	0.84～1.31	1.14	3.46～4.49	4.11

5. 全钾、速效钾与钠钾比

钾是植物所需的三大营养元素之一，能够提高植物对氮元素的吸收、利用，增强植物抗冻、抗旱、抗盐及抗病虫害等的抗逆能力；土壤全钾质量分数对土壤供钾潜力及区域钾肥分配决策的制定具有十分重要的意义。在中国土壤系统分类中，铁铝层的诊断指标之一就是要求细土全钾质量分数＜8 g/kg（K$_2$O＜10 g/kg）（中国科学院南京土壤研究所土壤系统分类课题组 等，2001）。

钠可作为植物细胞生长和新陈代谢的必要成分，可以代替钾的部分功能，适量可促进植物的生长发育，高浓度时可造成植物水分胁迫和盐胁迫。土壤钠质量分数对土壤盐分变化具有重要的指示作用，钠质量分数过高还会改变土壤的结构性，使土壤的大孔隙和小孔隙被破坏，从而影响阻碍气体和水分的运动。土壤中的钠以固定态、交换态和水溶态的形态存在，一般土壤不缺钠。全钠与钠钾比并不是土壤分类的指标，但能反映土壤物质来源。

$$\text{钠钾比（物质的量比）} = \frac{\text{全钠} \times 94}{\text{全钾} \times 62} \tag{3.3}$$

如表 3.8 所示，原状土壤土层速效钾质量分数大多分布在 80～120 mg/kg，各剖面速效钾质量分数分布总体比较均匀。复垦土壤土层速效钾质量分数分布为 60～380 mg/kg，变化范围较大，主要分布在 90～200 mg/kg，约占总土层的 58.49%，复垦以后土壤中速效钾的质量分数明显高于原状土壤，复垦土壤表层速效钾质量分数基本都高于其他土层，其他层次的速效钾质量分数变化差异较大；泥浆泵复垦土壤的速效钾质量分数在剖面分布上基本都高于原状土壤的相应土层质量分数，主要原因可能是复垦过程中土体的大幅度扰动造成土壤理化性质、土壤含水量等的变化。

表 3.8 复垦土壤剖面全钾质量分数、速效钾质量分数与钠钾比分布统计

剖面号	全钾 K$_2$O 质量分数/（g/kg）		速效钾 K 质量分数/（mg/kg）		钠钾比	
	范围	平均	范围	平均	范围	平均
1	13.97～14.83	14.28	77.01～100.38	87.20	1.16～1.41	1.30
2	12.79～15.29	13.77	68.57～112.59	89.56	1.25～1.65	1.38
*3	13.54～14.64	14.38	56.38～64.20	60.27	1.35～1.43	1.40
4	8.68～9.64	9.24	147.77～170.12	157.14	1.40～1.66	1.54
5	8.65～10.32	9.31	120.55～377.87	228.34	1.35～1.71	1.51
*6	8.65～9.76	9.62	107.44～161.37	123.48	1.26～1.71	1.47
7	9.46～10.16	9.93	118.89～167.88	140.42	1.33～1.50	1.42
8	8.97～9.12	9.03	163.67～272.59	209.12	1.38～1.47	1.42
9	6.54～10.87	9.50	95.66～200.20	128.60	1.48～1.74	1.63
*10	9.01～10.12	9.51	97.08～109.13	102.40	1.50～1.94	1.65
11	8.73～9.94	9.47	84.09～117.56	97.95	1.70～2.13	1.88
12	10.57～11.82	11.06	75.51～123.94	97.17	1.48～2.12	1.90
13	10.38～13.01	11.50	203.46～259.06	234.73	1.27～2.11	1.79
14	16.26～18.14	17.08	95.67～120.28	107.15	1.43～1.79	1.59
15	18.15～19.93	18.92	107.93～131.15	125.57	1.51～1.67	1.60
16	16.97～8.11	17.35	112.05～130.63	118.35	1.49～1.76	1.68
17	15.47～18.03	16.74	105.91～129.69	115.20	1.50～1.65	1.58
*18	15.41～16.93	15.98	87.93～103.88	93.79	1.45～1.86	1.69
19	12.79～14.18	13.37	67.75～87.43	75.40	1.29～1.38	1.34
20	12.25～13.26	12.69	83.41～108.55	99.10	1.09～1.39	1.18
21	13.05～12.77	12.42	104.38～113.36	110.30	1.10～1.36	1.22
22	12.17～13.28	12.72	71.65～125.38	103.53	1.01～1.47	1.21
*23	12.70～13.09	12.72	71.38～88.57	77.11	1.32～1.54	1.45

原状土壤全钠质量分数为 9～15 g/kg；复垦土壤全钠质量分数为 6～15 g/kg；无论原状土壤或复垦土壤都是表层和底层的土壤全钠质量分数稍低，剖面中部的质量分数稍高。原状土壤和复垦土壤的钠钾比均大于 1.0，多分布在 1.2～1.5，均表现为表层钠钾比稍小，其余层次的分布差异性明显；而且外源土复垦的钠钾比多在 1.1～1.4，与原状土比较呈现下降趋势，其余复垦方式则表现为钠钾比比原状土增加的趋势。

6. 全铁、游离铁与活性铁

铁是植物体中某些酶和蛋白质的组成成分，在叶绿素的合成、植物呼吸过程中起着重要作用。铁在土壤中的含量仅次于氧、硅、铝，是地壳中含量第二的金属元素，普遍存在于各种类型的土壤中，对土壤的理化性质产生着深刻影响。土壤中的氧化铁是在特定水热条件下铁铝矿物不断被分解游离，主要以 4 种形态存在：离子态、无定形态、隐晶质态、结晶态，各种形态之间可以相互转化。

氧化铁在土壤中常处于还原淋溶和氧化淀积的交替过程，随环境条件的变化而发生转化。随着土壤发育的进行，土壤原生铝硅酸盐矿物晶格结构遭到破坏，将铁释放出来，初始阶段铁与水结合形成无定形非晶体的含水氧化铁，即活性铁（Feo），以凝胶包被在黏粒表面，极不稳定，易发生迁移转化，并逐渐脱水结晶形成针铁矿、赤铁矿晶体。无定形、隐晶质和结晶态铁统称为游离铁（Fed）。各种形态的氧化铁之间相互转化，受土壤颗粒组成、水分、温度、pH、有机质含量等环境条件的影响。因此，土壤氧化铁既是成土过程的产物，也是反映土壤形成的重要特征，根据各态氧化铁浓度与全铁（FeT）之比计算出铁的游离度、活化度可以作为成土过程和成土环境的常用指标。研究表明，随着成土作用增强，反映土壤发生氧化铁形成比例的土壤或黏粒中铁游离度增加，反映铁氧化物结晶程度的铁活化度则随之减少。

$$游离度 = \frac{Fed}{FeT} \times 100\% \qquad (3.4)$$

$$活化度 = \frac{Feo}{Fed} \times 100\% \qquad (3.5)$$

在土壤系统分类中，铁的形态和含量可作为低活性富铁层、铁质特性等诊断层或诊断特征的定量指标，如低活性富铁层要求之一是细土用连二亚硫酸钠-柠檬酸钠-碳酸氢钠法浸提游离铁质量分数 ≥14 g/kg（游离 Fe_2O_3 ≥20 g/kg），或游离铁占全铁的 40% 或更多等。氧化铁可存在于土壤黏粒和非黏粒部分，以黏粒部分为主，具有随黏粒移动的可能；铁的形态与含量对土壤颜色、结构、电磁学性质、吸附性质及土壤磷的转化都有重要影响。

1）土壤全铁

复垦土壤全铁含量与原状土壤相比变化不大，各土层变化差异不大，可能由土地复垦时土壤的混合、扰动所致。土壤全铁质量分数并无较大的变化，表明复垦过程并未引起外源铁的输入。但土壤表层全铁质量分数基本都高于原状土壤表层全铁质量分数，表层土壤全铁质量分数增长的原因，可能与复垦土壤水中所挟带的低价铁在表层上的氧化作用而产生富集现象；泥浆泵复垦土壤除表层外的所采土壤剖面全铁质量分数有降低趋势，可能与泥浆泵复垦土壤土体内含水量较高，在土壤长时间排水过程中低价铁随下行水迁移到更深的层次；其他复垦土壤剖面全铁质量分数比相应原状土壤土层的质量分数有增加趋势。

2）土壤游离铁与游离度

如表 3.9、图 3.15 所示，游离铁的形成与气候条件、母质类型有关，氧化铁的游离度是游离氧化铁质量分数与全铁质量分数的比值，主要受成土过程的控制，可反映土壤风化程度。复垦土壤与原状土壤比较，游离铁质量分数明显减少，表明复垦土壤的成土过程较弱。氧化铁游离度与游离铁质量分数呈现显著正相关，氧化铁的游离度剖面分布规律与游离铁质量分数相似。

表 3.9　复垦土壤剖面全铁质量分数、游离度与活化度分布统计

剖面号	全铁 Fe_2O_3 质量分数/（g/kg）		游离度/%		活化度/%	
	范围	平均	范围	平均	范围	平均
1	45.01～55.89	49.60	20.62～23.91	22.84	16.09～21.99	19.08
2	41.89～49.04	46.28	20.04～26.16	22.68	14.86～20.49	16.87
*3	44.39～47.21	45.31	21.64～26.91	24.38	12.36～23.43	16.65
4	54.01～55.96	54.80	17.23～24.02	20.98	6.67～13.63	10.72
5	45.12～52.37	50.22	17.99～26.79	22.03	6.61～17.34	12.55
*6	51.39～55.52	52.70	23.89～28.54	26.34	4.64～16.20	8.22
7	56.39～59.34	57.88	23.16～26.22	24.59	12.04～17.92	14.56
8	41.15～51.55	47.64	22.06～26.28	23.61	17.16～20.93	18.60
9	33.31～49.64	41.20	24.11～33.85	30.18	5.56～37.71	13.24
*10	37.20～56.99	47.24	25.85～35.97	31.64	3.95～20.13	9.41
11	34.72～40.64	37.49	19.08～31.32	25.65	8.58～23.51	14.54
12	25.29～44.60	34.47	23.75～34.04	27.91	23.40～33.75	27.16
13	28.51～45.99	35.49	21.65～30.91	25.04	15.21～19.03	17.40
14	44.92～56.13	50.02	21.47～24.56	22.68	11.66～19.17	13.89
15	41.81～50.29	49.32	17.06～25.87	20.98	11.97～18.92	14.31
16	43.46～55.53	51.34	19.92～23.36	21.06	15.06～20.02	16.53
17	44.89～54.91	52.06	18.25～22.66	20.61	13.21～21.10	16.01
*18	43.26～53.94	50.79	22.39～28.97	25.05	5.63～20.06	11.67
19	45.32～55.40	49.27	27.09～30.59	29.30	11.92～24.07	16.81
20	42.77～45.05	44.27	13.50～38.00	25.47	23.27～30.97	28.05
21	43.74～51.88	47.45	19.41～35.76	27.78	8.48～24.76	17.21
22	38.82～45.03	42.77	28.64～38.26	34.92	13.07～19.49	16.31
*23	46.34～50.83	47.85	30.96～35.21	33.34	10.24～22.11	15.86

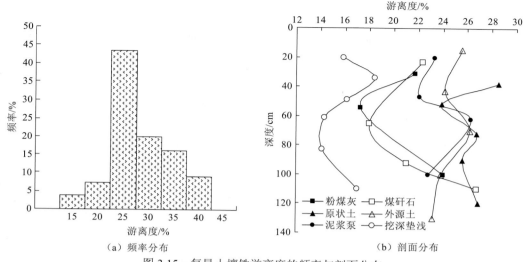

图 3.15　复垦土壤铁游离度的频率与剖面分布

复垦土壤游离铁比原状土壤相比要小，复垦导致土壤成土过程变弱或减缓；在复垦时间上大致呈现随复垦年限的延长，复垦土壤游离度有升高的趋势。复垦土壤的剖面氧化铁游离度绝大部分都小于原状土壤相应土层的游离度，大部分复垦土壤呈现表层高于其他土层的现象。以上分析说明复垦土壤整体风化发育程度低于原状土壤，复垦土壤表层风化发育程度稍高于其他层次，其原因主要可能与表层植物根系和微生物的数量较多、活性较大及土壤水热条件土壤矿物的风化分解有关。

3）土壤活性铁与活化度

活性铁含量可在一定程度上反映成土环境，活化度是无定形铁占游离铁的比例。复垦土壤与原状土壤比较，活性铁质量分数明显增加，氧化铁的活化度剖面分布规律与活性铁含量相似。

如表 3.9、图 3.16 所示，复垦土壤的剖面氧化铁活化度基本上都大于原状土壤相应土层的活化度，大部分复垦土壤活化度呈现表层高于其他土层，其中泥浆泵复垦土壤的活化度最高。相关分析表明，复垦土壤的活化度与土壤黏粒质量分数、容重呈现中度负相关，与土壤砂粒含量、孔隙度、EC、有机质、全氮、碱解氮呈现中度正相关；随复垦年限变化的规律不明显。

土地复垦后植被覆盖率增加，根系周围的铁更易于活化，因此大部分复垦土壤表层活化度较高；采煤塌陷地土壤复垦后其土体内水分在较长一段时间内比原状土壤水分含量高，尤其是泥浆泵复垦的土壤，氧化还原电位低，还原环境利于铁的活化，从而提高氧化铁的活化度；而且复垦土壤因碳酸钙、粉煤灰、煤矸石等碱性物质的输入，导致 pH 升高，可阻碍铁的活化，降低氧化铁的活化度；较高的有机质含量利于铁的活化。因此，土地复垦后，土壤通透性、理化性质、生物活性等的变化情况都会影响铁的活化与淋失速率。

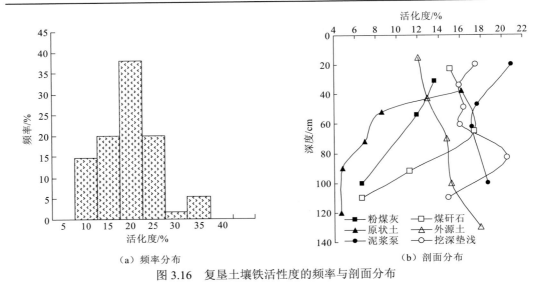

（a）频率分布　　　　　　　　　　（b）剖面分布

图 3.16　复垦土壤铁活性度的频率与剖面分布

3.3.4　土壤环境质量特征

　　由于植物对重金属有一定的富集作用，如果复垦土壤被污染，可能会通过食物链进入生态系统，进而进入人体，危害人体健康。因此复垦土壤的环境质量状况可能涉及复垦区的生产生活能否正常进行，是否具有危害生态及人体健康安全等重要问题。复垦土壤剖面重金属统计见表 3.10。

表 3.10　复垦土壤剖面重金属统计

重金属	最小值/（mg/kg）	最大值/（mg/kg）	平均/（mg/kg）	标准差	变异系数	峰度	偏度
Cr	51.26	115.44	84.17	11.43	0.14	0.91	-0.23
Cu	11.96	38.52	24.51	4.79	0.20	0.90	-0.02
Pb	0.05	17.27	4.37	3.14	0.72	3.77	1.59
Zn	12.79	58.15	34.98	10.52	0.30	-0.55	0.26
Cd	0.07	0.21	0.13	0.02	0.20	-0.78	-0.21

　　如图 3.17 所示，复垦土壤则表现为表层重金属质量分数高于原状土壤，其余层次土壤重金属垂直分布杂乱：Cr 表现为泥浆泵复垦土壤重金属质量分数低于相应层次的原状土壤，粉煤灰剖面质量分数高于相应层次原状土壤重金属质量分数，其余复垦方式规律不明显；Cu 表现为复垦土壤表层质量分数与原状土壤相近，甚至低于原状土壤表层质量分数，其他层次分布混乱；Pb 表现为表层增量最高，其他各层土壤重金属质量分数基本都大于原状土壤相应层次质量分数；Zn、Cd 剖面垂直规律与 Cu 类似，规律非常不明显。主要原因是复垦土壤经过人工堆填、剖面层次打乱、土壤理化性质改变等，形成重金属

剖面垂直分布混乱（图 3.17）。

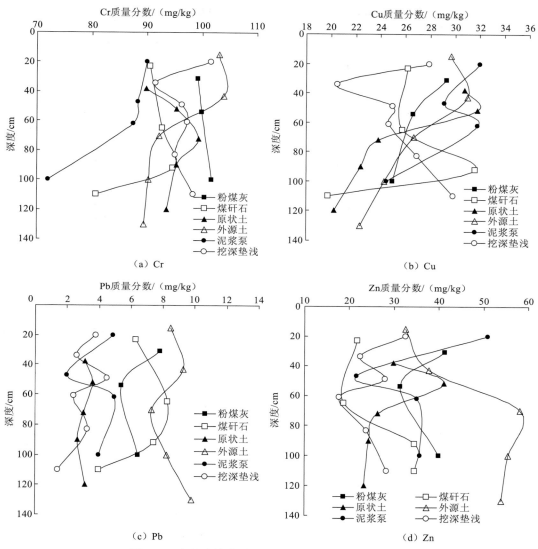

图 3.17　复垦土壤典型剖面重金属质量分数垂直分布

　　与原状土壤比较，复垦土壤重金属质量分数有增加的趋势，剖面垂直分布杂乱，表层重金属质量分数高于原状土壤；原状土壤或复垦土壤，单项污染指数和各采样点的综合污染指数均小于 0.6，属于安全级别，但可能需要加强 Cr 的监测。

3.3.5　小结

　　（1）高潜水位平原区采煤沉陷地复垦土壤干态色调以 10YR 为主，润态以 7.5YR 为主；复垦土壤彩度较低，不同复垦方式土壤明度有所改变。

（2）土层排列凌乱，土层过渡多以模糊不规则或明显间断为主。复垦土壤结构以破碎的团块状为主，充填某些人工制品（如粉煤灰）则以单粒或屑粒状存在；复垦土壤中人为物质和人为搬运物质普遍存在，存在沉陷时水生动物遗迹和锈纹锈斑、铁锰胶膜、铁锰结核等新生体；复垦土壤 HI 与原状土壤 HI 形状相似度极小，显示复垦土壤发育过程与原状土壤的发育过程截然不同，复垦土壤表层 HI 普遍高于其他各层。不同复垦方式的发育程度序列为：充填复垦（外源土）>挖深垫浅>挖深垫浅（泥浆泵）>充填复垦（粉煤灰、煤矸石等）；随复垦时间的延长，复垦土壤发育程度呈现增长趋势。

（3）复垦土壤比重呈现泥浆泵>外源土>挖深垫浅>煤矸石>粉煤灰充填；泥浆泵复垦土壤剖面 60 cm 以下的土壤容重有小于原状土的趋势，粉煤灰充填复垦的土层容重小于相应层次原状土壤容重，其余复垦土壤容重均大于相应层次的原状土；复垦土壤剖面的孔隙度总体上小于原状土，但泥浆泵复垦土壤底层孔隙度则高出相应的原状土，而外源土充填复垦则类似与原状土的孔隙度。随着复垦年限的延长，挖深垫浅复垦土壤剖面的比重、容重、孔隙度逐渐向原状土壤靠近，预计 12 年左右复垦土壤容重或孔隙度基本可恢复。

（4）与原状土壤比较，大多复垦土壤的 pH 和 EC 有增高的趋势，但变化差异不大，表明研究区域的复垦活动对土壤 pH 和 EC 影响不大，而且随着复垦时间的延长二者有下降的趋势。

（5）与原状土壤比较，复垦土壤的有机碳、全氮有下降的趋势，二者质量分数的剖面权重值变化系数平均分别是原状土壤的 0.66、0.69，表层质量分数稍高，土体内层次分异不明显；土壤有机碳与全氮呈现明显的正相关，土壤有机碳和全氮质量分数较少的原因与复垦活动扰乱土层、土壤颗粒粗化、植被覆盖率低有一定的关系；随复垦年限的延长土壤有机质、全氮等肥力要素有增加的趋势；原状土壤和复垦土壤剖面中均为表土层碳氮比最高，原状土壤表层碳氮比较为适中，复垦土壤表层碳氮比差异较大，需要采用合适的措施调节土壤碳氮比，协调土壤肥力；而且复垦土壤表层碱解氮质量分数比原状土壤碱解氮质量分数低 50%以上。

（6）与原状土壤比较，除外源土复垦方式外，其他复垦方式的土壤的全磷、有效磷质量分数呈现很弱的增高趋势，全磷表层质量分数稍高，其他土层分布规律不明显，质量分数差异性小；有效磷剖面分布规律性差，多成"S"形或反"S"形，土层质量分数差异性大；土壤全磷与有效磷相关性非常弱或无关，与复垦时间相关性也很弱；研究区域的土壤磷素均处在缺乏状态。

（7）复垦土壤全钾质量分数与原状土壤相比变化不大，其中粉煤灰、煤矸石充填复垦因土层混合其他物质导致含钾矿物在土壤中的相对质量分数降低，土壤全钾质量分数剖面分布有降低的趋势；复垦以后土壤中速效钾的质量分数明显高于原状土壤，其质量分数剖面权重值变化系数平均为 1.39，在剖面中表现为表层速效钾质量分数高于其他土层，其他层次变化差异较大，泥浆泵复垦土壤的速效钾质量分数基本都高于原状土壤的相应土层质量分数；复垦土壤表层和底层土壤全钠质量分数稍低，剖面中部质量分数稍高；复垦土壤的钠钾比均大于 1.0，多分布在 1.2～1.5，与原状土比较，外源土复垦的钠钾比呈现下降趋势，其余复垦方式则表现为增加的趋势；土壤全钾与速效钾无显著的相关关系，全钠与全钾呈现中度正相关，与斜长石的质量分数呈现非常强的正相关，钠钾比与全钾和黏粒质量分数呈现中度负相关，与全钠和土壤 pH 呈现中度正相关；复垦土壤里的全钾、速效钾及钠钾比与复垦时间基本无相关性；研究区域的钾素质量分数相对比较丰富。

（8）因复垦时土壤的混合、扰动导致复垦土壤剖面全铁质量分数呈现均匀的趋势；但复垦土壤表层全铁质量分数基本都高于原状土壤表层质量分数，泥浆泵复垦土壤除表层外其余土层全铁质量分数有降低趋势，其他复垦土壤土层全铁质量分数则有升高趋势，可能与其土体内水分运行方向有关。与原状土壤相比，复垦土壤的游离度变小、活化度变大，剖面游离度和活化度的权重值变化系数分别为 0.91 和 1.69，表明复垦导致土壤成土过程变弱或减缓，成土环境变化较大；随复垦年限的延长，游离度有升高的趋势，活化度变化规律不明显。游离度和活化度分别小于和大于原状土壤相应土层，均表现为表层高于其他土层的现象，说明复垦土壤整体风化发育程度低于原状土壤，复垦土壤表层风化发育程度稍高于其他层次。

（9）复垦土壤中的重金属质量分数与原状土壤比较呈现了小幅度的增长，重金属质量分数剖面权重值变化系数分别为 Cr 1.03，Cu 1.09，Pb 1.32，Zn 1.20，Cd 1.09；原状土壤的剖面重金属分布呈现表层质量分数稍低，中间土层有相对富集的状况，然后随着土层的加深重金属质量分数下降较明显的垂直分布规律，而复垦土壤则表现为剖面垂直分布杂乱，表层重金属质量分数高于原状土壤。研究区域中无论原状土壤还是复垦土壤，单项污染指数和各采样点的综合污染指数均小于 0.6，属于安全级别，但复垦后期管理中可能需要更多关注 Cr。

3.4　矿山复垦土壤分类

3.4.1　诊断层与诊断特征

土层是成土过程综合作用下所产生的物质迁移、累积、转化所形成的土壤性状差异在剖面的反映，可以作为土壤发生的重要依据。用以鉴别土壤类别、在性质上有一系列定量说明的特征土层称为诊断层；按其在单个土体中出现的部位，分为诊断表层和诊断表下层。若用于分类目的的不是土层，而是可出现于单个土体任何部位的、具有定量规定的土壤性质（形态的、物理的、化学的），则称为诊断特性。中国土壤系统分类中还把不能完全满足诊断层或诊断特性规定的条件，但在性质上已发生明显变化、在土壤分类上具有重要意义，即足以作为划分土壤类别依据的称为诊断现象，命名则参照相应诊断层或诊断特性的名称，如钙积现象、碱积现象、变性现象等；各诊断现象也均有定量规定，其上限一般为相对应的诊断层或诊断特性的指标下限。根据《中国土壤系统分类检索（第三版）》的规定，土壤具有不同的诊断层和诊断特性。

1. 诊断层

土壤诊断层可分为土壤发生层的定量化和指标化，两者是密切相关而又相互平行的体系。用于研究土壤发生和了解土壤基本性质，需建立一套完整的发生层，而用于土壤系统分类，就必定要有一套诊断层和诊断特性。有的诊断层与发生层同名；有的诊断层相当于某一发生层，但名称不同；有的诊断层由发生层派生而来，有的诊断层则是由两个发生层合并或归并而成。

诊断层按其在单个土体中出现的部位，可细分为诊断表层和诊断表下层。

1）诊断表层

诊断表层位于单个土体最上部的诊断层。在土壤系统分类中这种表层用 epipedon 表示，表明是单个土体的上部层段（易晨 等，2015；曹升赓，1996）。因此，它并非发生层 A 层的同义语，而是广义的"表层"。既包括狭义 A 层，也包括 A 层及由 A 层向 B 层过渡的 AB 层；另外，还包括在人为土壤形成过程中由人为耕作施肥活动造成的覆于原土壤单个土体上部、厚度达 50 cm 或更厚的灌淤表层、堆垫表层等层段，不论它们是否已有 Bp 层（耕作淀积层）的分异。如果原诊断层表层上部因耕作被破坏或受沉积物覆盖的影响，则必须取上部 18 cm 厚的土壤的混合土样或以加权平均值（耕作的有机表层取 0～25 cm 混合土样）作为鉴定指标（张甘霖 等，2013）。

共设 11 个诊断表层，可以归纳为四大类：有机物质表层类、腐殖质表层类、人为表层类和结皮表层类（曹升赓 等，1994；周传槐，1982a）。

2）诊断表下层

诊断表下层（diagnostic subsurface horizons）是由物质的淋溶、迁移、淀积或就地富集作用在土壤表层之下形成的具诊断意义的土层，包括发生层中的 B 层（如黏化层）和 E 层（如漂白层）。在土壤遭受剥蚀的情况下，可以暴露于地表（曹升赓，1989；周传槐，1982a，1982b），共设 20 个诊断表下层，分别为漂白层、舌状层、雏形层、铁铝层、低活性富铁层、聚铁网纹层、钙积层等。

复垦土壤的诊断层包括以下四类。

（1）暗沃表层（mollic epipedon）。有机碳含量高或较高、盐基饱和、结构良好的暗色腐殖质表层。剖面 10 的土壤表层符合以下条件：土体层（A＋B）厚度<75 cm，表层应相当于土体层厚度的 1/3，但至少为 18 cm；具有较低的明度和彩度，土壤润态明度<3.5，润态彩度<3.5，干态明度<5.5，其干、润态明度比 C 层暗 2 个芒塞尔单位，彩度至少低 2 个单位；有机碳质量分数≥6 g/kg；盐基饱和度≥50%；主要呈团粒状结构。

（2）淡薄表层（ochric epipedon）。除剖面 10 外，其余的土壤剖面表层符合淡薄表层，即发育程度较差的淡色或较薄的腐殖质表层，具有以下一个或一个以上条件：①土壤润态明度≥3.5，干态明度≥5.5，润态彩度≥3.5；②有机碳质量分数<6 g/kg；③颜色和有机碳含量同暗沃表层，但厚度条件不能满足者。如剖面 12、剖面 13 的彩度和有机质质量分数均符合要求，剖面 14、剖面 15、剖面 16、剖面 17、剖面 18 的表层土壤有机

质质量分数≥6 g/kg，但颜色较为浅淡，明度、彩度不符合暗沃薄层条件。

（3）雏形层（cambic horizon）。剖面 3、剖面 6、剖面 10、剖面 18、剖面 23，即原状土壤符合雏形层的定量规定，具有厚度≥10cm，壤质极细砂或更细的质地，有土壤结构发育的 B 层，并至少占土层体积的 50%，保持岩石或沉积物构造的体积<50%；其中剖面 18、剖面 23 的成土母质含有碳酸盐，碳酸盐随深度增加而减少，即有下移迹象；未发生明显黏化，pH>7，游离度<40%，黏粒含量低，不符合黏化层、灰化淀积层、铁铝层和低活性富铁层的条件。

（4）钙积层（calcic horizon）。剖面 7、剖面 8、剖面 12 符合该诊断层的定量规定，富含次生碳酸盐的未胶结或未硬结成钙磐，厚度≥15 cm；碳酸钙相当物质量分数高，均为 150～500 g/kg，而且比下垫或上覆土层至少高 50 g/kg 或可辨认的碳酸钙结核、石灰粉末等按体积计≥5%。剖面 5、剖面 13、剖面 14、剖面 15、剖面 16、剖面 17、剖面 18、剖面 22 不符合钙积层，但符合钙积现象，土层中有一定次生碳酸盐聚积，碳酸钙相当物质量分数低于 150 g/kg，在 50～150 g/kg，而且可辨认的碳酸盐数量低于钙积层的规定。

2. 诊断特性

大多数诊断特性是泛土层的：它们或重叠于某个或者某些诊断层中；或构成某些诊断层的物质基础；有些则是非土层的。土壤水分状况和土壤温度状况，虽然在名称上与土壤的物理学中的名称相同，但其定义和研究目的却迥然不同。在土壤物理学中土壤水分状况指土壤剖面中周年或者是某一时期内含水量的动态变化，而在土壤系统分类中，则指的是土壤水分控制层段或者某土层内<1 500 kPa 张力持水量或者地下水的有无或者多寡，并根据土壤分类的需要，细分为干旱、半干润、湿润、常湿润、滞水、人为滞水、潮湿等土壤水分状况。至于土壤温度状况，在土壤物理学中则是指土壤剖面中周年或者是某一时期内温度的动态变化；而在土壤系统分类中则指土表下 50 cm 的深度或浅于 50 cm 的石质，准石质接触面处的土壤温度。而且除永冻温度状况定为常年土温≤0 ℃外，其他如寒冻、寒性、冷性、温性、热性和高热的温度状况均指的是年平均土壤温度（少数如寒性、冷性，则辅以夏季平均土温的说明）。

复垦土壤的诊断特征分为以下几个方面。

（1）人为扰动层次。复垦土壤土层均有人为扰动痕迹，即除了剖面 3、剖面 6、剖面 10、剖面 18、剖面 23 这 5 个原状土壤，其余土壤剖面均受复垦活动的影响，形成人为扰动层次，包括土表，在 100 cm 范围内按体积计有≥3%的杂乱堆集的原诊断层碎屑或保留有原诊断特性的土体碎屑。

（2）土壤水分状况。剖面 8、剖面 12、剖面 13 为泥浆泵复垦土壤，具有潮湿土壤水分状况，全部或某些土层被地下水或毛管水饱和并呈还原状态的土壤水分状况，该水分状况主要是因人为活动引起的土体内含水量较高，或地下水始终位于或接近地表，即使在复垦若干年后，其土壤水分仍属于潮湿水分状态；其他剖面按彭曼（Penman）经验公式估算，土壤年干燥度 1～3.5，因此其他剖面的土壤水分状况基本都属于半干润土壤水分状况。

（3）氧化还原特征。剖面由于土壤水分状况导致某一层段的土壤受季节性水分饱和，发生氧化还原交替作用而形成锈斑纹、铁锰胶膜或斑块的特征。复垦土壤中一半以上的土壤剖面具有氧化还原特征，如剖面 2、剖面 5、剖面 8、剖面 9、剖面 10、剖面 11、剖面 12、剖面 13、剖面 14、剖面 15、剖面 16、剖面 17、剖面 18。

（4）石灰性。剖面 19 符合石灰性的诊断特性，土表至 50 cm 内所有土层中碳酸钙相当物质量分数均≥10 g/kg，用 1:3（v/v）HCl 处理时有泡沫反应。

（5）其他诊断特性。所有土壤剖面的土壤温度状况都是属于温性土壤温度状况；所有土壤剖面的盐基饱和度都是饱和的。

3.4.2 复垦土壤分类参比

土壤分类反映了土壤类型、成土条件、成土过程与土壤性质的内在联系。目前，我国土壤系统分类在国际土壤系统分类成果的基础上，根据我国实际情况，建立起了一套以诊断层和诊断特性为基础的、谱系式的土壤系统分类检索系统，形成了具有中国特色、具有定量指标的土壤系统分类，实现了土壤分类由定性向定量、由发生分类向系统分类的转变。在土壤系统分类检索中每一类土壤都有唯一的分类学位置，对一种未知类型的土壤，根据野外调查和实验分析结果或已有资料，按照严格的顺序在检索系统中进行检索，都可以准确地判定该土壤所属的分类学位置和名称。

中国土壤系统分类是六级分类，即土纲、亚纲、土类、亚类、土族和土系，其中前四级为高级分类级别，后两级为基层分类级别。土纲为土壤分类最高级别，根据诊断层和诊断特性来确定类别，亚纲主要根据影响现代成土过程的控制因素所反映的性质，如温度状况、水分状况和岩石特征等划分；土类是根据主要成土过程强度及次要成土过程及次要控制因素的表现性质划分；亚类主要根据是否偏离土类的中心概念，是否具有附加过程及母质残留的特征划分。按照《中国土壤系统分类检索（第三版）》的检索指标及检索系统的顺序，可将复垦土壤归为 2 个土纲、3 个亚纲、3 个土类、4 个亚类（表 3.11）。

表 3.11 复垦土壤诊断层、诊断特征及系统分类

剖面号	诊断层	诊断特性	土壤类型
1	淡薄表层	半干润土壤水分状况、人为扰动层次	普通扰动人为新成土
2	淡薄表层	半干润土壤水分状况、人为扰动层次、氧化还原特征	普通扰动人为新成土
*3	淡薄表层、雏形层	半干润土壤水分状况	普通简育干润雏形土
4	淡薄表层	半干润土壤水分状况、人为扰动层次	普通扰动人为新成土
5	淡薄表层、钙积现象	半干润土壤水分状况、人为扰动层次、氧化还原特征	石灰扰动人为新成土
*6	淡薄表层、雏形层	半干润土壤水分状况	普通简育干润雏形土
7	淡薄表层、钙积层	半干润土壤水分状况、人为扰动层次	普通简育干润雏形土
8	淡薄表层、钙积层	潮湿土壤水分状况、人为扰动层次、氧化还原特征	石灰淡色潮湿雏形土
9	淡薄表层	半干润土壤水分状况、人为扰动层次、氧化还原特征	普通扰动人为新成土

剖面号	诊断层	诊断特性	土壤类型
*10	暗沃表层、雏形层	半干润土壤水分状况、氧化还原特征	暗沃简育干润雏形土
11	淡薄表层	半干润土壤水分状况、人为扰动层次、氧化还原特征	普通扰动人为新成土
12	淡薄表层、钙积层	潮湿土壤水分状况、人为扰动层次、氧化还原特征	石灰淡色潮湿雏形土
13	淡薄表层、钙积现象	潮湿土壤水分状况、人为扰动层次、氧化还原特征	石灰扰动人为新成土
14	淡薄表层、钙积现象	半干润土壤水分状况、人为扰动层次、氧化还原特征	石灰扰动人为新成土
15	淡薄表层、钙积现象	半干润土壤水分状况、人为扰动层次、氧化还原特征	石灰扰动人为新成土
16	淡薄表层、钙积现象	半干润土壤水分状况、人为扰动层次、氧化还原特征	石灰扰动人为新成土
17	淡薄表层、钙积现象	半干润土壤水分状况、人为扰动层次、氧化还原特征	石灰扰动人为新成土
*18	淡薄表层、雏形层、钙积现象	半干润土壤水分状况、氧化还原特征	石灰底锈干润雏形土
19	淡薄表层	半干润土壤水分状况、人为扰动层次、石灰性	石灰扰动人为新成土
20	淡薄表层	半干润土壤水分状况、人为扰动层次	普通扰动人为新成土
21	淡薄表层	半干润土壤水分状况、人为扰动层次	普通扰动人为新成土
22	淡薄表层、钙积现象	半干润土壤水分状况、人为扰动层次	普通扰动人为新成土
*23	淡薄表层、雏形层	半干润土壤水分状况	普通简育干润雏形土

3.4.3　复垦土壤分类建议

在中国土壤系统分类中受人为作用的土壤归属人为土和新成土两个土纲,其中人为土只包括受人为活动影响的农业耕作土壤,而不包括由于复垦人为扰动或其他人为扰动的土壤。复垦土壤是一种在自然土壤的基础上形成的人工土壤,在中国土壤发生分类体系中无法找到自己的位置,而在以诊断层、诊断特征为基础的系统分类中则能进行分类归属。但在分类中仍然发现目前的中国土壤系统分类(CST 2001)体系不能完全满足复垦土壤的一些特征:如复垦土壤的氧化还原性质、充填大量的人为物质、大量异源土(非原位土)的搬运、土壤物理状况(水分、紧实)等特性均无法体现;一些外源碳酸钙的输入可以形成钙积层或钙积现象等,这种钙积层或钙积现象则是人为堆积或堆垫形成的,而钙积层在中国土壤系统分类(CST 2001)中作为雏形土土纲的一个诊断层出现,先于新成土检索出来,则将部分复垦土壤归属为雏形土土纲等;从特征分析上可以看出,复垦土壤非常复杂,而分类结果却显得相对单一,对中国土壤系统分类(CST 2001)进行一些修订和扩展完善是非常有必要的。

1. 诊断建议

1) 诊断层

钙积层与钙积现象:从复垦土壤的特征与成土过程及系统分类检索实践来看,石灰性物质的外源输入是复垦活动中可能存在的现象。钙积层/钙积现象与石灰性物质的定义在中国土壤系统分类（CST 2001）中的关键在于碳酸盐是直接源于土壤母质或是在土壤形成过程中淋溶淀积，而且 100 cm 范围内有"钙积层"的可能被划归雏形土。而复垦土壤中的土壤碳酸盐可来源于原土体的碳酸盐，也可能为外源输入土壤的碳酸盐，甚至为土壤改良时输入的 CaO 或 Ca(OH)$_2$ 进入土壤后与 CO$_2$ 和 H$_2$O 反应生成碳酸钙。复垦土壤多数碳酸钙相当物达到钙积层的均为外源人为输入，因此建议将钙积层定义中的"富含次生碳酸盐的未胶结或未硬结土层"修改为"富含次生碳酸盐（不包括外源输入）的未胶结或未硬结土层"，其余同原定义。

外源输入钙积层与钙积现象：建议在钙积层或钙积现象的定义中扩展增加限定词"外源输入的"，即修改为"富含次生碳酸盐（外源输入）的未胶结或未硬结土层"，其余同原定义。这样，外源输入的碳酸盐富积层次的土壤也将归属为新成土，而不归属于雏形土。

2）诊断特征

人为扰动层次：将"由平整土地、修筑梯田等形成的耕翻扰动层。土表下 25～100 cm 范围内按体积计有≥3%的杂乱堆集的原诊断层碎屑或保留有原诊断特性的土体碎屑"，建议修改为"平整土地、修筑梯田、人工地貌重塑等形成的扰动层。土表下 0～150 cm 范围内按体积计有≥3%的杂乱堆集的原诊断层碎屑或保留有原诊断特性的土体碎屑，或存在按体积计有≥20%的技术物质、人为搬运物质等外源成土物质"。

人为技术物质：由人类加工、创造或改变的任何物质，如粉煤灰、煤矸石、建筑碎石、沥青、水泥、塑料、土工织物/膜、橡胶等。

人为搬运物质：人类有意识地从异地输入土体的、未经二次加工或置换的固体或液体物质，如砂姜、土壤等。

人为潮湿土壤水分状况：泥浆泵复垦条件下由于水土混合，大量水分的存在，部分土层被水饱和的土壤水分状况。将"潮湿土壤水分状况"扩展增加一个"人为潮湿土壤水分状况"，建议扩展为"因人为活动导致的大多数年份土温＞5℃（生物学零度）时的某一时期，全部或某些土层被地下水或毛管水饱和并呈还原状态的土壤水分状况"，其余同原定义。

2. 检索系统建议

将钙积层的诊断定义修改后，所有复垦土壤都归属为新成土土纲，为了最小限度地改变新成土土纲的框架，在新成土土纲内，根据人为活动方式，建议增加"技术新成土"亚纲，并在亚纲中第一个被检索出来，其他亚纲序号依次向后递增；同时，扩充"人为新成土"亚纲。根据成土物质或土壤水分状况在亚纲内续分划定土类，每个土类暂时续分钙积、石灰、酸性、斑纹、普通 5 个亚类，并依次检索。"技术新成土"亚纲是指新成土中从土表到 150 cm 内有 20%（体积分数，加权平均）以上的技术物质。"人为新成土"亚纲中根据增加的"人为潮湿土壤水分状况"增加"潮湿人为新成土"土类，并在土类中首先被检索出来；其他土类序号依次向后递增（表 3.12～表 3.21）。其余亚纲和土类、亚类不变。

表 3.12 N 新成土亚纲的检索

编号	内容	名称
N1	新成土中在矿质土表至 150 cm 范围内有 20%（体积分数，加权平均）以上的技术物质	技术新成土
N2	新成土中在矿质土表至 50 cm 范围内有人为扰动层次或人为淤积物质	人为新成土
N3	其他新成土中有砂质沉积物岩性特征	砂质新成土
N4	其他新成土中有冲积物岩性特征	冲积新成土
N5	其他新成土	正常新成土

表 3.13 N1 技术新成土类的检索

编号	内容	名称
N1.1	技术新成土中的技术土壤物质中 35%（体积分数）以上为工矿废弃物（如采矿废物、粉煤灰、煤矸石、炉渣等）	工矿垃圾技术新成土
N1.2	其他技术新成土中的技术土壤物质中 35%（体积分数）以上为建筑废弃物（如碎石、砖头、瓦片等）	建筑垃圾技术新成土
N1.3	其他技术新成土中的技术土壤物质中 35%（体积分数）以上为有机废弃物质	有机废物技术新成土
N1.4	其他技术新成土	搬运技术新成土

表 3.14 N1.1 工矿垃圾技术新成土亚类的检索

编号	内容	名称
N1.1.1	工矿垃圾技术新成土中土表以下 100 cm 范围内有外源输入钙积层或钙积现象	钙积工矿垃圾技术新成土
N1.1.2	其他工矿垃圾技术新成土中有石灰性	石灰工矿垃圾技术新成土
N1.1.3	其他工矿垃圾技术新成土中在矿质土表至 50 cm 范围内盐基饱和度均<50%或 pH<5.5	酸性工矿垃圾技术新成土
N1.1.4	其他工矿垃圾技术新成土中土表以下 50～100 cm 范围内至少一个土层（≥10 cm）有氧化还原特征	斑纹工矿垃圾技术新成土
N1.1.5	其他工矿垃圾技术新成土	普通工矿垃圾技术新成土

表 3.15 N1.2 建筑垃圾技术新成土亚类的检索

编号	内容	名称
N1.2.1	建筑垃圾技术新成土中土表以下 100 cm 范围内有外源输入钙积层或钙积现象	钙积建筑垃圾技术新成土
N1.2.2	其他建筑垃圾技术新成土中有石灰性	石灰建筑垃圾技术新成土
N1.2.3	其他建筑垃圾技术新成土中在矿质土表至 50 cm 范围内盐基饱和度均<50%或 pH<5.5	酸性建筑垃圾技术新成土
N1.2.4	其他建筑垃圾技术新成土中土表以下 50～100 cm 范围内至少一个土层（≥10 cm）有氧化还原特征	斑纹建筑垃圾技术新成土
N1.2.5	其他建筑垃圾技术新成土	普通建筑垃圾技术新成土

表 3.16 N1.3 有机废物技术新成土亚类的检索

编号	内容	名称
N1.3.1	有机废物技术新成土中土表以下 100 cm 范围内有外源输入钙积层或钙积现象	钙积有机废物技术新成土
N1.3.2	其他有机废物技术新成土中有石灰性	石灰有机废物技术新成土
N1.3.3	其他有机废物技术新成土中在矿质土表至 50 cm 范围内盐基饱和度均<50%或 pH<5.5	酸性有机废物技术新成土
N1.3.4	其他有机废物技术新成土中土表以下 50～100 cm 范围内至少一个土层（≥10 cm）有氧化还原特征	斑纹有机废物技术新成土
N1.3.5	其他有机废物技术新成土	普通有机废物技术新成土

表 3.17 N1.4 搬运技术新成土亚类的检索

编号	内容	名称
N1.4.1	搬运技术新成土中土表以下 100 cm 范围内有外源输入钙积层或钙积现象	钙积搬运技术新成土
N1.4.2	其他搬运技术新成土中有石灰性	石灰搬运技术新成土
N1.4.3	其他搬运技术新成土中在矿质土表至 50 cm 范围内盐基饱和度均<50%或 pH<5.5	酸性搬运技术新成土
N1.4.4	其他搬运技术新成土中土表以下 50～100 cm 范围内至少一个土层（≥10 cm）有氧化还原特征	斑纹搬运技术新成土
N1.4.5	其他搬运技术新成土	普通搬运技术新成土

表 3.18 N2 人为新成土土类的检索

编号	内容	名称
N2.1	人为新成土中在矿质土表至 150 cm 范围内有人为扰动层次和人为潮湿土壤水分状况	潮湿人为新成土
N2.2	人为新成土中在矿质土表至 50 cm 范围内有人为扰动层次	扰动人为新成土
N2.3	其他人为新成土	淤积人为新成土

表 3.19 N2.1 潮湿人为新成土亚类的检索

编号	内容	名称
N2.1.1	潮湿人为新成土中土表以下 100 cm 范围内有外源输入钙积层或钙积现象	钙积潮湿人为新成土
N2.1.2	其他潮湿人为新成土中有石灰性	石灰潮湿人为新成土
N2.1.3	其他潮湿人为新成土中在矿质土表至 50 cm 范围内盐基饱和度均<50%或 pH<5.5	酸性潮湿人为新成土
N2.1.4	其他潮湿人为新成土中土表以下 50～100 cm 范围内至少一个土层（≥10 cm）有氧化还原特征	斑纹潮湿人为新成土
N2.1.5	其他潮湿人为新成土	普通潮湿人为新成土

表 3.20　N2.2 扰动人为新成土亚类的检索

编号	内容	名称
N2.2.1	扰动人为新成土中土表以下 100 cm 范围内有外源输入钙积层或钙积现象	钙积扰动人为新成土
N2.2.2	其他扰动人为新成土中有石灰性	石灰扰动人为新成土
N2.2.3	其他扰动人为新成土中在矿质土表至 50 cm 范围内盐基饱和度均<50%或 pH<5.5	酸性扰动人为新成土
N2.2.4	其他扰动人为新成土中土表以下 50～100 cm 范围内至少一个土层（≥10 cm）有氧化还原特征	斑纹扰动人为新成土
N2.2.5	其他扰动人为新成土	普通扰动人为新成土

表 3.21　N2.3 淤积人为新成土亚类的检索

编号	内容	名称
N2.3.1	淤积人为新成土中土表以下 100 cm 范围内有外源输入钙积层或钙积现象	钙积淤积人为新成土
N2.3.2	其他淤积人为新成土中有石灰性	石灰淤积人为新成土
N2.3.3	其他淤积人为新成土中在矿质土表至 50 cm 范围内盐基饱和度均<50%或 pH<5.5	酸性淤积人为新成土
N2.3.4	其他淤积人为新成土中土表以下 50～100 cm 范围内至少一个土层（≥10 cm）有氧化还原特征	斑纹淤积人为新成土
N2.3.5	其他淤积人为新成土	普通淤积人为新成土

3. 按建议方案的复垦土壤分类归属

表 3.22 为按照本建议方案得到的复垦土壤诊断层、诊断特性，以及按照建议检索系统进行检索所得的系统分类名称。所得土壤类型共 2 个土纲、3 个亚纲、5 个土类、13 个亚类，其中复垦土壤归属 1 个土纲、2 个亚纲、4 个土类、10 个亚类，较好地反映了复垦土壤扰动、堆垫与人为潮湿水分、钙积、石灰性及氧化还原性质。

表 3.22　复垦土壤诊断层、诊断特征及系统分类（CST 建议方案）

剖面号	诊断层	诊断特性	土壤类型
1	淡薄表层	半干润土壤水分状况、人为扰动层次	普通扰动人为新成土
2	淡薄表层	半干润土壤水分状况、人为扰动层次、氧化还原特征	普通扰动人为新成土
*3	淡薄表层、雏形层	半干润土壤水分状况	普通简育干润雏形土
4	淡薄表层	半干润土壤水分状况、人为技术物质、人为扰动层次	普通工矿垃圾技术新成土
5	淡薄表层、外源输入钙积现象	半干润土壤水分状况、人为技术物质、人为扰动层次、氧化还原特征	钙积工矿垃圾技术新成土

续表

剖面号	诊断层	诊断特性	土壤类型
*6	淡薄表层、雏形层	半干润土壤水分状况	普通简育干润雏形土
7	淡薄表层、外源输入钙积层	半干润土壤水分状况、人为搬运物质、人为扰动层次	钙积搬运技术新成土
8	淡薄表层、外源输入钙积层	人为潮湿土壤水分状况、人为扰动层次、氧化还原特征	钙积潮湿人为新成土
9	淡薄表层	半干润土壤水分状况、人为技术物质、人为扰动层次、氧化还原特征	斑纹工矿垃圾技术新成土
*10	暗沃表层、雏形层	半干润土壤水分状况、氧化还原特征	暗沃简育干润雏形土
11	淡薄表层	半干润土壤水分状况、人为扰动层次、氧化还原特征	斑纹扰动人为新成土
12	淡薄表层、外源输入钙积层	人为潮湿土壤水分状况、人为扰动层次、氧化还原特征	钙积潮湿人为新成土
13	淡薄表层、外源输入钙积现象	人为潮湿土壤水分状况、人为扰动层次、氧化还原特征	钙积潮湿人为新成土
14	淡薄表层、外源输入钙积现象	半干润土壤水分状况、人为扰动层次、氧化还原特征	钙积扰动人为新成土
15	淡薄表层、外源输入钙积现象	半干润土壤水分状况、人为扰动层次、氧化还原特征	钙积扰动人为新成土
16	淡薄表层、外源输入钙积现象	半干润土壤水分状况、人为扰动层次、氧化还原特征	钙积扰动人为新成土
17	淡薄表层、外源输入钙积现象	半干润土壤水分状况、人为扰动层次、氧化还原特征	钙积扰动人为新成土
*18	淡薄表层、雏形层、钙积现象	半干润土壤水分状况、氧化还原特征	石灰底锈干润雏形土
19	淡薄表层	半干润土壤水分状况、人为搬运物质、人为扰动层次、石灰性	石灰搬运技术新成土
20	淡薄表层	半干润土壤水分状况、人为搬运物质、人为扰动层次	普通搬运技术新成土
21	淡薄表层	半干润土壤水分状况、人为搬运物质、人为扰动层次	普通搬运技术新成土
22	淡薄表层、钙积现象	半干润土壤水分状况、人为搬运物质、人为扰动层次	钙积搬运技术新成土
*23	淡薄表层、雏形层	半干润土壤水分状况	普通简育干润雏形土

　　复垦土壤的形成过程与自然或农业土壤不同，各种异源土壤或人为物质的大量输入，对土壤发育的影响已经远远超过原土壤母质。成土物质和人为成土因子作为主要成土因素，其主要成土过程有扰动与堆填、压实与沉实、石灰化与碱化、盐化与脱盐化、氧化与还原、生化与熟化等。因不恰当复垦方式、充填或堆垫物质、作业强度等人为因素的特异性，复垦土壤的成土模式与自然发育土壤相比具有显著不同的特征，如成土物质的异源性、成土环境的异质性、发育速率的非均匀性、发育方向的不确定性及土壤性状的特异性。

　　根据复垦土壤的特征及不同分类方案划分结果的比较，提出复垦土壤概念，建立可以反映复垦土壤独特成土过程的诊断层与诊断特征，并探索性地针对复垦土壤分类提出了新成土检索的建议方案，在方案设计中突出了人为物质的输入与堆垫、人为水分状况的改变等现代人类活动对复垦土壤的影响（李玲，2011）。

参 考 文 献

鲍士旦, 2000. 土壤农化分析. 3 版. 北京: 中国农业出版社.

曹升赓, 1989. 中国土壤系统分类诊断层和诊断特性再拟. 土壤(2): 80-84.

曹升赓, 1996. 关于中国土壤系统分类(修订方案)诊断层和诊断特性的说明. 土壤(5): 225-231.

曹升赓, 雷文进, 1994. 新的土壤诊断层: 干旱表层. 土壤学进展, 22(2): 48.

龚子同, 1991. 土壤实验室分析项目及方法规范. 南京: 东南大学出版社.

郭堃梅, 池宝亮, 黄学芳, 等, 2006. 碳酸钙与石膏对土壤磷及溶解有机碳淋溶的影响. 中国生态农业学报, 14(1): 128-130.

胡振琪, 1996. 采矿沉陷地的土地资源管理与复垦. 北京: 煤炭工业出版社.

胡振琪, 朱晓岚, 1993. 矿山土地复垦系统及分类. 煤矿环境保护, 7(4): 17-21.

胡振琪, 李玲, 赵艳玲, 等, 2013. 高潜水位平原区采煤塌陷地复垦土壤形态发育评价. 农业工程学报, 29(5): 95-101.

胡振琪, 杨秀红, 鲍艳, 等, 2005. 论矿区生态环境修复. 科技导报(1): 38-41.

李玲, 2011. 高潜水位平原区采煤塌陷地复垦土壤特征与分类研究. 北京: 中国矿业大学(北京).

罗札诺夫, 1988. 土壤形态学. 王浩清, 郑军, 译. 北京: 科学出版社.

王恩姮, 赵雨森, 陈祥伟, 2009. 前期含水量对机械压实土壤结构特征的影响. 水土保持学报, 23(1): 159-163.

易晨, 马渝欣, 杨金玲, 等, 2015. 中国土壤系统分类基层单元土族建设现状与命名上存在的问题. 土壤学报, 52(5): 1166-1172.

张甘霖, 朱永官, 傅伯杰, 2003. 城市土壤质量演变及其生态环境效应. 生态学报(3): 539-546.

张甘霖, 王秋兵, 张凤荣, 等, 2013. 中国土壤系统分类土族和土系划分标准. 土壤学报, 50(4): 826-834.

中国科学院南京土壤研究所土壤系统分类课题组, 中国土壤系统分类课题研究协作组, 2001. 中国土壤系统分类检索. 3 版. 合肥: 中国科学技术大学出版社.

周传槐, 1982a. 美国《土壤系统分类学》内容译编 II.土壤的诊断层和诊断特征(续一). 土壤学进展(3): 52-59.

周传槐, 1982b. 美国《土壤系统分类学》内容译编 II.土壤的诊断层和诊断特征(续二). 土壤学进展(4): 52-61.

BUNTLEY G J, WESTIN F C, 1965. A comparative study of developmental color in a Chestnut-Chernozem-Brunizem soil climosequence. Soil Science Society of American Proceeding, 29: 579-582.

HURST V J, 1977. Visual estimation of iron saprolite. Geological Society of America Bulletin, 88: 174-176.

TORRENT J, SCHWERTMANN U, 1986. Influence of hematite on the color of red beds. Journal of Sedimentary Petrology, 57(4): 682-686.

TORRENT J, SCHWERTMANN U, SCHULZE D G, 1980. Iron oxide mineralogy of some soils of two river terrace sequence in Spain. Geoderma, 23(3): 191-208.

第 4 章　矿区复垦土壤重构的概念、内涵与原理

从第 3 章复垦土壤的研究发现，大多数复垦土壤土层结构与自然土壤差异巨大。有的因上下土层混合导致缺乏规则层次及上下土层营养成分均一；有的因充填材料导致土层过渡明显间断且存在土壤障碍因素；表土单独剥离与回填较少，导致复垦土壤生产力较低。这些结果说明原有的复垦技术对土壤重构，尤其是对土壤关键层的构造没有十分关注，因此，需要对复垦土壤重构提高认识并进行技术革新。

4.1　复垦土壤重构的概念、内涵与理念

4.1.1　复垦土壤重构的概念与内涵

矿山开采和复垦过程中常常扰动土壤，直接影响土地生产力、植物生长和生态系统的稳定性，土壤重构是土地复垦的核心任务（胡振琪 等，2005a）。现有矿区复垦土壤重构仍存在很多问题：表土单独剥离与回填较少（胡振琪 等，2005b）、不同土层无序混合、新造土壤剖面构型差、养分含量低、土壤肥力特性较差等，造成重构土壤质量差，存在植物、作物生长的障碍因子，易产生水土流失和植被生长不良（胡振琪，1996）。

土壤是植物赖以生存的基础，没有良好的土壤，作物与植被的建立就无从谈起或者说很难达到良好的效果。因此，土壤重构是土地复垦与生态修复的关键。土壤重构即重构土壤，其目的是恢复或重新构造受损土地的土壤，构造一个适宜植物生长的土壤剖面，恢复土壤肥力因素，为植物构造一个最优的物理、化学和生物条件，在较短时间内达到最优的生产力（Hu et al.，2012）。

重构土壤的过程是一个众多单元土体有机组合的问题。不合理的土壤重构往往会导致杂乱的土壤结构和较低的土壤生产力（图 4.1）。充分认识单元土体的性质差异、重构过程的三维构建和仿自然土壤的形成与构型是十分重要的（图 4.2）。单元土体既有质地的差异，也有营养和化学元素含量的差异，还有微生物的差异；单元土体有机组合过程中可以平面排列组合，也可垂向叠加，形成了三维空间结构的土壤；自然土壤形成的五大要素中时间要素的影响是重要的，构成了土壤三维构建基础上的第四维度，此外自然土壤结构和剖面构型是决定土壤功能和生产力的关键，在土壤重构中应依据仿自然的思想进行构建。单元土体性质的差异，直接决定该土体在整个土壤系统中的地位和作用，如表层土壤往往质地好、营养元素含量高。土体的三维构建，决定了土体在垂向上的剖面结构和平面上的地形地貌特征（图 4.1）；仿自然土壤构建的思想，是要在构建中考虑

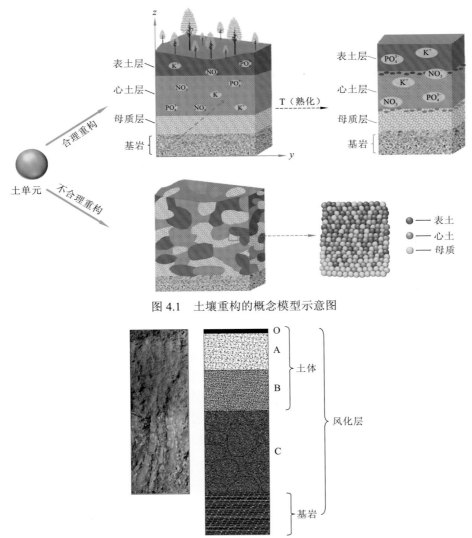

图 4.1 土壤重构的概念模型示意图

图 4.2 自然地层和土壤剖面示意图

O 为有机质累积层；A 为淋溶层；B 为淀积层；C 为母质层

时间和气候等成土要素的改良作用，以及不同剖面构型和不同土层物理结构（固-液-气）的功能性，实现重构土壤结构和剖面构型的最优。基于以上分析，不难看出，土壤重构过程是仿自然土壤的单元土体四维重构，即在考虑土地用途和仿照自然土壤的情况下，在垂向上构建合理的土壤剖面和物理结构，在平面上重塑地貌，在时间维度上改良土壤，使重构的土壤达到最优的生产力。因此，广义的土壤重构包括土壤剖面重构、地貌重塑和土壤改良。由于土壤剖面结构是决定土壤生产力的关键，因此，狭义的土壤重构就是土壤剖面重构。

综合以上分析，土壤重构是综合运用工程措施及物理、化学、生物、生态措施，对损毁土地的单元土体进行四维构建，即在垂直面上基于自然土壤剖面的层状结构构建，综合考虑各层次的特征性，以"关键层"为核心，构造仿自然剖面；在水平面上则是综合考虑地形地貌和区域小气候的影响，通过单元土体组合重塑地形地貌景观；在时间尺度上需要通过人工和自然的改良提升重构土壤质量。

土壤重构的主要目的为重构土壤，恢复和提高重构土壤的生产力；主要内容是以"关键层"为核心构造仿自然垂直剖面和仿自然地形地貌。

土壤重构的一般程序是：首先考虑水平方向的地貌景观重塑，根据地貌景观特点设计复垦标高，作为确定土壤剖面构型高度的基础，一般在规划设计阶段通过地貌和景观设计实现；然后是垂直方向的土壤剖面层次重构，先要依据土壤发生学和仿自然原理，确定不同成土条件下复垦区土壤的关键层，并分析复垦区本地特征、土源特性等，对关键层的理化性状、排列层位、厚度等进行具体划分，以构造仿自然土壤剖面的土壤发育介质层次；最后是在人为因素的作用下，解决重构土壤长期发育、演变及耕作过程中产生的某些土壤发育障碍问题，使重构介质快速发育，土壤肥力迅速提高，短期内达到一定的土壤生产力。

为在较短时间内以较少的投入，重构适宜土壤肥力因素发育的土壤介质层次和稳定的地貌景观，达到土壤重构的目的和效果，将土壤剖面重构与采矿工艺相结合往往是最为有效的方法，同时对重构工艺的革新也很有必要。胡振琪（1997）曾提出"分层剥离、交错回填"土壤剖面重构的原理与方法，建立了土壤剖面重构的数学模型，很好地解决了土壤的剥离与堆存问题，为矿山开采工艺与土壤重构工艺的有机结合奠定了基础，为实现采矿与复垦一体化提供了有效途径。胡振琪等（2018）针对在充填材料中夹层的多层土壤剖面构型，提出条带间交替式多层次充填土壤重构技术工艺，旨在通过充填复垦技术的创新，实现复垦高质量土壤的目的。

4.1.2　"土层生态位"与关键层的概念与内涵

"生态位"是生态学中的概念，是指一个种群在生态系统中，在时间空间上所占据的位置及其与相关种群之间的功能关系与作用。土壤是由不同土层组成的，土壤的分层结构是土壤在长期的地质风化成土和熟化过程中形成的，不同土层其生态功能与作用是不一样的。不同性状的土层有其独特的生态功能，从而也有其独特的空间位置。不同土层的组合就构成具有独特功能的土壤系统。因此，将各个土层在空间上所占据的位置及其与相关土层之间的功能关系与作用，称为"土层生态位"。各个土层重要性和作用的不同可以区分为"关键层"和"非关键层"。

岩层控制的关键理论中首次提出"关键层"（钱鸣高 等，1996），是指采动岩体运动中起主要承载作用的结构关键层，并控制采动岩体破断后的结构形态。在众多的土层中，不同的土层其作用是不同的，直接影响整个土壤的功能和生产力，其中总有一些土层发挥重要作用，如表土层、毛管阻滞层或渗漏阻滞层等，因此，把影响土壤生产力的关键土层，称为"关键层"。关键层是根据复垦区地理环境特点、采矿工艺、复垦工艺、复垦土壤质量要求等方面，构建的单位土体中对土壤性质和植物生长起重要作用的土壤层。关键层的质地、位置、厚度直接影响关键层的作用效果。

如图 4.3 所示：表土层是植物生长承载的直接层次；心土层一般具有透水性良好、养分蓄持供应及时的特点，是为表土层提供水分及养分的后备层次；充填层指的是在土源缺乏的地区采用岩石、泥沙、煤矸石等材料将采煤塌陷地或洼地整平至统一标高的层次，具有与心土层类似的功效；充填夹层（如图 4.3 中的土壤夹层）即在充填层对水分或养分蓄持不佳或过度情况下，改善土壤中水分养分再分布状况使其适应植物生长的调节层。在该种情况下，表土层和充填夹层即为"关键层"。

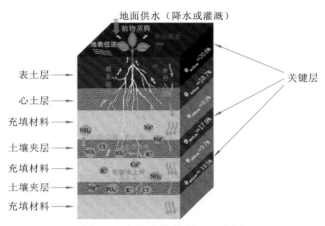

图 4.3　复垦土壤关键层示意图

关键层以其显著的形态特征为重要标志，它的功能明显区别于相邻或其他的土层。根据土壤重构中对关键层性状的需求，结合复杂的成土过程和众多的土壤类型特点，将关键层的性状总结为以下两点。

（1）形态特征。关键层在土壤剖面重构中具有明显的形态分异特征。其形态特征主要包括结构、厚度、位置等，每一种形态要素均与相邻或其他土层特性有密切的相关性，同时又有独特性、显著差异性。

（2）理化性状。关键层的理化性状因复垦区地理环境、采矿工艺、土源类型、相邻或其他土层特性而异，通常包括土壤颗粒组成、养分含量、渗透性、保水保肥能力等。由于这些关键层的不同性状，往往导致土壤剖面结构特性的变化、土壤功能的差异，这在土壤剖面重构选择关键层、调整关键层形态特征时尤须重视。

根据我国东、西部矿区采矿特点及土地损毁特征，不同的复垦区域有不同的关键层。西部露天煤矿区土壤重构的关键层包括表土层、含水层和隔水层；东部采煤沉陷区土壤重构的关键层包括表土层和充填复垦的夹层；煤矸石山土壤重构的关键层包括表土层和阻隔氧化层。基于复垦实践，存在以下关键层。

1. 表土层

表土层泛指土壤剖面的上层，其厚薄因土壤类型而异。表土是植物赖以生存的介质，不仅含有当地植被恢复的重要种子库，还可保证根区土壤的高质量和微生物数量及其群落结构，缩短土壤熟化期。对于土源充足的矿区，可以直接进行表土剥离、堆放、回填；而对于土源短缺的矿区，选择适宜植物生长的其他土壤基质改良材料（胡振琪 等，2013；杨主泉 等，2007），成为理想的表土资源，是完成土壤剖面重构任务的关键。表土替代材料的筛选和研制是决定矿区土壤改良效果的关键，需要全面调查和分析煤层上覆岩石和土壤的酸碱度、营养元素丰缺程度、赋存状态等情况，并在此基础上选择最适宜的表土配制方案，才能真正实现"以废治退，速生生长"的目标。

2. 充填复垦的土壤剖面夹层

夹层式充填复垦的原理就是针对充填材料先天不足所形成的"土壤层+充填层"两层土壤结构，通过在充填材料层中夹土壤层的方式，构造多层土壤剖面构型，克服充填材料层的负面影响，提高土壤生产力。其关键是基于充填材料和土源的特征，设计出合理的夹层数量、夹层厚度及位置的最优土壤剖面构型。

为使夹层起到改善土壤水分和溶质的分布特征和运移规律，改善夹层上方充填材料的水分和养分特征，进而改善植物的生长环境，促进植物生长的作用。充填材料中的土壤夹层的特性与充填材料呈逆向关系，如充填材料颗粒大、不保水，应夹含黏性的土壤；若充填材料黏粒含量高、透水性差，则夹砂性的土壤。

3. 含水层

在地质学上含水层常指土壤通气层以下的饱和层，其介质孔隙完全充满水分。在土壤剖面构型中，含水层主要指具有一定厚度的保水持水性能高的介质层次。相关研究表明，多层质地剖面相较于均质型剖面可蓄持更多的水分；细质地土壤的含水量高于均质土壤，起到储水作用；黏土层会对土壤水运动产生影响，且不论黏土层出现的位置，其含水量均相对较高。

基于上述研究结果，结合排土场土壤剖面主要受砾石的影响、内部孔隙大、不利于水分保持的特点，可利用不同粒径的砾石、其他质地的土壤或者通过铺设可降解塑料薄膜的方法构建一个适宜的土壤含水层，用以提高排土场重构土壤剖面的水分涵养能力，以期为露天煤矿排土场植被恢复提供充足水分。但土壤剖面中含水层的位置、厚度、质地等特性，还需根据复垦区本底特征、植被种类、土源特性等设计的导水率和储水能力测定实验进行确定（郑礼全 等，2008），同时还应考虑具有含水层的土壤剖面中孔隙水的性质与边坡稳定性的关系，从而优选出适宜的土壤剖面构型。

4. 隔水层

隔水层在地质学中主要指重力水流不能透过的土层或岩层，如黏土层、重亚黏土层及致密完整的页岩、火成岩、变质岩等。隔水层必须具有结构稳定性和渗流稳定性才具有阻隔水的能力，其阻隔水能力的大小与岩性组合特征有显著相关性。

在排土场土壤剖面重构中，隔水层是在土壤剖面基层用透水性能弱的或不透水的材料构造的介质层。黏土透水性弱，所以黏土层可作为隔水层。依据黏土层的特点，结合黏土颗粒细、可塑性强、结合性好等特征，可将黏土作为主要构造隔水层的材料同其他物料进行配比，构造适宜的、抗载荷与抗形变能力强的隔水层。

5. 阻隔层

阻隔层是指煤矸石山土壤重构中构造的阻燃层和隔氧层，其主要原理为采用机械压实的手段防止氧气进入矸石山内部、接触煤矸石，从而起到隔氧阻燃的效果（陈胜华 等，2014）。

阻燃层是指利用沙子、粉煤灰、石灰、矸石渣等阻燃封闭材料及防火浆液构建的防止煤矸石发生自燃的混合层次。其构建的关键在于阻燃封闭材料混合比、含水量、压实度等的确定。

隔氧层主要指矸石山表面覆盖的惰性材料。煤矸石山隔氧层构建的关键在于覆盖材料的选择、覆盖厚度的设计及含水量、压实功能等其他工程参数的确定。现有研究表明，隔氧层构建的最佳材料为粉土或者粉黏土，为节约土源、废物利用，可向其中添加一定比例的粉煤灰，配制成为混合材料。粉煤灰添加比例根据土壤类型不同而有所区别，粉土为 50%，粉质黏土为 20%～30%，理想覆盖厚度则分别为 70 cm 和 15～20 cm。为保证隔氧层压实性能最佳，压实功能需控制在 100～150 kJ/m^3，含水量 15%为最优。

4.1.3　矿区复垦土壤重构的类型

1. 按煤矿区土地破坏的成因和形式分类

按煤矿区土地破坏的成因和形式，土壤重构主要可分为三类：采煤沉陷地土壤重构、露天煤矿土壤重构和矿区固体废弃物堆场土壤重构。

采煤沉陷地土壤重构根据所采取的工程措施可分为充填重构与非充填重构。充填重构是将土壤、固体废弃物等材料充填至沉陷区，并达到设计高程，但通常没有充足数量的土壤可供利用，而多使用固体废弃物来充填，这既处理了废弃物，又复垦了沉陷区被破坏的土地，其经济、环境效益显著，一举多得。主要类型有煤矸石充填重构（高荣久 等，2002）、粉煤灰充填重构（杨秀红 等，2006）、河湖淤泥充填重构（顾和和 等，2000）、黄河泥沙充填重构（胡振琪 等，2018）等。非充填重构是根据当地自然条件和沉陷情况，因地制宜地采取整治措施，恢复利用沉陷破坏的土地。据分析估计，矿区固体废弃物只能满足约四分之一沉陷区充填重构的需要，还有约四分之三的沉陷区得不到充填物料，应该进行非充填复垦重构。非充填复垦重构措施包括疏排法重构、挖深垫浅重构、梯田法重构等重构方式。

排土场土壤重构是露天煤矿土壤重构的主要内容。排土场土壤重构是将合理的开采工艺与复垦技术相结合的土壤剖面重构，其核心问题是构造一个与原土壤一致或更加合理的土壤剖面。

矿山固体废弃物堆场土壤重构，重点是污染防治层次结构和植物生长介质层的构建。常常在固体废弃物表面构建污染阻隔层，有单一黏土结构，也有多层结构。煤矸石山的土壤重构，污染阻隔层还要起到防止氧化自燃的功能。这些矿区固体废弃物堆场治理中，都需要种植绿化，恢复生态，因此，表面植物生长介质层的构建也至关重要。矿区固体废弃物堆场土壤重构，不仅有利于治理煤矿区的环境污染，清洁矿区环境，而且可以恢复土地资源和改善生态环境，还可产生一定的经济效益。

2. 按土壤重构过程的阶段性分类

按土壤重构过程的阶段性，可分为土壤剖面工程重构、地貌景观重塑和土壤培肥改良。对于露天矿土壤剖面工程重构包括地质剖面层的重构和地表 2 m 以内土壤层的构建。地貌景观重塑往往在设计阶段完成，应以仿自然、与周边生态系统协调为主要原则。土壤培肥改良措施包括施肥措施、耕作措施、林灌草措施、微生物措施等。

3. 按复垦所用主要物料理化性质的不同分类

按复垦所用主要物料理化性质的不同，可分为土壤的重构、软质岩土的土壤重构、硬质岩土的土壤重构、废弃物填料的土壤重构等。

4. 按区域土壤自然地理因素和地带土壤类型分类

在不同土壤类型区，自然成土因素对重构土壤的影响和综合作用不同，土壤的发育和形成过程各异。按区域土壤自然地理因素和地带土壤类型来划分，土壤重构可分为红壤区的土壤重构、黄壤区的土壤重构、棕壤区的土壤重构、褐土区的土壤重构、黑土区的土壤重构等。

5. 按重构方式分类

复垦土壤重构可分为工程措施重构与生物措施重构（包括微生物重构）。工程措施重构主要是采用工程措施（同时使用相应的物理措施和化学措施），根据当地重构条件，按照复垦土地的利用方向，对损毁土地进行剥离、回填、挖垫、覆土与平整等处理。工程措施重构一般应用于土壤重构的初始阶段。生物措施重构是工程措施重构结束后或与工程措施重构同时进行的重构"土壤"培肥改良与种植措施，目的是加速重构"土壤"剖面发育，逐步恢复重构土壤肥力，提高重构土壤生产力。生物措施重构是一项长期的任务，决定了土壤重构的长期性。

6. 按重构目的和重构土壤用途分类

根据重构目的和重构土壤用途分类，可分为农业土壤重构、林业土壤重构、草业土壤重构，其中农业土壤重构的标准最高。

农业土壤重构是将恢复后的土地用于作物种植，是沉陷区土壤重构的重点研究目标，它要求重构土地平整，土壤特性较好，具备一定的水利条件。工程措施重构结束后应及时进行有效的生物措施，进一步改良培肥土壤。

林业土壤重构是将重构后的土壤进行乔灌种植，是重构物料特性较差或者土地利用类型需要时的主要重构方式，它对重构土壤层的标准要求较低，地形要求亦不是很严格，允许地表存在一定坡度。林业土壤重构首先侧重其生态环境效益，在此基础上进一步关注其经济效益。所选重构树种应该对特定恶劣立地条件有较强的适应性。对于有害废弃物重构的土地，可栽植能吸收降解有害元素的抗性树种，以期达到净化重构土壤的目的。

草业土壤重构国内研究较少，西方发达国家相关研究较多，可与乔灌措施相结合使用。种草改良土壤后如果条件合适可进一步考虑农林利用方式。

4.1.4　复垦土壤重构的理念

土壤重构是土地复垦工程的核心和关键，已经被国家有关标准列为土地复垦的关键工程类型。重构土壤的质量直接关系复垦工程的成败和投资额的多少。因此，应该从理念上重视土壤重构。土壤重构绝不是简单的挖挖垫垫的土方工程，而是生态系统关键功能基质的构建与修复。其理念应该是"师法自然"，即仿自然土壤重构。其核心是模拟自然土壤剖面的层状结构和自然地貌景观形态，以"关键层"为核心构造仿自然垂直剖面和仿自然地形地貌的过程。"师法自然"的理念，就是尊重自然土壤发生、发育过程和自然格局，遵循其内在规律、特征，并充分发挥和应用自然本身的自我更新、再生和生产能力，实现重构土壤剖面、重建地形地貌景观与邻近未扰动区的协调发展。

仿自然土壤重构的实质是按照邻近自然特征，人为构造仿自然的土壤剖面和地形地貌，其理论基础主要为土壤发生学、景观生态学和流域地貌学。其中，土壤剖面重构是依据自然土壤形成过程中所产生的发生学层次、母质层次、关键功能层次，采用合理的采矿工艺和剥离、堆垫、储存、回填等重构工艺，进行的土壤物理介质及其剖面层次的重新构造。土壤剖面重构要全面考虑区域各土壤形成因素对重构土壤发育过程的影响，合理利用和保护现有生态系统。地形地貌重建是在对复垦区的区域环境和自然地理环境调查的基础上，以复垦区破坏前或邻近未扰动的地形地貌作为设计模板，依据流域地貌学理论、景观生态学理论及地质、气象等自然生态相关要素，模拟构建近似自然的地理形态和地貌景观，其核心是创立原始地表形态，模拟自然景观的自然排水形式。

4.2　土壤剖面构型及其重构原理

自然土壤剖面是在土壤发生和发展过程中长期受不同历史时期生物、气候等环境影响形成的。土壤构型是各土壤发生层有规律的组合、有序的排列，显示了土壤发生过程和土壤类型的特征。对矿区复垦土壤剖面构型的设计，目的在于抓住土壤剖面构型的关键层，构造一个具有适宜土壤肥力因素发育的，且较短时间内能与地带土壤相适应的土壤物理介质及其剖面层次。

4.2.1　土壤剖面构型及其优化的基本原则

土壤学研究表明，土壤剖面构型对土壤水分和溶质运移有显著的影响，通过改变土壤剖面构型能够提高耕地生产力。虽然一般情况下土壤剖面构型是不易改变的稳定性因素，但是借助复垦土壤剖面重构的机会，通过设计合理的土壤剖面构型，完全能够达到改良土壤剖面构型的目的。因此，土壤剖面构型及其优化是矿区土地生态修复亟待解决的问题。

土壤剖面重构主要应用工程和生物技术进行表土剥离、储存、回填，重新构造出土壤肥力水平高、土壤环境条件稳定的仿自然土壤剖面，消除不良土壤质地，以实现较短时间内改善土壤内部结构和环境质量，提升土地质量和生产能力。其实质为重新构造土壤物理介质和土壤不同质地层次组合。

土壤剖面构型及其优化的基本原则是有利于土壤水土协调及水、肥调控。

（1）因地制宜，综合优化的原则。土壤剖面构型优化应该依据成土条件和剖面构型特点，因地制宜选择差异化方法，要综合运用工程、生物及农艺技术改良措施，确保改良效果，切实提升土壤剖面构型改良区域的耕地质量。

（2）与土地利用状况相协调。土壤剖面构型优化应以区域土地利用方式为前提，与优化前区域土地利用情况相协调。剖面构型改良的目的是改良不良土壤结构体，增强土壤透水通气能力，提高土地性能，恢复植被生长。

（3）经济技术可行兼顾生态效益。土壤剖面构型优化是一项系统性工程，必须在社会经济水平与科学技术可支撑条件下进行。土壤剖面构型优化必须权衡技术可行性与经济可承受性。土壤剖面构型优化措施应考虑有利于改善区域生态环境。

煤矿复垦土壤剖面构型主要有以下几种类型（图 4.4）。

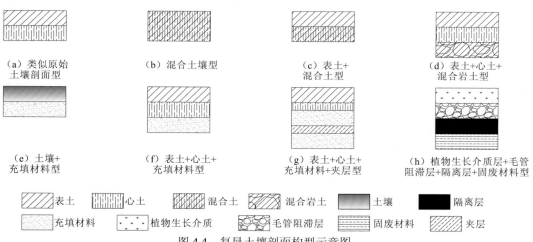

（a）类似原始　　（b）混合土壤型　　（c）表土＋　　（d）表土＋心土＋
土壤剖面型　　　　　　　　　　　　混合土型　　　混合岩土型

（e）土壤＋　　（f）表土＋心土＋　　（g）表土＋心土＋　　（h）植物生长介质层＋毛管
充填材料型　　充填材料型　　　　充填材料＋夹层型　　阻滞层＋隔离层＋固废材料型

表土		心土		混合土		混合岩土		土壤	隔离层
充填材料		植物生长介质		毛管阻滞层		固废材料		夹层	

图 4.4　复垦土壤剖面构型示意图

（1）类似原始土壤剖面型：按照采矿前原始土壤剖面或邻近区域类似土地利用类型的原始土壤剖面，进行仿照重构。

（2）混合土壤型：不进行土壤分层，挖掘混合充填，导致新构土壤剖面呈现出混合土，缺乏典型的分层现象。多出现在历史复垦的土地上，新复垦土地生产力往往较低。

（3）表土+混合土型：剥离和回填表土，其余为混合土。

（4）表土+心土+混合岩土型：分别剥离和回填一定厚度的表土、心土，其他为混合的岩土，多出现在露天矿。

（5）土壤+充填材料型：在充填材料上覆盖一定厚度的土壤，如煤矸石、粉煤灰等充填材料，上方覆盖 30～60 cm 的土壤（未必是表土）。

（6）表土+心土+充填材料型：分别剥离和回填一定厚度的表土、心土，下部为充填材料（如煤矸石、粉煤灰、黄河泥沙等）。

（7）表土+心土+充填材料+夹层型：在土壤资源有限的情况下，为克服充填材料的障碍特性，在充填材料中设计质地相异的夹层。夹层可以为一层也可以为两层或多层。

（8）植物生长介质层+毛管阻滞层+隔离层+固废材料型：用于固废堆场，为防止污染和隔绝氧气，需要首先建立隔离层（或阻隔层），然后在其上构建毛管阻滞层以防污染和隔离层的开裂，最后再构建植物生长介质层。

4.2.2　土壤剖面重构的原理

"土层生态位"的概念应用于土壤剖面重构工程中就是"土层生态位原理"，即是根据各土层的性状及功能和对土壤系统功能的要求，分层剥离并按照土层生态位重构到其适宜的空间层位中，使重构土壤的系统功能最优，也就是构造出适宜的土壤剖面构型。其实质就是按照自然土壤形成过程和结构，通过单元土体筛选与改良、单一土层内部结构构建和土层间的相互关系与空间位置及土壤剖面整体构型优化，达到重构理想土壤的目的，其中关键层的构建和整体优化至关重要。

应用"土层生态位原理"，在具体土壤剖面重构工程实施中应该"分层剥离、分层回填"以构造理想的剖面构型。考虑错位施工降低成本及连续重构工艺等因素，提出"分层剥离、交错回填"土壤重构技术原理。其基本原理如下。

（1）根据当地地质、土壤条件和复垦需要，将待复垦区土层（露天矿上覆岩土层都广义的称为土层）划分为若干层。

（2）将复垦区域划分为若干条带或块段。

（3）分层剥离各土层并通过错位的方式交错回填以实现土层顺序的基本不变或按期望的顺序或关键层进行构造。

1. 待复垦区上覆岩土层划分为两层的土壤重构原理

如图 4.5 所示，假设煤层上覆岩土层划分为两层（如分为上部土层和下部岩土层），将第 1 条带的上部土层和下部岩土层分别剥离并堆放在开采复垦区域旁边，如果是采煤的话，第 1 条带此时可以采煤，第 2 条带的上部土层也剥离并堆放在旁边的上部土层堆上，将第 2 条带的下部岩土层剥离并填充在第 1 条带的采空区上，再将第 3 条带的上部土层继续填充在第 1 条带上就构成基本层序不变的第 1 条带新构土壤，即

第 1 条带新土壤＝第 2 条带下部岩土层＋第 3 条带的上部土层

第 2 条带新土壤＝第 3 条带下部岩土层＋第 4 条带的上部土层

因此，可总结出规律如下：

第 i 条带新土壤＝第 $(i+1)$ 条带下部岩土层＋第 $(i+2)$ 条带上部土层

$$(i=1，2，\cdots，n-2)$$

第 n-1 条带新土壤＝第 n 条带下部岩土层＋第 1、2 条带上部土层

第 n 条带新土壤＝第 1 条带下部岩土层＋第 1、2 条带上部土层

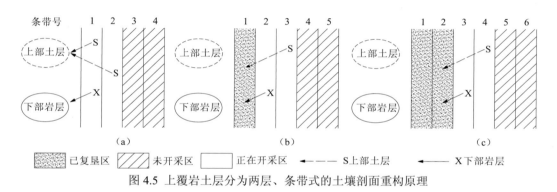

图 4.5　上覆岩土层分为两层、条带式的土壤剖面重构原理

同样，可以通过划分若干块段，通过块段间的交错回填，达到构造出土层顺序基本不变的新造土壤。其原理和新构造土层的公式与条带式倒堆工艺是一致的，只不过将开采条带变成开采块段，详见图 4.6。

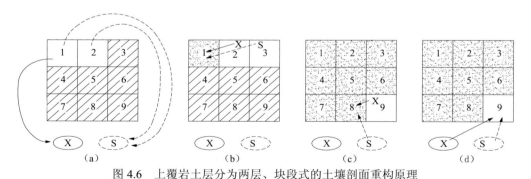

图 4.6　上覆岩土层分为两层、块段式的土壤剖面重构原理

2. 通用土壤重构原理与数学模型

对任意 m 层上覆岩土的通用土壤剖面重构的基本原理和数学模型如下。

设上覆岩土层分为 m 层，自上而下的岩土层为 $L_1,L_2,\cdots,L_m$，开采条带或块段数为 n，

那么，在开切阶段，开采区域的外部将形成 m 个土堆，分别用 $L'_1, L'_2, \cdots, L'_m$ 表示。

其中：L'_1 为由第 $1, 2, \cdots, m$ 条带的 L_1 土层混合而成的土堆，

L'_2 为由第 $1, 2, \cdots, m-1$ 条带的 L_2 土层混合而成的土堆，

$\vdots$ $\qquad\qquad\qquad\qquad\qquad$ $\vdots$

L'_{m-1} 为由第 $1, 2$ 条带的 L_{m-1} 土层混合而成的土堆，

L'_m 为由第 1 条带的 L_m 土层混合而成的土堆。

新构造的土壤的结构：

$$\text{第 } i \text{ 条带新土壤} = \sum_{j=1}^{m} [i+m-j+1] \text{ 条带的 } L_j \text{ 岩土层}, \quad i=1, 2, \cdots, n-m$$

$$\text{第 } n-(m-k) \text{ 条带新土壤} = \sum_{j=1}^{k} L'_j + \sum_{j=k+1}^{m} \cdot [n-(m-j)] \text{ 条带的 } L_{[m-(j-(k+1))]}, k=1,2,\cdots,m-1$$

$$\text{第 } n \text{ 条带新土壤} = \sum_{j=1}^{m} L_j$$

3. 特殊条件的土壤重构原理与数学模型

上述"分层剥离、交错回填"通用公式仅考虑维持原土壤的土层顺序，由于重构条件的复杂性，在复垦的实际操作时也会有例外，为取得最佳的复垦效果，有时需要根据土壤中各土层的物理化学特性，将其中的某一层回填作为表土层。在借鉴条带式倒堆工艺的交错回填公式的基础上，根据土壤重构原理，又给出了任意 x 层土壤（软岩）作为重构"土壤"表土替代层的交错回填公式，进一步丰富和拓展了土壤重构的"分层剥离、交错回填"理论的内涵。其重构的数学模型为

$$F_i = L_{X, m+i+1-X} + \sum_{j=1, j\neq X}^{m} L_{j, m+i+1-j}, \qquad i=1, 2, 3, \cdots, n-m$$

$$F_{n-m+k} = \sum_{j=k+1}^{m} L_{j, n+k+1-j} + \sum_{j=1, j\neq X}^{k} L'_j + L'_X, \qquad k+1 \geqslant X, k=1, 2, 3, \cdots, m-1$$

$$F_{n-m+k} = L_{X, n+k+1-X} + \sum_{j=1}^{k} L'_k + \sum_{j=k+1, j\neq X}^{m} L_{j, n+k+1-j}, \quad k+1 \leqslant X, k=1, 2, 3, \cdots, m-1$$

$$F_n = L'_X + \sum_{j=1, j\neq X}^{m} L'_j$$

参 考 文 献

陈胜华, 胡振琪, 陈胜艳, 2014. 煤矸石山防自燃隔离层的构建及其效果. 农业工程学报, 30(2): 235-243.

高荣久, 胡振琪, 2002. 煤矿区固体废弃物: 煤矸石的最佳利用途径. 辽宁工程技术大学学报(自然科学版), 21(6): 824-826.

顾和和, 胡振琪, 秦延春, 等, 2000. 泥浆泵复垦土壤生产力的评价及其土壤重构. 资源科学, 22(5):

37-40.

胡振琪, 1996. 我国煤矿区的侵蚀问题与防治对策. 中国水土保持(1): 11-13, 61.

胡振琪, 1997. 煤矿山复垦土壤剖面重构的基本原理与方法. 煤炭学报(6): 617-622.

胡振琪, 魏忠义, 秦萍, 2005a. 矿山复垦土壤重构的概念与方法. 土壤(1): 8-12.

胡振琪, 杨秀红, 鲍艳, 等, 2005b. 论矿区生态环境修复. 科技导报(1): 38-41.

胡振琪, 位蓓蕾, 林衫, 等, 2013. 露天矿上覆岩土层中表土替代材料的筛选. 农业工程学报, 29(19): 209-214.

胡振琪, 多玲花, 王晓彤, 2018. 采煤沉陷地夹层式充填复垦原理与方法. 煤炭学报, 43(1): 198-206.

钱鸣高, 缪协兴, 1996, 岩层控制中的关键层理论研究. 煤炭学报, 21(3): 225-230.

杨秀红, 胡振琪, 张学礼, 2006. 粉煤灰充填复垦土地风险评价及稳定化修复技术. 科技导报, 24(3): 33-35.

杨主泉, 胡振琪, 王金叶, 等, 2007. 煤矸石山复垦的恢复生态学研究. 中国水土保持(6): 35-36, 41.

郑礼全, 胡振琪, 赵艳玲, 等, 2008. 采煤沉陷地土地复垦中土壤重构数学模型的研究. 中国煤炭, 34(4): 54-56.

HU Z Q, WANG P J, LI J, 2012. Ecological restoration of abandoned mine land in China. Journal of Resources and Ecology, 3(4): 289-296.

第 5 章　露天煤矿复垦土壤重构

5.1　概　　述

5.1.1　露天煤矿复垦土壤重构存在的主要问题

　　露天采煤是直接剥离表土和煤层的上覆岩层，使煤层暴露后开采。在适宜的矿床条件下，使用现代化大型机械的露天采煤较井工采煤效率高、成本低、回采率高、安全性较好，露天煤矿正常生产后，一般每采万吨煤排土场压占土地 $0.04\sim0.33$ hm^2。我国露天煤矿分布具有明显的区域性，多分布在干旱、半干旱的西部生态脆弱区，以内蒙古、新疆、山西、陕西等地为主；且近年露天采煤矿山发展较快，如平朔露天煤矿、神府-东胜煤田等。露天采煤矿山可分为采矿场、排土场、尾矿场和工业场地等。

　　露天煤矿复垦土壤存在问题主要有土壤侵蚀、岩土混合、表土机械压实、表土缺乏及导水性能和储水能力差等（郭义强 等，2016）。首先是岩土混排造成土壤剖面的完全破坏，露天煤矿各层岩土的剥采与堆倒由于受开采成本及开采技术的限制，以往常常通过无次序的混排形成所谓的"矿山土"，完全改变了原有的自然土壤的层次结构，并且混排堆倒的岩土物料松散，抗侵蚀能力差，在植被重新建立之前基本呈裸露状态，在水力、风力、重力作用下很容易造成土壤侵蚀，产生剧烈的水土流失（胡振琪 等，2013）；其次是露天矿排土一般都采用大型机械施工，导致表层岩土严重压实，很不利于排土场复垦种植，在国内外是一个普遍性的问题。另外，露天煤矿开采时形成的内外排土场呈台阶状分布，存在较多的边坡，进行复垦时复垦面积明显多于原开采区的表面积，造成原表土大量不足，又由于传统的土地复垦需要将表土剥离然后进行回填，在剥离、堆放、回填过程中不可避免地造成表土的损失，同时有些矿区表土层较稀薄，使表土不足问题更加突出。除此之外，复垦土体中含有较高的硬质砾石，土层浅薄，结构性差或无结构，内部含有较多大孔隙，不利于土壤水的储存（胡振琪，1997）。因而，亟需寻找适宜的表土替代材料解决土地复垦过程中表土不足的问题，以及构建土壤剖面中的含水层、隔水层来提高土壤的水源涵养功能。

5.1.2　露天煤矿排土场复垦措施

　　露天煤矿排土场是经过剥离、运输、堆垫而形成的，原来的土体和岩层经过剧烈的扰动混合后以松散堆积状态被堆置在内外排土场，原有土壤的理化特性与外部环境均发生了根本变化。排土场由于松散堆积而呈隆起状态，其周围为陡坡，很容易受到集中的暴雨径流的冲刷和侵蚀而产生剧烈的水土流失，且排土场复垦地往往植被稀少、土质疏松，如果又处在干旱的气候环境，地表岩土颗粒极易受风力吹蚀搬运，产生风蚀。同时，露天采矿使用的大型开采及运输机械碾压造成表层土壤的压实，恶化了土壤的物理性状，也给耕作和种植增加了难度，而且还造成了地表径流的大量汇集，给水土流失创造了条件。因此，如何运用各种科学手段，结合合理的复垦工程措施，构造比较适宜植物生长的立地条件，解决水土流失问题，改善露天矿排土场的生态环境，成为露天矿排土场生态重建的首要问题。

露天煤矿排土场土壤重构的核心问题，主要是排土场合理的开采工艺与复垦技术相结合的土壤剖面重构。构造一个与原土壤一致或更加合理的土壤剖面，是露天煤矿排土场进一步复垦的基础和关键。目前，排土场复垦的技术措施主要包括土壤重构、表土替代材料应用、植被重建、配套工程措施等。其中，土壤重构和表土替代材料应用是排土场复垦的关键。

1. 土壤重构措施

1）采矿-复垦一体化土壤重构技术

采矿-复垦一体化土壤重构技术主要依据"分层剥离、交错回填"的原理，将复垦与采矿结合在一起，进行同步设计、同步计划，是目前矿区复垦应用较广泛的一项技术，其应用重点是开采计划和土壤回填计划。

2）"堆状地面"土壤重构

"堆状地面"土壤重构（魏忠义 等，2001）采取的措施首先是对地质地貌条件塑造的考虑，应合理确定排土场的边坡角及不同性质岩土的配置和层次堆垫方式，以防止滑坡、泥石流等地质灾害的发生，并为表层重构土壤提供基础。在排土场的堆垫过程中，可同时考虑采取围堰、打坝、覆盖及适当设置排水渠道等水土保持工程控制水土流失，并尽快采取林灌草等生物措施，快速建立植被以覆盖表土，增加土壤的抗侵蚀能力。

2. 表土替代材料

通过表土替代材料的研发和应用，可以科学合理地规划和利用矿区的土壤资源，有效解决矿区表土少、表土养分贫乏等问题，为排土场开展土地复垦与生态重建奠定物质基础。

5.2　露天煤矿土壤重构技术工艺

5.2.1　露天煤矿采复一体化（边采边复）土壤重构工艺

露天煤矿是剥离-开采-回填的作业方式，比较容易在回填过程中实施复垦，可以形成剥离-开采-回填复垦的一体化作业。露天煤矿土壤重构就是在采矿过程中，应用"分层剥离、交错回填"的土壤重构原理，通过表土剥离、储存、回填的采复一体化工艺，使损毁土地的土层顺序在复垦后保持基本不变或重新构造出土壤肥力水平高、土壤环境条件好的土壤剖面，较短时间内改善土壤内部结构和环境质量，提升耕地质量和生产能力。因此，露天煤矿采-复的过程同时是土壤重构的过程。

《美国露天采矿法》规定和推荐采用的采矿与复垦一体化工艺，视不同地区和地形条件，分别采用区域开采法（area mining）、等高开采法（contour mining）、山顶开采法（mountain top removal mining）等采矿与复垦一体化模式。图 5.1 为区域开采法中采复一体化的土壤重构工艺示意图。

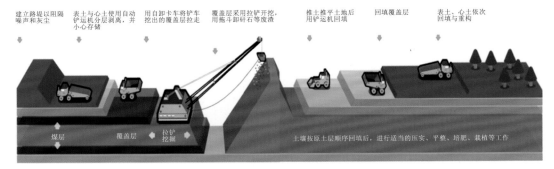

图 5.1　露天矿边开采边复垦工艺流程

资料来源：世界矿业联合会网站 http://www.worldcoal.org/coal/coal-mining/World Mining Federation website

以横跨采场倒堆工艺露天煤矿开采方法为例，介绍"分层剥离、交错回填"的土壤重构工艺，具体工艺过程如图 5.2 所示。

（1）剥离表土：在开采第 i 条带前，用推土机超前剥离表土并堆存于开采掘进的通道上；一般剥离厚度为 20～30 cm，同时也应超前剥离 2～3 个条带，即 $i+1$，$i+2$，$i+3$ 条带。

（2）在第 i 条带的下部较坚硬岩石上打眼放炮。

（3）用巨大的剥离铲剥离经步骤（2）疏松的第 i 条带的下部较坚硬岩石，并堆放在

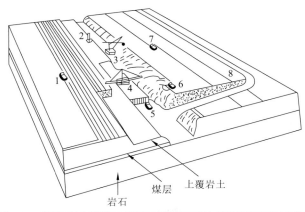

图 5.2　横跨采场倒堆工艺露天煤矿开采与复垦的工艺示意图

内侧的采空区上（即 $i-1$ 条带上）。

（4）用可与剥离铲在矿坑内交叉移动的大斗轮挖掘机，挖掘 $i+1$ 条带上部较松软的土层，并覆盖在 $i-1$ 条带内经步骤（3）形成的新下部岩层——较硬岩层的剥离物。

（5）在剥离铲剥离上覆岩层后，i 条带的煤层被暴露出来，用采煤机械进行采煤和运煤。

（6）用推土机平整内排土场第 $i+1$ 条带的土壤与剥离物，就构成了以 $i+1$ 条带上部较疏松土层的剥离物为心土层，以 i 条带下部较硬岩层的剥离物为新下部土层的复垦土壤。

（7）用铲运机回填表土并覆盖在复垦的心土上。

（8）在复垦后的土地上种植植被（一般首先播种禾本科和豆科混合的草种），并喷洒秸秆覆盖层以利于水土保持和植被生长。

综合以上分析，露天煤矿土壤重构工艺符合土壤重构的一般原理，如果要求恢复原状土壤层次的话，就完全符合通用的土壤重构模型，即：

设上覆岩层为 m 层，自下而上的岩（土）层为 $L_1, L_2, \cdots, L_m$；开采条带或块段数为 n，那么，在开切阶段，开采区域的外部将形成 m 个土堆，分别用 $L'_1, L'_2, \cdots, L'_m$ 表示，其中：L'_1 为由第 $1,2,\cdots,m$ 条带的 L_1 土层混合而成的土堆；L'_2 由第 $1,2,m-1$ 条带 L_2 土层混合而成的土堆；L'_{m-1} 为由第 $1,2$ 条带的 L_{m-1} 土层混合而成的土堆；L'_m 为第 1 条带的 L_m 土层混合而成的土堆。

新构造的土壤的结构如下：

（1）第 i 条带新土壤 $=i+1$ 条带 L_m 层岩土 $+i+2$ 条带 L_{m-1} 岩土层 $+\cdots+(i+m)$ 条带 L_1 层岩土层（$i=1,2,\cdots,n-m$）。

（2）第 $n-(m-k)$ 条带新土壤 $=\sum\limits_{j=1}^{k} L'_j$ 岩土 $+\sum\limits_{j=k+1}^{m} [n-(m-j)]$ 条带的 $L_{\{m-[j-(k+1)]\}}$ 层岩土（$k=1,2,\cdots,m-1$）。

（3）第 n 条带新土壤 $=\sum\limits_{j=1}^{m} L'_j$ 岩土。

铲斗轮倒堆开采系统做到了边开采边复垦，使开采与复垦一体化，已经在美国、英国、加拿大、澳大利亚、俄罗斯等国家广泛使用。我国虽然尚未采用这种工艺，但在山西、内蒙古、云南等地有大量水平、近水平煤层适于采用这种工艺。可以预见，随着土地复垦工作日益引起人们的重视，这种横跨采场倒堆的铲斗轮开采方法符合土壤重构原理，将在我国得到推广和应用。

除铲斗轮倒堆开采系统外，露天矿轮斗挖掘机-带式输送机-排土机（堆取料机）连续式开采工艺也是采矿与复垦一体化的典型代表工艺，此工艺以其高效率、低成本，在软岩剥离与开采中获得了广泛应用。连续开采工艺最早在德国褐煤露天矿中得到广泛应用，此后在苏联、捷克斯洛伐克、罗马尼亚、波兰、希腊等国家应用，并扩展至北美、澳大利亚、亚洲等地区，表明了这一开采工艺的强大优势。该连续开采工艺的主要优点是系统生产能力高，单位产量的能耗低，工艺过程易于实现自动化管理等。该工艺的缺点是对矿床赋存条件和气候条件要求严格及初期设备费用高（袁光明，2011）。

5.2.2　露天煤矿排土场隔水层重构

1. 隔水层特点

在排土场土壤剖面重构中，以构建水平隔水层为主，隔水层为在土壤剖面基层上用透水性能差的或不透水的材料构造的介质层，以阻断地下水向下渗透或流失。重构的隔水层至少应包含以下三个特点。

（1）渗透率低。隔水层的主要作用即防止地下水的大量渗透，因此其材料的筛选以低渗透率材料为主。原始地层中隔水层渗透率区间为 $10^{-20} \sim 10^{-18}$ m^2 量级，重构的隔水层渗透率应在 $10^{-20} \sim 10^{-15}$ m^2 量级内（时旭阳，2019）。

（2）结构稳定。重构的隔水层能保证构建过程中及构建完成后能达到结构的完整、稳定和耐用，且渗透率能长时间维持在合理的量级区间内。

（3）安全清洁。隔水层与地下水层直接接触，其本身应不具有能溶于水的有害物质，且与水长时间接触不释放有害物质，保证地下水环境的安全。

2. 隔水层重构工艺

露天煤矿采区原始地层可大致划分为 5 个地质构造层（图 5.3），从上至下分别为覆盖层、含水层、隔水层、基岩、煤层。其中，隔水层一般为渗透率极小的致密岩石，具有隔断含水层中的重力水向下流失，保持地下水环境长期稳定的作用。通常，煤层上部包含多个隔水层，隔水层之间常常为含水层或无水带。

开采过程中，煤层以上地质构造层因爆破被剥离，完全破坏了隔水层，导致含水层侧向不受限制，使周边地下水向下流失。为从根本上恢复矿区地下水与生态环境，需以在内排土场构造新的人工地层的方式来恢复被破坏的地下水环境。人工地层包含三层，从上到下分别为腐殖土层、含水层、重构隔水层（图 5.4）。腐殖土层适宜植被、作物生长，通过优化内排顺序，辅助以生物发酵手段构造而成；含水层主要功能为保持浅表层地下水，为植被、作物生长提供水源，通过优化内排土工艺构造而成；重构隔水层主要目的是防止地下水渗透。

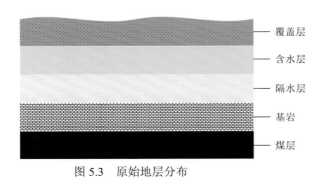

图 5.3　原始地层分布　　　　　　　图 5.4　重构地层分布

重构隔水层在水平方向上与原始隔水层保持一致，以保证重构水平隔水层构建完成后与原始隔水层形成完整隔水层，避免大范围错层出现。水平隔水层的构建跟随内排土工作线、开采工作线逐步向开采境界推进，因为内排台阶是逐步推进的动态过程，所以水平隔水层的构建应分段构筑（图 5.5）。内排土场物料为松散物料，在自重条件下会发生沉降，所以分段构筑有利于防止隔水层因不均匀沉降而发生破坏、断裂，而减弱其隔水功能（时旭阳，2019）。

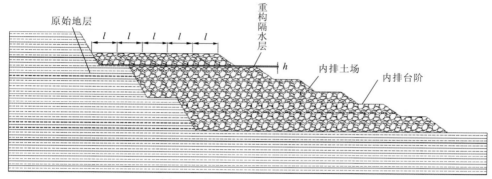

图 5.5　排土场隔水层重构示意图

5.3　表土替代材料

在土壤重构中，表土是最主要的关键层。但对西部一些地区，土壤缺乏，原有表土沙化严重，许多西方国家土地复垦有关法规中明确规定，在煤矿开采前需对土壤及上覆岩层各基质的特性进行分析以筛选适宜的表土替代材料，而国内对此方面的研究较少。因此，对露天煤矿筛选和研制表土替代材料就成为土壤重构的重要任务。经过研究，提出表土替代材料通过以下两个步骤完成。

（1）替代表土基质材料的筛选：首先野外调研观测上覆岩土层特点，初步筛选出可以作为表土替代材料的岩土层；然后室内测定各岩土层的理化特性，如质地、养分及重金属含量等，进一步确定待选岩土层是否存在障碍因子；最后盆栽试验确定待选岩土层是否存在作物生长障碍因子。

（2）表土替代材料改良及材料配方：根据替代表土基质材料筛选结果和障碍因子分析，选择适宜的改良剂。利用正交盆栽实验，通过测试改良后的土壤理化、生物特性及植物生长与抗逆性，确定改良配方，即表土替代材料配方。

5.3.1　表土替代基质材料的筛选

选择某矿区上覆岩层及其风化基质为研究对象，分析其理化性质和养分含量，进而筛选适宜的替代表土基质材料（胡振琪 等，2013）。

1. 研究区概况

研究区位于内蒙古自治区呼伦贝尔市陈巴尔虎旗，南距呼伦贝尔市海拉尔区 20 km，北距额尔古纳市 100 km，该区属于大陆性亚寒带气候，冬季严寒，夏季较热。区内年平均气温-2.6℃，年均降水量为 315.0 mm，年平均蒸发量为 1344.8 mm，降雨多集中在 7～9 月，春季多东南风，冬季多西北风，风力 3～5 级，风速最大 17 m/s，年平均大风日为 23.4 天，年平均风速 3.3 m/s。本区平均年积雪日数为 149.9 天，最长积雪日 178 天，年平均雷暴日为 23.5 天，平均结冰期 172 天。

研究区土壤类型为淡黑钙土、暗栗钙土，随着区域内降水量减少和水位的大幅下降，在研究区附近，部分表土已经沙化。根据研究区的地质剖面图（图 5.6），上覆岩土层共有 7 层：I 层为腐殖土（最大厚度仅为 0.5 m），II 层为黄土（厚度为 18.4 m），III 层为亚黏土（厚度为 16 m），IV 层为砂砾石（厚度为 8 m），V 层为中砂（厚度为 6 m），VI 层仍为砂砾石（厚度为 26 m），VII 层为砂岩（厚度为 0.8 m）。IV 层及以下的基质分别为砂砾石、中砂、砂岩，这些基质属于较硬的岩石层，不适宜作为表土替代材料，因此以 II 层和 III 层原状基质及其风化基质为研究对象，分析其作为表土替代材料的可行性。

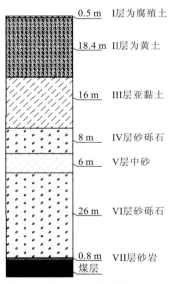

图 5.6　研究区地质剖面示意图

2. 材料与方法

样品采自研究区 I 层腐殖土（即当地未扰动表土）作为对照，用 Control 表示；II 层黄土的风化及原状基质表示为 II 1、II 2；III 层亚黏土的风化及原状基质表示为 III 1、III 2。I 层腐殖土主要采用土钻在未扰动的草地上采集，随机选择 5 个采样点，采集 0～20 cm 处土壤，然后采用四分法缩分至 1 kg。II 层黄土和 III 层亚黏土的原状土采集于采掘场相应土层剥离处。II 层黄土和 III 层亚黏土的风化物采集于排土场相应的排土堆。这样就构成了 5 个土壤基质材料样品。

野外采集的土样经室内风干、去杂、过筛后，测定样品的质地、水稳性团聚体、有机质、全氮、速效磷、速效钾、pH、出苗率、金属含量等指标。其中土壤颗粒组成利用激光粒度仪进行分析，水稳性团聚体采用萨维诺夫湿筛法，pH 测定采用电位法，用 DDS2-11A 型电导率仪测定基质的电导率，有机质测定选用油浴加热重铬酸钾容量法，全氮的测定采用半定量凯式定氮法，速效钾的测定利用火焰光度法，速效磷的测定采用钼锑抗比色法，基质的金属含量利用美国 Thermo 生产的 ICP-OES 电感耦合等离子体发射光谱仪测定。

出苗率采用盆栽试验测定：5 种基质经风干、过筛后取 1 kg 置于直径为 15 cm 的塑料盆内，每种基质设置 3 个重复，加入去离子水造墒，室温下平衡 2 周后，每盆播撒 20 粒苜蓿种子，1 周后观察出苗率和表层结皮情况。利用 SAS8.5 和 SPSS17.0 统计软件对试验数据进行统计分析。利用 Origin Pro8.5 软件绘制图表。

3. 结果与分析

1）不同基质的质地分析

土壤质地是指土壤中不同粒径的矿物颗粒的组合状况，土壤质地与土壤通气性、保肥保水性、土壤结构、紧实度、黏结性离子交换和营养物质储量状况及耕作的难易程度密切相关。表 5.1 显示了当地土壤各层基质的粒度组成情况。表土的粗粉粒质量分数为 58.23%，属于粉砂土，表明当地表土已经出现沙化现象，土壤的保水和保肥能力降低，土温变化幅度增大。II 层的风化及原状基质的细黏粒属于粉黏土和黏土，抗逆能力强，保水保肥能力较好。III 层的风化及原状基质属于重黏土，与壤土相比，其粒间孔隙较小，总孔隙较高，保水保肥性强，但是通气性较差，不利于有机质的分解，不利于植物发苗。若将 III 层基质作为表土替代材料可以通过向基质中添加适当比例的砂土，提高基质的通气性，促进基质中的进化过程。

表 5.1 不同基质粒度组成

样品	不同粒径范围的质量分数/%						质地
	细黏粒 <0.001 mm	粗黏粒 0.001~0.002 mm	细粉粒 0.002~0.005 mm	中粉粒 0.005~0.01 mm	粗粉粒 0.01~0.05 mm	细砂粒 0.05~0.25 mm	
Control	2.2	9.17	13.77	12.02	58.23	4.61	粉砂土
II 1	24.03	38.29	22.66	7.28	7.74	0	粉黏土
II 2	59.14	35.61	3.84	1.12	0.29	0	黏土
III 1	95.35	4.63	0.02	0	0	0	重黏土
III 2	99.85	0.15	0	0	0	0	重黏土

2）不同基质水稳性团聚体质量分数

土壤团聚体的稳定性直接影响土壤表层的水、土界面行为，与降雨入渗及土壤抗侵蚀状况关系密切，同时对土壤养分的维持、释放和供给能力等有着重要影响，反映了土壤结构的稳定性和抗侵蚀能力（中国科学院南京土壤研究所土壤系统分类课题组，2001）。由图 5.7 可知，2 个研究层的风化和原状基质的水稳性团聚体质量分数远低于当地表土，且团聚体多小于 1 mm，显著性检验显示 5 种基质间水稳性团聚体质量分数存在显著性差异（$P<0.05$）。因此两个研究层基质直接作为表土替代材料时其水稳性团聚体的量不能满足抗蚀性需求，并且土壤孔隙度较小，作为表土替代材料会造成入渗率过小，土壤含水量过大，而影响排土场复垦效果（胡振琪 等，2007）。需要添加一定的黏结材料或施用有机肥以增加基质的水稳性团聚体质量分数提高基质的抗蚀性。

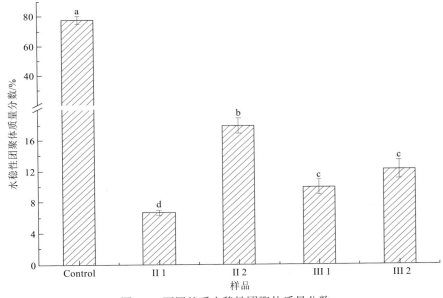

图 5.7　不同基质水稳性团聚体质量分数

不同的字母表示在 0.05 水平上差异显著

3）不同基质酸碱性、电导率和可溶性盐含量

土壤 pH 会影响土壤微生物的活性、矿物质和有机质的分解，以及土壤养分元素的释放、固定和迁移（Boyer et al.，2010）。植物生长都需要适宜的 pH 范围，pH 过大或过小会影响土壤养分的有效性，影响植物生长。当地表土 pH 为 7.70，属于弱碱性；II 层风化基质与其原状的 pH 分别为 8.02、9.22，分别属于弱碱性和强碱性；III 层风化基质与其原状 pH 分别为 7.75、7.83，属于弱碱性，与当地表土基本一致。II 层基质经风化作用后碱性明显降低，其作为表土替代材料应适当进行改良，如加入石膏、有机肥料等。

土壤的电导率可以反映土壤可溶性盐的指标，而土壤可溶性盐质量分数是判定土壤中盐类离子是否限制作物生长的因素。根据 $Y=0.0651X$ 得出可溶性盐质量分数与电导率之间的回归关系（Y 代表水溶性盐含量，X 代表电导率）（贺锦喜 等，1997）。显著性检验显示 III 层原状基质的可溶性盐质量分数与当地表土间无显著性差异（$P>0.05$）（图 5.8）。根据盐渍化土壤划分的等级，得出两个研究层的风化及原状基质都属于非盐渍化土壤，对作物不产生盐害。

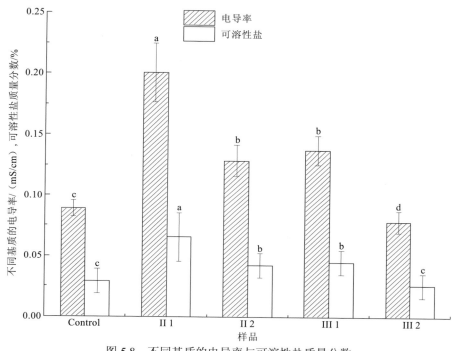

图 5.8　不同基质的电导率与可溶性盐质量分数

图中字母表示差异显著

4）不同基质养分分析

根据测试分析，不同土壤基质的养分质量分数结果列于表 5.2。除速效钾外，两个研究层的基质养分质量分数均显著低于表土层。土壤有机质作为重要的土壤营养来源，参与团粒结构的形成。两个研究层中有机质质量分数最高的为 III 层风化基质，仅为 14.94 g/kg，依照全国第二次土壤普查土壤养分分级和丰缺度标准属于四级标准，有机质质量分数稍低。两个研究层中仅有 III 层原状基质的全氮质量分数较高能基本满足作物生长需求，另外 3 种基质的全氮质量分数均属于六级，含量极度缺乏。III 层原状基质的速效磷质量分数同样明显优于其余 3 种基质，达到 16.79 mg/kg，属于三级水平。速效磷质量分数达到 10 mg/kg 时能基本满足植物的生长需求，其余 3 种基质的速效磷质量分数均未达到这一水平。III 层的风化及原状基质速效钾质量分数极高为 375.00 mg/kg、384.50 mg/kg，均高于表土的速效钾质量分数，属于一级水平。

表 5.2　不同基质养分质量分数

样品	有机质/（g/kg）	速效钾/（mg/kg）	速效磷/（mg/kg）	全氮/（g/kg）
Control	49.27±0.47a	196.50±5.50b	103.26±4.48a	2.84±0.00a
II 1	5.29±0.13c	67.50±9.50d	8.02±0.36b	0.31±0.01c
II 2	4.77±0.82d	127.50±0.50c	2.65±0.36c	0.22±0.01c
III 1	14.94±0.11b	375.00±3.00a	6.05±0.72b	0.16±0.01c
III 2	7.50±0.28c	384.50±6.50a	16.79±2.15b	0.90±0.01b

注：表中数据为平均值±标准差（$n=3$），同一栏中的不同字母表示差异显著（根据 SSR 检验，$P<0.05$），下同

5）不同基质的金属质量分数

由表 5.3 可知 II 层原状基质和 III 层原状基质及其风化物中 As、Cr、Cu、Ni、Zn、Pb 的质量分数均远低于国家土壤环境质量一级标准（1995），4 种基质作为表土替代材料在检测的重金属范围内不存在环境风险。

表 5.3　不同基质中重金属元素的检出量及环境标准值　　（单位：mg/kg）

样品	As	Cr	Cu	Ni	Pb	Zn
Control	0.23±0.01a	1.99±0.01c	4.32±0.03b	10.52±0.11b	29.12±0.23b	75.05±3.21a
II 1	0.14±0.01b	3.42±0.02b	7.97±0.05a	10.14±0.11b	32.19±0.16ab	75.41±2.513a
II 2	0.11±0.01b	3.44±0.03b	8.01±0.05a	10.13±0.07b	28.45±0.21b	74.21±3.67a
III 1	0.12±0.01b	8.55±0.05a	6.17±0.04ab	12.09±0.10a	28.56±0.14b	72.71±4.29ab
III 2	0.14±0.02b	8.61±0.07a	6.48±0.03ab	10.71±0.09b	34.02±0.18a	70.82±4.65b
土壤环境一级标准	15	90	35	40	35	100
土壤环境二级标准	20	350	100	60	250	200

6）不同基质对出苗率的影响

土壤结皮一般意义上是指土壤的物理结皮，主要指土壤表面普遍存在的致密层，厚度约为几毫米至几厘米的一层很薄的土表硬壳。土壤结皮会使土壤表面强度增大，土壤孔隙被堵塞，导致土壤的导水性变差，阻碍土壤的通气性和透水性，能直接影响植物种子的萌发、出苗和生长。由表 5.4 可知，III 层原状及其风化基质稍有结皮，紫花苜蓿的出苗率与当地表土相近，对出苗率影响不大。II 层风化及其原状基质结皮严重，对出苗率影响较大，若将 II 层基质作为表土替代材料时应注意施用一定的改良剂，改善其表层结皮情况。

表 5.4　不同基质表层结皮状况与出苗率

样品	表层粗糙情况	裂纹情况	结皮状况	出苗率/%
Control	糙率较大	细小裂纹	稍有结皮	65±2.87a
II 1	糙率很小	基本没有裂纹	结皮严重	25±1.21c
II 2	糙率很小	基本没有裂纹	结皮严重	20±1.01c
III 1	糙率较小	细小裂纹	稍有结皮	55±2.33b
III 2	糙率较小	少量细小裂纹	稍有结皮	60±2.12a

通过以上相关研究，经各指标数值分析对比，4 种基质中，III 层风化基质在化学性质、养分含量及对植物生长促进等方面均表现出较大的优越性，但是其作为表土替代材料需着重改善其质地，适当添加有机肥和氮肥以均衡其营养元素含量，同时提高其水稳性团聚体含量。

5.3.2　表土替代材料配方的优选

经过以上研究发现，在矿区生产过程中被剥离的上覆岩土层中，存在一层赋存量较大、土层厚度约为 16 m 的褐色黏土层（III 层），简称"褐色土"。通过土壤理化性质实验测试发现，将其作为露天煤矿表土替代材料具有一定的可行性。但由于其养分含量及微生物量较低，需要将其在作为表土替代材料的基础上进行改良。

1. 添加单一材料改良表土替代材料作为表土替代材料方案

1）草炭为表土替代材料配方配比的优选

草炭是沼泽发育过程中的产物，其质地松软，呈弱酸性，吸水能力强，富含有机质、氮、磷、钾、钙等多种植物所需的营养物质，能够显著改善土壤结构，提高土壤有机质和腐殖质含量，增加土壤细菌、真菌和放线菌的数量，能够满足表土替代材料改良的需求。紫花苜蓿作为一种适应性广，具有抗旱、抗寒、耐盐碱等特点的植物，兼具有固氮改土、改善土壤生态环境的作用，较适宜在露天开采的生态脆弱地区生长，因此选择紫花苜蓿为供试作物，探究草炭作为表土替代材料的最佳配比及实际改良效果（纪妍 等，2013；位蓓蕾 等，2013c）。

本试验当地的表土作为对照组（TS），褐色土作为表土替代材料，草炭添加量的设置为 0 g/kg 干土、10 g/kg 干土、30 g/kg 干土、50 g/kg 干土 4 个水平，分别表示为 T_0、T_{10}、T_{30}、T_{50}，每个水平 3 个重复样。供试土壤经风干、过筛后，称取 1 kg，与草炭按添加比例混合均匀置于塑料盆中，加去离子水造墒，2 周后播种。苜蓿种子在表面皿催芽 24 h 后，均匀地播种于塑料盆中，播种深度为 1～1.5 cm，每盆 20 粒，4 周后测定紫花苜蓿的生理及生长指标。叶面积，采用 LI-3000 型叶面积仪测定；株高在每 3 个重复盆栽内分别随机选取 3 株紫花苜蓿，测量其自然高度，取平均值记为该处理的平均株高；

生物量采用刈割称重法测定其鲜重，烘干法测定其干重；叶片超氧化物歧化酶（superoxide dismutase，SOD）活性，采用氮蓝四唑染色法测定；叶片过氧化物酶（peroxidase，POD）活性，采用愈创木酚比色法测定；叶片过氧化氢酶（catalase，CAT）活性，采用紫外吸收法测定；叶片的可溶性蛋白含量，采用考马斯亮蓝法测定；叶片的细胞膜透性，采用电导法测定。

结果表明：①添加草炭后植株的株高得到显著提高，株高的最大生长潜力是未添加草炭处理的1.52倍，同时植株的生长速率高于未添加草炭处理，且生长期显著降低，植株地上及地下部分的生物量高于空白处理。②添加草炭可以有效提高植株的抗逆性能。供试土壤中碱解氮及全氮含量较低且质地黏重，当紫花苜蓿进入分枝期即生长旺盛期，供试土壤对植株氮等元素供应不足，使植株蛋白合成受到一定干扰，影响酶系统的分子结构、空间结构，进而影响紫花苜蓿叶片SOD、CAT、POD活性。草炭中富含的腐殖酸其自由基属于半醌结构，具有较高的生物活性和生理刺激作用，在植物体的氧化还原反应中发挥重要作用，可使活性氧清除酶系统（SOD、CAT、POD等）为了维持活性氧的代谢平衡而表现特殊性变化。叶片细胞中SOD、CAT、POD等活性的增加，能清除植物体内的超氧根阴离子、过量活性氧簇，增强细胞膜的稳定性，减少细胞内部组分电介质外渗，使叶片细胞的相对电导率降低。这有助于减少各种不良环境因素对细胞的影响，可以增强植株的抗旱、抗病、抗低温、抗盐渍能力。③表土替代材料中草炭的添加量为50 g/kg（干土）时，紫花苜蓿的株高、生长率、地上及地下部分的生物量、叶片土壤与作物分析开发（soil and plant analyzer development，SPAD）峰值、叶片细胞膜透性、SOD活性、CAT活性等指标均高于其他草炭处理，最有利于苗期紫花苜蓿生长和抗逆性能的发挥。

2）腐殖酸为表土替代材料配方配比的优选

腐殖酸能显著提高土壤及植物体内的含水量。以不同添加量的腐殖酸对紫花苜蓿苗期生长及抗逆性能的影响为切入点，以苜蓿苗期的株高等生长指标及SOD等生理指标为研究对象，探究不同腐殖酸添加量对其影响的大小，最终筛选出适宜的腐殖酸添加量（林杉等，2013）。

试验地点设在中国矿业大学（北京）温室内进行，本试验为盆栽试验。共设5个处理，分别为腐殖酸添加量0.5 g/盆（HA1）、1.0 g/盆（HA2）、1.5 g/盆（HA3）、空白对照（CK）与表土对照（BT），每个处理3次重复。采用口径为15 cm、高13 cm的塑料花盆，每盆装土1 kg（以干土计），加去离子水造墒，平衡2周后播种苜蓿种子。播种前将苜蓿种子进行催芽处理，每盆20粒均匀播于各盆。待幼苗长至2~3 cm时定苗，每盆留12株长势相同的幼苗。

结果表明：腐殖酸类物质中腐殖质含量对土壤基础物质和土壤结构都起着主导作用，进而影响土壤的能量循环，养分与水分的吸储转化、释供能力、自我调控能力与抗逆性。土壤性能的提高对植株生长性能有显著的促进作用。此外腐殖酸类物质可以促使植物体内能对膜脂起保护作用的酶和其他物质增加，降低膜脂活性氧积累，从而提高植株的抗逆力。土壤施加腐殖酸后苜蓿的株高、根长与地上生物量有明显提高，但不同添加量处理的效果不同。同时，腐殖酸的添加明显增强了植物的抗逆性，使得苜蓿能够通过自身调节适应土壤环境。具体表现为：腐殖酸的添加显著提高苜蓿叶片中的 SOD、CAT 的活性；提高苜蓿叶片 POD 活性水平；低水平腐殖酸，具有降低苜蓿细胞膜透性的作用。从腐殖酸可以提高苜蓿的产量、增强苜蓿抗逆力等方面综合来看，供试土壤中添加 0.05% 的腐殖酸时改良效果最好。

3）蛭石为表土替代材料配方配比的优选

选择蛭石作为表土替代材料配方。以当地的表土作为对照组（DZ 处理），褐色土作为改良对象，蛭石对干土的添加量设置为 0 g/kg、10 g/kg、30 g/kg、50 g/kg 4 个水平（分别称作 V_0、V_{10}、V_{30}、V_{50} 处理），每个水平设置 3 个重复。褐色土经风干、过 2 mm 筛后，与蛭石按添加比例混合均匀置于直径为 15 cm 的塑料盆中，加去离子水造墒，平衡 2 周后播种。苜蓿种子用去离子水在表面皿中催芽 24 h 后，均匀地播于上述塑料盆中，每盆 20 粒，4 周后测定紫花苜蓿的生理及生长指标（位蓓蕾 等，2013a）。

结果表明：蛭石是一种层状结构含镁的水铝硅酸盐，富含植株生长必需的营养元素，如铝、铁、镁等，同时具有较高的层电荷数，使得蛭石具有较高的阳离子交换容量和较强的阳离子交换吸附能力。蛭石的加入有助于疏松土壤，改善土壤透气性、吸水性，提高土壤温度等，从而利于作物的生长；同时蛭石的加入有助于减少肥料投入，增强肥料的有效性。蛭石作为改良剂，对紫花苜蓿的叶面积、株高、根长、生物量、SOD 活性、POD 活性、CAT 活性、细胞膜透性等品质的提高均有显著效果，但其添加量与作用结果不存在线性相关关系，它对紫花苜蓿叶片叶绿素含量和可溶性蛋白浓度无显著影响。褐色土中蛭石对干土添加量为 10 g/kg 时最有利于紫花苜蓿生长和抗逆性能的发挥，此添加量对褐色土具有较好的改良效果。

4）改性秸秆为表土替代材料配方配比的优选

改性秸秆为新鲜的玉米秸秆，切断至 2～3 cm，将含水量调至 65%～75%，先分层装填、压实，最后覆盖，经厌氧发酵 6～7 周后风干，粉碎至 1～2 cm 备用。采用单因素随机区组设计，以当地的表土作为对照组（TS），褐色土作为改良对象，改性秸秆添加量设置为干土的 0 g/kg、10 g/kg、30 g/kg、50 g/kg 4 个水平（记为 S_0、S_{10}、S_{30}、S_{50}），每个水平 3 个重复。褐色土经风干、过 2 mm 筛后，与改性秸秆按添加比例混合均匀置于直径为 15 cm 的塑料盆中，加去离子水造墒，平衡 2 周后播种。紫花苜蓿种子用去离子水在表面皿中催芽 24 h 后，均匀播在塑料盆中，每盆 20 粒，播种 4 周后测定紫花苜蓿的生理及生长指标（杨洁 等，2013）。

结果表明：添加改性秸秆对苗期紫花苜蓿叶面积、株高、根长及生物量有显著的促进作用，原因在于秸秆还田后有助于形成具有良好团聚体结构的土壤，提高土壤的孔隙性、持水性和通透性及有机质含量，优化土壤物理性状，在作物生长期间能很好地调节植物对水、肥、气、热诸因素的需要，为作物高产提供了保证。改性秸秆的最佳添加量对苗期紫花苜蓿的生长性能的影响尚未达到当地表土的效果，可能与秸秆的腐败程度、秸秆添加量、土壤的氮素含量有直接关系。褐色土中改性秸秆对干土添加量为 50 g/kg 时最有利于紫花苜蓿生长，添加改性秸秆提高了苗期紫花苜蓿的叶绿素含量、SOD 活性、

CAT 活性、POD 活性，同时降低了细胞膜的相对电导率，原因在于秸秆在改善土壤理化性质的同时，释放的一些次生代谢产物对后茬作物产生影响。

2. 多种材料改良表土替代材料形成表土替代材料配方方案

根据备选亚黏土层的特点选用蛭石、秸秆、硝基腐殖酸等材料以不同配比作为改良材料，选用紫花苜蓿作为盆栽植物进行多种配方试验优选（位蓓蕾 等，2013b）。

1）试验方法

本试验采用正交盆栽试验，供试样品经风干、过 2 mm 筛后准确称取 1 kg，与改良剂混合均匀后置于直径为 15 cm 的塑料盆中，加入一定量的去离子水，使其含水量保持在田间持水量的 70%左右，室温下平衡 14 天后播种，选用紫花苜蓿为试验作物，每盆播种 20 粒，1 周后间苗，每盆留苗 10 棵。

试验因素为：蛭石、玉米秸秆、硝基腐殖酸三种改良剂设置 3 个水平（表 5.5），采用 L9（3^4）正交试验设计（表 5.6）同时以当地表土和空白作为对照，共 11 个处理，每一处理设 3 个重复。

表 5.5　正交水平设计表

因素	水平		
	1	2	3
蛭石/[（g/kg 干土）]	10	30	50
玉米秸秆/[（g/kg 干土）]	10	30	50
硝基腐殖酸/[（g/kg 干土）]	0.5	1	1.5

表 5.6　L9（34）正交表

处理	蛭石	玉米秸秆	硝基腐殖酸
T1	1	1	1
T2	1	2	2
T3	1	3	3
T4	2	1	3
T5	2	2	1
T6	2	3	2
T7	3	1	2
T8	3	3	3
T9	3	3	1

（1）表土替代材料不施任何改良材料为空白（CK）；

（2）当地表土不施任何改良材料作为对照（TS）；

（3）表土替代材料施加蛭石、玉米秸秆、硝基腐殖酸分别为 10 g/kg 干土、30 g/kg

干土、50 g/kg 干土，10 g/kg 干土、30 g/kg 干土、50 g/kg 干土和 0.5 g/kg 干土、1.0 g/kg 干土、1.5 g/kg 干土，进行三因素三水平正交试验，其具体试验表如表 5.5、表 5.6 所示。

测试项目与测试方法：①出苗率，为种子破土出苗数和种子总数之间的百分比。②株高测量，株高测定采用直尺法，待出苗 14 天后，每 7 天测量一次，每盆作物中随机选取 3 株紫花苜蓿，每次用刻度尺从紫花苜蓿根部开始测算，量取其自然高度，选取平均值作为该处理的平均株高。③叶片叶绿素，利用 SPAD-520 型叶绿素仪，自出苗 14 天后，每 7 天测量一次，每盆作物中随机选取 3 株紫花苜蓿，测试 3 个不同部位叶片的 SPAD 值，取平均值记为该处理的叶片 SPAD 值。④生物量，植物在播种 80 天后收获，将作物分为地上和地下两部分分别用自来水清洗泥土，再用去离子水洗净，利用滤纸吸去多余水分，称其鲜重；将上述样品置于干净托盘在 105℃下杀青 15 min，再在 70℃下烘 48 h，取出样品置于干燥器内，待样品晾至室温，称干重。⑤紫花苜蓿体内氮、磷、钾含量，植株地上与地下部分的氮、磷、钾含量，采用 H_2SO_4-H_2O_2 扩散法测定。

2）结果与讨论

I. 出苗率

出苗率是指作物实际出苗数占播种时所有的具有发芽力的种子粒数的百分比，出苗率的高低由种子的质量和种子所在的外部环境决定。本试验中采用经包衣处理的紫花苜蓿种子进行盆栽试验，在种子发芽率得以保证的情况下，正交试验中出苗率在 68.33%～93.33%（图 5.9），极差分析得出对出苗率影响的主次顺序为蛭石>硝基腐殖酸>玉米秸秆，各改良剂对出苗率影响的最优质量比为蛭石：玉米秸秆：硝基腐殖酸=50：50：0.5（表 5.7）。

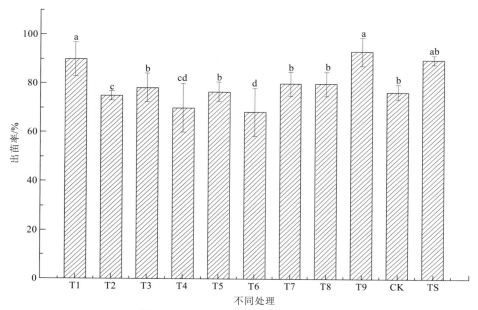

图 5.9　不同处理紫花苜蓿出苗率情况

不同的字母表示在 0.05 水平上差异显著

表 5.7 正交试验极差分析

指标	均值/极差	因素		
		蛭石	玉米秸秆	硝基腐殖酸
出苗率	极差 R	12.7	2.8	7.67
	主次顺序		蛭石>硝基腐殖酸>玉米秸秆	
	最优配方	蛭石 50	玉米秸秆 50	硝基腐殖酸 0.5
株高生长植限值（k）	极差 R	0.86	3.39	3.13
	影响主次顺序		玉米秸秆>硝基腐殖酸>蛭石	
	最优配方	蛭石 50	玉米秸秆 50	硝基腐殖酸 0.5
株高 V_{max}	极差 R	0.05	0.1	0.06
	影响主次顺序		玉米秸秆>硝基腐殖酸>蛭石	
	最优配方	蛭石 50	玉米秸秆 50	硝基腐殖酸 0.5

II. 株高

作物的株高是反映作物生长量的重要指标，地上部分的植株高度是构成作物产量的重要因素。植物体的物质积累可以通过株高的变化直观地显示出来，测定株高即可确定植物的生长速度，又可衡量植物的物质积累速度。一般植株在生长过程中株高呈"S"形曲线增长。紫花苜蓿在生育期内株高的变化呈"S"形增长，符合逻辑斯谛（logistic）增长模型（图 5.10）（徐春明 等，2003）。

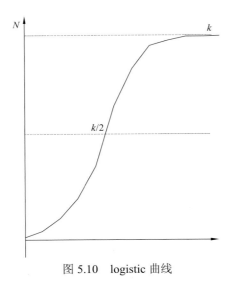

图 5.10 logistic 曲线

紫花苜蓿在苗期株高增加量较为缓慢，进入分枝期后紫花苜蓿的生长速度急剧增加，到现蕾期达最大值，同时生长速率在现蕾期末期变缓。各处理在同时段的增长速率有所差异，但总体增长趋势一致。

作物的株高随时间变化呈"S"形增长，在生态学中，这样的生长特征通常可以用 logistic 模型、Gompertz 模型和 Richards 模型进行模拟。其中 logistic 模型的应用最为广泛，因此，采用该模型对紫花苜蓿的生长规律进行模拟。

如图 5.11 所示，对紫花苜蓿出苗 14 天后进行观察，在出苗 28 天内属于紫花苜蓿的苗期，在这一期间株高增长较为平缓；出苗后第 28～56 天进入紫花苜蓿分枝期，植株的株高呈现较快增长，进入对数增长期；当出苗 56 天后紫花苜蓿进入现蕾期，紫花苜蓿的株高增长显著放缓，株高达到最大值。将不同处理中紫花苜蓿的株高生长动态用 logistic

模型进行拟合，其拟合参数见表 5.8，每组数据的拟合关系均可达到极显著水平。其中各处理中株高的最大生长潜力（K）由高到低的顺序为 T9>T6>T3>T4>TS>T8>T1>T7>T5>T2>CK，11 组处理中 T9 处理的株高最大生长潜力值最高为 24.01 cm，分别是 CK 处理的 1.4 倍，TS 处理的 1.05 倍，说明加入改良剂对表土替代材料具有较好的改良效果。极差分析结果显示，各改良剂对紫花苜蓿株高的影响顺序为玉米秸秆>硝基腐殖酸>蛭石，对株高影响最优的配方为蛭石：玉米秸秆：硝基腐殖酸=50：50：0.5。

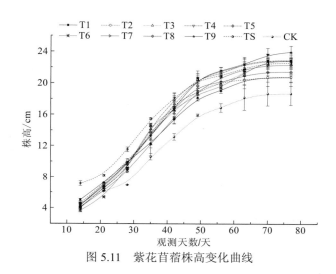

图 5.11　紫花苜蓿株高变化曲线

表 5.8　不同处理紫花苜蓿株高生长动态 logistic 模型拟合参数

处理	K/cm	R^2	a	b	株高生长方程
T1	21.74	0.886 7	1.731 1	−0.049	$Y=21.76/1+\mathrm{e}^{1.731\,1-0.049t}$
T2	19.16	0.936 5	1.759 8	−0.047 8	$Y=19.16/1+\mathrm{e}^{1.759\,8-0.047\,8t}$
T3	23.32	0.928 8	1.975 2	−0.055 5	$Y=23.32/1+\mathrm{e}^{1.975\,2-0.055\,5t}$
T4	22.97	0.966 9	2.513 2	−0.075 7	$Y=22.97/1+\mathrm{e}^{2.513\,2-0.075\,7t}$
T5	20.06	0.893 3	2.018 1	−0.052 4	$Y=20.06/1+\mathrm{e}^{2.018\,1-0.052\,4t}$
T6	23.86	0.927 6	2.043 8	−0.060 2	$Y=23.86/1+\mathrm{e}^{2.043\,8-0.060\,2t}$
T7	20.99	0.966 9	2.493 9	−0.070 3	$Y=20.99/1+\mathrm{e}^{2.493\,9-0.070\,3t}$
T8	21.79	0.932 3	2.122 4	−0.062 8	$Y=21.79/1+\mathrm{e}^{2.122\,4-0.062\,8t}$
T9	24.01	0.955 8	2.493	−0.076	$Y=24.01/1+\mathrm{e}^{2.493-0.076t}$
CK	17.11	0.905	2.116 7	−0.049 2	$Y=17.11/1+\mathrm{e}^{2.116\,7-0.049\,2t}$
TS	22.89	0.915	2.369 4	−0.072 7	$Y=22.89/1+\mathrm{e}^{2.3694-0.072\,7t}$

注：K 的计算是根据实测值，采用三点法求得

由于植株的株高生长规律符合 logistic 模型，对其求一阶导数，即可得到株高的生长速率。生长速率可以表示株高生长的快慢，在一定程度上可以反映紫花苜蓿生长能力的强弱，最终决定了其生物产量（任鸿远，2007）。

图 5.12 是紫花苜蓿株高日均生长速率随着时间的变化情况。11 个处理的株高日均生长速率曲线皆呈单峰曲线，其峰值对应的生长速率和时间，可以通过对 logistic 模型求二阶导数获得，令 Y 值等于零，即可得最大生长速率（$V_{max}=kb/4$），及对应的时间（$t_0=a/b$）。

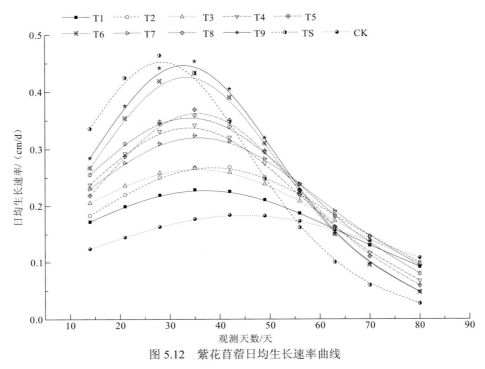

图 5.12 紫花苜蓿日均生长速率曲线

由表 5.9 可知，紫花苜蓿在测试的生长期范围内各处理株高的最大生长速率（V_{max}）顺序为 T9>TS>T6>T3>T4>T8>T7>T5>T2>T1>CK。而对于紫花苜蓿株高最大生长速率（V_{max}）所对应的时间（t_0）的先后顺序为 T9=T6<TS=T3=T4<T8<T2<T7<T5<CK，即 T9 处理中株高最大生长速率出现的最早。极差分析结果显示，改良剂对紫花苜蓿株高最大值的影响顺序为玉米秸秆>硝基腐殖酸>蛭石，对株高影响最优的配方为蛭石∶玉米秸秆∶硝基腐殖酸=50∶50∶0.5。

表 5.9　不同处理紫花苜蓿株高生长速度的特征参数

处理	V_{max}/（cm/d）	t_0/d	Δt/d
T1	0.26	37	54
T2	0.27	35	53
T3	0.38	34	37

续表

处理	V_{max}/（cm/d）	t_0/d	Δt/d
T4	0.37	34	42
T5	0.3	39	50
T6	0.38	33	35
T7	0.32	36	47
T8	0.32	35	44
T9	0.43	33	34
CK	0.21	43	61
TS	0.41	34	36

III. 叶片叶绿素动态

植物叶片中的叶绿素是植物可以进行光合作用的重要色素，其含量是表征植物品质的重要生理指标之一。大量研究表明，叶片的 SPAD 值与叶绿素含量呈显著正相关性（Yamamoto et al.，2002），叶片的 SPAD 值越大，表明叶片的叶绿素含量越高。

如图 5.13 所示，不同处理紫花苜蓿叶片 SPAD 值随生长发育进程的变化呈峰形曲线。峰值出现在紫花苜蓿的分枝期，即出苗后 35 天。此时叶片 SPAD 值由高到低的顺序依次 TS>T3>T1>T2>T9>T8>T5>T4>T6>T7>CK，即当地表土处理中叶片 SPAD 值最高，空白处理中叶片 SPAD 最低。当紫花苜蓿出苗 42 天后，叶片的 SPAD 显著下降，开始进入平衡期，与植株的株高相比紫花苜蓿进入平衡期的时间较早。

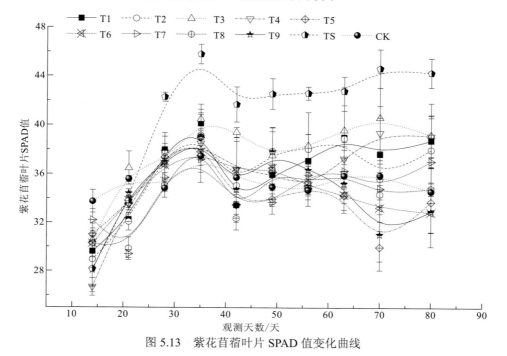

图 5.13　紫花苜蓿叶片 SPAD 值变化曲线

植物叶片的叶绿素含量与光照条件有直接关系，由于研究中紫花苜蓿的播种时间在9月下旬，随着太阳高度角的变化，光照强度及环境温度都有所下降，导致植物叶绿素含量进入平衡期的时间提前。在11组处理中当地表土处理中叶片的 SPAD 值显著高于其他处理，添加改良剂的9组正交处理明显高于空白，T3 处理中叶片的 SPAD 值在整个生长期内，高于其他正交处理。极差分析可以得出，正交试验中对紫花苜蓿叶片的 SPAD 值影响最优的配方均为蛭石：玉米秸秆：硝基腐殖酸＝50：50：0.5。

Ⅳ. 紫花苜蓿生物量

植株的生物量是作物生长情况的重要表征量，同时可以作为衡量土壤肥力和植物生长适应性的重要指标。紫花苜蓿的生物量通过鲜质量（鲜重）或干质量（干重）表示。图 5.14 为不同处理中紫花苜蓿的生物量，包括地上部和地下部鲜重与干重。不同处理间地上部分的鲜重与干重具有较高的一致性，其中 T3 处理中地上部分的鲜重与干重显著高于其他正交处理。极差分析结果显示三种改良剂对紫花苜蓿地上部分鲜重及干重影响的顺序为玉米秸秆>蛭石>硝基腐殖酸。正交试验中对紫花苜蓿生物量影响最优的配方均为蛭石：玉米秸秆：硝基腐殖酸＝50：50：0.5（表 5.10）。

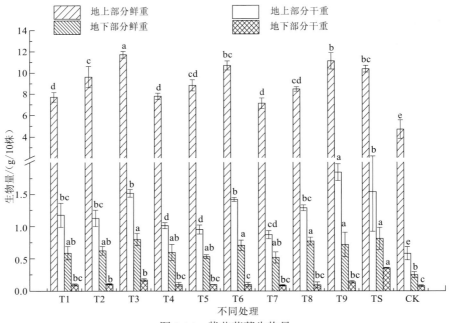

图 5.14　紫花苜蓿生物量

表 5.10　植株生物量正交试验极差分析

指标	均值/极差	因素		
		蛭石	玉米秸秆	硝基腐殖酸
	极差 R	0.59	3.64	1.31
地上鲜重	影响主次顺序		玉米秸秆>蛭石>硝基腐殖酸	
	最优配方比	50	50	0.5

续表

指标	均值/极差	因素		
		蛭石	玉米秸秆	硝基腐殖酸
地上干重	极差 R	0.15	0.57	0.05
	影响主次顺序	玉米秸秆>蛭石>硝基腐殖酸		
	最优配方比	50	50	0.5
地下鲜重	极差 R	0.06	0.17	0.05
	影响主次顺序	玉米秸秆>硝基腐殖酸>蛭石		
	最优配方比	50	50	0.5
地下干重	极差 R	0.02	0.04	0.01
	影响主次顺序	玉米秸秆>硝基腐殖酸>蛭石		
	最优配方比	50	50	0.5

Ⅴ. 紫花苜蓿养分

对植物营养影响最大的三大营养元素是氮、磷、钾。由图 5.15 可知，不同处理中紫花苜蓿地上部分的全氮质量分数，在 2.74%～4.48%，其中 CK 处理中紫花苜蓿地上部分全氮质量分数显著低于当地表土处理（$P<0.05$），在 9 个正交处理中紫花苜蓿地上部分的全氮质量分数与空白处理相比显著增加，由分析结果可知，不同处理中紫花苜蓿地上部分的全氮质量分数由大到小的顺序为 T7>T2>T9>T1>T6>T3>TS>T4>T8>T5>CK。

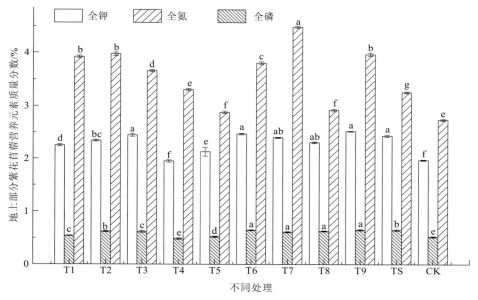

图 5.15　紫花苜蓿地上部分营养元素质量分数

不同处理中紫花苜蓿地上部分的全磷质量分数在0.52%～0.67%，各不同处理中紫花苜蓿地上部分全磷质量分数差异明显，由分析结果可知，不同处理中紫花苜蓿地上部分的全磷质量分数由大到小的顺序为T9>TS>T6>T8>T2>T3>T7>T1>T5>T4>CK。如图5.15所示。

不同处理中紫花苜蓿地上部分的全钾质量分数在2.52%～1.97%，其中CK处理中紫花苜蓿地上部分全钾质量分数仅为1.97%，显著低于TS处理（$P<0.05$）。正交处理中紫花苜蓿地上部分全钾质量分数与空白相比显著增加，不同处理中紫花苜蓿地上部分全钾质量分数由大到小的顺序为T9>T6>T3>TS>T7>T2>T8>T1>T5>T4>CK。

各改良剂对紫花苜蓿地上部分全氮、全钾及全磷质量分数影响的最优配方均为蛭石∶玉米秸秆∶硝基腐殖酸=50∶50∶0.5（表5.11）。

表5.11 紫花苜蓿地上部分养分正交试验极差分析

指标	均值/极差	因素		
		蛭石	玉米秸秆	硝基腐殖酸
地上全氮	极差R	0.52	0.65	0.6
	影响主次顺序		玉米秸秆>硝基腐殖酸>蛭石	
	最优配方比	50	50	0.5
地上全磷	极差R	0.08	0.09	0.04
	影响主次顺序		玉米秸秆>蛭石>硝基腐殖酸	
	最优配方比	50	50	0.5
地上全钾	极差R	0.23	0.28	0.05
	影响主次顺序		蛭石>硝基腐殖酸>玉米秸秆	
	最优配方比	50	50	0.5

由图5.16可知，紫花苜蓿地下部分全氮质量分数在不同处理中差异显著，其全氮质量分数在1.92%～3.46%，不同处理中紫花苜蓿地下部分全氮质量分数由大到小的顺序为T9>T6>T3>T7>T2>T1>T8>T4>TS>T5>CK；各处理中紫花苜蓿地下部分全磷质量分数在0.43%～0.66%，各处理中全磷质量分数差异明显，不同处理中紫花苜蓿地下部分全磷质量分数由大到小的顺序为T9>T3>T6>T8>T2>T7>T4>TS>T1>T5>CK。不同处理中紫花苜蓿地下部分全钾质量分数在2.01%～2.76%，各正交处理中紫花苜蓿地下部分全钾质量分数与空白处理相比显著增加，不同处理中紫花苜蓿地下部分全钾质量分数由高到低的顺序为T3>T9>T7>TS>T5>T8>T2>T1>T6>T4>CK。

极差分析结果显示（表5.12），三种改良剂对紫花苜蓿地下部分全氮、全钾、全磷质量分数的大小影响顺序为玉米秸秆>蛭石>硝基腐殖酸，各改良剂对紫花苜蓿地下部分全氮、全钾及全磷质量分数影响最优的配方均为蛭石∶玉米秸秆∶硝基腐殖酸=50∶50∶0.5。

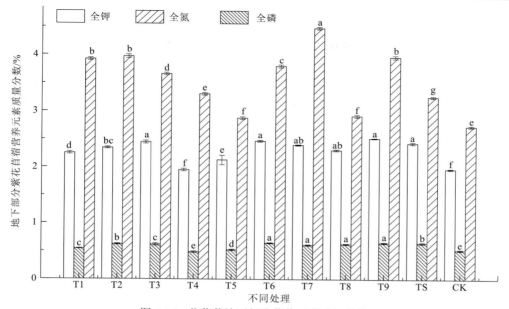

图 5.16 花苜蓿地下部分营养元素质量分数

表 5.12 紫花苜蓿地下部分养分正交试验极差分析

指标	均值/极差	因素		
		蛭石	玉米秸秆	硝基腐殖酸
地下全氮	极差 R	0.55	0.62	0.37
	影响主次顺序	玉米秸秆>蛭石>硝基腐殖酸		
	最优配方比	50	50	0.5
地下全磷	极差 R	0.08	0.11	0.05
	影响主次顺序	玉米秸秆>蛭石>硝基腐殖酸		
	最优配方比	50	50	0.5
地下全钾	极差 R	0.14	0.17	0.05
	影响主次顺序	玉米秸秆>蛭石>硝基腐殖酸		
	最优配方比	50	50	0.5

3）结论

不同改良剂对紫花苜蓿的出苗率有显著影响，三种改良剂对紫花苜蓿出苗率影响最显著的是蛭石，最优配方为蛭石：玉米秸秆：硝基腐殖酸=50：50：0.5。各处理中紫花苜蓿的生长过程呈"S"形曲线，符合 logistic 模型，三种改良剂对紫花苜蓿株高及生长速率影响最显著的是玉米秸秆，最优组合为蛭石：玉米秸秆：硝基腐殖酸＝50：50：0.5。各处理中紫花苜蓿在整个生长期叶片的 SPAD 值的变化规律呈峰形曲线，峰值出现在紫花苜蓿的分枝期，即出苗后 35 天，添加改良剂的处理叶片 SPAD 值显著升高但仍低于当地表土处理。不同的改良剂对紫花苜蓿的生物量有显著影响，三种改良剂对紫花苜蓿生物量影响最显著的是玉米秸秆，最优组合为蛭石：玉米秸秆：硝基腐殖酸＝50：50：0.5。各处理中紫花苜蓿地上及地下部分的养分差异显著，三种改良剂中玉米秸秆对紫花苜蓿养分影响最显著，最优配方为蛭石：玉米秸秆：硝基腐殖酸＝50：50：0.5。通过多种配方试验发现：褐色土基质材料中添加蛭石、玉米秸秆、硝基腐殖酸（50：50：0.5），对紫花苜蓿生长最好，可对矿区土壤重构实践中表土替代材料优化改良提供相关参考。

5.4　马家塔露天煤矿采复一体化土壤重构实践

5.4.1　马家塔露天煤矿概况

　　神华集团所属的神东矿区的马家塔露天煤矿，位于内蒙古自治区鄂尔多斯市伊金霍洛旗乌兰木伦镇，井田面积 4.94 km^2，已探明煤炭地质储量 2622 万 t，可开采储量 2433 万 t。矿区于 1987 年动工兴建，1990 年建成投产，1999 年底与原武家塔露天煤矿合并。

　　矿区划分为首采区、北采区和广场采区，计划从南到北顺序开采，设计生产能力为 200 万 t/年。开采方式采用内排剥离物，临时固定排土及煤炭运输坑线。采煤作业方式为采端工作面或侧工作面装车，采区不设储煤场，直接将煤运往装车站装车，同时采用边开采边复垦的方法，直接将剥离的表土和矸石回填采煤场，按设计标高复垦土地（孙海运 等，2008）。

5.4.2　马家塔露天煤矿采复一体化土壤重构工艺流程

　　土壤重构是提高复垦效果的重要前提。土壤重构是露天矿复垦的主要任务，有关研究表明：现代复垦技术研究的重点应是土壤因素的重构而不应仅仅是作物因素的建立，为使复垦土壤达到最优的生产力，构造一个最优的土壤物理、化学和生态条件是最基本的（胡振琪，2019）。因此，土壤重构是决定复垦成败的关键。

　　土壤重构的基本流程如下。

　　（1）剥离表土并堆存于开采通道上，供复垦土地回填作为新土壤的表土层（耕植土）；

　　（2）将上覆岩层分为若干层（如分为上部土层和下部岩石层）并分别加以剥离；

　　（3）分层剥离岩（土）层并通过错位的方式交错回填。

　　在这其中，交错回填是重构原理的核心。

5.4.3　马家塔露天煤矿表土替代材料研制

对于基本农田地区的复垦，土壤重构的任务应是保持土层顺序不变，其中表土的剥离、储存及回填是必要的；对于山地或表土层很薄的地区，土壤重构的主要任务是选择合适的表土替代材料如剥离物中的砂岩、黏土岩及页岩并回填在复垦土地表层，构成了独特的矿山土（岩土层的混合）。重新植被的近期目标是迅速控制土壤侵蚀并迅速生长植被；长期目标是生长作物，如草本作物、果园或谷类作物，以便于土地使用者从复垦土地上获得更高的经济效益。当然，复垦土地作为建筑用地、工业用地或娱乐用地也应视为重新植被的长期目标。

复垦区土壤虽经重构，但与破坏前相比，存在肥力降低、熟化程度下降、可耕性不良的情况。为提高复垦效果，必须对复垦区土壤进行改良。使用化肥虽可在一定程度上提高土壤供肥能力，但单施化肥无助于改善土壤质地。配施有机肥可明显改善复垦区土壤的质量，但普通有机肥施用量较大，原料来源有一定的地域限制。因此充分利用矿区的原材料进行土壤改良，既可以提高复垦效果，又可降低复垦成本。

利用粉煤灰、风化煤、煤矸石及土壤微生物，再加以适量的化学肥料作为原料，通过一定的配制方法制成煤基营养剂，以期有效地解决矿区土壤特别是未经熟化的土壤养分缺乏的状况，促进植物对营养元素的吸收。通过添加营养剂，能够给土壤添加大量的有机质和微量元素。改善作物的生长环境，提高产量，增强抗逆性，也可充分利用现有材料，提高材料利用率。

利用盆栽试验确定的煤基营养剂的最佳配比，结合大田试验，确定矿区土壤复垦的营养剂配方，为矿区土壤改良提供理论依据和技术指导。主要研究内容包括采用常规和先进的土壤物理、化学和生物特性测试分析方法，进行土壤特性的测试分析；结合植物营养学和植物生理学，对试验植物的主要生理指标进行测定分析，并对照土壤理化数据，确定对土壤改良效果最为明显的具有特定配方的煤基营养剂。

1. 试验材料与设计

2006 年 5 月 24 日土壤改良工作正式展开。通过到实地踏勘选址，确定马家塔露天煤矿排土场为试验田，总面积约 900 m^2。试验所需要的风化煤、煤矸石、粉煤灰分别采自活鸡兔井附近露头、上湾煤矿抛矸场、上湾煤矿热电厂。粉碎所用设备为锤式破碎机和颚式粉碎机。原材料先经过锤式破碎机破碎成小颗粒状，再经过颚式粉碎机粉碎，使颗粒直径在 1 mm 以下。

5 月 29 日，将试验材料运至试验田，然后按照质量分数为风化煤∶煤矸石∶粉煤灰=40%∶20%∶40%的比例混合（煤基混合材料），施入田中，并灌水造墒。5 月 31 日，播种。试验植物为苜蓿和沙打旺。苜蓿小区共设 11 个处理，沙打旺小区设 9 个处理，每个处理设置 3 个重复，每个重复的规格为 2 m×1 m。各田块采用随机分布，具体设计见图 5.17。

	4-3	10-1	2-1	✕	5-2	3-1	8-3	2-3	5-1	9-1
	1-3	6-1	7-3	3-3	9-1	7-3	1-1	9-3	4-3	✕
保	8-3	2-2	8-2	4-1	11-1	5-2	✕	3-2	6-1	8-2
护	7-2	10-2	1-1	9-2	5-3	7-1	4-2	✕	2-1	9-2
区	11-2	3-2	6-2	7-1	✕	3-3	6-2	1-2	8-1	5-3
	5-1	6-3	8-1	4-2	11-3	6-3	1-3	4-1	7-2	2-2
	3-1	10-3	1-2	9-3	2-3	✕	✕	✕	✕	✕

图 5.17　试验小区布局图

红色代表苜蓿小区，黑色为沙打旺小区。交叉线形表示该田块未被列入试验小区，只在此基础上撒播种子，
与空白处理相同
表格内数字前部分代表处理，后面数字表示该处理的重复

　　在试验开始前先将试验小区表层土壤翻动，深度为 20 cm，每个小区施用 8 kg 煤基混合材料，与土壤混合均匀，然后将化肥撒入，整平。在播种前浇水造墒，3 天后播种。苜蓿播种采用条播方式，每个小区播种 4 行，撒播量为每小区 3 g（按每亩 1 kg 计）。菌根选用一种内生丛枝菌根：摩西球囊菌（*Glomus.mosseae*），简记为 *G.m*，取自北京市农林科学院植物营养与资源研究所国家基金资助"中国丛枝菌根真菌种质资源库（BGC）"编号：BGCXJ01。从新疆韭根际分离，用沸石加河沙扩繁，宿主高粱。丛枝菌根（*G.m*）每小区施用 400 g，每行 100 g。

　　在试验设计中设置 5 组对照组，分别为 MF 组，即施用煤基混合物与化肥；MGF 组，即施用煤基混合物、*G.m* 和化肥；F 组，即只施用化肥；M 组，即只施用煤基混合物；CK 组，即土壤对照组。具体改良方法详见表 5.13 和表 5.14 马家塔露天煤矿土壤改良试验设计。

表 5.13　马家塔露天煤矿土壤改良试验处理

编号	处理
MF	煤基混合物 + 化肥
MGF	煤基混合物 + *G.m* + 化肥
F	只施用化肥
M	只施用煤基混合物
CK	土壤对照

表 5.14　马家塔露天煤矿土壤改良试验设计

处理		煤基混合物	菌根	解磷、解钾菌	苜蓿根瘤菌	低磷化肥	化肥	空白
苜蓿	1	√					√	
	2	√	√				√	
	3	√		√			√	
	4	√			√		√	
	5	√	√	√	√		√	
	6	√	√			√		
	7	√		√	√	√		
	8						√	
	9							
	10							√
	11		√			√		
沙打旺	1	√		√	—		√	
	2	√	√		—		√	
	3	√	√		—		√	
	4	√	√		—	√		
	5	√	√		—	√		
	6	√			—			
	7				—			√
	8				—		√	
	9	√			—		√	

另化肥的添加有普通用量和低磷用量两种，目的是验证在大田试验条件下磷元素的含量对菌根侵染有无强烈的拮抗作用。两种化肥的具体施用量如下。

（1）配方 1：N：P：K＝50：100：100。即：N 50 mg/kg，P 100 mg/kg，K 100 mg/kg。每田块磷酸二铵 0.091 kg，尿素 0.061 kg，硫酸钾 0.28 kg。

试验设置以上配方化肥处理共 15 个，45 个田块，共需要尿素 0.061×45＝2.745 kg，磷酸二铵 0.091×45＝4.095 kg，硫酸钾 0.28×45＝12.6 kg。

（2）配方 2（低磷配方，用于有菌根处理）：N：P：K＝50：30：100。即：N 50 mg/kg，P 30 mg/kg，K 100 mg/kg。

每田块磷酸二铵 0.027 kg，尿素 0.098 kg，硫酸钾 0.28 kg。采用配方 2 的共有 5 个处理，15 个田块，共需要尿素 0.098×15＝1.47 kg，磷酸二铵 0.027×15＝0.405 kg，硫酸钾 0.28×15＝4.2 kg。

为更直观地说明大田试验的情况，特选取几幅有代表性的照片作为对文字资料的补充（图 5.18～图 5.20）。

图 5.18 试验小区规划

图 5.19 添加营养剂

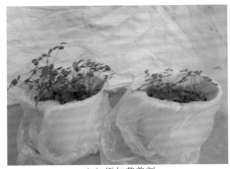

（a）添加营养剂　　　　　　　　　　　　　　　　　　（b）添加化肥对照

图 5.20 盆栽试验

　　播种以后，观察 1 周。在此期间，观察到出苗效果较为理想，但 6 月 8 日，全天强风，幼苗损失较大，鉴于这种情况，采取补种措施，补种时机选在下雨之前。

2. 指标与方法

　　在种植初期采集土壤和煤基材料样品；2006 年 9 月 25 日到试验地采集土壤和植物样品；2007 年 8 月 16 日采集土壤和植物样品。样品采集后，土壤样品风干过 2 mm 筛备测；植物样品采集地上部（茎叶）和地下部（根），用清水冲洗干净测定鲜重，而后放入烘箱烘干测定干重。植物样品干重测定完毕，将植物样品地上部和地下部分别用植物样品粉碎机磨碎（细度约 200 目），储存备测，各种指标的测试方法详见表 5.15。

表 5.15　试验所需测定的项目和方法

测定项目	测定方法
全氮	半微量凯氏定氮法
全磷	酸溶—钼锑抗比色法
全钾	氢氧化钠熔—火焰光度法
碱解氮	碱解扩散法
速效磷	碳酸氢钠—钼锑抗比色法
速效钾	乙酸铵浸提—火焰光度法
有机质	重铬酸钾容量法—外加热法
腐殖酸	碱性焦磷酸钠法
pH	PHS-3C 型 pH 计测定
阳离子交换量	乙酸铵法
微量元素	ICP-AES（电感耦合等离子体发射光谱仪）法
鲜重	天平称重
干重	天平称重
粗蛋白	半微量凯氏定氮法
相对叶绿素	SPAD-502 型叶绿素仪测定
植被覆盖度	阴影法

3. 结果分析

（1）风化煤中碱解氮的含量较高，但速效磷、速效钾含量低于煤矸石和粉煤灰中的含量，但有机质含量远远高于煤矸石和粉煤灰中的含量，可以消除煤矸石和粉煤灰中的有机质含量不高的缺陷。而且风化煤中富含腐殖酸，腐殖酸对土壤的改良效果明显，而且可以吸附煤矸石和粉煤灰有害重金属元素，达到安全使用的目的。

煤基材料和化肥配合施用才能有效地提高排土场风沙土的养分含量。经过一年的试验期，试验地全氮、全磷、全钾、有机质含量都有不同程度的下降，速效养分（碱解氮、速效磷、速效钾）含量虽有下降，但下降幅度不大，能够给植物持续供给较为充足的养分。个别处理还出现养分含量增加现象，这是因为煤基材料的降解促进了养分的释放。

（2）添加煤基材料的各处理较之未添加煤基材料的处理有较高的阳离子交换量。并且，持续时间较长，经过一年的种植试验，虽然保肥能力有所下降，但仍然高于未添加煤基材料的处理。说明煤基混合材料能显著提高土壤的保肥能力。

（3）试验地是风沙土，容重较高，开展大田试验以后，各田块（处理）的容重都有不同程度的下降。其中风化煤、煤矸石、粉煤灰 3 种材料混合以后对改良土壤的质地有显著作用。两块试验地的土壤孔隙度都呈现增大趋势，土壤孔隙度的增加是对土壤质地的直接改良。从土壤孔隙度数据可以看出煤基材料的改良效果。

（4）紫花苜蓿和沙打旺各处理 2007 年生物量较 2006 年有了很大幅度提高。特别是苜蓿试验地的 2～6 处理和沙打旺试验地除对照以外的各处理增幅较大，煤基材料和化肥配合施用是改良土壤的有效途径，再结合根瘤菌、解磷、解钾细菌及菌根等辅助措施，能起到更好的改良效果。

（5）添加苜蓿根瘤菌和低磷条件下的添加菌根处理可显著提高紫花苜蓿的粗蛋白含量，提升植物生长品质，为矿区土壤改良、矿区水土保持提供了试验依据。

（6）两块试验地各处理中凡是添加煤基材料的处理，都要高于只添加化肥处理和空白对照。需要指出的是，仅添加煤基材料的处理和只添加化肥的处理含量接近，且都高于空白对照，二者混合以后所起到的效果更为显著。

（7）煤基材料对土壤的改良能够显著提高植物的长势，提升植被覆盖度，这对矿区的防风固沙、防治水土流失具有重要意义。

（8）紫花苜蓿和沙打旺试验地的土壤重金属含量未超过土壤环境质量标准值二级标准（旱地），符合安全使用的条件，未造成土壤污染。

综上所述，煤基混合材料对矿区土壤的改良有显著效果，添加煤基混合物的处理比未添加的对照处理在土壤物理、化学两方面都有显著改善。说明煤基混合物用于土壤改良具有可行性，而且能够对矿区废弃物进行综合利用，既减轻了对环境的污染，又达到了改良土壤、降低复垦成本的目的。

通过在马家塔露天煤矿排土场开展大田试验，验证煤基混合物对矿区特定土壤的改良效果。结果表明，MF 处理和 MGF 处理在土壤大量元素含量、阳离子交换量及土壤容重和孔隙度方面改良效果显著。添加煤基混合物的 pH 比未添加的处理都有下降，可以改善土壤的酸碱环境。土壤重金属在土壤环境质量标准一级标准以内，可以安全使用。

苜蓿的株高、生物量和植被覆盖度以 MF 处理和 MGF 处理效果最佳，但总体分析两个处理之间的差异不显著。粗蛋白含量以添加 $G.m$ 的含量为最高，说明大田试验条件下，丛枝菌根可以提高植物的生长品质，提高其营养价值。

由于大田应用丛枝菌根促进植物增产有一定的难度，作为土壤改良以增加植被覆盖度，降低土壤侵蚀和水土流失方面，以 MF 处理为最佳。

5.5 神华宝日希勒煤矿表土替代材料的野外试验

5.5.1 研究区概况

宝日希勒煤矿位于呼伦贝尔市，矿区总面积约 220 km²。年平均温度为 1.5～6.5℃，年均降水量为 315.0 mm。降水量变化大，分布不均匀。冬季和春季的降水量一般为 40～80 mm，仅占年降水量的 15%左右。夏季降水高且集中。大多数地区夏季降水量为 200～300 mm，占年降水量的 65%～70%。秋季降水量相应减少。矿区位于内蒙古北部高平原区，地势相对平坦开阔，地形起伏不大，相对高差为 60～106 m，地理坐标为 119°53′37″E 和 49°18′45″N。

5.5.2　指标与方法

1. 试验材料

从研究区域采集了上覆地层样品。第一层为腐殖土（即当地未受扰动的表层土）用作对照。第二层为黄土风化基质和原状基质，分别称为 II1 层和 II2 层。第三层为黏土风化基质和原状基质，分别称为 III1 层和 III2 层。添加剂为蛭石、草炭、玉米秸秆、硝基腐殖酸和微生物制剂。微生物制剂分别产于河南省（微生物制剂 H）和北京市（微生物制剂 B）。微生物制剂有机质含量大于 40%，活菌数大于 2 亿/g，微生物制剂 H 的主要有效菌株为枯草芽孢杆菌、地衣芽孢杆菌、胶状芽孢杆菌、白色链霉菌等，微生物制剂 B 的主要有效菌株为枯草芽孢杆菌、麝香芽孢杆菌、地衣芽孢杆菌、荆霉菌和菌根真菌。地表植被为紫花苜蓿（Hu et al.，2020）。

2. 试验设计

以常规表土覆盖为 K1 对照田块，试验区位于排土场的顶部平台，并被分成子区，每个处理重复 3 次。试验地块按照随机区组设计进行排列。每个子区的长度×宽度为 6 m×10 m，分隔试验区的坝的宽度为 0.3 m，如图 5.21 所示。不同子区的添加剂配方比例见表 5.16。

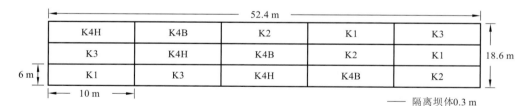

图 5.21　试验子区布设图

每个子区长×宽为 6×10（m），试验子区之间的隔离坝体宽度为 0.3 m

表 5.16　不同小区的添加剂配方比例

处理	添加剂
K1	无
K2	m（蛭石）：m（玉米秸秆）：m（硝基腐殖酸）=50 g/kg：50 g/kg：0.5 g/kg
K3	m（草炭）=50 g/kg
K4H	m（草炭）=50 g/kg，微生物制剂 H 0.15 kg/m²
K4B	m（草炭）=50 g/kg，微生物制剂 B 0.15 kg/m²

3. 采样及样品测试方法

在上覆地层的样品中，第一层腐殖土是通过土壤钻探从原状草地中采集的，并随机选择 5 个采样点采集 0~20 cm 深度的土壤。使用四分法将土壤量减少到 1 kg。第二层黄土和第三层亚黏土的原状土从开挖现场相应的土层剥离位置收集，第二层黄土和第三层亚黏土的风化物从相应的堆土剥离位置提取。除去植物根和砾石后，每个样品分成两部分，一部分储存在 4℃ 的冰箱中，以测定土壤微生物生物量及土壤微生物生物量的碳和氮。另一部分在室内风干后通过 0.15 mm 和 2 mm 筛，以测定土壤的理化性质。使用激光粒度分析仪测量样品的粒度分布。土壤质地根据美国农业部的质地分类系统进行分类（Brady et al.，2008）。土壤水稳性团聚体是用 Саггинов 方法测定的（Liu et al.，1996）。使用稀释平板计数法测定微生物数量。细菌在牛肉蛋白胨琼脂培养基上培养，真菌在马丁氏培养基上培养，放线菌在改良的 Gao-1 培养基上培养 2~5 天。

细菌的总浓度等于细菌数量/1 g 干燥表土=（平均细菌数量×10×稀释倍数）/（1-土壤含量）。

在使用校准的酸碱度读数之前，通过向适当的土壤样品（5 g）中加入去离子水（25 mL）来测量土壤 pH。向适当的土壤样品（5 g）中加入去离子水（25 mL）使用土壤电导率仪来测量土壤电导率。土壤有效钾用 1 mol/L 的 NH_4OAc（pH=7）提取，用火焰光度计测定（鲍士旦，2000）。土壤速效磷用 0.5 mol/L 碳酸氢钠提取，用钼锑比色法测定。用 5 mL 浓硫酸和 2 g 促进剂（K_2SO_4:$CuSO_4$:Se=100:10:1）消解 1 g 土壤样品，土壤全氮用连续流动分析仪-靛酚蓝比色法测定（鲍士旦，2000）。土壤碱解氮采用碱解-扩散法测定。将 2 g 土壤样品和 10.0 mL 的 1 mol/L NaOH 加入康威扩散池中；将 2 mL 的 20 g/L 硼酸吸收液加入内室，然后用盖子盖住；在烘箱中保持 24 h，用 0.01 mol/L 硫酸滴定。用重铬酸钾容量法测定有机质含量，用 0.8 mol/L 重铬酸钾和浓硫酸氧化，用 0.2 mol/L 硫酸亚铁滴定（鲍士旦，2000）。

5.5.3　结果与讨论

1. 替代表土基质材料的筛选

如图 5.22 所示，当地表层土壤中粗粉土质量分数为 55.59%，将其归类为粉壤土。因此，当地表层土壤已经荒漠化，土壤保持水肥的潜力已经降低，土壤温度变化的范围已经扩大。风化后，II 层基质细黏土质量分数由 24.03%增加到 59.14%，质地由粉质黏土变为黏土。III 层风化和原状基质细黏土质量分数分别为 95.35%和 99.85%，为重黏土特征。与壤土相比，重黏土粒间孔隙较小，孔隙较多，保水保肥性较高，通气性差，不利于有机质分解和成苗。如果用 III 层作为表土的替代基质材料，可以通过向基质中加入适当比例的蛭石和沙子来改善基质的通气性，并促进基质中的发育。

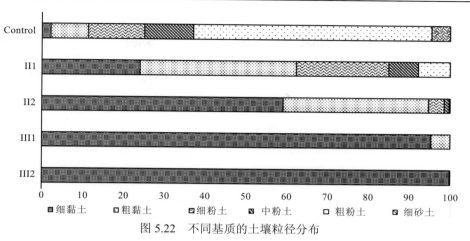

图 5.22 　不同基质的土壤粒径分布

不同的小写字母表示有显著性差异（$P<0.05$）。数据显示为平均值，$n=3$

　　土壤水稳性团聚体的含量是评价土壤物理性质和抗侵蚀能力的重要指标（Shinjo et al.，2000）。风化后两层基质中的水稳性团聚体含量增加，但仍远低于当地表土中的含量。显著性检验显示 5 种基质的水稳性团聚体含量差异显著（$P<0.05$）。因此，两层替代基质不能充分提供抗侵蚀性，并且土壤孔隙度低。因此，有必要添加一些黏结剂或有机肥，以增加基质中水稳性团聚体的含量，提高基质的抗侵蚀性（Mi et al.，2018）。

　　土壤 pH 能影响土壤微生物活性、矿物质和有机物分解，以及土壤营养元素的释放、固定和迁移（Boyer et al.，2010）。植物生长需要合适的酸碱度范围，过高或过低的酸碱度会影响土壤养分的有效性和植物的生长。如表 5.17 所示，对照组表土 pH 为 7.70，II 层风化基质和该层原始 pH 分别为 8.02 和 9.22，分别对应微碱性和强碱性。III 层风化基质和该层原始 pH 分别为 7.75 和 7.83，呈微碱性，这与当地表层土壤的酸碱度一致，表明 III 层风化基质在土壤 pH 方面作为表层土壤的替代材料较为理想。

表 5.17 　不同基质的理化性质和养分质量分数

处理	土壤 pH	电导率/（μS/m）	速效钾/（mg/kg）	速效磷/（mg/kg）	全氮/（g/kg）	有机质/（g/kg）
Control	7.70b	91c	170.09b	2.43c	1.72a	3.56a
II1	8.02b	205a	71.51d	8.02b	0.31b	0.45c
II2	9.22a	128b	122.97c	2.65c	0.22b	0.37c
III1	7.75b	140b	368.43a	20.28a	0.37b	0.66b
III2	7.83b	83d	390.55a	18.40a	0.39b	0.41c

　　土壤电导率与土壤中可溶性盐的浓度成正比，可以作为反映土壤中可溶性盐的指标。土壤中的可溶性盐含量对于确定土壤中的盐离子是否限制作物生长较为重要。II 层的电导率显著高于对照组，风化后显著降低；III 层的风化基质低于表层土。根据盐渍土的分类，II 层的风化和原状基质为非盐渍土，不会对作物造成盐害。

　　除了土壤 pH 和土壤可溶性盐浓度，土壤养分含量也是限制植被生长的因素之一。

参照全国第二次土壤普查养分分类标准，原表层土壤速效钾和全氮含量高（二级），有机质和速效磷含量极低（六级）。II层基质中速效钾和速效磷含量显著高于表层土壤，而有机质和全氮含量极低（表5.17）。

2. 表土替代材料配方的优选

1）土壤理化性质对表土替代材料的响应

各试验区土壤的基本物理和化学性质见表5.18。这5种土壤pH均高于7.0，呈碱性。与基质的土壤pH相比，各试验组的土壤pH更高。K2处理的土壤pH低于K1处理，而其他3个处理的土壤pH均高于K1处理（但不显著高于K1处理）。

表5.18　各组土壤理化性质

处理	土壤pH	电导率/（μS/cm）	含水量/%	有机质/（g/kg）	总碳/（g/kg）	速效氮/（mg/kg）	总氮/（g/kg）	速效磷/（mg/kg）	总钾/（g/kg）	速效钾/（mg/kg）
K1	8.63ab	120.43c	0.20b	3.21a	19.57a	12.15a	1.61a	3.45b	0.33b	153.87c
K2	8.34b	125.63c	0.35a	1.15c	6.12c	31.89c	0.56d	18.60a	0.24c	408.06a
K3	9.02a	195.26b	0.30ab	1.90b	11.41b	45.81c	0.75c	17.21a	0.27bc	326.43b
K4H	8.90a	249.11a	0.28b	2.43b	14.09b	79.51b	0.97c	25.36a	0.45a	398.54a
K4B	8.84a	204.18b	0.32a	1.93b	11.13b	70.18b	0.90bc	23.71a	0.22c	437.80a

与对照组相比，K2、K3和K4土壤具有更高的电导率，表明掺入添加剂增加了土壤含盐量，但它们并非盐渍土，不会对作物造成盐害。除了酸碱度和盐度，土壤水分对植物生长也至关重要。在5种土壤类型中，K1的含水量最低，K2和K4B的含水量显著较高，说明风化基质的土壤比原表层土具有更高的持水能力。

K2、K3、K4H和K4B处理的有机质、总碳、碱解氮和总氮的质量分数显著低于K1处理；K2、K3、K4H和K4B处理的速效磷和速效钾的质量分数显著高于K1处理。施用添加剂后，各试验组土壤养分含量显著高于III层风化基质。基质中缺少的两种养分是总氮及有机质，分别增加了295%～623%和280%～593%，说明添加剂可以有效解决基质中碳氮含量不足的问题。然而，与K3相比，K4H和K4B的土壤pH略低，养分指标较高。在这些变化中，速效氮、总氮、速效钾和总磷的增加显著（$P<0.05$），表明添加微生物制剂可以加快土壤成熟速度，调节土壤酸碱性，提高土壤养分水平。从土壤基本指标来看，K4H处理是4种土壤改良处理中最好的处理，其次是K4B处理。

2）土壤生物特性对表土替代材料的响应

微生物生物量是一个小而重要的营养库（碳、氮、磷和硫），其中许多营养转化发生在微生物生物量中（Balota et al.，2012）。土地复垦中植被种植的成功和稳定与土壤微生物活性密切相关。如图5.23所示，III层土壤微生物含量远低于表层土壤，因为前者具有高黏度、低孔隙度和低有机质含量。表层土壤微生物含量为 9.18×10^4 个/g细菌、10.75×10^3 个/g放线菌和 13.25×10^2 个真菌。5个试验区覆盖土壤120天后的土壤微生物生物量数据表明，K4H 和 K2 试验区的土壤细菌浓度为 $54 \times 10^4 \sim 57 \times 10^4$ 个/g，明显高于 K1 试验区的土壤细菌浓度。K2 试验区放线菌含量最高，土壤放线菌含量为 43.97×10^3 个/g，明显高于其他组。K2、K3 和 K4H 土壤中的真菌浓度极低，K4B 试验区的真菌浓度为 12.4×10^2/g，达到原土壤（K1）的 97.6%。对比 K3 和 K4H/B 试验区可以看出，添加微生物制剂可以有效提高土壤微生物生物量。增加表层土壤替代品中的低真菌含量，从而加速土壤中大多数植物和动物残留物的分解，并将无用物质分解为可被其他生物群直接利用的营养物质（Jia et al.，2018）。

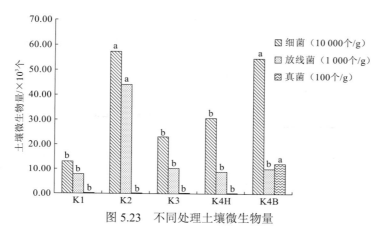

图 5.23　不同处理土壤微生物量

3）植物生长性能对表土替代材料的响应

K3 处理的苜蓿干重高于 K1 处理的苜蓿，增幅为 25.5%。其他 3 个处理值均低于用 K1 处理的苜蓿，但三组间无显著差异。各试验区紫花苜蓿的平均株高均高于 K1 处理。K4B 处理的株高最大，是 K1 处理的 1.72 倍。

各试验区的植物生长指数见表 5.19。K1 处理紫花苜蓿的高度、根长和总长度在所有处理中最低，但地上鲜重大于其他处理，K3 处理与 K1 处理的差异最小。通过比较可以得出 K3 和 K4B 为最佳处理。试验数据表明，改良剂的添加可以增加表层土壤中碳、氮、磷等元素的含量，加速土壤人为熟化的过程，促进土壤中的碳、氮、磷向能被植物吸收利用的有效态转化，从而提高紫花苜蓿的株高和总生物量（De Castilho et al.，2006）。

表 5.19　不同处理苜蓿生长情况

处理	高度/mm	根长/mm	总长/mm	鲜重/g			干重/g			根冠比
				地上	地下	总重	地上	地下	总重	
K1	61.10a	130.64a	199.19a	12.42a	13.46 a	25.87a	1.49a	2.62a	4.11a	1.77a
K2	79.49a	175.83a	253.63a	9.44a	8.71a	18.15a	0.92a	1.50a	2.42a	1.58 a
K3	81.57a	145.64a	231.23a	10.22a	17.86a	28.08a	1.87a	4.13a	5.99a	2.24a
K4H	78.00a	165.61a	244.97a	6.94a	11.95a	18.89a	1.10a	2.40a	3.51a	2.16a
K4B	104.79a	159.58a	269.28a	8.68a	17.62a	26.30a	1.45a	3.01a	4.46a	2.35a

4）植物生物量对表土替代材料的响应

K2、K3、K4H 和 K4B 处理的紫花苜蓿植株密度低于 K1 处理，顺序为 K1>K3>K4B>K4H>K2（表 5.20）。然而，K2、K3、K4H 和 K4B 处理的苜蓿植株的平均地上鲜重、平均地下鲜重、平均总鲜重、平均地上干重、平均地下干重和平均总干重均高于用 K1 处理的苜蓿植株。从苜蓿的平均地上鲜重、平均地下鲜重和平均总鲜重来看，各处理的排序为 K2>K4B>K4H>K3>K1，与苜蓿种植密度的变化趋势相反；从苜蓿的平均地上鲜重、平均地下鲜重和平均总鲜重来看，K4H>K2>K3>K4B>K1。K2、K3、K4H 和 K4B 处理的平均地下干重和平均总干重大于 K1 处理的 200%，平均单株根冠比也高于 K1 处理。种植在原表层土壤中的紫花苜蓿密度高，单株生物量少，抗逆性差。表土替代材料可显著增加苜蓿个体生物量，从而提高地表植被的抗逆性。

表 5.20　不同处理苜蓿生物量

处理	植株密度 /（strain/m²）	平均鲜重/（g/strain）			平均干重/（g/strain）			根冠比
		地上	地下	总重	地上	地下	总重	
K1	628.28a	0.34a	0.38a	0.71a	0.04a	0.07a	0.11a	1.75
K2	228.28a	0.75a	0.88a	1.63a	0.08a	0.15a	0.22a	1.875
K3	501.28a	0.35a	0.59a	0.94a	0.06a	0.14a	0.21a	2.33
K4H	277.28a	0.55a	0.81a	1.36a	0.08a	0.17a	0.25a	2.125
K4B	346.72a	0.39a	0.78a	1.18a	0.06a	0.13a	0.19a	2.17

5.5.4　结论

在缺乏表土的露天煤矿区，从上覆岩层和土层中选择替代表土材料是土地复垦的有效手段。亚黏土是改善土壤养分和植物生长的潜在原料，可以添加蛭石、草炭和微生物制剂来降低土壤黏度、克服有机质缺乏和增加微生物丰度，以产生表土替代材料。III 层基质在 pH、电导率和养分含量方面与当地表土相似。风化后，该层在理化性质和养分含量上表现出优越性，是最适合表层土的替代材料。

向土壤基质中添加改良剂产生表土替代材料。与原始表土相比，表土替代材料具有更高的土壤含水量和更高的磷和钾含量；然而，碳和氮的含量与原始表层土相同，需要进一步地施肥熟化来提高。微生物制剂的应用有助于解决基质中微生物数量过低的问题，并显著增加土壤真菌的数量。在 4 种表土替代物中，K4 试验区的土壤养分最丰富。种植表土替代物的紫花苜蓿的株高、根长和生物量均高于原始表土（K1）。紫花苜蓿的株高增幅最大，为 72%，地上干重增加 26%。同时，苜蓿的个体生长指数大大提高，植株的抗逆性增强。

参 考 文 献

鲍士旦, 2000. 土壤农化分析. 3 版. 北京: 中国农业出版社.

龚振平, 2009. 土壤学与农作学. 北京: 中国水利水电出版社.

郭义强, 罗明, 王军, 2016. 中德典型露天煤矿排土场土地复垦技术对比研究. 中国矿业, 25(2): 63-68.

贺锦喜, 牛颖, 1997. 哲盟宜林地土壤电导率与可溶盐总量回归方程的推导. 内蒙古林业科技(2): 40-42, 51.

胡振琪, 1996. 我国煤矿区的侵蚀问题与防治对策. 中国水土保持(1): 11-13.

胡振琪, 1997. 露天矿复垦土壤的研究现状. 农业环境保护(2): 90-92.

胡振琪, 2019. 再论土地复垦学. 中国土地科学, 33(5): 1-8.

胡振琪, 康惊涛, 魏秀菊, 等, 2007. 煤基混合物对复垦土壤的改良及苜蓿增产效果. 农业工程学报, 23(11): 120-124.

胡振琪, 位蓓蕾, 林衫, 等, 2013. 露天矿上覆岩土层中表土替代材料的筛选. 农业工程学报, 29(19): 209-214.

黄昌永, 2000. 土壤学. 北京: 中国农业出版社.

纪妍, 位蓓蕾, 杨洁, 等, 2013. 草炭对露天矿表土替代材料改良效果初报. 广东农业科学, 40(3): 139-141.

李新举, 胡振琪, 李晶, 等, 2007. 采煤塌陷地复垦土壤质量研究进展. 农业工程学报, 23(6): 276-280.

林衫, 位蓓蕾, 胡振琪, 等, 2013. 紫花苜蓿苗期对腐殖酸改良露天矿表土替代材料的响应. 河南农业科学, 42(8): 48-52.

任鸿远, 2007. 紫花苜蓿生长特性与温度关系的研究. 杨凌: 西北农林科技大学.

时旭阳, 2019. 基于泥岩-地聚合物的露天矿隔水层重构机理及应用研究. 徐州: 中国矿业大学.

孙海运, 李新举, 胡振琪, 等, 2008. 马家塔露天矿区复垦土壤质量变化. 农业工程学报, 24(12): 205-209.

位蓓蕾, 2014. 露天矿表土替代材料的筛选与改良研究. 北京: 中国矿业大学(北京).

位蓓蕾, 陈玉玖, 胡振琪, 等, 2013a. 紫花苜蓿对蛭石改良某煤矿表土替代材料的响应. 金属矿山(5): 131-134.

位蓓蕾, 胡振琪, 林衫, 等, 2013b. 分枝期紫花苜蓿对改良露天矿表土替代材料的响应. 西北农业学报, 22(8): 193-198.

位蓓蕾, 胡振琪, 张建勇, 等, 2013c. 紫花苜蓿对草炭改良露天矿表土替代材料的响应. 农业环境科学学报, 32(10): 2020-2026.

魏增明, 杨桂芬, 1980. 电导法测定土壤含盐量的两点改进. 土壤(2): 68-71.

魏忠义, 胡振琪, 白中科, 2001. 露天煤矿排土场平台"堆状地面"土壤重构方法. 煤炭学报, 26(1): 18-21.

徐春明, 贾志宽, 韩清芳, 2003. 巨人 201+Z 苜蓿地上部分生长特性的研究. 西北植物学报, 23(3): 481-484.

杨洁, 位蓓蕾, 陈玉玖, 等, 2013. 改性秸秆改良褐土对苗期紫花苜蓿生长及生理特性的影响. 江苏农业科学, 41(5): 320-322.

袁光明, 2011. 石灰石矿露天采剥机开采技术研究. 武汉: 武汉理工大学.

中国科学院南京土壤研究所土壤系统分类课题组, 2001. 中国土壤系统分类检索. 3 版. 合肥: 中国科学技术大学出版社.

BALOTA E L, MACHINESKI O, MATOS M A, 2012. Soil microbial biomass under different tillage and levels of applied pig slurry. Revista Brasileira De Engenharia Agrí Cola E Ambiental- Agriambi, 16(5): 487-495.

BOYER S, WRATTEN S D, 2010. The potential of earthworms to restore ecosystem services after opencast mining: A review. Basic and Applied Ecology, 11(3): 196-203.

BRADY N C, WEIL R R, WEIL R R, 2008. The nature and properties of soils. Trenton: Prentice Hall Upper Saddle River.

DE CASTILHO C V, MAGNUSSON W E, DE ARAUJO R N O, et al., 2006. Variation in aboveground tree live biomass in a central Amazonian Forest: Effects of soil and topography. Forest Ecology and Management, 234(1-3): 85-96.

HU Z, ZHU Q, LIU X, et al., 2020. Preparation of topsoil alternatives for open-pit coal mines in the Hulunbuir grassland area, China. Applied Soil Ecology, 147: 103431.

JIA T, WANG R, FAN X, et al., 2018. A comparative study of fungal community structure, diversity and richness between the soil and the phyllosphere of native grass species in a Copper Tailings Dam in Shanxi Province, China. Applied Sciences-Basel, 8(8): 12978.

LIU G S, JIANG N H, ZHANG L D, et al., 1996. Soil physical and chemical analysis and description of soil profiles. Beijing: China Standard Methods Press.

MI W, WU Y, ZHAO H, et al., 2018. Effects of combined organic manure and mineral fertilization on soil aggregation and aggregate-associated organic carbon in two agricultural soils. Journal of Plant Nutrition, 41(17): 2256-2265.

RICHARD J, MANUELA P, ANTONELLA S, et al., 2017. The role of soil microorganisms in plant mineral nutrition-current knowledge and future directions. Frontiers in Plant Science, 8: 1617.

SHINJO H, FUJITA H, GINTZBURGER G, et al., 2000. Soil aggregate stability under different landscapes and vegetation types in a semiarid area in northeastern Syria. Soil Science and Plant Nutrition, 46(1): 229-240.

YAMAMOTO A, NAKAMURA T, ADU-GYAMFI J J, et al., 2002. Relationship between chlorophyll content in leaves of sorghum and pigeonpea determined by extraction method and by chlorophyll meter(SPAD-502). Journal of Plant Nutrition, 25(10): 2295-2301.

第6章 采煤沉陷地非充填复垦（挖深垫浅）土壤重构

6.1 概　　述

6.1.1 采煤沉陷地的产生及危害

地下井工采煤是我国传统的采煤工艺，其主要在地下进行开岩凿石、巷道挖掘、煤炭开采等工作，在开采过程中引起煤层上覆岩层的断裂，最终在地表形成采煤沉陷区域。采煤沉陷不仅对区域水资源、土地资源等产生不同程度的影响，还会进一步影响区域生态环境和人类的生产生活，从而在很大程度上制约了地区的经济发展，不利于地区的和谐稳定（张欣伟，2018）。

1. 对土地资源的危害

井工开采煤炭的方式，会严重影响采空区上方的上覆岩层，如果在开采过程中不能够及时有效地采取一定的采后充填措施，将会在地表形成采空区几倍面积的地表不均匀沉降，并伴随着地表标高的下降；而在多水地区，地下水渗出或地表水汇集形成封闭式湖泊状采煤沉陷地。地表沉陷、裂缝和积水可引起土壤侵蚀、盐渍化等多方面的耕地损毁，导致土地资源和地表植被受到严重破坏，作物不能正常生长，土壤生产力丧失或降低。

2. 对生态环境的危害

采煤沉陷严重破坏了当地的生态环境和自然景观，采煤导致地表大面积不均匀下沉，改变了区域地貌景观、地表径流系统和沉陷区水文地质结构，形成不规则的沉陷盆地，很大程度上改变了原有植被景观和作物生长条件。在多水区伴有常年积水，沉陷区耕地内涝或土地沼泽化严重；在少水区则产生耕地起伏、土地干旱等现象。

此外，随着地表水不断渗流到采空区，会使采空区一些有害物质逐渐溶出，同时地表有害物质被带入井下，且开采过程中产生的废油、废水，矸石山自燃释放出的二氧化硫、一氧化氮，也会污染地表及地下水流和水环境系统（胡振琪，1996）。

3. 对生产生活的危害

煤炭开采形成的采空区，其地面沉陷引起的地表移动变形值一般远大于地面建筑物地基和构筑物基础及市政管线的抗变形能力，因此地表沉陷极易破坏矿区的一些基础设施和地面建筑物，给煤炭企业带来较大的经济补偿负担。

此外，采煤沉陷还常常导致水土流失、土地荒漠化等环境问题。若沉陷影响程度较大，还可能引发一系列地质灾害，如山体崩塌、滑坡、泥石流等。

4. 对社会经济的危害

煤炭地下开采造成大面积耕地沉陷，耕地质量降低或生产功能丧失，人均耕地日益减少，导致农业发展受阻，农民收入减少，矿区人地矛盾加剧。此外，采煤沉陷造成塌陷区损房毁地，又会带来村庄搬迁、征地补偿、农民安置等问题，使煤矿企业经济压力增大，易激发当地农民与煤矿企业及政府之间的矛盾。

6.1.2 挖深垫浅复垦土壤重构的应用条件

采煤沉陷地按复垦方式进行划分主要包括充填复垦方式与非充填复垦方式。非充填复垦方式以挖深垫浅法为主要代表，将造地与挖塘相结合，即用挖掘机械（如铲运机、水力挖塘机组、挖掘机），将沉陷深的区域再挖深，形成水（鱼）塘，取出的土方充填沉陷浅的区域形成耕地，达到水产养殖和农业种植并举的利用目标（李玲，2011）。

该方法的应用条件为：用于沉陷较深，有积水的高、中潜水位地区。同时应进行适当的规划设计，满足挖出的土方量大于或等于充填所需土方量且水质适宜水产养殖（图6.1）。

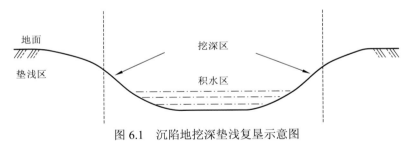

图 6.1 沉陷地挖深垫浅复垦示意图

6.1.3 挖深垫浅复垦土壤重构的技术特点与分类

挖深垫浅法操作简单，适用面广，经济效益高且生态效益显著。目前采煤沉陷地挖深垫浅常依据采用的工程措施不同而进行分类，如泥浆泵法、推土机法、拖式铲运机、挖掘机与推土机联合、挖掘机联合四轮翻斗车等。

1. 泥浆泵挖深垫浅复垦

泥浆泵复垦是采煤沉陷地复垦中常用的一种挖深垫浅法复垦工艺，它是把由高压水泵产生的高压水通过水枪喷出，高压水流将挖深区土壤切割分散形成泥浆，再由泥浆泵通过管道输送到待复垦的较浅区域。泥浆泵复垦工艺简单、投资少，是一种有效的沉陷地复垦工艺（胡振琪 等，2001）。用泥浆泵挖深垫浅复垦采煤沉陷地始于 20 世纪 80 年代初，目前已在我国安徽、江苏等地区得到较广泛的应用。

适宜条件：待剥离层土壤为砂质土或轻黏土，且不含大粒径的砾石；同时要求有充足的水源，泥浆泵运移距离可以相对推土机长些，但也不宜过长。

优点：工艺简单易操作、工程成本低；不受雨季、地形影响，但需有充足的水源保障。

不足：不能连续工作，工人劳动强度较大；复垦后土壤常出现上下土层混合、养分流失严重、水分不易排出、出现盐渍化等问题。

2. 推土机挖深垫浅复垦

推土机是沉陷地复垦施工中常用的工具，它可以用于挖深垫浅、平整土地、修路开渠等方面的施工。推土机挖深垫浅法复垦与泥浆泵挖深垫浅复垦各有侧重，同为采煤沉陷地常用的复垦工艺。以推土机为工具进行复垦施工，效率高、工期短；但推土机经济运距较短，运距过长将大大增加施工成本，同时需要一个干燥的工作环境。

推土机在挖深垫浅重构土壤中主要起平整土地的作用，将另外堆放在复垦地附近的剥离土壤，在回填完毕后覆盖于生土之上，并进行土地平整。

优点：不受表土层结构的影响；施工速度快、效率高；对土壤结构和土壤质量破坏较小，复垦后土地立即可恢复耕种；复垦出的土地和鱼塘平整、规则。

不足：需要有一个干燥的工作环境，因此有时必须采取排降水措施；土石方工程费用较泥浆泵高；经济运距较短，运距过长将大大增加施工成本。（胡振琪 等，2001）

3. 拖式铲运机挖深垫浅复垦

拖式铲运机复垦是一种新型沉陷地复垦技术工艺，与其他复垦工艺相比，拖式铲运机复垦技术具有速度快、效率高、工期短、适应性强的优点，在土壤重构过程中发挥出明显的时间效益和经济效益。

优点：不受表土层结构的影响；施工速度快、效率高；对土壤结构和土壤质量破坏较小，复垦后土地立即可恢复耕种；复垦出的土地和鱼塘平整、规则。

不足：需要有一个干燥的工作环境，因此有时必须采取排降水措施；土石方工程费用较泥浆泵高，为 4.0～4.68 元/m³（胡振琪 等，2001）。

4. 挖掘机和推土机联合挖深垫浅复垦

适用条件：复垦地干燥、土质松软、水位较低（否则需打井降低水位）；或土中含大粒径的砾石不适于泥浆泵复垦，但作业场较小，且运输距离较短（<50 m）。

优点：可连续工作、每台机械平均挖土方 200～300 m³/天；能保留熟土层，土壤养分损失较少；复垦后土地能立即恢复耕种。

不足：受雨季、潜水面深度及地形因素影响较大（胡振琪 等，2001）。

5. 挖掘机联合四轮翻斗车挖深垫浅复垦

适用条件：薄表土含砂姜等困难条件下采煤塌陷地复垦技术。

优点：挖掘力强、速度快、适应性强；运输距离不受影响；可连续工作。

不足：受雨季影响较大（胡振琪 等，2001）。

6.2　挖深垫浅复垦土壤重构的通用工艺

根据挖深垫浅技术的特点，按照"分层剥离、交错回填"的土壤重构原理，提出了挖深垫浅复垦土壤剖面重构的技术工艺（图6.2）。

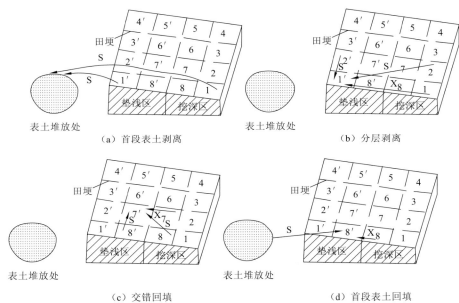

图 6.2　挖深垫浅复垦工艺中土壤重构示意图

（1）将损毁区域划分为"挖深区"和"垫浅区"，并分别将"挖深区"和"垫浅区"划分成若干块段（依地形和土方量划分），以 1，2，…，n 和 1'，2'，…，n' 编号，并在"垫浅区"剥离表土后对该区划分的块段边界设立小土（田）埂以利于充填。

（2）将土层划分为若干层（通常为两个层次，一是上部 20～40 cm 的表土层 S，二是下部土层 X）。

（3）按照"分层剥离、交错回填"的土壤重构原理进行复垦，使复垦后的表土层厚度增大（理论上可达到两层表土），使复垦土地明显优于原土地，其重构的数学模型是

i' 块段土壤结构 $=(i+1)$ 块段上层土 $+i$ 块段下层土 $+(i+1)'$ 块段剥离的上层土

式中：$i=1$，2，…，$n-1$（n 为划分的块段数）n' 块段的结构 $=1$ 块段上层土 $+n$ 块段下层土 $+1'$ 块段预剥离的上层土。

6.3　泥浆泵挖深垫浅复垦土壤重构

6.3.1　泥浆泵挖深垫浅复垦工艺

泥浆泵实际上是水力挖泥机，也称水力机械化土方工程机械（查跃华 等，2005）。泥浆泵复垦技术就是模拟自然界水流冲刷原理，运用水力挖塘机组（由立式泥浆泵输泥系统、高压泵冲泥系统、配电系统或柴油机系统三部分组成），将机电动力转化为水力而进行挖土、输土和填土作业，即由高压水泵产生的高压水，通过水枪喷出一股高压高速水柱，将泥土切割、粉碎，使之湿化、崩解，形成泥浆和泥块的混合液，再由泥浆泵通过输送管压送到待复垦的土地上，然后泥浆沉淀排水达到设计标高的过程。由于泥浆泵是水利挖塘机组的核心，这种技术称为泥浆泵复垦（顾和和 等，2000）。

目前一些矿山用泥浆泵进行挖深垫浅复垦工程时，往往采用如下工艺流程，施工工作图如图 6.3、图 6.4 所示。

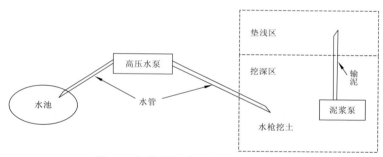

图 6.3　沉陷地泥浆泵复垦工艺示意图

图 6.4　沉陷地泥浆泵复垦工作照片

（1）产生高压水：由高压水泵（一般为 IS80-50-160 型或 IS80-50-200 型）将附近水池中的自由水转变成高压水，一般为 50 m³/h。

（2）冲土水枪挖土：高压水泵产生的高压水通过冲土水枪挖土，使土壤成为泥浆状。

（3）输送土：用泥浆泵吸取泥浆并通过输泥管将泥浆输送到待复垦的土地上。

（4）充填与沉淀：泥浆充填在待复垦的土地上，经数月（一般在 5 个月以上）的自然沉淀和多余水的自然消失形成待复垦土地上的泥浆泵复垦土壤。

（5）平整土地：待泥浆沉淀数月并适宜于平整工作进行时，人工或用推土机进行土地平整。

6.3.2　采煤沉陷地挖深垫浅重构土壤存在的问题

采煤沉陷地复垦重构土壤的理化特性与普通耕地土壤差异较大，存在多方面的问题，很大程度上与现行重构工艺及重构措施有关。

1. 复垦土壤的养分损失

泥浆泵复垦区土壤是由原土层经切割分散，再输送到复垦区域，之后其中的泥沙（固体颗粒）沉淀在复垦区，而水分连同其中的溶解物质逐渐流出土体。

表 6.1 中黄新庄沉陷区泥浆泵复垦土壤的常规养分含量分析表明，泥浆泵复垦土壤各养分含量大都不同程度地较普通农田土壤低，特别是在表层 0～20 cm 以内，而且由于复垦过程中的土层上下混合，各养分含量的剖面垂向分布也与对照普通农田不同。复垦土壤表层的有机质含量比对照普通农田土壤低得多，在表层 0～20 cm 内有机质质量分数约为对照普通农田土壤的 1/3；复垦土壤表层 0～20 cm 内全氮、速效氮质量分数大大低于对照普通农田土壤；速效磷也损失严重，但全磷质量分数减少得较少；速效钾质量分数变化不大。复垦土壤剖面各层养分质量分数分布均一，0～20 cm 和 20～40 cm 层次各养分质量分数基本一致，其中部分区域有机质质量分数还出现下层高上层低的波动现象，这源于原挖深区土层的混合输送（胡振琪，2003）。

表 6.1　黄新庄沉陷区泥浆泵复垦土壤与对照普通农田土壤常规养分比较表

养分	对照普通农田		泥浆泵复垦地	
	0～20 cm	20～40 cm	0～20 cm	20～40 cm
全氮/（g/kg）	1.07	0.56	0.44	0.41
全磷/（g/kg）	1.62	1.35	1.12	1.12
有机质/（g/kg）	17.6	8.70	5.90	14.7
速效氮/（mg/kg）	86.0	41.0	28.0	27.0
速效磷/（mg/kg）	11.3	3.70	4.40	3.70
速效钾/（mg/kg）	108.3	99.5	107.5	99.5

2. 复垦土壤的上下土层混合

泥浆泵复垦土壤失去了原有自然土壤的层次和结构，由于泥浆出口的位置变动和泥浆流经某点的速度不同，复垦土壤存在若干沉淀层次及剖面纹理（图6.5），各沉淀层之间也有些微粗细不同。而且泥浆在从出口扩散的过程中，粗颗粒总是先沉淀，细颗粒后沉淀，故与出口的距离不同，其土壤质地不一（胡振琪 等，2003）。

图 6.5　泥浆泵工艺重构土壤的龟裂、盐碱与剖面层次等状况

3. 泥浆泵复垦土壤含水量大且不易排出

由于泥浆泵复垦土壤是将原土壤上下土层经高速水流冲击混合成泥浆后输送到复垦地块沉淀而成，泥浆沉淀时间长、水分长期滞留土体，使土地平整工序难以进行，重构土壤短期（如1年）内难以采取耕作措施，严重影响复垦效果。原有土壤的结构也在水流的切割、分散与输送过程中几乎破坏殆尽。重构土壤的物理特性较原土层发生了很大变化（表6.2），原有的孔隙特征不复存在，虽然复垦土壤的实测孔隙度没有太大的变化，但是其有效毛管孔隙、大孔隙等重要水分运移通道被堵塞，即使地下水位很低，其中的水分也不容易排出土体或从土体蒸发掉。据在安徽省皖北矿务局沉陷地泥浆泵复垦土壤的观测试验研究，复垦半年后耕地表层10 cm虽然已经干燥龟裂，有的地块表层盐碱化严重，但表层30 cm以下仍为泥巴状，含水量很高（图6.5）。土体中水分长期滞留，土壤透水透气性很差，长期处于还原环境，不利于植物根系发育和土壤微生物的活动。

表 6.2　泥浆泵复垦土壤容重和土壤含水量与普通农田土壤比较表

深度/cm	土壤容重/（g/cm³）		土壤含水量/%	
	普通农田土壤	泥浆泵复垦土壤	普通农田土壤	泥浆泵复垦土壤
0～20	1.24	1.37	20.1	29.0
20～40	1.60	1.41	16.8	33.2
40～60	1.49	1.35	19.2	36.4
60～80	1.45	1.46	19.8	37.3

4. 土壤盐渍化

泥浆泵复垦土壤的盐渍化是泥浆中大量水分向上运移造成的土壤表层盐分累积所致，应当采取快速排水措施，尽快排出土体内过多的水分。

5. 土壤微生物及土壤动物的破坏

土壤微生物及土壤动物在改善土壤结构及性质方面起着重要作用，挖深垫浅复垦土壤的理化特性发生了很大变化，破坏了土壤微生物及土壤动物的正常生存环境。

以上 5 方面问题都不同程度地与当时挖深垫浅复垦工艺有关，可以从施工机械、施工工艺、重构方法、重构措施等方面对挖深垫浅工艺进行革新，并改善重构土壤质量。

6.3.3 泥浆泵挖深垫浅复垦土壤重构新工艺

传统泥浆泵充填复垦后使原耕作层与深土层相混合，破坏了原有的土壤结构；土壤在水力切割、粉碎、运输、沉淀等过程中，营养成分随水流失；泥浆自然沉淀过程缓慢，复垦工期长；复垦后土壤不仅含水量大且易板结。这些缺点导致了复垦土壤贫瘠，影响了复垦质量。针对传统泥浆泵复垦后土壤结构层次破坏的缺点，依据土壤学相关理论和"分层剥离、交错回填"的土壤重构原理，提出改进的泥浆泵复垦工艺流程及其完整技术模式（图 6.6、图 6.7），其实质是构造新的土壤结构层次，其中剥离与回填表土和新的挖土与充填顺序的优化是重构土壤的关键（胡振琪，1997）。

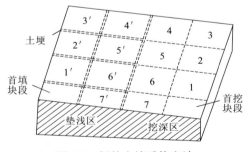

图 6.6　新的土壤重构方法

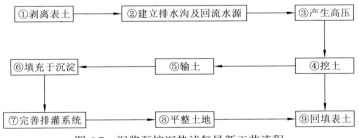

图 6.7　泥浆泵挖深垫浅复垦新工艺流程

图 6.6 和图 6.7 展示了新的冲土顺序和充填位置，即新的土壤重构方法，其方法如下。

（1）把"挖深区"和"垫浅区"划分成若干块段（依地形和土方量划分），并在"垫浅区"剥离表土后对该区划分的块段边界设立小土（田）埂以利于充填。

（2）用泥浆泵挖掘"开切块段"，取出的土充填"首填块段"。这一步工作与原工艺一致，往往导致上下土层的混合。因此，"开切块段"和"首填块段"应尽量小。

（3）将"挖深区"的土层分为上层土（一般 30～50 cm）和下层土（一般大于 30 cm 或 50 cm），按以下的顺序进行挖掘与充填。

i' 块段土壤结构="$i+1$ 块段上层土"+"i 块段下层土"，其中，$i=1$，2，···，$n-1$（n 为划分的块段数）。

n' 块段的结构="1 块段上层土"（在首填块段上）+"n 块段下层土"。

由此可见，"垫浅区"上新构造的土壤除"首填块段"外，其余块段的土层顺序基本保持不变，当复垦土地上多余水分排走后，再回填原"垫浅区"的表土，这样所构造的复垦土壤比原复垦技术的优越，并极有可能当年恢复原土壤生产力（胡振琪，1997）。

泥浆泵挖深垫浅复垦新工艺特点如下（胡振琪，1997）。

（1）增加剥离和回填待复垦区（即垫浅区）表土工序。对于待复田的土地在复垦前应尽可能地将表土层（一般 20～30 cm 厚）用推土机剥离并堆存起来，待泥浆泵复垦完毕后再回填到泥浆泵复垦的土地上形成优质的熟化土层，以利于早日达到目标产量。在堆存表土时应注意采取水土保持和保肥措施，以防止表土贫化与损失。

（2）挖土顺序和充填位置的优化。现行挖土工序和充填位置导致挖深区上下土层的混合或下层土覆盖在上层土上。"挖深区"由于积水或含水量较高不易像"垫浅区"一样剥离表土。因此，采用与倒堆法露天开采复垦工艺类似的方法使复垦土壤的土层顺序保持基本不变。

6.4　拖式铲运机挖深垫浅复垦土壤重构

6.4.1　拖式铲运机挖深垫浅土壤重构工艺

拖式铲运机为一个无动力的拖斗机械，用于铲、装、运、卸土壤及其他较松散物料。它由一个带有活动底板的铲斗、4 个轮胎和液压传动系统组成，其中铲斗的活动底板有锋利的箕形铲刀，用于剥离土壤并通过液压系统进行升降（图 6.8）（胡振琪 等，2001）。

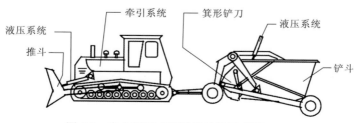

图 6.8　中小型拖式铲运机结构示意图

拖式铲运机能够充分发挥剥离土壤和长距离运送土方的特点，在前部用推土机作为驱动设备和匹配设备进行铲、装、运土壤作业。用拖式铲运机的拖斗和推斗将土方从挖深区推或拉至垫浅区，对垫浅区进行回填，即"挖深垫浅"。铲运机前面是推土机，前推后拉，具备铲、运、填、平等多种功能。它既可推土又可挖土和运土，工艺简单、操作方便、省时省力。复垦后土地经平整，并用推耙机翻松后即可以恢复种植。基于拖式铲运机复垦设备的这一组合，与单纯的推土机相比，除具备推土机的推铲土功能外，还具有良好的长距离运送的功能和优点。在诸如剥离和回填表土等土方工程中，当土方运送距离超过推土机有效工作距离（一般为 50 m）时，这一技术显示出其比推土机更强大的长距离运送能力（胡振琪 等，2001）。

应用拖式铲运机施工时，挖深鱼塘一般设计 3.5 m，将挖深区分为若干块，多台机械同时挖掘与回填。具体施工工艺（图 6.9）如下（胡振琪 等，2001）。

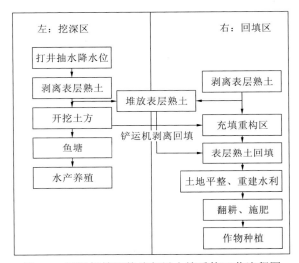

图 6.9　铲运机挖深垫浅复垦土壤重构工艺流程图

（1）在拟开挖鱼塘四周打井排水，以保证施工机械在无积水条件下正常作业（如果沉陷地无积水，则这一工序可省略）。

（2）然后根据复垦设计将挖深区分成若干块段（可按机械多少和地块大小而定），多台机械同时进行挖掘回填；为保证复垦后土地质量，在剥离回填前应将挖深区和垫浅区的熟土层分别剥离堆存。

（3）待回填到一定标高后，再将熟土回填到复垦地上，使垫浅区达到设计标高。

（4）推平后，再使用农用耕作细耙或推耙机进行松土整理，培肥后即可种植，而挖深区所形成的鱼塘用于水产养殖。

拖式铲运机复垦工艺存在以下几方面的优势（胡振琪 等，2001）。

（1）复垦速度快、效率高、工期短。中小型拖式铲运机一趟可挖运土方 3 m³ 左右，一台铲运机一天工作 15～16 h 可挖土方 350 m³，作业生产效率提高约 25%。

（2）不受运输距离等限制。铲运机进行长距离土方运送工作效率仍很高，弥补了挖掘机和推土机的不足。

（3）施工不受土体内异常大颗粒（如砂姜、砾石）的影响，弥补了泥浆泵的不足。

（4）铲运机前部的推斗可调整高度和方向，机械灵活，挖出的鱼塘较规则平整。

（5）施工过程中通过分块段、分层剥离和分层回填技术，容易使表土重新回填为表土层。而且铲运机复垦得到的耕地平整，完工后可以马上进行作物种植，不存在泥浆泵严重破坏土壤结构、土壤排水时间过长的问题，这种复垦技术易被当地农民接受。

拖式铲运机复垦重构工艺不足之处如下（胡振琪 等，2001）。

（1）施工受季节积水和潜水位条件限制，一般在高潜水位区需要打井抽排水以降低潜水位，雨季需停工。

（2）为减少抽水费用，一般需长时间连续作业（每台铲运机每天开工 18～20 h 以上）。

（3）对机械设备要求较高，复垦成本较其他两种工艺要高。因此，本技术主要用于不积水或积水较浅的沉陷地，砂土或土壤中含砾石的土地和土壤含水量在田间持水量 50%左右的沉陷地。

总之，利用拖式铲运机进行挖深垫浅复垦重构土壤工艺，不仅易于操作、施工成本低，而且便于分层剥离与回填，由于运距长，大大减少了对土壤结构的多次扰动（胡振琪 等，2001）。

6.4.2　拖式铲运机挖深垫浅重构土壤的理化特性

采煤沉陷地拖式铲运机挖深垫浅新工艺较以往推土机工艺更符合复垦土壤重构的要求，所构造的土壤质量更高，达到目标生产力的时间更短，一般当年或第二年即可恢复或优于原土壤生产力水平。

由于本工艺应用时间较短，采样较少，下面仅以刘桥一矿采煤沉陷地拖式铲运机复垦重构土壤为例来初步探讨重构土壤的特性。

1. 研究区概况

刘桥一矿位于安徽省濉溪县刘桥镇境内，产品是低硫、低磷、低灰分、高发热量的动力用煤。矿井于 1981 年 5 月建成投产，截至 2009 年底，工业储量为 3 297.2 万 t，可采储量为 1 110.1 万 t。现为"两综一炮"生产格局，采煤综合机械化程度达到 85%，掘进机械化程度达到 96%。

2. 指标选取

选取多点混合样品的 pH 与常规养分含量、典型样点的容重与含水量及土壤稳定入渗率进行拖式铲运机挖深垫浅重构土壤的理化特性分析。

3. 结果分析

（1）刘桥一矿拖式铲运机复垦重构 1 年土壤多点混合样品的 pH 与常规养分含量见

表 6.3。分析数据表明：采样地块 pH 适中，与周围农田土壤差异不大；表层土壤有机质与全氮质量分数已经达到或接近中等农田水平；速效磷和速效钾质量分数达到较优农田水平，而磷素在其他一些工艺重构土壤中的状况较差。虽然除 pH 外，各项数据与耕作施肥制度关系密切，但至少说明拖式铲运机重构土壤生产力可以在短时间内得到恢复。

表 6.3　刘桥一矿拖式铲运机复垦重构 1 年土壤多点混合样品 pH 与常规养分质量分数

采样位置/cm	全氮/（g/kg）	有机质/（g/kg）	速效磷/（mg/kg）	速效钾/（mg/kg）	pH
0～20	0.83	11.1	17.80	172	8.21
20～40	0.55	7.2	3.20	114	8.33
40～60	—	5.8	6.90	137	8.30
60～80	—	4.6	6.30	142	8.27

（2）刘桥一矿拖式铲运机复垦重构 1 年土壤典型样点的剖面容重与剖面含水量见表 6.4。取样是在对整个复垦地块调查和挖剖面观察基础上进行的，每个样点坑周围取 3 个样混合作为样点平均值。

表 6.4　刘桥一矿拖式铲运机复垦重构 1 年土壤典型样点的剖面容重与剖面含水量

参数	采样位置/cm	典型样点 1	典型样点 2
剖面容重/（g/cm³）	0～20	1.20	1.17
	20～40	1.35	1.26
	40～60	1.41	1.28
	60～80	1.38	1.40
剖面含水量/%	0～20	26.2	21.1
	20～40	25.3	18.8
	40～60	27.1	17.6
	60～80	28.5	23.6

表 6.4 中的容重数据显示，重构土壤剖面容重较普通农田土壤略大，说明拖式铲运机重构土壤也存在一定程度的土壤压实，特别是在表土覆层以下。但较以往推土机和泥浆泵工艺重构土壤表层的容重有所减小。重构土壤剖面含水量较高，剖面上下含水量较为均一是因为取样前几天刚刚降过一次中雨。

（3）刘桥一矿拖式铲运机复垦重构 1 年土壤的单环水分入渗实测曲线如图 6.10 所示。图中 4 个试验点的水分入渗曲线形状不一，说明复垦地块各点水分特性存在较大差别，但普通农田也不同程度地存在这一现象，这与样点范围土体内存在大孔隙和昆虫洞穴有关。近似稳定入渗速率也相差较大，稳定入渗速率最高为 2 mm/min，稳定入渗速率最低为 0.3 mm/min 左右。

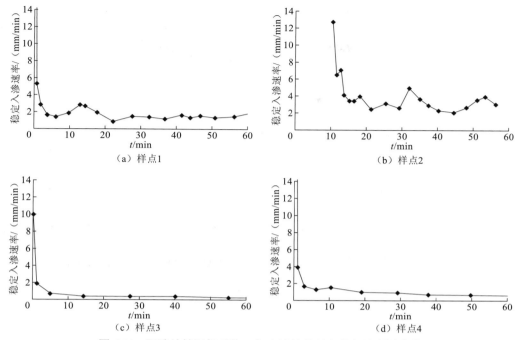

图 6.10　沉陷地铲运机重构 1 年土壤的单环水分入渗实测曲线

通过对刘桥一矿的复垦后土壤的理化性质进行分析，说明利用拖式铲运机进行采煤沉陷地复垦后的土壤，较以往推土机和泥浆泵工艺重构土壤的表层容重有所改善，重构土壤剖面含水量较高，持水状况较好；通过土壤的单环水分入渗实测曲线可以看出，复垦后的土壤各样点稳定入渗速率与普通农田土壤相近。

6.5　挖掘机联合四轮翻斗车的采煤沉陷地复垦工艺

6.5.1　挖掘机联合四轮翻斗车挖深垫浅重构土壤工艺

实践表明，铲运机复垦可以很好地实现"分层剥离、交错回填"的土壤重构原理与方法。但是，由于其剥离土壤是通过箕形铲刀实现的，在土壤中含砂姜等困难条件下就无法使用了。在薄表土层含砂姜的特殊条件下，若用传统的复垦技术就容易使大量的砂姜出现在表层，无法耕种。挖掘机是一种被广泛应用在土地复垦中的土方挖掘机械，具有挖掘力强、速度快、适应性强的特点。但该挖掘机不便长距离运输，须联合卡车、四轮翻斗车等运输机械进行复垦工作。为此，选择江苏徐州贾汪区薄表土层含砂姜的特殊条件开发研制了一种新的复垦技术——挖掘机联合四轮翻斗车的采煤塌陷地复垦技术。

其技术复垦工艺流程如图 6.11（胡振琪 等，2001）所示。

图 6.11　挖掘机+四轮翻斗车或卡车复垦

（1）"挖深区"和"垫浅区"划分成若干块段（依地形和土方量划分），并对"垫浅区"划分的块段边界设立小土（田）埂以利于充填（胡振琪，1997）。

（2）将土层划分为两层，一是上部（40 cm 左右）的土壤层，二是下部（40 cm 以下）的砂姜层。

（3）用"分层剥离、交错回填"的土壤重构方法和通用数学模型进行复垦，但在每次充填前应对垫浅区的相应块段先进行上部土层的剥离，待两层构造完成后再将所剥离的上部土层回填，使复垦后的表土层厚度增大（有些地方可选 80 cm 厚），复垦土地明显优于原土地。剥离采用挖掘机，运输使用四轮翻斗车。

6.5.2　挖掘机联合四轮翻斗车挖深垫浅重构土壤的理化特性

针对江苏徐州贾汪区薄表土层含砂姜的特殊条件，研究挖掘机联合四轮翻斗车的采煤沉陷地复垦土壤重构，初步探讨挖掘机联合四轮翻斗车挖深垫浅重构土壤的特性。

1. 研究区概况

徐州的煤炭主要产地贾汪区始建于 1952 年,位于徐州市主城区东北部 35 km。1990～2010 年，贾汪区累计为国家提供原煤 1.81 亿 t，占江苏省同期总采煤量的 27%，为当地经济发展做了很大贡献。全区土地总面积 620.16 km²，一半为丘陵山区，土层浅薄，土壤有机质含量低，一半为平原，土壤有机质平均质量分数为 1.2%，低于我国耕作层土壤通常的有机质质量分数（安英莉 等，2017）。

2. 指标选取

本试验区按照规则格网布设取样点，共布设了取样点 104 个，8 行 13 列，间距 5 m、6 m，每一点分别按 0～20 cm、20～40 cm、40～60 cm、60～80 cm 进行土壤样品采集，用于分析其 pH、EC 和各种营养成分，同时用土壤环刀在 104 个点取各层土壤用于分析土壤容重。

3. 结果分析

本试验区原状土壤容重为 1.32 g/cm³。从表 6.5 可以看出，复垦土壤容重在 1.46～1.58 g/cm³，属于容重偏大型，对作物的根系生长极为不利，其原因为挖掘机与四轮翻斗车等大型机械施工压实土壤所致；pH 在 7.8～7.9，复垦土壤的 pH 变化较小，且 pH 略高于大豆最适宜生长的 pH 上限；EC 均为 0.86 μS/cm；有机质质量分数为 12.0～14.0 g/kg，这与砂姜黑土的有机质含量平均值为 12.6 g/kg 基本接近；所测的速效钾质量分数偏低，在 0.70 mg/kg 以下。

表 6.5　复垦土壤基本特性

土壤深度/cm	土壤容重/（g/cm³）	pH	EC/（μS/cm）	有机质/（g/kg）	速效钾/（mg/kg）
0～20	1.46	7.9	0.86	12.7	0.60
20～40	1.53	7.9	0.86	12.4	0.63
40～60	1.51	7.8	0.86	14.0	0.67
60～80	1.58	7.9	0.86	12.0	0.66

参 考 文 献

安英莉, 卞正富, 戴文婷, 等, 2017. 煤炭开采形成的碳源/碳汇分析: 以徐州贾汪矿区为例. 中国矿业大学学报, 46(2): 415-422.

顾和和, 胡振琪, 秦延春, 等, 2000. 泥浆泵复垦土壤生产力的评价及其土壤重构. 资源科学, 22(5): 37-40.

胡振琪, 1996. 我国煤矿区的侵蚀问题与防治对策. 中国水土保持(1): 11-13.

胡振琪, 1997. 煤矿山复垦土壤剖面重构的基本原理与方法. 煤炭学报(6): 59-64.

胡振琪, 魏忠义, 2003. 煤矿区采动与复垦土壤存在的问题与对策. 能源环境保护, 17(3): 3-7, 10.

胡振琪, 贺日兴, 魏忠义, 等, 2001. 一种新型沉陷地复垦技术. 煤炭科学技术, 29(1): 17-19.

李玲, 2011. 高潜水位平原区采煤塌陷地复垦土壤特征与分类研究. 北京: 中国矿业大学(北京).

查跃华, 孙三梅, 2005. 我国湖塘清淤机械现状及清淤技术发展趋势. 中国农机化(2): 27-30.

张欣伟, 2018. 浅析采煤塌陷对土地资源等方面的影响及危害. 科学技术创新(8): 45-46.

郑礼全, 胡振琪, 赵艳玲, 等, 2008. 采煤沉陷地土地复垦中土壤重构数学模型的研究. 中国煤炭, 34(4): 54-56.

第7章 采煤沉陷地黄河泥沙充填复垦土壤重构

7.1 概   述

传统的泥浆泵或拖式铲运机的挖深垫浅技术、土地平整、疏排法等非充填复垦技术的耕地恢复率较低。为了提高高潜水位沉陷区的复垦耕地率，充填复垦是最有效的方法。我国采用矿山固体废弃物（粉煤灰、煤矸石）充填复垦采煤沉陷地已取得一些成效，但由于矿山固体废弃物数量的有限性和可能产生二次污染，使得这一技术的应用受到了限制。我国对于湖泥充填技术也进行了尝试（邹朝阳 等，2009；薛世新，2006），但其使用范围有限，仅限于有湖泥资源的矿区，且使用该技术复垦后的土地底部淤泥层厚，容易形成沼泽，排水固结时间也比较长，充填复垦后两三年才能耕种，故亟需寻找更合适的充填材料。黄河河道因泥沙淤积量大，导致河床不断抬高。国家采取多种调沙措施，试图减轻黄河泥沙的淤积。许多矿区距离黄河较近，将黄河泥沙作为充填材料充填复垦采煤沉陷地，不仅可以恢复大量耕地，而且可以化害为利，对黄河河道的疏浚也有一定贡献（胡振琪 等，2015）。

黄河泥沙充填复垦采煤沉陷地以恢复耕地为最终目的，涉及取沙输沙、固结排水、土壤重构、地貌重塑等多个关键技术。其中，土壤重构是其核心内容，而土壤重构的关键问题在于土壤剖面重构。构造一个良好的土壤剖面对水分和溶质的运移及其土壤肥力的影响至关重要，是检验复垦成败的主要标准。黄河泥沙质地粗糙，持水能力差，采用现有的一次性充填技术重构的"上土下沙"型土壤剖面构型，在覆盖土壤材料不足时作物产能仅为正常农田土壤的一半。为克服覆盖土壤先天不足的缺陷，本章以在黄河泥沙中夹土壤层的方式，构造夹层式土壤剖面构型，通过室内模拟和野外种植试验说明夹层式结构的优越性，并为实现夹层式结构提出划分条带、条带间交替式充填的夹层式充填复垦方法。

7.2 采煤沉陷地黄河泥沙充填复垦可行性分析

黄河流域煤炭资源丰富，全国一半煤炭资源分布在黄河流域，全国95%左右的调用煤炭来自黄河流域。据调查，宁夏、内蒙古、陕西、山西、河南、山东六省（自治区）沿黄河流域的煤炭基地有大面积采煤沉陷地由于缺少土源而得不到复垦利用。黄河是世界上含沙量最大的河流之一，多年平均输沙量16亿t。由于河床泥沙多年淤积，黄河很多区段已成为地上悬河,严重威胁黄河两岸人民的生命财产安全。治理黄河的关键是如何控制大量的泥沙并确保黄河大堤的安全。政府每年投入大量资金去疏浚黄河河道,疏浚泥沙堆放压占了大量农田。针对部分矿区靠近黄河的优点,引用黄河泥沙充填复垦采煤沉陷地,一方面可以对黄河河床进行疏浚,降低黄河河床高程,保障黄河汛期行洪安全;另一方面解决了高潜水位平原矿区采煤沉陷地绿色环保充填复垦物料短缺的难题,可以复垦出大量耕地。

作者团队在 2005 年主持的中国科协第 99 次青年科学家论坛上,提出了"黄河泥沙充填复垦采煤沉陷地的构思",2011 年获批国家十二五科技支撑计划,并在山东济宁市梁山县大路口乡的基本农田整理项目区内开展了利用黄河泥沙淤改涝洼地的试验,增加有效耕地面积 48.67 余公顷,为采煤沉陷地治理探索出一条新路子。随后,国内学者就黄河泥沙充填采煤沉陷地的可行性进行了一系列探索研究。邵芳等(2013)就工程中常用的几种竖向和横向排水措施,讨论了其应用于黄河泥沙充填复垦快速沉沙排水的可行性。王培俊等(2014)通过采集黄河泥沙,分析对照农田土壤的理化性状差异及黄河泥沙重金属的含量等,认为黄河泥沙质地属于砂土,保水保肥性能差;pH 呈弱碱性,电导率很小,能满足大多数作物的生长要求;有机质、全氮、碱解氮、全钾、速效钾、全磷和有效磷含量处于中下、低或很低水平;未检出 Cd 和 Hg,Cr、Cu、Zn、Pb、Ni 和 As含量均未超过《土壤环境质量标准》(GB 15618—2018)限值,用作采煤沉陷地的充填复垦材料,不会造成重金属污染。因此,黄河泥沙用作采煤沉陷地的充填复垦材料是可行的,但需改善其保水保肥性能,提高土壤肥力。

有关研究表明,黄河泥沙用于矿区采煤沉陷地复垦是可行的,且对其充填排水技术进行了相关的研究,但对其土壤剖面重构技术方面的研究较少,大都是采用传统的充填材料覆盖土壤的重构方法。因此,针对采煤沉陷地黄河泥沙充填复垦土壤重构技术进行研究十分必要。

(1)现有黄河泥沙充填复垦采煤沉陷地研究中并没有涉及土壤剖面重构方面的研究,在实践中缺少指导,导致黄河泥沙充填层上覆盖土壤较薄,作物产量仅有未采煤沉陷扰动农田的一半左右。

(2)现有黄河泥沙充填复垦采煤沉陷地研究中黄河泥沙充填层上适宜的覆盖土壤厚度尚未有所研究,覆盖土壤厚度不足,作物产量不高甚至绝产;覆盖土壤厚度过大,增加了施工成本和土壤需求量,限制了该技术的推广应用。

(3)现有多层土壤剖面构型研究多集中在调查长期形成的耕地剖面构型和作物产量方面,或多层剖面构型与水分、溶质运移和分布等方面。在黄河泥沙充填复垦采煤沉陷地过程中,利用土壤剖面重构方法构建一个适宜的多层土壤剖面构型,用以提高复垦耕地质量和生产力,尚未有所研究。

(4)黄河泥沙充填复垦采煤沉陷地土壤剖面重构技术缺乏具体的实施工艺,在工程实践中缺少指导,为黄河泥沙充填复垦采煤沉陷地土壤剖面重构技术在实地的推广应用带来了困难。

7.3　采煤沉陷地黄河泥沙充填复垦土壤"上土下沙"结构

7.3.1　"上土下沙"结构特征

　　黄河泥沙充填复垦采煤沉陷地一次性充填黄河泥沙后覆盖土壤，形成了典型的"上土下沙"结构（黄昌勇 等，2010）。覆盖的土壤层是农作物生长的保证层，其厚度直接关系矿区土地的复耕质量，因此，这种土壤剖面结构的关键是表层覆盖厚度的优选。覆盖土壤厚度不足时其充填的黄河泥沙层漏水、漏肥，造成作物水分和养分的供应不足，

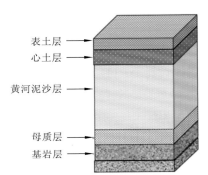

引发作物生长发育不良，产量较低；且在后期复垦农田翻耕过程中黄河泥沙上移，与覆盖土壤层发生混合，加剧了充填复垦农田的水分和养分的流失。覆盖土壤层过厚，土壤需求量和施工成本将大幅度增加，限制了黄河泥沙充填复垦采煤沉陷地土壤重构技术的推广应用。为了探寻具有适宜覆盖土壤厚度的黄河泥沙充填复垦采煤沉陷地"上土下沙"型双层土壤剖面构型，进行室内土柱试验，以玉米为宿主植物，测定其长势、生物量和土壤理化性质等，从而对覆盖土壤厚度进行优选，为黄河泥沙充填复

图 7.1　"上土下沙"剖面结构示意图

垦采煤沉陷地双层土壤剖面重构技术提供科学理论支持（图 7.1）。

7.3.2　"上土下沙"结构重构工艺

1. 不分条带单次充填重构工艺

　　黄河泥沙单次充填是指仅充填一次黄河泥沙，待泥沙固结后覆盖土壤，使沉陷地恢复到可耕种状态的一种复垦方式。黄河泥沙不分条带单次充填技术工艺如图 7.2 所示。

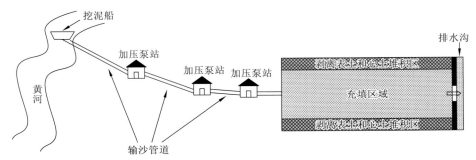

图 7.2　黄河泥沙不分条带单次充填重构工艺图

黄河泥沙不分条带单次充填重构工艺，适用于小范围区域或长条状区域，流程如图 7.3 所示。

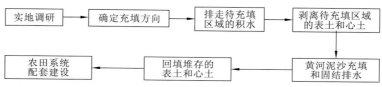

图 7.3　黄河泥沙充填复垦采煤沉陷地不分条带单次充填重构工艺流程图

具体操作步骤如下。

（1）确定充填复垦方案并确定充填方向。对待复垦区域进行实地调研，确定其大小、形状、积水情况等，制定充填方案，确定待复垦区域的黄河泥沙充填入口和排水口，进而确定黄河泥沙充填走向。

（2）排走待充填区域的积水。若待复垦区域有积水，需要排走积水，为土壤剥离做好准备。

（3）剥离待充填区域的表土和心土。将剥离的表土（一般为 30 cm）和心土堆放在待充填区域的四周，并将其分区堆存，围成土坝。

（4）黄河泥沙充填和固结排水。利用管道进行黄河泥沙充填，根据设计标高确定充填厚度，待黄河泥沙排完水并固结后，用推土机进行黄河泥沙平整工作，为后续工作做好准备。

（5）回填堆存的表土和心土。在黄河泥沙层上回填心土并平整后，在其上回填表土并平整，达到设计的标高，形成耕地。在施工期间，需要特别注意土壤压实的问题，形成耕地后需要深耕松土。

（6）农田系统配套建设。按照周围农田系统分布情况，确定是否建设农田系统配套。

2. 分条带交替式单次充填重构工艺

黄河泥沙分条带交替式单次充填相对于不分条带具有很大的优势，其技术工艺如图 7.4 所示。

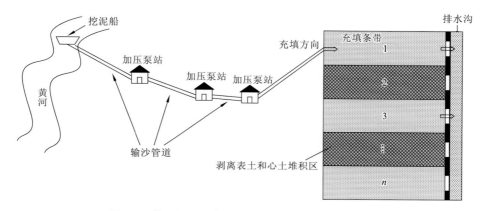

图 7.4　黄河泥沙分条带交替式单次充填重构工艺图

其具体流程图（图7.5）如下。

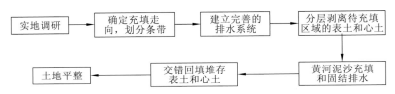

图7.5　黄河泥沙充填复垦采煤沉陷地分条带单次单层充填工艺流程图

（1）确定充填走向，划分条带。黄河泥沙充填走向一般按照煤层走向布设，沿充填走向将待复垦区域划分为规则的长方形充填条带，充填条带的长度一般为100～500 m，宽度为15～100 m。将每一充填条带进行编号为1,2,…,n（n为划分充填条带的总个数）。

（2）建立完善的排水系统。建立完善的排水系统是为了实现黄河泥沙的快速排水和固结，缩短施工工期，也可利用排水沟渠排走沉陷区积水。

（3）分层剥离待充填区域的表土和心土。根据充填方案设计的土壤剥离厚度，以隔带分层剥离的方式剥离待复垦条带的表土（一般厚度为30 cm）和心土，并分区堆存表土和心土。如先剥离奇数条带1,3,5,…,n-1（设n为偶数）的土壤，将表土、心土分别堆存在相邻两侧的偶数条带上。

（4）黄河泥沙充填和固结排水。沿着充填方向充填黄河泥沙至设计高度，充填方向为从距离排水沟渠较远的一端到排水沟渠方向，在靠近排水沟渠的一端设置排水口，并在排水口远离排水沟渠的一侧设置挡沙排水设施，以拦蓄泥沙、排走清水。待黄河泥沙固结后，进行下一步骤。

（5）交错回填堆存的表土和心土。将条带两侧的表土和心土，按照先心土后表土的顺序回填至设计高度。待奇数条带完成充填复垦后，同样的操作，进行偶数条带的充填复垦工作。

（6）土地平整。经过土地平整，形成耕地。由于在施工期间存在土壤压实问题，在充填复垦完成后需要进行深耕松土工作。

7.3.3　"上土下沙"结构重构效果——室内模拟试验

1. 试验设计

试验在中国矿业大学（北京）温室内进行。试验材料主要有3种类型，分别为表土、心土和黄河泥沙，其中表土和心土采自济宁市大路口乡常年耕种农田，黄河泥沙采自输送至充填造地现场的泥沙。试验材料经室内风干、去杂、研磨、过筛后（鲍士旦，2000），测定其质地、pH、电导率、全氮、全磷、全钾、有机质、有效磷、速效钾、碱解氮等指标，测定方法和结果见表7.1所示。

表7.1　表土、心土和黄河泥沙理化性质

指标	测定方法	表土	心土	黄河泥沙
质地	激光粒度仪法	黏土	粉黏土	砂土
pH	电位测定法	8.53±0.12	9.10±0.12	8.77±0.22
电导率/（μS/cm）	电导法	104.67±6.25	154.77±16.60	48.27±6.34
土壤有机质/（g/kg）	重铬酸钾容量法	24.81±1.17	14.64±0.90	4.09±0.12
全氮/（g/kg）	重铬酸钾-硫酸消化法	0.96±50.99	0.52±32.66	0.10±7.76
全磷/（g/kg）	硫酸-高氯酸消煮法	1.12±33.30	0.70±24.98	0.23±19.65
全钾/（g/kg）	NaOH 熔融-火焰光度计法	17.47±164.68	15±127.54	10.8±114.31
碱解氮/（mg/kg）	碱解扩散法	30.33±1.09	16.04±0.41	4.96±0.41
有效磷/（mg/kg）	NaHCO₃ 浸提-钼锑抗比色法	98.41±1.62	59.56±2.59	20.48±0.32
速效钾/（mg/kg）	NH₄OAc 浸提-火焰光度计法	227±0.82	114±4.55	54.33±6.24

注：土壤质地分类按美国农业部标准，下同

　　本试验共设置6种覆盖土壤厚度的"上土下沙"土壤剖面构型，在黄河泥沙层（60 cm）上分别覆盖 0 cm、20 cm（表土 20 cm）、40 cm（表土 30 cm+心土 10 cm）、60 cm（表土 30 cm+心土 30 cm）、70 cm（表土 30 cm+心土 40 cm）、80 cm（表土 30 cm+心土 50 cm）的土壤厚度，依次表示为 T0、T20、T40、T60、T70、T80，以全土柱作为对照（CK，表土 30 cm+心土 110 cm），每种覆盖土壤厚度设置 3 个重复土柱（图 7.6），测定质地、pH、

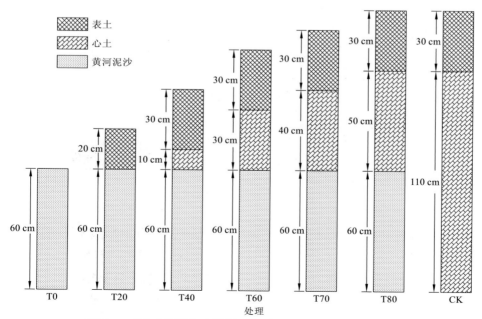

图 7.6　"上土下沙"土壤剖面构型不同覆盖土壤厚度处理

电导率、全氮、全磷、全钾、有机质、有效磷、速效钾、碱解氮等指标，以夏玉米作为宿主植物（图 7.7）。室内土柱模型为圆柱形 PVC 管，直径为 16 cm，高为 140 cm。按当地常年耕种农田土壤的容重，进行土柱填装，分层处打毛处理。在玉米播种前，土柱需提前一次性装好，然后进行充分定量灌水，使土柱自然沉实，备用。以夏玉米作为宿主植物，玉米种子经过浸水催芽后，于每个土柱表土表层 2 cm 深度种植 5 粒玉米种子，品种为农化101，2013 年 4 月 25 日发芽，5 叶期定苗为 1 株（吴永成 等，2011），7 月 5 日收获植株。

图 7.7　"上土下沙"土壤剖面构型不同覆盖土壤厚度室内试验

　　夏玉米出苗 14 天后，每 7 天监测一次玉米生长情况（株高、径粗、叶面积、叶绿素）。整个室内试验期间，共选取玉米 5 个生育期，即苗期、拔节期、大喇叭口期、抽雄期和开花期（分别对应生长时间为 15 天、43 天、57 天、64 天、71 天）。拔节期后，每期选取各土柱同一叶位叶片，于 105℃杀青 30 min，80℃烘干至恒重后粉碎，过 60 目筛，留存待测。每期采集各土柱表层土壤样品，测定其速效指标（碱解氮、有效磷、速效钾），用以反映不同覆盖土壤厚度条件下，表层土壤的速效养分变化。待玉米收割后，测定不同深度采集土壤样品的理化性质指标，并分别取玉米根系进行相应处理后，称重其生物量，计算根冠比。测定时期和测定指标见表 7.2，测定方法见表 7.3。

表 7.2　测定时期和测定指标

玉米生育期	植株测试指标	土壤测试指标
每 7 天	株高、径粗、叶面积、叶绿素	
苗期		含水量、碱解氮、有效磷、速效钾
拔节期、大喇叭口期、抽雄期、开花期	全氮、全磷、全钾	含水量、碱解氮、有效磷、速效钾
收割后	地上部分、地下部分生物量	含水量、电导率、碱解氮、速效钾、有机质

表 7.3　样品测定指标及测定方法

指标		测定方法
植株	株高	直尺测量法
	径粗	游标卡尺测量法
	叶面积	系数法
	叶绿素	SPAD-502 法
	全氮	H_2SO_4-H_2O_2 消煮，凯氏定氮法
	全磷	H_2SO_4-H_2O_2 消煮，钒钼黄比色法
	全钾	H_2SO_4-H_2O_2 消煮，火焰光度计法
土壤	含水量	土壤水分测定法
	电导率	电导法
	有机质	重铬酸钾容量法
	碱解氮	碱解扩散法
	有效磷	$NaHCO_3$ 浸提-钼锑抗比色法
	速效钾	NH_4OAc 浸提-火焰光度计法

2. 试验分析与结论

（1）玉米植株地上、地下部分生物量均随着黄河泥沙层上覆土壤厚度的增加而增加，并逐渐呈现一定的显著性差异。在监测期内，玉米植株株高、径粗、叶面积和叶绿素含量均随生长期延长呈现增高的趋势，且基本呈现随着覆盖土壤厚度的增加而增加的趋势（图 7.8）。

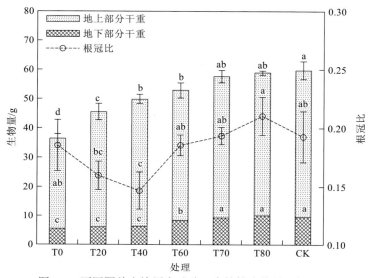

图 7.8　不同覆盖土壤厚度试验玉米植株生物量和根冠比

（2）随着玉米生长期的延长，玉米叶片全氮、全磷、全钾质量分数呈现下降趋势，在不同覆盖土壤厚度之间逐渐出现差异性，随着覆盖土壤厚度的增加叶片全氮、全磷、全钾质量分数呈现增加的趋势（图 7.9～图 7.11）。

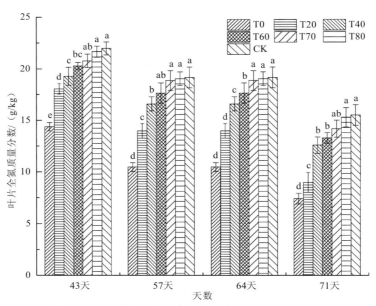

图 7.9　不同覆盖土壤厚度试验玉米叶片全氮质量分数

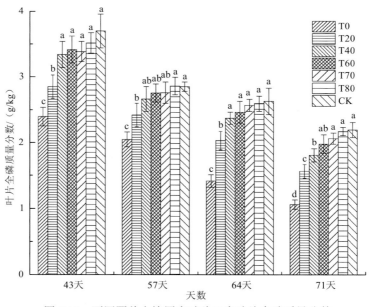

图 7.10　不同覆盖土壤厚度试验玉米叶片全磷质量分数

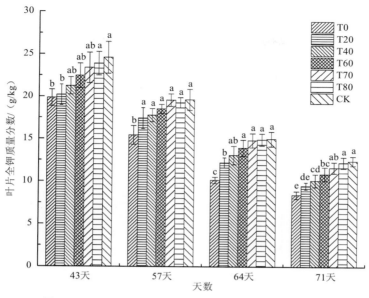

图 7.11　不同覆盖土壤厚度试验玉米叶片全钾质量分数

（3）随着双层土壤剖面构型中覆盖土壤厚度的增加，表层土壤含水量、碱解氮质量分数、有效磷质量分数、速效钾质量分数均呈现增加的趋势；随着玉米生长期的延长，表层土壤含水量、碱解氮质量分数、速效钾质量分数、有效磷质量分数基本呈现下降趋势。随着黄河泥沙层上覆盖土壤厚度的增加，有利于保持表层土壤碱解氮质量分数、有效磷质量分数、速效钾质量分数，但增加到一定厚度（70 cm）后，这种影响逐渐减弱（图 7.12～图 7.15）。

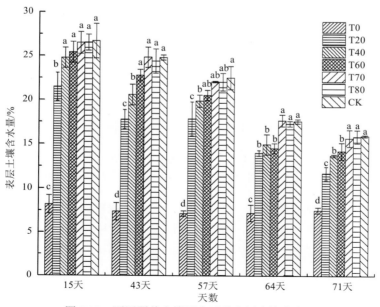

图 7.12　不同覆盖土壤厚度试验表层土壤含水量

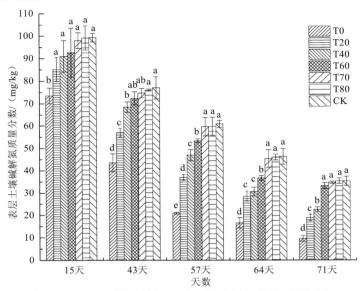

图 7.13 不同覆盖土壤厚度试验表层土壤碱解氮质量分数

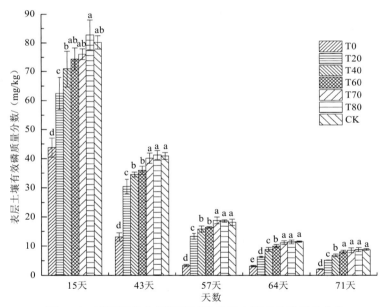

图 7.14 不同覆盖土壤厚度试验表层土壤有效磷质量分数

（4）随着覆盖土壤厚度的增加，表层土壤含水量呈现增加趋势，且黄河泥沙层上土壤层含水量随着深度的增加而上升。黄河泥沙层上土壤层中 pH 和电导率均随着深度的加深存在累积过程。不同覆盖土壤厚度双层土壤剖面构型中，随着覆盖土壤厚度的增加，表层土壤的碱解氮质量分数、速效钾质量分数、有机质质量分数均呈现增加趋势，黄河泥沙层上土壤层的碱解氮质量分数、速效钾质量分数均随着深度的增加而上升，有机质

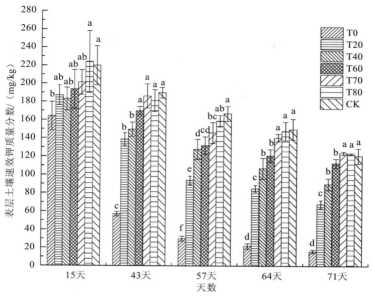

图 7.15　不同覆盖土壤厚度试验表层土壤速效钾质量分数

随着深度的增加而降低，且均低于 CK 处理。底层黄河泥沙的碱解氮质量分数、速效钾质量分数、有机质质量分数均呈现增加趋势。但黄河泥沙层上土壤层有机质质量分数未产生累积，且其均低于 CK 处理，这是由于有机质在土壤中相对稳定，随水分运移较弱，且黄河泥沙易于升温，造成多层土壤构型的温度高于均质型剖面，这有利于土壤养分的分解与利用（图 7.16）。

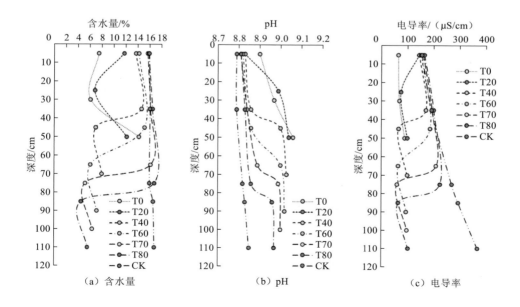

（a）含水量　　　　　　　（b）pH　　　　　　　（c）电导率

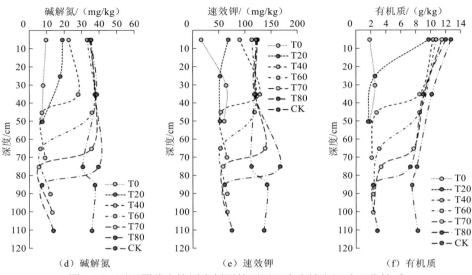

图 7.16　不同覆盖土壤厚度剖面的不同深度土壤和泥沙理化性质

综上所述，黄河泥沙层上覆盖土壤层厚度增加，有利于提升黄河泥沙充填复垦采煤沉陷地"上土下沙"双层土壤剖面构型的保水保肥性和作物生长发育，但覆盖土壤层达到一定厚度（≥70 cm）后，覆盖土壤厚度的这种影响逐渐减弱。综合考虑黄河泥沙充填复垦采煤沉陷地土壤剖面重构技术的土壤需求量和施工成本，认为黄河泥沙层上适宜的覆盖土壤厚度为 70 cm（表土为 30 cm），此厚度是在能保证作物的正常生长发育条件下，土壤需求量和施工成本较小的覆盖土壤厚度。

7.3.4　"上土下沙"结构重构效果——野外田间试验

1. 试验设计

1）地理位置

田间试验小区位于山东省德州市邱集煤矿采煤沉陷地，地处黄河以北，距离潘庄引黄总干渠大约 5.5 km，采煤沉陷深度最大约为 2.23 m，属于黄河下游冲积平原，成土母质为黄土，地势平坦，地面高程为 27～30 m，地面坡度约为 0.05%。属于暖温带半湿润季风性气候，年均气温为 14.3℃，年均降水量为 645.9 mm，降雨多集中在 6 月下旬至 9月下旬，平均全年无霜期约 210 天。邱集煤矿采煤沉陷地未沉陷以前为优质农田，种植结构为冬小麦-夏玉米的一年两熟形式。

2）试验材料

选取邱集煤矿采煤沉陷地若干充填条带中的一条带的一端，进行田间试验小区建设，充填用的黄河泥沙来源于潘庄引黄总干渠沉积泥沙。在田间试验小区建设前，该条带已经充填完毕黄河泥沙，并经过半年左右的排水固结过程。田间试验小区建设用的表土和心土分别取自该充填条带两侧的表土堆存区和心土堆存区，它们分层剥离自原有采煤沉陷地。田间试验小区建设用表土、心土和黄河泥沙的基础理化性质见表 7.4。

表 7.4　试验材料理化性质

参数	测定方法	表土	心土	黄河泥沙
质地	激光粒度仪法	粉壤土	粉壤土	砂土
pH	USEPA 9045D—2004	8.10±0.10	8.50±0.10	8.63±0.06
有机质/（g/kg）	NY/T 1121.6—2006	8.50±0.52	4.87±0.12	2.43±0.38
全氮/（mg/kg）	LY/T 1228—1999	765.00±49.03	400.00±56.04	327.67±7.37
全磷/（mg/kg）	LY/T 1232—1999	850.00±82.27	575.33±31.79	368.00±11.79
全钾/（g/kg）	LY/T 1234—1999	16.83±0.61	15.57±0.31	14.83±0.38
速效氮/（mg/kg）	DB13/T 843—2007	57.33±3.79	16.33±1.53	7.00±0.50
有效磷/（mg/kg）	LY/T 1233—1999	14.07±0.47	3.43±0.50	<2.5
速效钾/（mg/kg）	LY/T 1236—1999	127.00±3.00	107.00±9.00	49.00±1.00

3）田间试验小区布设

图 7.17 中田间试验小区 1 为不同覆盖土壤厚度田间试验小区，共设置 3 种不同覆盖土壤厚度（50 cm、70 cm、90 cm，表土均为 30 cm）和对照试验小区，分别表示为 T50、T70、T90 和 CK，每个小区面积为 30 m²（5 m×6 m），每个试验小区的四周用 0.5 m 宽土坝进行隔离，以防止试验小区之间水分、养分的相互影响，并在小区试验地周围设置 2 m 宽保护行，每个小区设置 3 个重复（图 7.18）。不同覆盖土壤厚度剖面情况如图 7.17 所示。

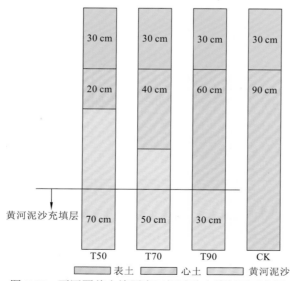

图 7.17　不同覆盖土壤厚度田间试验土壤剖面示意图

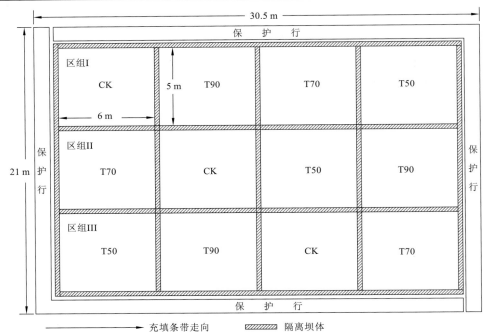

图 7.18　不同覆盖土壤厚度田间试验小区布设

　　田间试验小区建设过程和试验期间玉米生长监测，试验期间田间试验小区的施肥、灌溉等田间管理措施均参照当地未经采煤沉陷扰动的农田。不同覆盖土壤厚度田间试验于 2015 年 6 月 19 日种植玉米（登海 6102 号），10 月 4 日收获玉米果穗。玉米生长期间，于种植后 15 天、23 天、33 天、46 天和 68 天时，对玉米植株的长势（株高、径粗、叶面积、叶绿素）进行监测。在灌溉或降雨后 24～48 h 以内，利用 TDR-300 土壤水分测定仪测定表层土壤含水量。玉米收获后，测定各田间试验小区玉米产量；此外，在不同剖面、不同深度和层次，采集土壤和充填的黄河泥沙样品，带回室内进行风干、去杂、过筛后，用以测定其基础理化性质，具体测定时期和测定指标见表 7.5。

表 7.5　测定时期和测定指标

玉米生长期	植株测试指标	土壤测试指标
15 天、23 天、33 天、46 天、68 天	株高、基径、叶面积、叶绿素	
15 天、23 天、46 天		表层土壤含水量
收获时	产量	剖面土壤含水量、pH、电导率、速效氮、有效磷、速效钾、全氮、全磷全钾、有机质

2. 试验分析与结论

　　通过监测玉米生长情况、测定"上土下沙"土壤剖面构型的土壤理化性质得出以下结论。

　　（1）随着黄河泥沙层上覆盖土壤厚度的增加，田间试验小区玉米产量也增加，但仍较全土处理的产量低 0.81%，70 cm、90 cm 覆盖土壤厚度处理的玉米产量与 CK 之间不存在显著性差异。50 cm、70 cm、90 cm 覆盖土壤厚度处理的玉米千粒重、鲜穗出籽率、籽粒含水量与 CK 之间均不存在显著性差异，因此，70 cm 覆盖土壤厚度是一个能保证玉米生长的厚度，其产量与对照试验小区之间相似。

（2）玉米株高、径粗、叶面积和叶绿素含量多呈现随覆盖土壤厚度增加而增加的趋势，50 cm 覆盖土壤厚度处理玉米植株株高显著性低于 CK，但 70 cm、90 cm 覆盖土壤厚度处理玉米株高、径粗、叶面积、叶绿素含量与 CK 之间不存在显著性差异（图 7.19～图 7.22）。

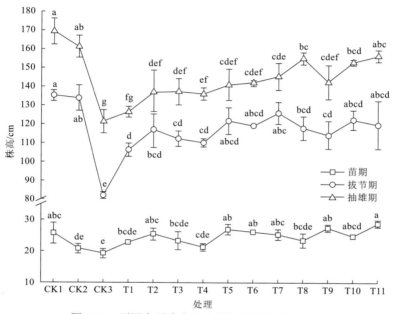

图 7.19　不同夹层式多层土壤剖面构型玉米株高

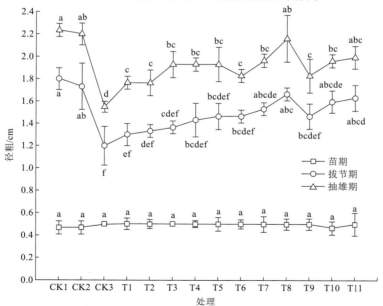

图 7.20　不同夹层式多层土壤剖面构型的玉米径粗

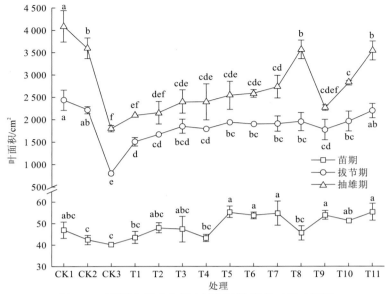

图 7.21　不同夹层式多层土壤剖面构型的玉米叶面积

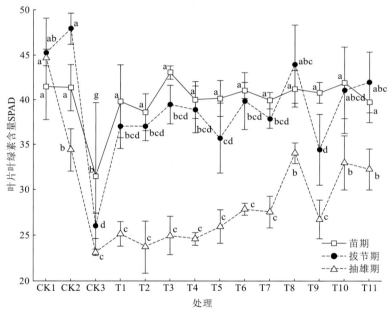

图 7.22　不同夹层式多层土壤剖面构型的玉米叶片叶绿素含量

（3）表层土壤含水量随覆盖土壤厚度增加而增加，但均小于 CK，但其相互之间没有显著性差异（图 7.23）。随着黄河泥沙层上覆盖土壤厚度的增加，"上土下沙"双层土壤剖面构型可以蓄持更多的水分，有利于土壤 pH 调控，但在黄河泥沙层上土壤层中，盐分存在累计现象，且覆盖土壤厚越大，累积越严重。随着黄河泥沙层上覆盖土壤厚度的增加，有利于保持"上土下沙"双层土壤剖面构型中的有机质、全氮、全磷、全钾、速效氮、速效磷、速效钾含量。

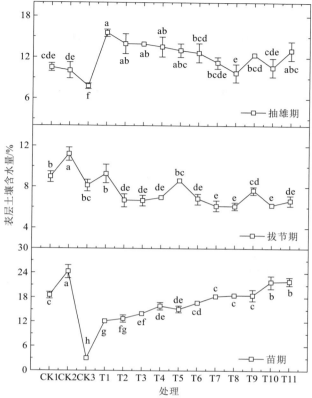

图 7.23　不同夹层式多层土壤剖面表层土壤含水量

综上所述，通过黄河泥沙充填复垦采煤沉陷地双层土壤剖面重构技术中"上土下沙"双层土壤剖面构型不同覆盖土壤厚度田间小区试验，70 cm 覆盖土壤厚度是一个能保证玉米生长的厚度，其玉米长势、产量与 CK 之间近似，具有一定的保水保肥性。综合考虑黄河泥沙充填复垦采煤沉陷地土壤重构技术的土壤需求量、施工成本，优选黄河泥沙层上适宜的覆盖土壤厚度为 70 cm（表土为 30 cm）。

7.4　采煤沉陷地黄河泥沙充填复垦土壤"夹层式"重构

7.4.1　夹层式结构的特征与机理

一次性充填黄河泥沙后直接覆盖土壤形成的是典型的"上土下沙"型剖面，下层黄河泥沙砂粒多而黏粒少，固相骨架松散，孔隙较大，排水快且蓄水量少，保水保肥能力差，对作物产生不利影响（檀满枝 等，2014）。土壤剖面改良是提高耕地生产力的有效手段之一，但一般认为土壤剖面是不易改变的稳定性因素。借助黄河泥沙充填复垦采煤沉陷地土壤剖面重构的有利条件，借鉴已有优良土壤剖面构型的研究成果，在土壤剖面重构过程中构造一个良好的土壤剖面构型,以达到、甚至超过采煤沉陷前土壤的生产力。鉴于泥沙充填材料漏水漏肥,拟在充填材料中夹黏土层,以改变漏水漏肥的特性,为此,提出了夹层式的多层结构,即类似五花肉的多层土壤剖面结构(图 7.24),通过夹层改善土壤剖面的水分和养分运移特征,进而改善植物的生长环境,促进植物生长。

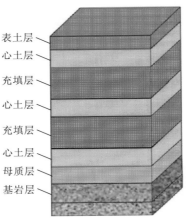

图 7.24　多层土壤剖面构型

以夹层式土壤剖面的柱状模拟试验来说明夹层式土壤剖面构型的优越性。选取黄河泥沙为充填材料的三种剖面结构(图 7.25 中 θ 为含水量)进行室内土柱入渗及蒸发试验,其中 T1 为"上土下沙"型剖面构型,T2 为夹层式剖面构型,CK 为正常农田剖面构型。入渗结束后静置 48 h,选择 50~70 cm 土层对比含水量,可以发现三种土壤结构的明显差异:"上土下沙"土壤剖面构型由于黄河泥沙保水性差,导致其含水量仅为正常农田的25.64%;而添加土壤夹层后,使其含水量提高 80.68%,改善了土壤的保水性能。

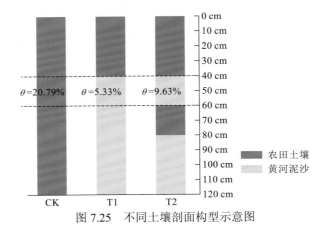

图 7.25　不同土壤剖面构型示意图

不同剖面湿润锋的运移情况如图 7.26 所示,湿润锋在上覆 40 cm 土层的运移过程中,累积入渗量随时间的变化基本一致,呈非线性关系。至 330 min 左右,穿过"土-沙"交界面后湿润锋的运移速度 T1 稍大于 T2 但均明显比 CK 快,这是由于水分穿过"土-沙"

交界进入了黄河泥沙层，导致水分在黄河泥沙中迅速下移。至 610 min 左右，T2 湿润锋运移至农田土夹层，湿润锋发生转折，运移速率降低。正是由于农田土夹层的存在，湿润锋在不同土壤剖面构型的移动速度产生了明显差异，T1 剖面湿润锋于 1420 min 到达土柱底部，T2 湿润锋于 1680 min 时到达土柱底部，用时为 T1 的 1.18 倍，明显改善了"上土下沙"剖面构型的入渗性能。

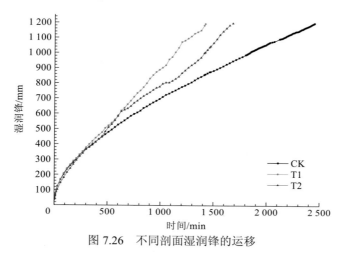

图 7.26　不同剖面湿润锋的运移

不同土壤剖面蒸发过程的持水量情况如图 7.27 所示，剖面 T1、T2 和 CK 持水量有相同的变化趋势，逐渐下降最后趋于稳定，蒸发前 CK、T1、T2 的持水量情况分别为 503.87 mm、304.93 mm、391.824 mm，蒸发至 30 天，CK、T1、T2 的持水量情况分别为 349.98 mm、213.16 mm、293.28 mm。在蒸发的全过程中，三种剖面持水量大小始终为 CK＞T2＞T1，T2 的持水量始终介于 CK 与 T1 之间，比 T1 平均高 28.4%，说明夹层式剖面构型改善了"上土下沙"剖面构型的持水性。

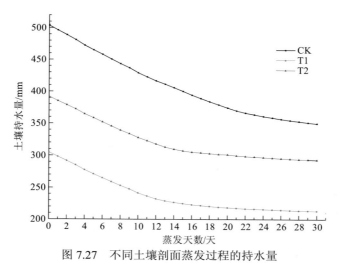

图 7.27　不同土壤剖面蒸发过程的持水量

综上，在"上土下沙"剖面构型的黄河泥沙层增加农田土夹层，能够明显地减慢湿润锋的运移速率、增加累积入渗量并提高蒸发全过程中土壤的持水能力，实现了保水效果。

土壤学研究表明：土壤剖面构型直接影响了土壤水、肥、气和热等因素，对土壤水分和溶质运移有显著的影响，是影响耕地质量的重要因素之一。土壤水是土壤形成过程中溶质运移和物质转化等许多理化过程的载体。如图7.28所示，土壤水受到自然和人为环境因子的作用，如降雨、灌溉、气温、风速和植物根系吸收等影响，在土壤中不断地进行着入渗、渗漏、蒸发、再分布等运动过程，溶质也随土壤水一起运移，为植物生长提供水分和养分。因此，对于充填复垦而言，夹层式多层土壤剖面构型对提高复垦土壤质量、促进植物生长具有重要作用。

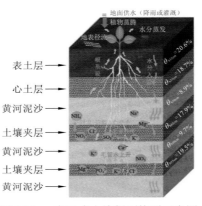

图7.28　夹层式土壤剖面构型示意图

7.4.2　夹层式结构重构工艺

夹层式土壤剖面结构可以克服充填材料的障碍因素，使土壤生产力得到提高。但如何在实践中实现这种夹层结构呢？现有的充填工艺都是先对待充填区域进行表土和心土的剥离，尽可能原地采集较多的覆盖土壤；然后一次性充填材料填充，最后再覆盖土壤，因此，要想实现夹层结构，就需要多次充填和多次土壤回填，其关键是解决土壤分层剥离和堆存、多次回填土壤与充填之间的耦合，其目的是实现在连续充填的条件下，构建高质量夹层式土壤剖面构型。

根据充填材料的不同，其充填方法略有不同，充填材料大体分为两种，一种是固体充填材料如煤矸石，另一种是液体充填材料如湖泥，黄河泥沙和粉煤灰等充填材料是通过和水混合，以液体的形式输送到采煤沉陷地的，一并归为液体充填材料。对于固体充填材料，其充填方法较为简单，可以利用汽车等运输设备将其输送到沉陷地，然后进行材料充填、回填心土、再充填、再回填心土等多次充填、回填心土的操作，其充填过程是连续的。固体材料充填的过程中可以划分条带也可以不划分。对于液体充填材料，往往用管道水力运输，且充填材料的固结排水需要时间，等充填材料固结后才可回填心土，再进行第二次的充填和回填心土，因此，在单一充填区域夹层式土壤重构很难实现连续充填。为了实现黄河泥沙的连续充填，依据"分层剥离、交错回填"土壤重构原理，提出了通过划分条带、条带间交替式充填的解决方案，即交替式多层多次充填复垦工艺，其中采用间隔条带进行表土和心土的分别剥离、堆存及回填，进一步提高复垦土壤的质量。

1. 充填材料中夹一层心土层的土壤重构工艺

以充填材料中夹一层心土层的土壤剖面构型为例介绍其技术工艺。

对采煤沉陷地进行两次充填黄河泥沙，两层充填层间夹一层心土层，充填完成后形成的夹层式土壤剖面构型如图 7.29 所示，其中 C1 表示第一次充填形成的充填层，JS 表示夹心土层，C2 表示第二次充填形成的充填层，SS 表示心土层，TS 表示表土层。

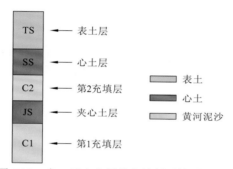

图 7.29　夹一层心土层的土壤剖面构型示意图

1）划分充填条带，确定最优的充填条带尺寸

条带一般划分为规则的长方形，如图 7.30 所示，具体的尺寸与沉陷区面积和机械设备的工作半径有关，通过准静水沉降法、一度流超饱和输沙法等确定最优充填条带尺寸，并将条带按照 1，2，3，4，…，i，…，n 进行编号。对于已有积水的沉陷区，首先排出沉陷区积水，再划分条带。划分条带是为条带间交替式充填做准备，便于实现连续充填，缩短复垦时间。

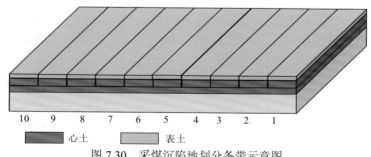

图 7.30　采煤沉陷地划分条带示意图

2）确定条带间交替充填的时间衔接方案和同步交替充填的条带个数

采用条带间交替式充填的方式，先充填奇数编号的充填条带，再充填偶数编号的充

填条带，或相反。为了实现连续充填，当同步充填的最后一个条带完成第一次充填后，至少保证第一个条带已完成回填心土层，可直接进行第二次充填。当同步充填的最后一个条带完成第二次充填后，至少保证第一个条带的第二层充填层已经排水固结，可直接进行覆盖心土和表土，如图 7.31 所示。

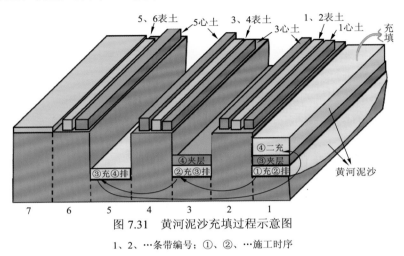

图 7.31　黄河泥沙充填过程示意图

1、2、…条带编号；①、②、…施工时序

以先充填奇数条带为例，假设条带 1、3、5 为一组同步交替充填的条带，即条带 5 充填完成后，条带 1 已经完成排水固结和回填心土，并可直接进行第二次充填复垦。

条带 1 可直接进行第二次充填的前提是，条带 1 第一次充填层 C1 排水固结时间 T_{1p}^{C1} 和条带 1 回填夹心土层时间 T_1^{JS} 总和小于条带 3 第一次充填时间 T_{3c}^{C1} 和条带 5 第一次充填时间 T_{5c}^{C1} 总和，即

$$T_{1p}^{C1} + T_1^{JS} < T_{3c}^{C1} + T_{5c}^{C1} \tag{7.1}$$

条带 3 可直接进行第二次充填的前提是，条带 3 第一次充填层 C1 排水固结时间 T_{3p}^{C1} 和条带 3 回填夹心土层时间 T_3^{JS} 总和小于条带 5 第一次充填时间 T_{5c}^{C1} 和条带 1 第二次充填时间 T_{1c}^{C2} 总和，即

$$T_{3p}^{C1} + T_3^{JS} < T_{5c}^{C1} + T_{1c}^{C2} \tag{7.2}$$

同理，条带 5 可直接进行第二次充填的前提是，条带 5 第一次充填层 C1 排水固结时间 T_{5p}^{C1} 和条带 5 回填夹心土层时间 T_5^{JS} 总和小于条带 1 第二次充填时间 T_{1c}^{C2} 和条带 3 第二次充填时间 T_{3c}^{C2} 总和，即

$$T_{5p}^{C1} + T_5^{JS} < T_{1c}^{C2} + T_{3c}^{C2} \tag{7.3}$$

条带 1 可直接进行覆盖心土层 SS 的前提是，条带 1 第二次充填层 C2 排水固结时间 T_{1p}^{C2} 小于条带 3 第二次充填时间 T_{3c}^{C2} 和条带 5 第二次充填时间 T_{5c}^{C2} 总和，即

$$T_{1p}^{C2} < T_{3c}^{C2} + T_{5c}^{C2} \tag{7.4}$$

条带 3 可直接进行覆盖心土层 SS 的前提是，条带 3 第二次充填层 C2 排水固结时间 T_{3p}^{C2} 小于条带 5 第二次充填时间 T_{5c}^{C2} 和条带 1 覆盖心土时间 T_1^{SS} 总和，即

$$T_{3p}^{C2} < T_{5c}^{C2} + T_1^{SS} \tag{7.5}$$

同理，条带 5 可直接进行覆盖心土层 SS 的前提是，条带 5 第二次充填层 C2 排水固结时间 T_{5p}^{C2} 小于条带 1 覆盖心土时间 T_1^{SS} 和条带 3 覆盖心土时间 T_3^{SS} 总和，即

$$T_{5p}^{C2} < T_1^{SS} + T_3^{SS} \tag{7.6}$$

通过上述分析，可以得出一般性公式，假设同步充填条带为条带 1、3、5、7、9、11、…、i、…、n。其中 i 和 n 均为奇数。

条带 i 可直接进行第二次充填的前提是

$$T_{ip}^{C1} + T_i^{JS} < T_{(i+2)c}^{C1} + T_{(i+4)c}^{C1} + \cdots + T_{nc}^{C1} + T_{1c}^{C2} + T_{3c}^{C2} + \cdots + T_{(i-2)c}^{C2} \tag{7.7}$$

条带 i 可直接进行覆盖心土层 SS 的前提是

$$T_{ip}^{C2} < T_{(i+2)c}^{C2} + T_{(i+4)c}^{C2} + \cdots + T_{nc}^{C2} + T_1^{SS} + T_3^{SS} + \cdots + T_{(i-2)}^{SS} \tag{7.8}$$

3）间隔条带分层剥离表土和心土

通过间隔条带进行表土和心土的分层剥离和堆存。将邻近非本组充填条带作为该组同步交替充填条带的土壤剥离堆放区，堆放区由中部表土堆放子区，两侧心土堆放子区组成。对每一组待交替充填复垦的条带进行分层剥离，将剥离的表土堆放在表土堆放子区，剥离的心土堆放在心土堆放子区，如图 7.32 所示。条带 1、3、5 的表土分别堆放在条带 2、4、6 表土堆放子区，条带 1、3、5 的心土分别堆放在条带 2、4、6 心土堆放子区。

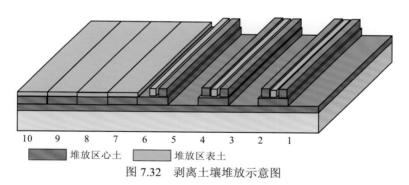

<!-- 图例 -->
堆放区心土　　　堆放区表土

图 7.32　剥离土壤堆放示意图

4）每一组待交替充填的各个条带进行"交替充填—排水固结—回填心土—再充填—再排水固结—回填心土—覆盖表土"

对每一组待交替充填复垦的条带，先从第一个开始充填，当达到设定的泥沙层厚度后，开始充填第二个条带，此时第一个充填条带在进行排水固结，当第二个充填条带达到设定的泥沙层厚度后，再充填第三个待交替充填条带，依次类推，直至本组条带都充填完成。对于同一组的充填条带，在第 i 个充填条带充填的过程中，之前的充填条带在进行排水固结或者覆盖心土，同一组最后一个条带充填完成后，第一个条带已完成回填心土层并可以直接进行第二次充填。第二次充填步骤同第一次，待第二次充填完成后，覆盖表土和心土。

以条带 1、3、5 为一组交替充填条带为例，首先充填条带 1，当条带 1 的充填层 C1 达到设定的泥沙层厚度后，充填条带 3，同时条带 1 的充填层 C1 在进行排水固结；当条带 3 的充填层 C1 达到设定的泥沙层厚度后，充填条带 5，与此同时条带 1 覆盖夹心土层 JS，条带 3 的充填层 C1 在进行排水固结；当条带 5 充填完成后，转而充填条带 1，即在夹心土层 JS 上进行第二次充填形成第二个充填层 C2，如图 7.33 所示；同第一次充填的步骤，对条带 3 和 5 进行第二次充填；当条带 5 充填完成形成第二个充填层 C2 后，条带 1 回填心土和覆盖表土，条带 3 和条带 5 依次回填心土和覆盖表土。至此，一组交替充填条带充填完成。

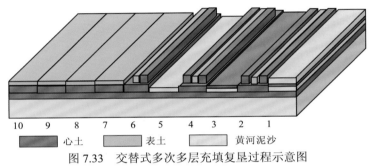

心土　　　表土　　　黄河泥沙

图 7.33　交替式多次多层充填复垦过程示意图

步骤同上，对其他组待交替充填的各个条带进行"交替充填—排水固结—回填心土—再充填—再排水固结—回填心土—覆盖表土"，在充填复垦的过程中一定要做好衔接，保障充填及时、排水迅速、覆土到位。

5）土地平整

最后进行土地平整，使其恢复到可耕种状态，如图 7.34 所示。

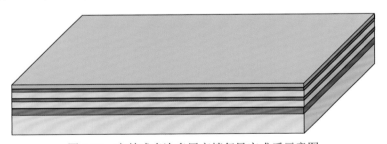

图 7.34　交替式多次多层充填复垦完成后示意图

2. 黄河泥沙层中夹两层的土壤重构工艺

黄河泥沙层中夹两层的土壤重构工艺与夹一层的基本一致，关键是要确定充填的衔接时间和同步交替充填条带数量

1）黄河泥沙层中夹两层心土层时间衔接的计算方法

对采煤沉陷地进行三次充填黄河泥沙，黄河泥沙层中夹两层心土层，充填完成后的

土壤剖面构型如图 7.35 所示，其中 C1 表示第一次充填形成的充填层，JS1 表示第一个夹心土层，C2 表示第二次充填形成的充填层，JS2 表示第二个夹心土层，C3 表示第三次充填形成的充填层，SS 表示心土层，TS 表示表土层。

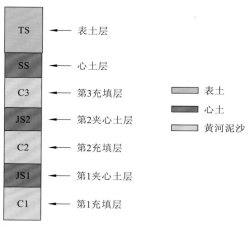

图 7.35　夹两层心土层的土壤剖面构型示意图

同样，以先充填奇数条带为例，假设条带 1、3、5 为一组同步交替充填的条带，即条带 5 充填完成后，条带 1 已经完成排水固结和回填心土，并可直接进行第二次充填复垦。

条带 1、3、5 分别可直接进行第二次充填满足的条件，同上述夹一层心土层的情况。

条带 1 可直接进行第三次充填的前提是，条带 1 第二次充填层 C2 排水固结时间 T_{1p}^{C2} 和条带 1 第二次回填夹心土层时间 T_1^{JS2} 总和小于条带 3 第二次充填时间 T_{3c}^{C2} 和条带 5 第二次充填时间 T_{5c}^{C2} 总和，即

$$T_{1p}^{C2} + T_1^{JS2} < T_{3c}^{C2} + T_{5c}^{C2} \tag{7.9}$$

条带 3 可直接进行第三次充填的前提是，条带 3 第二次充填层 C2 排水固结时间 T_{3p}^{C2} 和条带 3 第二次回填夹心土层时间 T_3^{JS2} 总和小于条带 5 第二次充填时间 T_{5c}^{C2} 和条带 1 第三次充填时间 T_{1c}^{C3} 总和，即

$$T_{3p}^{C2} + T_3^{JS2} < T_{5c}^{C2} + T_{1c}^{C3} \tag{7.10}$$

同理，条带 5 可直接进行第三次充填的前提是，条带 5 第二次充填层 C2 排水固结时间 T_{5p}^{C2} 和条带 5 第二次回填夹心土层时间 T_5^{JS2} 总和小于条带 1 第三次充填时间 T_{1c}^{C3} 和条带 3 第三次充填时间 T_{3c}^{C3} 总和，即

$$T_{5p}^{C2} + T_5^{JS2} < T_{1c}^{C3} + T_{3c}^{C3} \tag{7.11}$$

条带 1 可直接进行覆盖心土层 SS 的前提是，条带 1 第三次充填层 C3 排水固结时间 T_{1p}^{C3} 小于条带 3 第三次充填时间 T_{3c}^{C3} 和条带 5 第三次充填时间 T_{5c}^{C3} 总和，即

$$T_{1p}^{C3} < T_{3c}^{C3} + T_{5c}^{C3} \tag{7.12}$$

条带 3 可直接进行覆盖心土层 SS 的前提是，条带 3 第三次充填层 C3 排水固结时间 T_{3p}^{C3} 小于条带 5 第三次充填时间 T_{5c}^{C3} 和条带 1 覆盖心土时间 T_1^{SS} 总和，即

$$T_{3p}^{C3} < T_{5c}^{C3} + T_1^{SS} \tag{7.13}$$

同理，条带 5 可直接进行覆盖心土层 SS 的前提是，条带 5 第三次充填层 C3 排水固结时间 T_{5p}^{C3} 小于条带 1 覆盖心土时间 T_1^{SS} 和条带 3 覆盖心土时间 T_3^{SS} 总和，即

$$T_{5p}^{C3} < T_1^{SS} + T_3^{SS} \tag{7.14}$$

通过上述分析，可以得出一般性公式，假设同步充填条带为条带 $1, 3, 5, 7, 9, 11, \cdots,$ $i, \cdots, n$。其中 i 和 n 均为奇数。

条带 i 可直接进行第二次充填的前提是

$$T_{ip}^{C1} + T_i^{JS} < T_{(i+2)c}^{C1} + T_{(i+4)c}^{C1} + \cdots + T_{nc}^{C1} + T_{1c}^{C2} + T_{3c}^{C2} + \cdots + T_{(i-2)c}^{C2} \tag{7.15}$$

条带 i 可直接进行第三次充填的前提是

$$T_{ip}^{C2} + T_i^{JS2} < T_{(i+2)c}^{C2} + T_{(i+4)c}^{C2} + \cdots + T_{nc}^{C2} + T_{1c}^{C3} + T_{3c}^{C3} + \cdots + T_{(i-2)c}^{C3} \tag{7.16}$$

条带 i 可直接进行覆盖心土层 SS 的前提是

$$T_{ip}^{C3} < T_{(i+2)c}^{C3} + T_{(i+4)c}^{C3} + \cdots + T_{nc}^{C3} + T_1^{SS} + T_3^{SS} + \cdots + T_{(i-2)}^{SS} \tag{7.17}$$

2）黄河泥沙层中夹两层的同步交替充填条带数量计算方法

由上文分析可知，假设条带 1、3、5 为一组充填条带必须满足以下 9 个条件：

$$T_{1p}^{C1} + T_1^{JS} < T_{3c}^{C1} + T_{5c}^{C1} \tag{7.18}$$

$$T_{3p}^{C1} + T_3^{JS} < T_{5c}^{C1} + T_{1c}^{C2} \tag{7.19}$$

$$T_{5p}^{C1} + T_5^{JS} < T_{1c}^{C2} + T_{3c}^{C2} \tag{7.20}$$

$$T_{1p}^{C2} + T_1^{JS2} < T_{3c}^{C2} + T_{5c}^{C2} \tag{7.21}$$

$$T_{3p}^{C2} + T_3^{JS2} < T_{5c}^{C2} + T_{1c}^{C3} \tag{7.22}$$

$$T_{5p}^{C2} + T_5^{JS2} < T_{1c}^{C3} + T_{3c}^{C3} \tag{7.23}$$

$$T_{1p}^{C3} < T_{3c}^{C3} + T_{5c}^{C3} \tag{7.24}$$

$$T_{3p}^{C3} < T_{5c}^{C3} + T_1^{SS} \tag{7.25}$$

$$T_{5p}^{C3} < T_1^{SS} + T_3^{SS} \tag{7.26}$$

假设任一条带，相同操作所用的时间相同，则上述条带 1、3、5 为一组充填条带必须满足的 9 个条件，可表示为

$$T_{1p}^{C1} + T_1^{JS} < 2 \times T_{1c}^{C1} \tag{7.27}$$

$$T_{1p}^{C1} + T_1^{JS} < T_{1c}^{C1} + T_{1c}^{C2} \tag{7.28}$$

$$T_{1p}^{C1} + T_1^{JS} < 2 \times T_{1c}^{C2} \tag{7.29}$$

$$T_{1p}^{C2} + T_1^{JS2} < 2 \times T_{1c}^{C2} \tag{7.30}$$

$$T_{1p}^{C2} + T_1^{JS2} < T_{1c}^{C2} + T_{1c}^{C3} \tag{7.31}$$

$$T_{1p}^{C2} + T_1^{JS2} < 2 \times T_{1c}^{C3} \tag{7.32}$$

$$T_{1p}^{C3} < 2 \times T_{1c}^{C3} \tag{7.33}$$

$$T_{1p}^{C3} < T_{1c}^{C3} + T_1^{SS} \tag{7.34}$$

$$T_{1p}^{C3} < 2 \times T_1^{SS} \tag{7.35}$$

假设 $T_{1c}^{C1} < T_{1c}^{C2}$，式（7.27）～式（7.29）可以合并为式（7.27）。

假设 $T_{1c}^{C1} > T_{1c}^{C2}$，式（7.27）～式（7.29）可以合并为式（7.29）。

假设 $T_{1c}^{C2} < T_{1c}^{C3}$，式（7.30）～式（7.32）可以合并为式（7.30）。

假设 $T_{1c}^{C2} > T_{1c}^{C3}$，式（7.30）～式（7.32）可以合并为式（7.32）。

假设 $T_{1c}^{C3} < T_1^{SS}$，式（7.33）～式（7.34）可以合并为式（7.33）。

假设 $T_{1c}^{C3} > T_1^{SS}$，式（7.33）～式（7.35）可以合并为式（7.35）。

所以上述 9 个条件，可合并为 6 个条件，即条带 1、3、5 为一组充填条带需满足式（7.27）、式（7.29）、式（7.30）、式（7.32）、式（7.33）、式（7.34）。

同理，假设同步充填条带的个数为 i，应满足的 6 个条件为

$$T_{1p}^{C1} + T_1^{JS} < (i-1) \times T_{1c}^{C1} \tag{7.36}$$

$$T_{1p}^{C1} + T_1^{JS} < (i-1) \times T_{1c}^{C2} \tag{7.37}$$

$$T_{1p}^{C2} + T_1^{JS2} < (i-1) \times T_{1c}^{C2} \tag{7.38}$$

$$T_{1p}^{C2} + T_1^{JS2} < (i-1) \times T_{1c}^{C3} \tag{7.39}$$

$$T_{1p}^{C3} < (i-1) \times T_{1c}^{C3} \tag{7.40}$$

$$T_{1p}^{C3} < (i-1) \times T_1^{SS} \tag{7.41}$$

条带个数 i 满足的条件为

$$i > \frac{T_{1p}^{C1} + T_1^{JS}}{T_{1c}^{C1}} + 1 \tag{7.42}$$

$$i > \frac{T_{1p}^{C1} + T_1^{JS}}{T_{1c}^{C2}} + 1 \tag{7.43}$$

$$i > \frac{T_{1p}^{C2} + T_1^{JS2}}{T_{1c}^{C2}} + 1 \tag{7.44}$$

$$i > \frac{T_{1p}^{C2} + T_1^{JS2}}{T_{1c}^{C3}} + 1 \tag{7.45}$$

$$i > \frac{T_{1p}^{C3}}{T_{1c}^{C3}} + 1 \tag{7.46}$$

$$i > \frac{T_{1p}^{C3}}{T_1^{SS}} + 1 \tag{7.47}$$

综上，可满足连续充填的最少的条带个数 n 为

$$n_1 = \frac{T_{1p}^{C1} + T_1^{JS}}{T_{1c}^{C1}} + 1 \tag{7.48}$$

$$n_2 = \frac{T_{1p}^{C1} + T_1^{JS}}{T_{1c}^{C2}} + 1 \tag{7.49}$$

$$n_3 = \frac{T_{1p}^{C2} + T_1^{JS2}}{T_{1c}^{C2}} + 1 \qquad (7.50)$$

$$n_4 = \frac{T_{1p}^{C2} + T_1^{JS2}}{T_{1c}^{C3}} + 1 \qquad (7.51)$$

$$n_5 = \frac{T_{1p}^{C3}}{T_{1c}^{C3}} + 1 \qquad (7.52)$$

$$n_6 = \frac{T_{1p}^{C3}}{T_1^{SS}} + 1 \qquad (7.53)$$

其中 n_1、n_2、n_3、n_4、n_5、n_6 全部取整，且小数点全部约上去，最后 $n = \max\{n_1, n_2, n_3, n_4, n_5, n_6\}$。所以对于黄河泥沙层中夹两层心土层的土壤剖面构型，需进行两次黄河泥沙充填，可实现连续充填的同步交替充填条带的个数 $n = \max\{n_1, n_2, n_3, n_4, n_5, n_6\}$。

7.5　夹层式多层土壤重构效果及优选——室内试验

7.5.1　试验设计

试验于中国矿业大学（北京）温室内进行。试验材料主要有 3 种类型，分别为表土、心土和黄河泥沙，其中表土和心土采自济宁市梁山县常年耕种农田，黄河泥沙采自梁山县陈垓引黄闸。试验材料经室内风干、去杂、研磨、过筛后，测定其质地、pH、电导率、有机质、全氮、全磷、全钾、速效氮、有效磷、速效钾等指标，测定方法和结果见表 7.6。

表 7.6　供试表土、心土和黄河泥沙的理化性质

指标	测定方法	表土	心土	黄河泥沙
质地	激光粒度仪法	粉壤土	粉壤土	砂土
pH	USEPA 9045D—2004	8.27±0.09	8.38±0.06	8.95±0.18
EC/（μS/cm）	LY/T 1251—1999	421.33±93.81	363.56±10.34	56.90±4.95
土壤有机质/（g/kg）	NY/T 1121.6—2006	7.01±1.08	5.94±0.04	1.05±0.27
全氮/（mg/kg）	LY/T 1228—1999	548.55±16.57	488.98±5.3	84.81±9.69
全磷/（mg/kg）	LY/T 1232—1999	721.29±9.8	718.10±16.22	517.98±23.86
全钾/（g/kg）	LY/T 1234—1999	18.25±0.02	17.69±0.03	18.84±0.76
速效氮/（mg/kg）	DB13/T 843—2007	64.74±10.52	62.69±4.78	21.56±4.72
有效磷/（mg/kg）	LY/T 1233—1999	9.10±1.5	8.01±0.81	4.60±0.24
速效钾/（mg/kg）	LY/T 1236—1999	105.97±17.12	138.92±4.43	39.58±1.54

借鉴已有优良土壤剖面构型的研究成果，结合试验材料具体的理化性质，共设置 11 种（图 7.36）不同夹层式多层土壤剖面构型的试验土柱（T1～T11），以全土柱、全沙柱和黄河泥沙层上覆盖 70 cm 土壤层为 3 个对照（CK1～CK3），每种剖面的具体构型如图 7.36 所示，每种剖面构型设置 3 个重复土柱。土柱模型为圆柱形 PVC 管（高 125 cm、直径 20 cm），底端用玻璃胶黏结 PVC 板，并在其上均匀分布 6 个直径为 1.5 cm 圆孔进行排水，在填装黄河泥沙前在底部铺设渗透性滤纸以防漏沙。按当地常年耕种土壤的容重，进行土柱填装，分层处打毛处理。在玉米播种前，土柱需提前一次性装好，然后进行充分定量灌水，使土柱自然沉实，备用。

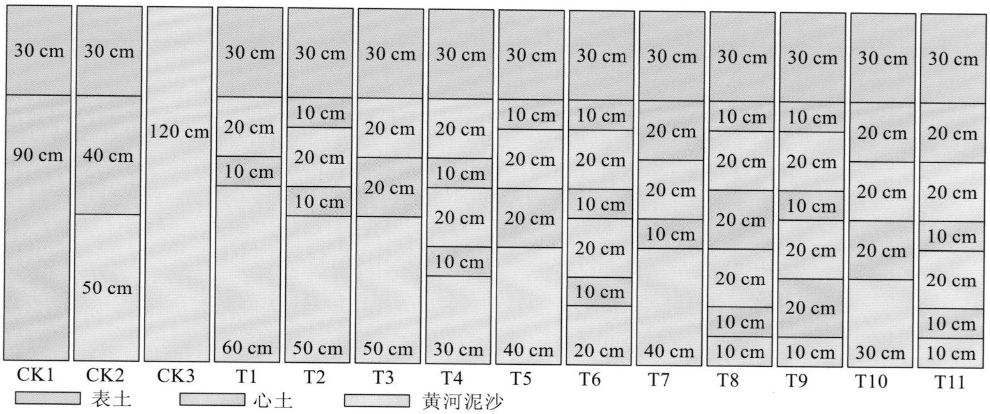

	CK1	CK2	CK3	T1	T2	T3	T4	T5	T6	T7	T8	T9	T10	T11
顶层	30 cm	30 cm		30 cm	30 cm	30 cm	30 cm	30 cm	30 cm	30 cm	30 cm	30 cm	30 cm	30 cm
	90 cm	40 cm	120 cm	20 cm	10 cm	20 cm	20 cm	10 cm	10 cm	10 cm	10 cm	20 cm	20 cm	20 cm
				10 cm	20 cm		10 cm	20 cm	20 cm	20 cm	20 cm	20 cm	20 cm	20 cm
		50 cm			10 cm		10 cm	20 cm	20 cm	20 cm	10 cm	10 cm	10 cm	10 cm
									10 cm	10 cm	20 cm			20 cm
									20 cm		10 cm	20 cm		10 cm
											10 cm		20 cm	20 cm
											10 cm	20 cm	10 cm	10 cm
底层				60 cm	50 cm	50 cm	30 cm	40 cm	20 cm	40 cm	10 cm	10 cm	30 cm	10 cm

□ 表土　　□ 心土　　■ 黄河泥沙

图 7.36　黄河泥沙充填复垦采煤沉陷地夹层式多层土壤剖面构型示意图

整个室内试验期间（图 7.37），共选取玉米 3 个生育期，即苗期、拔节期、抽雄期（对应生长期分别为 10 天、39 天、59 天），监测玉米株高、径粗、叶面积、叶绿素等。每期选取各土柱同一叶位叶片，于 105℃杀青 30 min，80℃烘干至恒重后粉碎，过 60 目筛，留存待测叶片全氮、全磷、全钾等。每期采集各土柱表层土壤样品，测定其含水量、pH、电导率、速效氮、有效磷、速效钾和有机质等，用以反映不同夹层式多层土壤剖面构型条件下，表层土壤的理化性质变化。待玉米收割后，采集不同深度和层次的土壤及黄河泥沙样品，测定土壤的理化性质；并分别取玉米根系进行相应处理后，称重其生物量，计算根冠比。测定时期安排及指标见表 7.7，相应测定方法见表 7.8。

图 7.37　夹层式多层土壤剖面构型室内试验过程照片

表 7.7　测定时期和测定指标

玉米生育期	植株测试指标	土壤测试指标
苗期	株高、径粗、叶面积、叶绿素、全氮、全磷、全钾、地上部分生物量	含水量、pH、电导率、速效氮、有效磷、速效钾、有机质
拔节期		
抽雄期		
收割后	地上部分、地下部分生物量	含水量、pH、电导率、速效氮、有效磷、速效钾、全氮、全磷、全钾、有机质

表 7.8　测定指标及测定方法

指标		测定方法
植株	株高	直尺测量法
	径粗	游标卡尺测量法
	叶面积	系数法
	叶绿素	SPAD-502 法
	全氮	LY/T 1271—1999
	全磷	LY/T 1271—1999
	全钾	LY/T 1271—1999
	生物量	称量法
土壤	含水量	土壤水分测定法
	pH	USEPA 9045D—2004
	电导率	LY/T 1251—1999
	有机质	NY/T 1121.6—2006
	全氮	LY/T 1228—1999
	全磷	LY/T 1232—1999
	全钾	LY/T 1234—1999
	速效氮	DB13/T 843—2007
	有效磷	LY/T 1233—1999
	速效钾	LY/T 1236—1999

7.5.2　试验分析与结论

（1）黄河泥沙充填复垦采煤沉陷地夹层式多层土壤剖面构型有利于作物种子萌发和作物植株生长发育，且有利于作物根系生长（图 7.38、图 7.39）。随着不同夹层式多层土壤剖面构型的心土层总厚度的增加，玉米植株地上、地下部分生物量基本呈现增加趋势，但夹层式多层土壤剖面构型减弱了心土层厚度对植株生物量的影响。说明心土层总厚度为 30 cm 的 T6、T7 构型剖面与心土层总厚度为 40 cm 的 T9 型剖面、CK2 对玉米生物量影响一致。T8、T10、T11 是一个较好的剖面构型，其植株生物量优于直接覆盖 70 cm 土壤层的双层土壤剖面构型（CK2）。

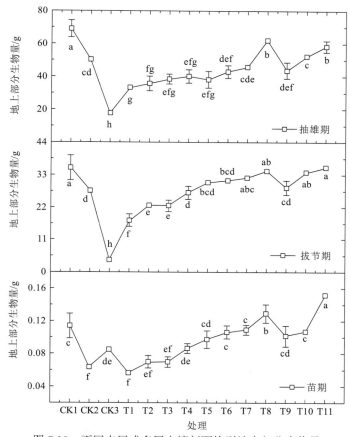

图 7.38 不同夹层式多层土壤剖面构型地上部分生物量

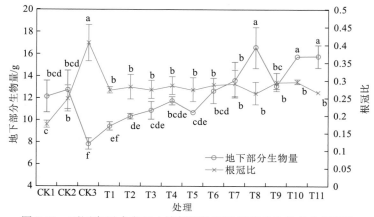

图 7.39 不同夹层式多层土壤剖面构型地下部分生物量和根冠比

（2）玉米植株长势总体呈现随着夹层式多层土壤剖面构型的心土层总厚度增加而上升的趋势，但良好的剖面构型降低了不同心土层总厚度对玉米植株长势的影响。T8、T11 构型剖面的株高、径粗、叶面积和叶绿素和 T10 构型剖面的株高、径粗和叶绿素，与 CK2 之间均不存在显著性差异。即心土层总厚度为 30 cm 的 T6、T7 构型剖面与心土层总厚度为 40 cm 的 T9 构型剖面、CK2 对玉米长势影响基本一致；T8、T10、T11 是一个良好的剖面构型，其植株长势与直接覆盖 70 cm 土壤层的双层土壤剖面构型基本一致（CK2）。

（3）随着玉米生长期的延长，玉米叶片全氮质量分数、全磷质量分数、全钾质量分数呈现下降趋势，且基本随着不同夹层式多层土壤剖面构型的心土层总厚度的增加而呈现增加趋势，但良好的剖面构型降低了不同心土层总厚度对玉米植株叶片全氮质量分数、全磷质量分数、全钾质量分数的影响。试验结束时，T7～T11 玉米叶片全氮质量分数、全磷质量分数、全钾质量分数均与 CK1、CK2 没有显著性差异。即心土层总厚度为 30 cm 的 T7 构型剖面与心土层总厚度为 40 cm 的 T8～T11 构型剖面、CK1、CK2 对玉米叶片全氮质量分数、全磷质量分数、全钾质量分数影响基本一致；其中 T8～T11 是良好的剖面构型，其玉米叶片全氮质量分数、全磷质量分数、全钾质量分数与直接覆盖 70 cm 土壤层的双层土壤剖面构型（CK2）、全土（CK1）基本一致。

（4）夹层式多层土壤剖面构型相较于 CK1 和 CK2，有利于保持表层土壤水分、速效氮、速效钾、有效磷、有机质含量，但对表层土壤 pH 没有显著性影响，且不利于降低表层土壤电导率；这种现象主要是由于夹层式多层土壤剖面构型中砂层含有较多的有效水分，水分通过毛管作用进入上部细质地土层，增加了其含水量；夹层式多层土壤剖面构型中含有夹砂层，具有良好的通气性，有利于养分释放利用（图 7.40）；此外，黄河泥沙热容量较小，白天温度高，从而影响整个剖面的温度分布，有利于养分释放和作物根系生长。

（5）在夹层式多层剖面构型中，黄河泥沙层中的夹心土层相较于均质型土柱，具有更高的含水量，可以蓄持更多的水分。夹层式多层土壤剖面构型的 pH 均显著性高于或近似于对照处理，说明其不利于控制剖面 pH，因此在实地应用过程中需要采取措施控制剖面 pH。夹层式多层土壤剖面构型的电导率均显著性高于或近似于对照处理，除了 95 cm 深度的 T6、T9 处理。表明夹层式多层土壤剖面构型中，盐分会产生积累，不利于控制剖面电导率。

（6）不同夹层式多层土壤剖面构型中，土壤中黄河泥沙夹层的全氮、全磷、全钾、有机质含量与 CK2、CK3 没有显著性差异；而黄河泥沙层中心土夹层的全氮、全磷含量基本均大于 CK1 或 CK2，全钾、有机质含量基本均小于 CK1 或 CK2，但基本均无显著性差异。说明夹层式多层土壤剖面构型有利于保持全氮、全磷，不利于保持全钾，有利于保持表层土壤有机质，不利于保持剖面中夹心土层有机质，但效果均不显著。这是由于土壤全氮、全磷与有机质关系密切，受温度和水分影响较大。土壤全钾含量受成土母质的影响较大，试验所用土壤的成土母质为黄土，经黄河泛滥沉积后形成潮土，潮土全钾含量较高。夹层式多层土壤剖面构型中夹砂层的存在，为好气性微生物提供了适宜的水热气条件，加快了有机质的分解、利用。

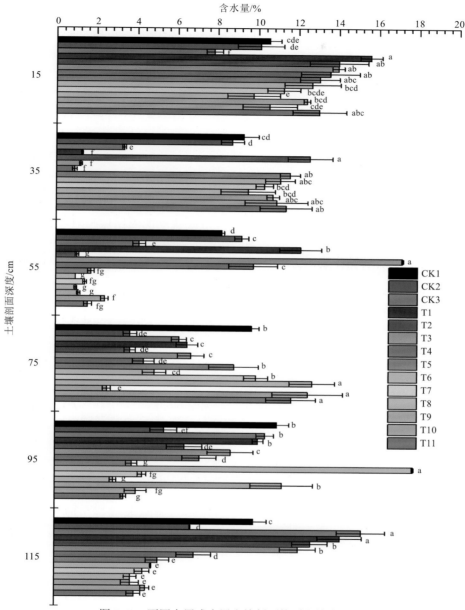

图 7.40　不同夹层式多层土壤剖面构型土壤含水量

（7）夹层式多层土壤剖面构型有利于保持剖面上、中部速效氮、有效磷、速效钾和下部有效磷、速效钾。产生以上现象的原因有：土壤溶质随着土壤水分运动而产生运移，多层土壤剖面构型可以阻滞溶质在剖面中的运移，且在夹层式多层剖面构型中，钾离子可以在砂层上的土壤层中产生积累，但砂层不能吸附钾离子。此外，淋溶主要发生在砂层，且层状结构有利于硝酸盐淋溶。

综上所述，黄河泥沙层中含有 2 个夹心土层的剖面构型是一个比较良好的夹层式多层土壤剖面构型。夹层式多层土壤剖面构型中首层覆盖 50 cm 厚的土壤优于 40 cm 厚的土壤，以保证作物主要根系的生长。当剖面中有不同厚度的 2 个夹心土层时，厚的夹心土层应分布在剖面中较上部位置。在剖面下部位置，2 个分开的 10 cm 厚度的夹心土层优于一个 20 cm 夹心土层。

7.6 夹层式结构土壤重构效果及优选——野外田间试验

7.6.1 试验设计

选定齐河县石庙杨村小东西地西头为试验地，复垦农田的农田施肥、灌溉等田间管理措施参照当地未破坏农田，以当地未经采煤沉陷扰动的农田做一对照处理，设计 10 种剖面构型处理（标注 T1～T10），每个剖面构型处理设置 3 个重复，并且重复之间按随机区组设计法进行试验小区布设。10 种剖面构型处理的表层 0～30 cm 土壤均用剥离的表土，其余土壤用剥离的心土，具体设计如图 7.41 所示。小区设计 5 m×6 m，每个试验小区四周用 0.5 m 宽土坝进行隔离，以防止水分、养分的相互影响，并在小区试验地周围设置 2 m 宽的保护行，每个小区设置 3 个重复，不同夹层式多层土壤剖面构型田间试验小区布设见图 7.42。因为田间试验小区 1、2 毗邻，且田间种植、管理情况完全相同，故不同夹层式多层土壤剖面构型田间试验与不同覆盖土壤厚度田间试验采用同一个对照小区。

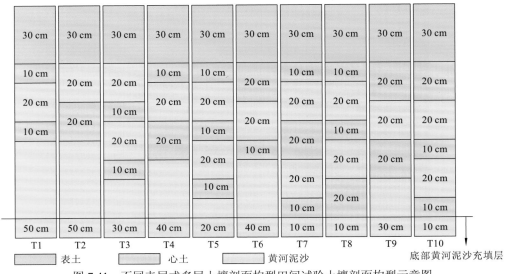

图 7.41 不同夹层式多层土壤剖面构型田间试验土壤剖面构型示意图

田间试验小区建设过程和试验期间玉米生长监测，如图 7.43 所示。不同夹层式多层土壤剖面构型田间试验于 2015 年 6 月 19 日种植玉米（登海 6102 号），10 月 4 日收获玉米果穗。玉米生长期间，于种植后 15 天、23 天、33 天、46 天和 68 天时，对玉米植株的长势（株高、径粗、叶面积、叶绿素）进行监测。在灌溉或降雨后 24～48 h，利用 TDR-300

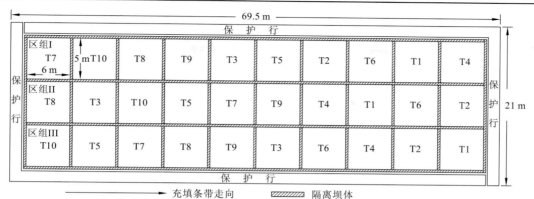

图 7.42 不同夹层式多层土壤剖面构型田间试验小区布设

图 7.43 田间作物生长监测

土壤水分测定仪测定表层土壤含水量。玉米收获后,测定各田间试验小区玉米产量;此外,在不同剖面、不同深度和层次,采集土壤和充填的黄河泥沙样品,带回室内进行风干、去杂、过筛后,用以测定其基础理化性质,具体测定时期和测定指标见表 7.9。

表 7.9 测定时期和测定指标

玉米生长期	植株测试指标	土壤测试指标
15 天、23 天、33 天、46 天、68 天	株高、径粗、叶面积、叶绿素	
15 天、23 天、46 天		表层土壤含水量
收获时	产量	剖面土壤含水量、pH、电导率、速效氮、有效磷、速效钾、全氮、全磷全钾、有机质

7.6.2 试验分析与结论

(1)随着不同夹层式多层土壤剖面构型中心土层总厚度的增加,玉米千粒重及玉米产量均呈现增加趋势。不同夹层式多层土壤剖面构型对玉米千粒重、产量具有一定影响,某些剖面构型的玉米千粒重、产量甚至高于全土对照试验小区,但影响并不显著(图 7.44、图 7.45)。

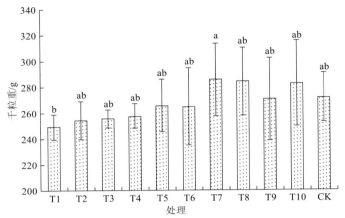

图 7.44　不同夹层式多层土壤剖面构型田间试验玉米千粒重

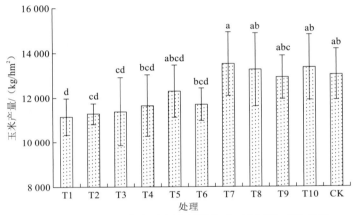

图 7.45　不同夹层式多层土壤剖面构型田间试验玉米产量

（2）在玉米生长发育后期，株高、径粗、叶面积、叶绿素基本呈现随不同夹层式多层土壤剖面构型的心土层总厚度的增加而增加趋势，且株高、径粗、叶面积、叶绿素基本与 CK 之间不存在显著性差异。心土层总厚度较薄的剖面若有一个良好的剖面构型，其株高、径粗、叶面积、叶绿素依然较好，即良好的剖面构型降低了不同心土层总厚度对玉米株高、径粗、叶面积的影响。

（3）不同时期，不同夹层式多层土壤剖面构型的表层土壤含水量均随着剖面心土层总厚度的增加而呈现增加趋势，心土层总厚度对不同夹层式多层土壤剖面构型表层土壤含水量有显著性影响，但是当心土层总厚度较薄时，通过构造一个良好的剖面，其表层土壤含水量依然较高（图 7.46）。

（4）随着剖面的心土层总厚度的增加，含水量呈现增高趋势，而黄河泥沙的含水量均较高，随着心土层总厚度的增加而降低。夹层式多层土壤剖面构型中夹心土层含水量较高，夹黄河泥沙层含水量较低，夹心土层可以起持水的作用。在夹层式多层土壤剖面中心土层总厚度较厚时，在夹层式多层土壤剖面构型中夹心土层电导率较高，说明盐分在黄河泥沙层上心土层产生累积（图 7.47）。

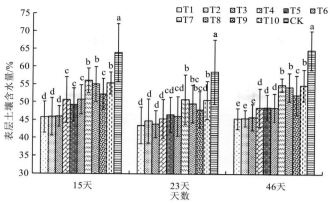

图 7.46　不同夹层式多层土壤剖面构型田间试验表层土壤含水量

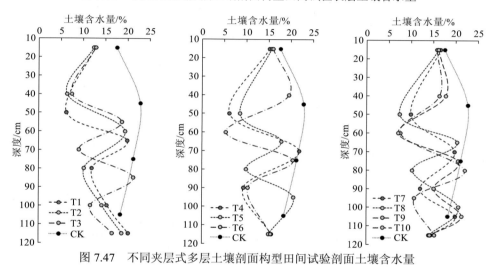

图 7.47　不同夹层式多层土壤剖面构型田间试验剖面土壤含水量

（5）夹层式多层土壤剖面构型表层土壤全氮、全磷、有机质和夹心土层土壤全氮、有机质含量均高于 CK，夹层式多层土壤剖面构型有利于保持全氮、全磷、有机质；而夹层式多层土壤剖面构型整体全钾含量均低于 CK。在夹层式多层土壤剖面构型中具有 2 个夹心土层时，上层夹心土层的速效氮、有效磷、速效钾含量高于下层夹心土层的速效氮、有效磷、速效钾含量。

　　综上所述，通过黄河泥沙充填复垦采煤沉陷地多层土壤剖面重构技术中不同夹层式多层土壤剖面构型田间试验，发现"土-沙-土-沙-……"型夹层式多层土壤剖面构型玉米产量较高，首层覆盖 50 cm 厚的土壤优于 40 cm 厚的土壤，以保证作物主要根系的生长分布；当剖面中有不同厚度的 2 个夹心土层时，厚的土壤夹层应分布在剖面较上部位置；在剖面下部位置，2 个分开的 10 cm 厚度的夹心土层优于一个 20 cm 的土壤夹层；黄河泥沙层中含有 2 个夹心土层的剖面是一个比较良好的土壤剖面构型。黄河泥沙充填复垦采煤沉陷地土壤剖面重构技术中，夹层式多层土壤剖面重构是提高耕地质量和生产力的有效途径。

参 考 文 献

鲍士旦, 2000. 土壤农化分析. 3 版. 北京: 中国农业出版社.

胡振琪, 2008. 土地复垦与生态重建. 徐州: 中国矿业大学出版社.

胡振琪, 王培俊, 邵芳, 2015. 引黄河泥沙充填复垦采煤沉陷地技术的试验研究. 农业工程学报, 31(3): 288-295.

胡振琪, 多玲花, 王晓彤, 2018. 采煤沉陷地夹层式充填复垦原理与方法. 煤炭学报, 43(1): 198-206.

黄昌勇, 徐建明, 2010. 土壤学. 北京: 中国农业出版社.

邵芳, 2017. 黄河泥沙充填复垦采煤沉陷地土壤剖面重构研究. 北京: 中国矿业大学(北京).

邵芳, 王培俊, 李恩来, 等, 2013. 沉沙排水措施在黄河泥沙充填复垦中应用的可行性. 能源环境保护, 27(3): 1-5.

王培俊, 胡振琪, 邵芳, 等, 2014. 黄河泥沙作为采煤沉陷地充填复垦材料的可行性分. 煤炭学报, 39(6): 1133-1139.

王培俊, 邵芳, 刘俊廷, 等, 2015. 黄河泥沙充填复垦中土工布排水拦沙效果的模拟试验. 农业工程学报, 31(17): 72-80.

王晓彤, 2020. 黄河泥沙充填复垦土壤夹层结构的作用机理及模拟研究. 北京: 中国矿业大学(北京).

王晓彤, 胡振琪, 赖小君, 等, 2019. 黏土夹层位置对黄河泥沙充填复垦土壤水分入渗的影响. 农业工程学报, 35(18): 86-93.

吴永成, 王志敏, 周顺利, 2011. ^{15}N 标记和土柱模拟的夏玉米氮肥利用特性研究. 北京: 中国农业科学, 44(12): 2446-2453.

薛世新, 2006. 湖泥充填塌陷区在张楼村土地复垦中应用. 能源技术与管理(5): 58-59.

邹朝阳, 时洪超, 孙国庆, 2009. 湖泥充填技术在采煤塌陷区复垦中的应用. 中国煤炭, 35(12): 105-106, 122.

第 8 章　采煤沉陷地矿山固废充填复垦土壤重构

8.1　概　　述

采煤沉陷地充填土壤重构是利用土壤或固体废弃物回填沉陷区至设计高程，但由于实际充填过程中很难得到充足的土壤，多利用矿山固体废弃物充填，然后覆盖表土。这既处理了废弃物又复垦了沉陷区的损毁土地，增加了耕地面积。按充填复垦所用主要物料的不同，可将充填复垦土壤重构划分为以下类型：粉煤灰充填重构、煤矸石充填重构、黄河泥沙充填重构、河湖淤泥充填重构等（胡振琪 等，2005）。其中将粉煤灰、煤矸石作为充填复垦基质材料，既充分利用了粉煤灰、煤矸石等固体废弃物，减少了大量堆放对环境的破坏，又恢复了破坏土地。

煤矸石、粉煤灰属于一般性固体废弃物，但集中排放与大量施用可能存在一定的盐分甚至重金属污染，目前就粉煤灰与煤矸石是否具有污染性、可否作为塌陷区充填材料仍存在很大争议。2011 年国务院发布并实施的《土地复垦条例》规定禁止将重金属污染物或者其他有毒有害物质作为回填或者充填材料。受重金属污染物或者其他有毒有害物质污染的土地复垦后，达不到国家有关标准的，不得用于种植食用作物。同时随着环保意识的加强，我国对于固体废弃物的排放与处置制定了一系列的国家标准，如《一般工业固体废物贮存、处置场污染控制标准》（GB 18599—2001）、《危险废物填埋污染控制标准》（GB 18598—2019）等，对耕地质量的保护也提出了相应的标准，如《土壤环境质量　农用地土壤污染风险管控标准（试行）》（GB 15618—2018）、《绿色食品　产地环境技术条件》（NY/T 391—2000）等。本领域参照国家对环境保护和土壤质量的标准要求，提出了一系列新的充填复垦模式。然后，根据选定的充填样本性质，按照《一般工业固体废物贮存、处置场污染控制标准》（GB 18599—2001）对充填复垦场地进行环境检测与评价，进行复垦工艺的设计和实施，确保复垦措施的合理性。一般情况下，需要充填复垦的区域符合处置场设计的环境保护要求。最后，按照《土壤环境质量农用地土壤污染风险管控标准（试行）》（GB 15618—2018），对复垦后的土壤进行质量评价。

粉煤灰的主要化学成分一般为 SiO_2、Al_2O_3、Fe_2O_3、CaO、MgO、Na_2O、K_2O 及一些微量元素等（吴家华 等，1995）。其中 SiO_2 和 Al_2O_3 占粉煤灰总量的 70%以上，其他含量较高的还有 Ca、Mg、K、Na、Fe、B 等，另外还可能含有较多的 As、Cd、Pb、Hg 等有毒有害元素，与自然土壤有较大差异。但是研究表明虽然粉煤灰中重金属含量较高，但由于粉煤灰与试验土壤 pH 较高，绝大多数污染重金属元素在淋溶液中的含量极低，为极弱淋溶元素。同时粉煤灰之所以能够在农业方面广泛应用，首先因为粉煤灰是理想肥料，其中含有 N、P、K、Ca、Fe、Mn、Cu、Zn 等对作物生长有利的营养元素；其次，粉煤灰是形状不规则的沙质松散颗粒物，能够作为土壤基质；除此之外，粉煤灰吸热性能好，能够提高地温，促进早出苗（周伯瑜，1985）。

煤矸石无论是在堆存区的生态修复还是在其他方面的应用，其理化指标均是决定其利用效果的关键。煤矸石的主要成分是 SiO_2、Al_2O_3，另外还有数量不等的 Fe_2O_3、CaO、SO_3、MgO、K_2O、Na_2O 及微量元素 Co、Ga、V、Ti 等。煤矸石的无机成分主要是铁、镁、钙、铝、硅的氧化物和某些稀有金属（王曦，2014）。此外，煤矸石中还含有多种金属或重金属元素，如 As、Cr、Pb、Hg、Cd、Se、Mn、Ni、Cu、Zn、Co、Mo、Be、V、Ba、Ti、Th、Ag 等（李青青，2016）。国内外不少学者对煤矸石中部分重金属元素含量做了研究（张治国 等，2010），认为煤矸石本身重金属含量较低，性质稳定，煤矸石的风化分解对可溶态重金属含量无明显影响；降雨对煤矸石的淋溶作用不会造成重金属环境污染。通过科学实验和合理设计，证明用煤矸石充填复垦矿区土地是可行的（戚家忠 等，2002）。

8.2 矿山固废充填复垦可行性分析及无害化充填思路

8.2.1 粉煤灰/煤矸石充填复垦可行性

2015 年我国原煤产量达 37.5 亿 t，消耗量 39.5 亿 t，粉煤灰年产并排放进入生态环境中的总量达 5 亿多吨，通过统计过去多年排放量，结合我国相关行业的发展情况，建立数据模型分析后得到预测结果,我国粉煤灰到 2020 年排放量将超过 6 亿 t（蔡玮，2017）。由于粉煤灰品质和经济技术等各方面条件的限制，目前我国粉煤灰总利用率约为 58%，大量粉煤灰被堆放在贮灰场，不仅没有得到有效利用，而且还压占了大量宝贵土地，增加贮灰场修建及其维护费用（胡振琪 等，2008）。粉煤灰在农业方面的用途主要有两种：一是在土壤中掺加粉煤灰作为肥料和改良剂，降低土壤黏粒含量和容重，提高土壤孔隙度及持水能力，进而提高作物产量；二是在排灰场（包括沉陷地）直接种植农林。利用灰场直接种植，可以经济、快速种植，既避免灰场覆土的大量工作，减少人力和物力浪费，也不会因取土而破坏其他土地（毛景东 等，1994）。近年由于我国采取变输煤为输电的策略，许多大型坑口电站相继建成，大大降低了煤矿区沉陷地充填运输费用，从而给沉陷地充填复垦创造了有利条件。

据不完全统计，我国煤矸石每年产生量达 7 亿 t，其中 2 亿 t 得不到有效处置，存放量位居全国工业废物之首。目前煤矸石的处置率在 60% 左右，利用途径有很多，主要是利用煤矸石发电、生产化工产品、生产矸石砖和水泥、改良土壤、回填矿井采矿区。利用煤矸石充填采煤塌陷区是目前煤矸石利用较为普遍的一种方式，通过利用煤矸石充填重构，既可以处理地表堆积煤矸石，减轻矸石对地表环境的影响，又能使一部分沉陷土地再次利用，提高损毁土地的可利用率，缓解土地资源紧张问题。

8.2.2　粉煤灰/煤矸石无害化充填复垦思路与技术

耕地是人类最珍贵的土地资源，耕地生产力的提高、绿色生产和生物多样性是世界农业发展的趋势。因此，非常有必要对充填复垦技术进行革新，从重视复垦耕地数量的观念转变到重视复垦耕地的质量上来，以生态健康为本，顺应世界农业发展的趋势。面对这种形势，如何改进充填复垦的工艺，成为一个新的研究课题。

近年来，国外提出了增加隔离层（如薄膜层、黏土层等）和覆盖层等方法，来防止充填材料中的毒物渗透进地下水和上覆耕作层土壤，但对隔离层材料和厚度选择等详细的技术指标方面还处于探索阶段。薄膜过滤在废水循环利用中的例子比较多见，是一种经济且效果不错的处理手段。

波兰华沙农业大学的 Piatkiewicz 教授做了一个实验。他将填埋废弃物的渗出液通过4 个步骤进行过滤处理：预过滤、微过滤、超过滤和逆渗透。在微过滤处理时加聚丙烯试管薄膜，超过滤处理时用聚砜试管薄膜，结果表明：微过滤处理后的过滤液与超过滤处理后的过滤液的化学成分没有显著的差别，可以将微过滤处理过程省略。

崔龙鹏等（2004）在认识到煤矸石中重金属含量会对周围的土壤和水资源造成污染时，就提到充填复垦应进行必要的试验研究和科学论证，合理设计填充方案，减少煤矸石淋溶及有害污染物的迁移机会。譬如，可以采取在填充煤矸石之上用厚黏土层覆盖，在充填过程中，设置多层黏土隔离层，或类似于垃圾埋场处理。

王国强等（2001）参照垃圾卫生填埋法，提出了煤矸石填埋设计的基本程序，即：施工前，进行煤矸石堆浸试验，测定堆浸液中污染物成分、浓度及有关所需参数；依据综合治理的可行性，勘查沉陷区的水文地质条件，需特别注意沉陷区与周边的水力联系，试验确定其水力扩散的弥散系数，根据污染物的传播机理及各方面因素，预估其可能产生的危害，以选择底部防渗层的材料、施工方法等。但是，该研究并没有给出确切的设计方法和公式。而且，充填复垦与垃圾填埋存在许多不同之处。其一，垃圾填埋是强制执行的规定，对要填埋的垃圾类别没有选择性，而充填复垦材料是可以选择的，可能的话，可以选择没有污染性的充填材料。其二，充填复垦的目的是增加耕地面积，充填材料最好与周围的土质融为一体，形成一个利于土壤水循环的环境，而采用垃圾填埋法的隔离层就破坏了这种循环，不利于生态系统的恢复。

随着环境保护意识的加强，我国对于固体废弃物的排放与处置制定了一系列的国家标准，作者参照已有的思想，并参照国家对于环境保护和土壤质量的标准要求，提出新的充填复垦技术模式，实施程序如图 8.1 所示。

整个技术程序分为三个阶段：材料筛选、技术设计与实施及复垦后土壤质量评价。

（1）材料筛选。对充填材料进行筛选，分为初级筛选和高级筛选，筛选掉的材料可以进行其他方式的利用。

第一步：采集充填复垦材料（煤矸石或粉煤灰）样本。样本要具有典型性。

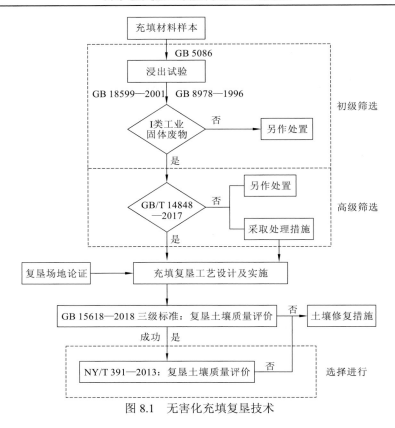

图 8.1　无害化充填复垦技术

第二步：初级筛选。按照《固体废弃物浸出毒性浸出方法翻转法》（GB 5086.1—1997）对样本进行浸出试验，并分析主要的污染物浸出量，同时依据《一般工业固体废物贮存、处置场污染控制标准》（GB 18599—2001）选择 I 类一般工业固体废物即浸出液中任何一种污染物的浓度均未超过《污水综合排放标准》（GB 8978—1996）最高允许排放浓度（表 8.1），且 pH 在 6～9 的样本作为充填材料，如果超过了表 8.1 中规定的浓度，则不能作为充填材料。

表 8.1　污染物排放浓度标准　　　　　　　　　　　　（单位：mg/L）

序号	污染物	GB 8978—1996	GB/T 14848—2017
1	总汞（Hg）	≤0.05	≤0.001
2	烷基汞	不得检出	
3	总镉（Cd）	≤0.1	≤0.01
4	总铬（Cr）	≤1.5	
5	六价铬（Cr^{6+}）	≤0.5	≤0.1
6	总砷（As）	≤0.5	≤0.05
7	总铅（Pb）	≤1.0	≤0.1
8	总镍（Ni）	≤1.0	≤0.1

续表

序号	污染物	GB 8978—1996	GB/T 14848—2017
9	苯并芘	≤0.000 03	
10	总铍（Be）	≤0.005	≤0.001
11	总银（Ag）	≤0.5	
12	总 α 放射性（Bq/L）	≤1	>0.1
13	总 β 放射性（Bq/L）	≤10	>1
14	铁（Fe）		≤1.5
15	锰（Mn）		≤1.0
16	铜（Cu）		≤1.5
17	锌（Zn）		≤5.0
18	钼（Mo）		≤0.5
19	钴（Co）		≤1.0
20	硒（Se）		≤0.1
21	钡（Ba）		≤4.0
22	氟化物		≤2.0

注：表中空位为该标准对该污染物没有要求

第三步：高级筛选。经过充填材料的初级筛选过程，可以排除充填复垦对土壤的严重污染，如果在城镇区域复垦作为建设用地是可以的，但如果在农业区复垦作为农业用地，则需考虑充填材料对于浅层地下水的污染，特别是对于主要依靠地下水灌溉的区域。从表 8.1 中可以看出，《地下水质量标准》（GB/T 14848—2017）中 IV 类水（适用于农业和部分工业用水，适当处理后可作生活饮用水）对于重金属含量的要求比《污水综合排放标准》（GB 8978—1996）更加严格，因此，将《地下水质量标准》（GB/T 14848—2017）中 IV 类水标准作为高级筛选标准，超过该标准的样本可以采取以下两种处理方式。一是不能作为充填材料。这样会极大地限制充填材料的选择范围，缩小充填材料的来源，同时也限制了煤矸石或粉煤灰的利用数量。二是通过采取设置隔离层或掺加修复剂之类的物质，将重金属元素的化学形态固定，防止其向地下水渗透。这就增大了复垦的投资额，而且不能避免潜在的目前不能预知的环境污染风险。二者相较，前者的利用潜力较大。

（2）技术设计与实施。根据选定的充填样本性质，同时按照《一般工业固体废物贮存、处置场污染控制标准》（GB 18599—2001）对充填复垦场地进行环境检测与评价来进行复垦工艺的设计和实施，以确保复垦措施的合理性和环境风险。一般情况下，需要充填复垦的区域符合处置场设计的环境保护要求。

（3）复垦后土壤质量评价。按照《土壤环境质量农用地土壤污染风险管控标准（试行）》（GB 15618—2018）（表 8.2），对复垦后土壤进行质量评价。对于以农业种植为目的的复垦，充填材料除了对地下水有污染，还会随着土壤水移动对周围的土壤产生污染。对于复垦后土壤中重金属类元素含量超过三级标准上限值的，应该先采取土壤修复措施，当土壤质量符合标准后，再种植一般作物。

表 8.2　土壤质量评价标准参照　　　　　　　　　　　单位：（mg/kg）

项目	级别	一级	二级			三级	NY/T 391—2013		
	土壤 pH	自然背景	<6.5	6.5~7.5	>7.5	>6.5	<6.5	6.5~7.5	>7.5
镉 Cd	水田	0.20	0.30	0.60	1.0		0.3	0.3	0.4
	旱地	0.20	0.30	0.60	1.0		0.3	0.4	0.4
汞 Hg		0.15	0.30	0.50	1.0	1.5	0.25	0.3	0.35
砷 As	水田	15	30	25	20	30	25	20	15
	旱地	15	40	30	25	40	25	20	20
铜 Cu	农田等	35	50	100	100	400	50	60	60
	果园	—	150	200	200	400	100	120	120
铅 Pb		35	250	300	350	500	50	50	50
铬 Cr	水田	90	250	300	350	400	120	120	120
	旱地	90	150	200	250	300	120	120	120
锌 Zn		100	200	250	300	500			
镍 Ni		40	40	50	60	200			

注：表中空位为该标准对该污染物没有要求

此外，2013 年农业部发布了《绿色食品　产地环境技术条件》（NY/T 391—2013）关于土壤环境质量的要求。当然，要达到《绿色食品　产地环境技术条件》（NY/T 391—2013）的标准，还要对复垦区域的整体环境进行改善，也是土地复垦工作的最高工作目标。

1. 煤矸石无害化充填复垦技术

1）矸石充填沉陷区作农用地技术的一般模式

农用地常见的利用方式为农业用地和林业用地两种。一般工艺流程如图 8.2 所示。

图 8.2　矸石充填沉陷区作为农用地技术的一般工艺流程图

标高设计：分为充填标高和用地标高两部分。用地标高针对种植作物的不同而确定，必要条件是满足种植的需要，理想的情况是恢复到原标高。由于区域土地资源的匮乏，可不必追求恢复到原标高，只要满足用途要求即可。因此，需要根据沉陷地的情况和种植要求对用地标高进行设计。充填标高是控制充填材料的，如果充填后不覆土，则充填标高等于用地标高；如果需要覆土，则充填标高等于用地标高减去覆土厚度。一般来说，林地对覆土厚度要求相对较低，或可不覆土直接种植；但是对于农业用地，至少要覆土 30 cm 才能满足作物生长的需要。需要注意的一点是：标高设计过程中要考虑一定的沉降系数。

改良：在工程复垦完成后，应根据充填料的理化性质采取一定的改良措施。特别是在不覆土充填时，更应加强后期的改良，以便快速地改良充填材料的理化性状，提高土地的生产力。

2）东滩矿"滚动式"充填复垦模式

早在 1998 年，东滩矿为巩固四采区开采破坏的白马河河堤，在河旁的田地中取土护堤，形成一土坑。1998 年下半年，东滩矿开始了将新出的矸石充填到坑中进行复垦造田的实践。1999 年起，与当地政府合作，新出矸石正式开始不再上矸石山，全部运往四采区沉陷区，采用矸石分区、分层充填、汽车排矸、自然碾压、循环复土的方法进行土地复垦（赵艳玲 等，2009）。其采用的充填复垦方式称作"滚动式"充填复垦，已成为兖矿集团充填复垦的典例，在大加推广。该模式的工艺流程图如图 8.3 所示。

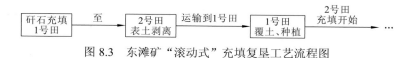

图 8.3　东滩矿"滚动式"充填复垦工艺流程图

按照充填顺序，假设预充填的第一块沉陷地称为 1 号田，即因护堤取土而形成的土坑，东滩矿组织车队以汽车运输的方式将每天新出的矸石充填到 1 号田，充填到设计标高后，由当地政府将预充填的 2 号田的表土取出，覆盖到已充填好矸石的上方，整平进行作物种植；然后东滩矿开始将新出的矸石再充填到 2 号沉陷地，进行充填……，这种"滚动式"做到了动态矸石充填。其间，东滩矿提供测量方面的技术支持。按这种方式，东滩矿每年大约能复垦造田 200 亩（1 亩≈666.67 m^2），为了提高复垦地的粮食产量，覆土的厚度也从 0.5 m 到 1 m、2 m，至今已复垦造田 1 000 余亩。

2. 粉煤灰充填复垦无害化利用技术

粉煤灰充填采煤沉陷地既恢复了耕地，又将采煤沉陷地作了废弃物的填埋场，是粉煤灰资源化、无害化和减量化的一种有效途径。但粉煤灰中富集的一些重金属元素可能会对种植作物及地下水带来污染。目前粉煤灰的工业利用率虽然不断提高，但粉煤灰充填沉陷地及贮灰场仍是其主要的处理方式之一，在一些地区，粉煤灰充填采煤沉陷地覆土农用面积逐年增大。深入研究适合我国特点的采煤沉陷地无污染充填复垦新技术、新方法、新工艺，对我国土地复垦和矿区环境保护具有十分重要的意义，而且对有关法规、政策的制定有重要的参考价值，并能产生较大的经济、社会和环境效益。

治理土壤重金属污染的途径可总结为三种：第一，采取适当的工程措施，如隔离、包埋和覆盖等措施；第二，改变重金属在土壤中的存在形态，使其固定，降低其在环境中的迁移性和生物可利用性；第三，从土壤中去除重金属。视重构土壤的具体污染情况和利用方式，考虑采取以下一些措施。

（1）采取增加隔离层（如薄膜层、黏土层等）、覆盖土层等措施将污染土壤与周围环境隔离，使其不再向周围环境迁移；并利用土壤巨大的环境容量，在一定程度上吸附和固定重金属，并改善其种植特性。具体的技术工艺仍处于进一步探索阶段。

（2）采取淋溶、稀释措施，使重构土壤重金属逐渐向地下水体和周围土层转移，在转移途中转化或被吸附固定，从而使污染区土壤重金属浓度逐渐降低。但必须进行污染源的污染潜能评价，在某些敏感地点不宜使用。

（3）在土壤中施用有机肥、化学肥料和土壤改良剂等是重构土壤重金属污染治理的一种有效方式，除了起到施肥作用，还可在一定程度上抑制重构土壤中某些重金属活性或固定重金属的作用。

（4）应用提取法，包括分为洗土法、堆摊浸滤法和冲洗法等去除土壤中的重金属，采用化学试剂和重构土壤重金属的作用，形成溶解型的重金属离子或金属-试剂络合物，然后从提取液中回收重金属，并循环利用提取液。Stephen W. Paff 1994 年报道美国曾对 4 个被 As、Cd、Cr、Cu、Pb、Ni、Zn 污染的超级基金项目采用酸根提取法进行治理，治理后重金属的淋溶性均在资源保护回收法规定的限度以下（孙家君，2008）。

（5）利用某些植物去除土壤中的重金属。不同植物对不同重金属有特殊的喜好，根据重构土壤污染最严重的重金属和当地的实际情况，选择种植植物品种，能达到逐年去除土壤中重金属、减轻污染的目的。例如，柳属的某些植物能大量富集 Cd。

以上方法可根据实际情况，有选择地应用于粉煤灰充填重构土壤的重金属污染治理，但一般都需要较高的费用或较长的时间。

8.3 采煤沉陷地粉煤灰/煤矸石一次性充填复垦

8.3.1 粉煤灰一次性充填复垦工艺流程

粉煤灰充填复垦是将粉煤灰按照设计地面高程直接进行充填，然后根据复垦目的进行土壤重构、平整造地。或利用电厂原有设备及输灰管道，将灰水输送至充填沉陷区进行复垦，当贮灰场沉积的粉煤灰高度达到设计标高后停止充灰，然后排水覆土。粉煤灰充填复垦技术的工艺流程如图 8.4 所示（魏忠义，2002）。

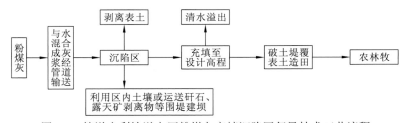

图 8.4 管道水利输送电厂粉煤灰充填沉陷区复垦技术工艺流程

用粉煤灰充填复垦是我国现行的主要复垦技术之一，已在平顶山、徐州、淮北、唐山等矿区复垦了数千亩土地。图 8.5 为安徽淮北 2012 年粉煤灰充填复垦耕地。尽管对充填粉煤灰有所选择，但是用现行充填复垦技术复垦后的土壤不同程度地存在污染问题，

图 8.5　安徽淮北粉煤灰充填覆土复垦耕地

可能对作物生长与籽实产生影响。所以，很有必要对充填复垦重构土壤的生产力、污染元素迁移规律、污染程度、环境影响及改良培肥措施等进行深入研究，全面评价粉煤灰充填复垦效果，为粉煤灰充填复垦重构工艺的革新提供依据。

8.3.2　煤矸石一次性充填复垦工艺流程

用煤矸石进行充填复垦可分为两种情况，一是新排矸石复垦，二是预排矸石复垦。前者是指将矿井产生的新煤矸石直接排入充填区进行造地，此方法最为经济合理。后者是指建井过程中和生产初期，沉陷区未形成前或未终止沉降时，在采区上方，将沉降区域的表土先剥离取出堆放四周，然后根据地表下沉预计结果预先排放矸石，待沉陷稳定后再利用。据测算，充填复垦时，充填的煤矸石的实际高度应为设计高度的 1.31 倍左右。矿区废弃物（煤矸石）充填复垦技术工艺流程如图 8.6 所示（魏忠义，2002）。

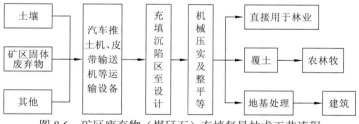

图 8.6　矿区废弃物（煤矸石）充填复垦技术工艺流程

以王台铺矿煤矸石充填复垦为例，根据规划，以充填区域周边耕地高程为参照，确定回填区的充填高程，工作程序如下。

规划→剥离表土层→贮存表土层→回填煤矸石→推平→压实→覆土→回填表土层→种植。

回填沉陷区时，剥离 20 cm 的表土、并进行存储，以防水冲和风化，为下一步的复垦工作做好准备。表土剥离后，根据设计的回填物结构先将不利于植物生长的回填物置于下面，再回填煤矸石，用推土机推平、压路机压实，防止因透气导致煤矸石自燃和覆土后因降水下渗而形成漏斗或表土流失。然后在煤矸石上填土，厚度 1.2 m 左右。最后将储存的表土覆盖于最上部,厚度约 20 cm。

为减少工作量,降低表土存储量,需在回填处 30 m 前进行表土剥离,以避免上部煤矸石滚下危及人身安全。回填区的边缘不得有煤矸石外露,上覆黄土层要比正常区域厚,达到 1.5 m。坡度平缓时,接壤区域 2 m 宽度内全部用黄土覆盖,提高煤矸石的密封性能,以防自燃现象的发生。

三年的实测结果显示复垦土地的小麦长势显著优于周边土地,麦穗长达 70 mm。

煤矸石充填复垦虽然可以充分利用废弃物资源,但煤矸石充填基质往往含有多种重金属元素,在一定条件下,煤矸石充填复垦是安全的。但随着环境的不断变化,可能会释放出污染物,进而污染复垦土壤。因此需要对矿区复垦土壤环境质量进行长期监测,这对复垦区域的粮食安全有重要意义。

8.4 粉煤灰/煤矸石充填复垦夹层式充填复垦技术

传统的粉煤灰/煤矸石充填复垦技术是充填粉煤灰/煤矸石后直接覆盖土壤层,形成传统的"土壤-粉煤灰/煤矸石"双层上土下灰/石的土壤剖面构型。粉煤灰/煤矸石充填复垦土壤多层重构是对传统充填复垦方式的革新,形成"土-灰/石-土-灰/石……"的多层土壤剖面构型。粉煤灰/煤矸石多层充填复垦要结合充填区域(形状、面积、待充填深度等)的具体情况,决定是否划分充填条带,将其划分为两小类:划分条带多次多层充填技术、不划分条带多次多层充填技术(图 8.7)。但在实际充填复垦过程中粉煤灰充填复垦与煤矸石充填复垦的具体实施工艺因两种充填材料的不同而不同。

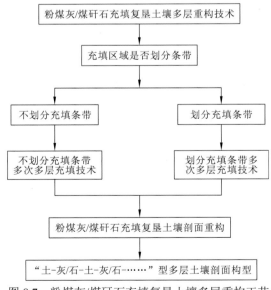

图 8.7 粉煤灰/煤矸石充填复垦土壤多层重构工艺

8.4.1 粉煤灰充填复垦多层多次充填工艺

1. 粉煤灰充填复垦不划分条带多层多次充填工艺

粉煤灰充填复垦不划分条带多层多次充填工艺适用于小区域或宽度较窄的长条形区域，其工艺流程如图 8.8 和图 8.9 所示。

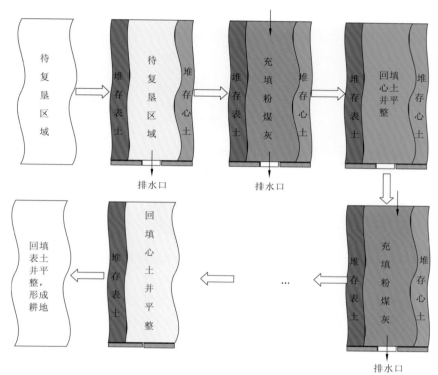

图 8.8 粉煤灰充填复垦不划分条带多层多次充填工艺示意图 a

该工艺的具体实施流程如下。

（1）实地调研。对待复垦区域进行实地调研，确定其形状、大小、积水情况等，制订充填方案。

（2）确定充填走向。确定待复垦区域的粉煤灰充填入口与排水口，进而确定粉煤灰充填走向。

（3）待充填区域排走积水。根据待复垦区域的气象水文情况，在枯水季，利用原有或现挖的排水沟排走积水。

（4）确定待充填区域的土壤剥离厚度。根据待复垦区域深度和复垦设计标高，确定待充填土壤厚度。根据待充填土壤厚度和采煤沉陷地最大剥离厚度，确定采煤沉陷地的土壤剥离厚度，待复垦区域土壤剥离厚度一般为 0.5~1.0 m，其中表土剥离厚度为 0.2~0.5 m，心土厚度为 0~0.8 m。

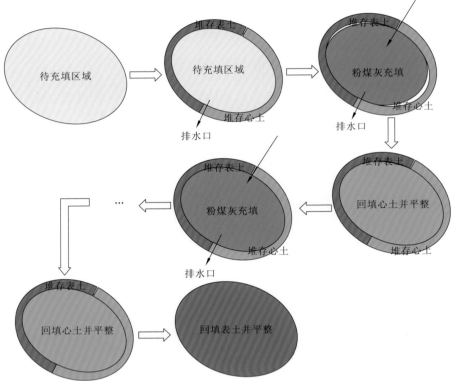

图 8.9 粉煤灰充填复垦不划分条带多层多次充填工艺示意图 b

（5）确定充填土壤重构剖面、粉煤灰充填次数及厚度。根据待充填土壤厚度、土壤剥离厚度及适宜的土壤剖面构型，确定充填土壤重构剖面特征从下到上为粉煤灰层-心土层-粉煤灰层-……-心土层-表土层。各类土壤剖面土层厚度一般为：表土层厚度 0.2～0.5 m，每一心土层厚度 0.15～0.4 m，每一粉煤灰层厚度 0.2～1.0 m，粉煤灰层数为 2～4 层。

（6）待充填区域土壤分层剥离。对待充填区域表土和心土进行分层剥离，并分区堆存，为充填粉煤灰做好准备。

（7）待充填区域进行多次多层充填粉煤灰-排水-覆盖心土层。对待充填区域充填粉煤灰，当达到设定的粉煤灰层厚度 0.2～1.0 m 后，保持 1～3 天的粉煤灰沉淀时间，采用深排水沟加挡粉煤灰排水的方式排水；充填的粉煤灰排水干燥后，按设计的心土层厚度覆盖心土；再按相同方式进行下一层粉煤灰层的充填，直到充填区域完成设计的充填土壤重构剖面。

（8）回填表土。按照步骤（7）完成所有粉煤灰和心土层的构造后，运回表土进行回填覆盖和平整。

（9）农田系统配套建设。按照周围农田系统分布情况，确定是否建设农田系统配套。

2. 粉煤灰充填复垦划分条带多层多次充填工艺

粉煤灰充填复垦划分条带多层多次充填工艺适用于大区域采煤沉陷地充填复垦，其工艺流程见图 8.10，示意图见图 8.11。

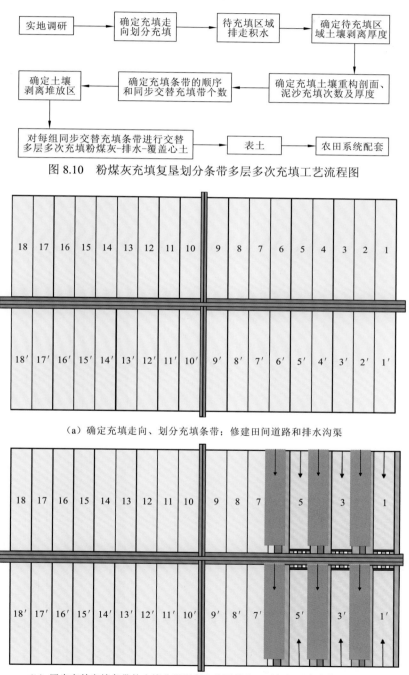

图 8.10　粉煤灰充填复垦划分条带多层多次充填工艺流程图

（a）确定充填走向、划分充填条带；修建田间道路和排水沟渠

（b）同步交替充填条带的土壤分层剥离和分区堆存；对每组同步交替充填条带进行交替依次充填粉煤灰层-排水

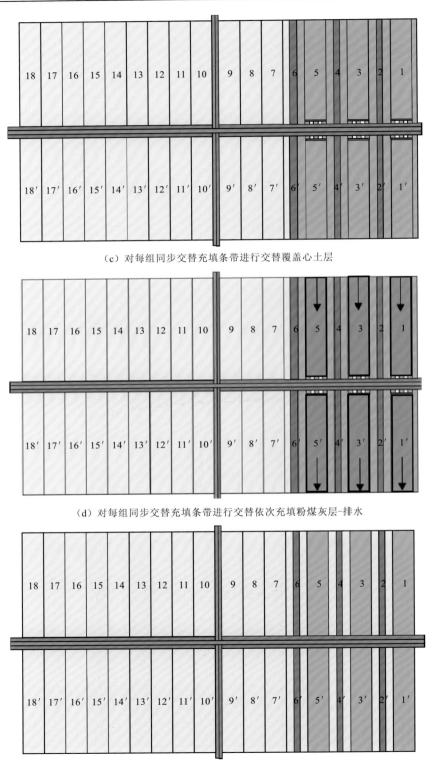

（c）对每组同步交替充填条带进行交替覆盖心土层

（d）对每组同步交替充填条带进行交替依次充填粉煤灰层-排水

（e）对每组同步交替充填条带进行交替覆盖心土层

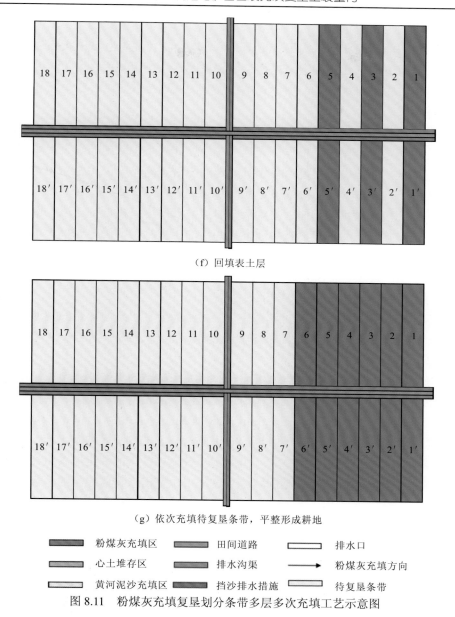

（f）回填表土层

（g）依次充填待复垦条带，平整形成耕地

	粉煤灰充填区		田间道路		排水口
	心土堆存区		排水沟渠	→	粉煤灰充填方向
	黄河泥沙充填区		挡沙排水措施		待复垦条带

图 8.11　粉煤灰充填复垦划分条带多层多次充填工艺示意图

粉煤灰充填复垦划分条带多层多次充填工艺具体实施流程如下。

（1）实地调研。对待复垦区域进行实地调研，确定其形状、大小、积水情况等，制订充填方案。

（2）确定充填走向、划分充填条带。根据沉陷地的耕作、排灌实际地貌特征，以及土壤剥离机械条件和采煤沉陷地的土壤剥离厚度，将采煤沉陷地划分为规则的长方形充填条带，充填条带尺寸为宽 25～35 m，长 50～150 m，并将条带按 1,2,3,4,…,n 进行编号。

（3）待充填区域排走积水。根据待复垦区域的气象水文情况，在枯水季，利用原有或现挖的排水沟渠排走积水。

（4）修建田间道路和排水沟渠。根据充填方案，在待复垦区域中央或周边位置，沿充填走向的垂直方向修建田间道路以便土壤剥离施工，在田间道路旁边靠近充填条带的一侧（或两侧）挖掘排水沟渠，用于充填粉煤灰的快速排水固结，在道路和排水沟渠的交汇处修建桥梁。

（5）确定待充填区域的土壤剥离厚度。根据采煤沉陷地的沉陷深度和设计的待复垦标高，确定待充填土壤厚度。根据待充填土壤厚度和采煤沉陷地的最大土壤剥离厚度，确定采煤沉陷地的土壤剥离厚度。采煤沉陷地的土壤剥离厚度为 0.5～1.0 m，其中表土剥离厚度为 0.2～0.5 m，心土剥离厚度为 0～0.8 m。

（6）确定充填土壤重构剖面、粉煤灰充填次数及厚度。根据待充填土壤厚度、土壤剥离厚度及通过盆栽试验确定的复垦适宜夹心土的土壤结构，确定充填土壤重构剖面特征从下到上为：粉煤灰层-心土层-粉煤灰层-……-心土层-表土层。各类层厚度为：表土层厚 0.2～0.5 m，每一心土层厚度 0.15～0.4 m，每一粉煤灰层厚度 0.2～1.0 m，粉煤灰层为 2～4 层。

（7）确定充填条带的顺序和同步交替充填条带的个数。采用隔带充填的方式，先充填奇数编号的充填条带，再充填偶数编号的充填条带，或相反；选择 $k+1$ 个充填条带作为一组同步交替充填条带。

（8）确定土壤剥离堆放区。将一组同步交替充填条带的邻近非本组充填条带作为该组同步交替充填条带的土壤剥离堆放区，堆放区由中部表土堆放子区、两侧心土堆放子区组成；表土堆放子区高度为 1.0～2.5 m，心土堆放子区高度为 2～4 m 构成心土坝；在邻近非本组充填条带的心土堆放子区堆放心土前，心土堆放子区的表土也一并剥离堆放在本充填条带的表土堆放子区中；若一组同步交替充填条带的邻近非本组充填条带为已充填复垦条带，其条带两侧在表土回填施工过程中，空出未覆盖表土的区域作为该组同步交替充填条带的心土堆放子区，其条带中间覆盖表土的区域作为该组同步交替充填条带的表土堆放子区。

（8-1）设每个充填条带的宽度为 W，长度为 L，其中表土堆放子区宽度为 W_1，两侧心土堆放子区宽度为 W_2，土壤剥离厚度为 d，其中表土剥离厚度为 a，表土堆放子区和心土堆放子区横切面均为一梯形，其自然倾斜角（安息角）取 45°，表土堆放子区高度为 h_1，心土堆放子区高度为 h_2。

（8-2）同步交替充填条带的表土和邻近非本组充填条带两侧的心土堆放子区上的表土，一并堆放在邻近非本组充填条带中部表土堆放子区，故其表土堆放子区的宽度 $W_1=(W+2W_2) \times a/h_1+h_1$；

（8-3）同步交替充填条带的心土堆放在邻近非本组充填条带两侧的心土堆放子区，构成心土坝，故心土堆放子区的宽度 $W_2=W(d-a)/(2h_2)+h_2$；

（8-4）充填条带的宽度 W、表土堆放子区 W_1 和心土堆放子区 W_2 的关系为 $W \geqslant W_1+2W_2$。

（9）同步交替充填条带的土壤分层剥离。对每一组同步交替充填条带进行表土、心土的分层剥离，为充填粉煤灰做好准备。首先，将该组同步交替充填条带表土剥离，剥离厚度为 0.2～0.5 m，并将剥离的表土堆放在邻近非本组充填条带（即本条带编号加 1 或减 1 的充填条带）中间的表土堆放子区上，并将该邻近非本组充填条带心土堆放子区的表土也一并剥离堆放在其表土堆放子区上，然后采取保土措施，覆盖和种植绿肥；然后将同步交替充填条带的心土剥离堆放在邻近非本组充填条带的心土堆放子区，构成心土坝，用于后续的回填覆盖。

（10）对每组同步交替充填条带进行交替多层依次充填粉煤灰层-排水-覆盖心土层。对每一组同步交替充填条带进行交替充填，先从第一个同步交替充填条带开始充填粉煤灰层，当达到设定的粉煤灰层厚度 0.2～1.0 m 后，开始充填第二个同步交替充填条带，当达到设定的粉煤灰层厚度 0.2～1.0 m 后，再进行下一个同步交替充填条带，如此进行，一直进行到第 $k+1$ 个同步交替充填条带。每一个同步交替充填条带充填完一层粉煤灰层后，保持 1～3 天的粉煤灰沉淀时间，采用深排水沟加挡沙排水的方式排水。充填的粉煤灰层排水干燥后，从邻近非本组充填条带的心土堆放子区取土，按设计的心土层厚度覆盖心土，心土层厚度为 0.15～0.4 m；每一个同步交替充填条带充填覆盖心土层完成后，再按相同方式进行下一层粉煤灰层的充填，直到该组同步交替充填条带的每个充填条带完成设计的充填土壤重构剖面。对每一组同步交替充填条带内各个充填条带进行交替多层多次充填粉煤灰层-排水-覆盖心土层，一定要做好衔接，保障充填及时、排水迅速、覆土到位，同时充填时要采取防止冲刷已复垦层面的措施，确保按设计的充填土壤重构剖面特征构造。

（11）表土的回填。对一组同步交替充填条带中每个充填条带按照步骤（10）交替多层多次充填粉煤灰层-排水-覆盖心土层，完成所有粉煤灰层和心土层的构造后，从邻近非本组充填条带的表土堆放子区，运回表土进行回填覆盖和平整；待采煤沉陷地全部充填条带完成充填后，将多余的表土回填覆盖到缺少表土的区域，一并平整。

（12）农田系统配套建设。按照与周围农田系统协调原则，农田系统配套（田间道路、排水沟渠和农田生态防护林等）建设。

8.4.2 煤矸石充填复垦多层多次充填工艺

煤矸石充填复垦多层多次充填工艺实施流程与粉煤灰充填复垦多层多次充填工艺实施流程大体相近。与粉煤灰充填复垦相比，煤矸石充填复垦多层多次充填不需排水，但是要考虑煤矸石粒径大小，以保证粒径较大的煤矸石充填到底部，小粒径煤矸石充填到上部，已达到保水保肥效果。

1. 煤矸石充填复垦不划分条带多层多次充填工艺

煤矸石充填复垦不划分条带多层多次充填工艺适用于小区域。该工艺的具体流程如下。

（1）实地调研。对待复垦区域进行实地调研，确定其大小、形状、积水情况，估算待复垦区的充填标高、充填厚度。

（2）待充填区域排走积水。若待复垦区域有积水，需排走积水，为土壤剥离做好准备。

（3）确定待充填区域的土壤剥离厚度。根据待复垦区域深度和复垦设计标高，确定待充填土壤厚度。根据待充填土壤厚度和采煤沉陷地最大土壤剥离厚度，确定采煤沉陷地的土壤剥离厚度，待复垦区域土壤剥离厚度一般为 0.5～1.0 m，其中表土剥离厚度为 0.2～0.5 m，心土剥离厚度为 0～0.8 m。

（4）确定充填土壤重构剖面、煤矸石充填次数及厚度。根据待充填土壤厚度、土壤剥离厚度及适宜的土壤剖面构型，确定充填土壤重构剖面特征从下到上为煤矸石层-心土层-煤矸石层……心土层-表土层。各类土壤剖面土层厚度一般为：表土厚 0.2～0.5 m，每一层心土厚 0.15～0.4 m，每一层煤矸石厚 0.2～1 m，煤矸石层为 2～3 层。

（5）待充填区域土壤分层剥离。对待充填区域进行表土和心土进行分层剥离，并分区堆存，为充填煤矸石做好准备。

（6）煤矸石筛分。由于煤矸石粒径较大，保水保肥性差，尽量将粒径大的煤矸石复垦在底部，将粒径小的煤矸石复垦在上部，以达到保水保肥的效果。按块径大小将用于充填的煤矸石进行分类，且分区堆放。

（7）待充填区域进行多层多次充填煤矸石层-排水-覆盖心土层。对待充填区域充填煤矸石层，在最低部充填最大粒径煤矸石，当达到设定的煤矸石层厚度 0.2～1.0 m 后，进行碾压，使之密实。在此层煤矸石上部按设计的心土层厚度覆盖心土（最好是黏土），并对齐进行平整、碾压；再按相同方式将相应粒径煤矸石进行充填，直到待充填区域完成设计的充填土壤重构剖面。

（8）回填表土。按照步骤（7）完成所有煤矸石层和心土层的构造后，运回表土进行回填覆盖和平整。

（9）农田系统配套建设。按照周围农田系统分布情况，确定是否建设农田系统配套。

2. 煤矸石充填复垦划分条带多层多次充填工艺

为了防止充填复垦区域出现不均匀沉降，在大面积沉陷区需划分条带进行多层多次充填复垦。其工艺具体实施具体步骤与未划分条带充填复垦相近。划分条带多层多次充填要确定划分条带的长度与宽度，将每个充填条带的表土与心土分别堆放在两侧，依次进行充填。除此之外，划分条带充填工序与不划分条带充填工序相同。

由于煤矸石充填复垦工艺流程与粉煤灰的相近，在此不再详细增加煤矸石充填复垦工艺流程图与示意图。

8.5 煤矸石充填复垦土壤夹层式结构室内外试验

为了验证煤矸石充填复垦土壤夹层式结构的可行性，相关研究通过室内外种植试验，以玉米为宿主植物，监测玉米长势和产量，检测不同剖面构型不同深度的土壤和煤矸石的理化性质，优选出适宜作物生长的剖面构型（巩玉玲，2020）。研究采用正交试验方法，在总覆土厚度一定的情况下（60 cm、70 cm），以夹层厚度（10 cm、15 cm、25 cm）、夹层数量（1 层、2 层）和夹层位置（上、中、下）为参数，设计不同的剖面构型，最后选取 8 个夹层式剖面（图 8.12），根据覆土厚度、夹层厚度、夹层数量和夹层位置将 8 个处理划分成 3 组，即 1 组（T1、T2、T3）覆土厚度 60 cm，夹层厚度为 15 cm，夹层位置分别为上层、中层和下层；2 组（T4、T5、T6、T7）覆土厚度为 70 cm、夹层厚度分别为 25 cm、25 cm、15 cm、15 cm，分别位于中层、下层、下层和中层；3 组（T8）覆土厚度为 60 cm，夹层厚度分别 10 cm 和 10 cm，夹层数量为 2 层，分别位于中层和下层。同时将均质土剖面（CK1）和上土下石剖面（CK2）作为对照试验（图 8.12）。

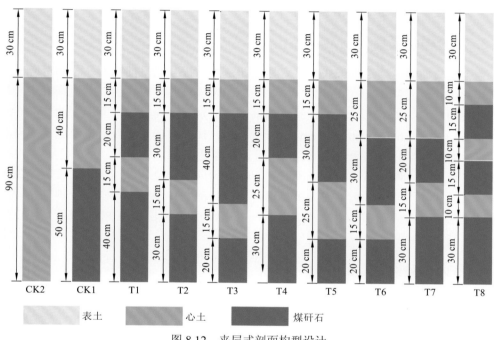

图 8.12 夹层式剖面构型设计

8.5.1 多层土壤剖面构型优选试验

1. 室内试验

根据设计的夹层式剖面，采用砂姜黑土和半径小于 2 cm 的煤矸石作为充填介质，首先进行室内玉米种植试验，试验于温室大棚进行。试验材料主要是表土、心土和煤矸石，其中土壤采自安徽省淮南市东辰生态园，煤矸石采自东辰生态园周边已风化的煤矸石山。室内试验采取土柱装备进行模拟。土柱模型为圆形 PVC 管，底端用玻璃胶黏结 PVC 板，并在其上均匀分布 6 个 1.5 cm 的圆形排气孔、排水孔，在填装土柱前在底部放置渗透性滤纸以防漏煤矸石。以容重表示压实度，土壤容重为 1.15 g/cm³，煤矸石体积质量为 1.45 g/cm³，按要求容积每 10 cm 装一层，分层装入试验土柱，每次装土前将下层土壤或煤矸石打毛。土柱装好后静置 48 h，使土柱自然沉实。于 2018 年 4 月 26 日播种玉米，由于室内试验条件的局限性，玉米生长周期限制在 68 天，即截至抽雄期于 2018 年 7 月 2 日收割玉米。

2. 野外试验

相关研究在安徽省淮南市东辰生态园开展大田种植试验，剖面设计如图 8.12 所示，每个试验小区四周用 0.5 m 宽的土坝进行隔离，以防止养分、水分的相互影响，并在试验小区的周围设置 1 m 宽保护行，每小区设置 3 个重复，共 30 个小区。充填材料为砂姜黑土和粒径小于 5 cm 的风化煤矸石。

3. 试验样品采集

整个试验期间，共选玉米 3 个生育期，即苗期、拔节期、抽雄期（分别对应玉米生长期的第 25 天、第 40 天、第 68 天），每个时期监测玉米株高、径粗、叶面积、叶绿素。待玉米收割后（第 68 天），将土柱沿纵向剖开，分别在不同土壤剖面构型的 0~10 cm、20~30 cm、40~50 cm、60~70 cm、80~90 cm、100~110 cm 处采集土壤或煤矸石样品，测定土壤和煤矸石的理化性质，如质量、含水量、pH、有机质、全氮、全磷、全钾、速效钾、速效磷、碱解氮等指标。同时选取各处理同一叶位叶片，于 105 ℃ 杀青 30 min 后，80 ℃ 烘干至恒重后粉碎，过 60 目筛，留存待测叶片全氮、全磷、全钾等。同时将玉米地上部分放入烘箱于 105 ℃ 下杀青 30 min 后，放入恒温箱中 80 ℃ 进行烘干至恒重后，测定其干生物量。

4. 室内试验结论

通过室内玉米种植试验，监测玉米苗期、拔节期、抽雄期的株高、茎粗、叶面积、叶绿素等长势指标，收割后测定其地上部分生物量及不同剖面、不同深度土壤和煤矸石的理化性质，最终得出以下结论。

（1）对照组玉米长势与夹层式剖面的玉米长势差异性不显著，覆土 60 cm 的剖面构型与覆土 70 cm 的剖面构型的玉米长势差异性也不显著，表明煤矸石充填复垦沉陷地夹层式土壤剖面重构方法对抽雄期前的作物长势影响不显著。

（2）总体看来，夹层式剖面表层土壤的含水量、全氮、全磷、碱解氮、速效钾和有机质的含量及 pH、电导率、全盐量接近于对照组土壤，差异性不显著，但全钾、速效磷的含量明显地高于对照组。夹层处土壤速效磷、pH 和全盐量明显大于同等深度处的均质土壤，其他理化指标的含量与对照组的差异性不显著。

5. 室外试验结论

不同剖面构型玉米产量及构成因素见表 8.3。对照组的玉米产量及构成因素明显高于夹层式剖面玉米产量及构成因素，表明在覆土厚度相同的情况下，上土下石的剖面构型（CK2）更适合于作物生长。夹层式剖面构型中，剖面上部覆土厚度越厚，土壤夹层埋深越浅，玉米产量及构成因素越高。可能是由于煤矸石作为阻碍层影响了玉米根系的生长发育，然而根系阻隔层显著降低玉米根系的生物量、根表面积等，进而影响玉米地上部分生长发育。但是夹层式剖面中覆土厚度 60 cm 的剖面与覆土厚度 70 cm 的剖面玉米产量及构成因素差异性不显著，即在土源不足的情况下，可以选择覆土厚度为 60 cm 的夹层式剖面，而 T1 剖面是覆土厚度为 60 cm 的所有剖面中玉米产量及构成因素最好的剖面。表明覆土厚度一致的情况下，剖面上部覆土厚度越厚，土壤夹层埋深越浅，玉米产量及构成因素越高。

表 8.3 不同剖面构型的玉米产量及构成因素特征

处理	穗长/cm	穗粗/mm	每穗籽粒数/个	百粒重/g	理论产量/（kg/亩）
CK1	22.64±0.80a	47.73±2.62a	587±56.81a	25.67±2.96a	582.61±76.48a
CK2	21.88±1.85ab	46.49±2.89a	531±67.06a	26.48±2.80a	549.31±109.13a
T1	20.40±1.55ab	42.78±1.39b	435±65.09bc	22.58±0.58b	388.84±57.03b
T2	20.63±1.26ab	41.69±1.72b	428±80.68bc	22.46±2.57b	385.02±75.18b
T3	19.89±1.54b	42.92±1.37b	416±42.27c	22.57±3.13b	361.71±53.67b
T4	20.01±1.21b	42.60±2.02b	451±36.80bc	22.66±2.48b	405.59±80.35b
T5	20.57±1.61ab	42.62±2.98b	460±42.27bc	22.62±1.77b	407.35±108.12b
T6	20.62±1.54ab	43.39±1.37b	482±73.79bc	22.73±1.46b	424.43±71.27b
T7	20.10±1.82b	43.59±1.45b	490±56.98bc	23.23±2.60b	438.01±77.63b
T8	19.39±1.11b	42.64±1.82b	407±46.97c	21.95±1.22b	347.35±43.96b

通过玉米种植试验，对比、分析玉米苗期、拔节期、抽雄期的株高、茎粗、叶面积、叶绿素等指标，分析收获后的玉米叶片全氮、全磷、全钾的含量特征和地上部分生物量及不同剖面、不同深度的土壤理化性质，得出对照组（全土剖面和上土下石剖面）玉米长势和生物量与夹层式剖面构型的玉米长势和生物量之间的差异性不显著，但对照组的玉米叶片的全氮含量明显高于其他夹层处理的玉米叶片全氮含量。通过对比分析不同剖面、不同深度土壤和煤矸石的含水量发现，不同剖面同一深度的含水量差异性不显著，但土壤含水量明显大于煤矸石含水量。夹层式剖面表层土壤中除了全钾、速效磷的含量明显地高于对照组，其余如全氮、全磷、碱解氮、速效钾和有机质的含量及 pH、电导率、全盐量接近于对照组土壤，差异性不显著。但是夹层处土壤速效磷、pH 和全盐量明显大于同等深度处的均质土壤，其他理化指标的含量与对照组的差异性不显著。为了进一步验证室内试验结果，在研究区进行了大田试验，试验结果显示：随着玉米生长期的延长，对照组的玉米长势与夹层式剖面的玉米长势差异性越来越显著，尤其是拔节期明显地优于 T8 剖面的玉米长势，同时对照组的地上部分生物量、玉米产量及构成因素明显高于夹层式剖面。对照组表层土壤的养分含量明显地大于夹层剖面的。综上得出 CK2 剖面即上土下石剖面为最优重构土壤剖面。

8.5.2 多层土壤剖面构型土壤水力特征试验

1. 土壤水分入渗特征试验

一维垂直积水入渗试验装置由土柱、土壤水分传感器和供水系统三部分组成，试验装置示意图和试验实际过程图如图 8.13 所示。土柱采用高 135 cm、内径 19 cm 的有机玻璃管制成，土柱外壁三侧贴有透明刻度尺，用于读取湿润锋运移距离。由于不同剖面土壤和煤矸石所处位置不同，需在土柱的同一侧不同高度钻孔。每个孔的直径为 2cm，用于插入土壤水分传感器，实时监测不同剖面不同深度土壤或煤矸石的含水量变化，测量时间步长设置为每 5 min 读一次数。供水系统采用内径 13 cm、高 50 cm 的马氏瓶固定水头，马氏瓶外壁贴有刻度尺用于记录马氏瓶水位变化情况。

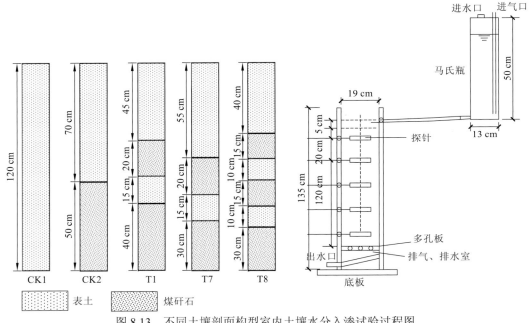

图 8.13 不同土壤剖面构型室内土壤水分入渗试验过程图

通过一维垂直积水入渗试验可知：在覆土厚度相同的情况下，夹层数量越多，累积入渗量越大，入渗后期累积入渗量的曲线斜率越小，入渗量增长速率越小（图 8.14）。覆土厚度大的夹层式剖面和夹层数量多的剖面的累积入渗量大、入渗历时长。砂姜黑土夹层可以降低剖面水分入渗率，而且夹层数量越多，入渗率越小。对于砂姜黑土和粒径小于 2 cm 的煤矸石充填材料，砂姜黑土夹层对于提高剖面表层土壤含水量的效应不显著，即夹层剖面表层土壤含水量与对照组的表层土壤含水量差异性不显著。

2. 土壤持水能力试验

试验装置、材料同上。待入渗试验结束后，将土柱放置于电子秤上，并保证电子秤

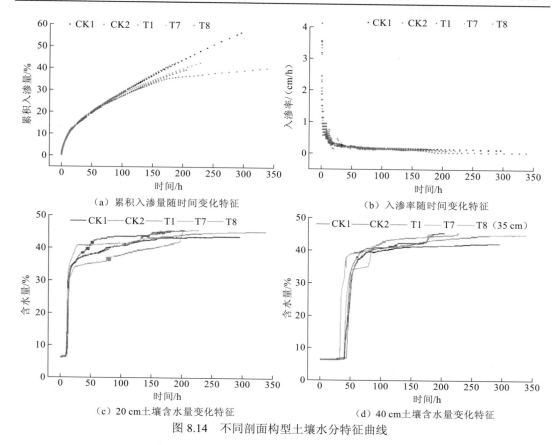

（a）累积入渗量随时间变化特征　　　（b）入渗率随时间变化特征

（c）20 cm土壤含水量变化特征　　　（d）40 cm土壤含水量变化特征

图 8.14　不同剖面构型土壤水分特征曲线

（最小读数为 10 g）持续供电，直到排水试验结束。与此同时，保持恒定水头（5 cm），采用马氏瓶连续向土柱供水。将烧杯放在土柱底部出水口下面，当土柱底部开始滴水后，每隔 15 min 记录出水量，连续记录若干次，直到连续 3 次出流量近似相等，并且相差不超过 2%时，停止测定，届时土柱已达到饱和。

利用上述试验的完全饱水土柱进行排水试验。同时，将塑料薄膜密封于土柱的表面上，以防土壤表层水产生蒸发。在排水过程中，按照先密后疏的原则用称重法测定整个土柱持水量的变化（直到电子秤读数稳定），同时利用土壤湿度传感器测定各土柱的剖面水分含量。水分传感器的读取数据的时间间隔设置为 5 min。

通过排水试验，测定不同剖面构型在排水过程中不同时间点的持水量与不同深度土壤或煤矸石含水量的变化特征（图 8.15、图 8.16），分析得出以下结论。

（1）覆土厚度相同时，夹层剖面持水量大于上土下石剖面持水量，同时夹层数量越多，剖面持水量越大。覆土厚度不同时，覆土厚度越大，剖面持水量越大。土壤的持水量明显大于煤矸石的持水量，使得均质土柱的持水量大于夹层式剖面的持水量。

（2）截至排水试验结束时，夹层式剖面的表层土壤含水量高于均质土壤含水量，这表明在排水过程中夹层式剖面能够提高表层土壤的含水量。同时，同一深度，夹层处土壤含水量大于均质土壤含水量，且夹层处土壤含水量的降低幅度小于均质土壤的降低幅

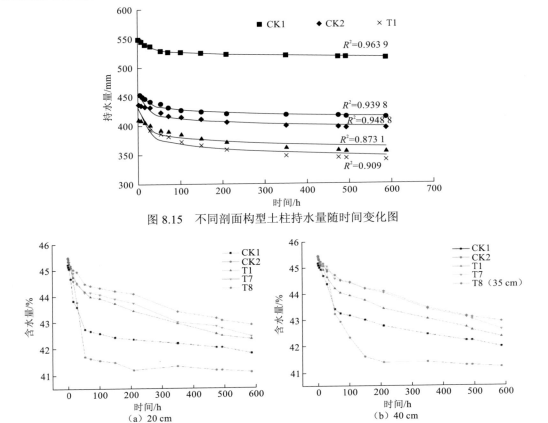

图 8.15　不同剖面构型土柱持水量随时间变化图

图 8.16　不同剖面含水量变化特征

度，表明夹层有利于抑制上层煤矸石的水分流失。剖面失水主要是来自煤矸石排水，煤矸石层含水量的降幅远大于土壤层含水量的降幅。随着深度的增加，土壤含水量降低幅度越小，且含水量不断增大。虽然夹层剖面的土壤持水量、含水量高，抑制排水，但砂姜黑土遇水膨胀，导致毛管孔隙堵塞，易造成排水不畅，砂姜黑土夹层使得剖面的排水性能更差，导致雨水在表层集聚引发洪涝灾害。

通过观测玉米长势得出，随着生长期的延长，对照组玉米的长势明显优于夹层式剖面。玉米成熟收割后，对照组的玉米理论产量明显高于夹层式剖面。不同剖面的玉米理论产量及其构成因素与玉米长势相近，不同剖面的玉米理论产量由大到小的排序为 CK1>CK2>T7>T6>T5>T4>T1>T2>T3>T8，理论产量分别为 582.61 kg/亩、549.31 kg/亩、438.01 kg/亩、424.43 kg/亩、407.35 kg/亩、405.59 kg/亩、388.84 kg/亩、385.02 kg/亩、361.71 kg/亩、347.35 kg/亩。虽然 CK2 的玉米理论产量低于 CK1 的玉米理论产量，但两者之间差异性不显著。与室内土壤理化指标分布不同的是，对照组表层土壤的理化指标略高于夹层式剖面结构的土壤理化指标，这可能是由监测时期不同或田间复杂的环境所致。但相同的是，夹层处的土壤理化指标高于均质土。本次试验出现与预期不同的结果，主要是夹层土壤的黏粒含量过高，从而证明了夹层质地与充填材料质地之间的关系十分重要。

8.6　粉煤灰充填复垦土壤重构的室内外试验

8.6.1　采煤沉陷地充填粉煤灰的理化特性

1. 沉陷地充填重构粉煤灰的质地

表 8.4 和图 8.17 为采煤沉陷地试验土壤、贮灰场粉煤灰与种植粉煤灰（种植 3 年，30 cm）的粒径分布表与颗粒级配曲线图。由于测试条件所限，粒径分组区间与常规分组有所差别（魏忠义，2002）。

表 8.4　平顶山采煤沉陷地试验土壤、贮灰场粉煤灰与种植粉煤灰的粒径分布　　（单位：%）

项目	粒径/mm							
	>2	2~1	1~0.5	0.5~0.23	0.23~0.05	0.05~0.02	0.02~0.002	<0.002
试验土壤（取自沉陷地）	1.24	0.43	7.28	5.14	14.02	14.45	35.61	21.83
贮灰场粉煤灰（取自贮灰场）	0.75	0.23	0.89	4.82	49.51	21.28	18.81	3.71
种植粉煤灰（种植 3 年，30 cm）	0.88	0.92	2.25	5.06	38.24	25.87	21.90	4.88

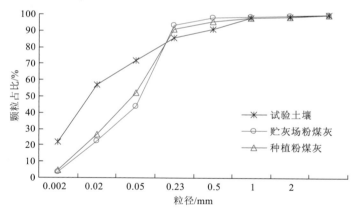

图 8.17　试验土壤、种植粉煤灰、贮灰场粉煤灰颗粒级配曲线

受燃煤品质、煤粉细度和燃烧方式等因素的影响，试验粉煤灰的粒径分布与试验土壤有较大差别。粉煤灰的粒径分布与土壤相比较为均一和集中，粒径分布在 0.002~0.23 mm 的灰场粉煤灰颗粒约为总数的 90%；种植粉煤灰为 86%；而试验土壤为 64%。粉煤灰与土壤相比，粉煤灰中小于 0.002 mm 粒径范围的颗粒含量大大小于试验土壤，使得粉煤灰的阳离子交换量较小。试验粉煤灰的中值粒径要比试验土壤的中值粒径大，类似砂壤。复垦 4 年，种植 3 年后，粉煤灰的颗粒特性发生了较为明显的变化，中值粒

径减小，细颗粒含量增加，显示了粉煤灰的土壤化进程。

2. 粉煤灰样品的显微分析

煤粉在燃烧时，颗粒中的矿物将转化为不同成分与显微结构的飞灰（fly ash）颗粒。煤粉颗粒包括独立矿物和细分散状矿物两种类型，独立矿物包含黏土矿物、石英、黄铁矿和方解石；细分散状矿物包含黏土矿物和黄铁矿。不同赋存特征矿物的成分及其与有机组分的结合关系，都会对飞灰特性有影响。以独立矿物存在的石英和黏土矿物转化为飞灰中的不规则颗粒，其他矿物主要形成飞灰中的玻璃微珠；分布于高挥发具黏结性有机组分中的细分散矿物易形成空心微珠；而分布于其他有机组分中的细分散状矿物主要形成子母珠和多孔微珠。根据对小龙潭、姚孟和焦作电厂飞灰的显微结构观察和物相分析结果，首先将燃煤飞灰按物质成分分为硅铝质、钙质、铁质和碳质4个组，然后根据形态和内部结构分出16种显微颗粒类型，见表8.5（孙俊民 等，2000）。

表8.5 燃煤飞灰的显微颗粒类型

项目	组	组分	显微结构特征	物相组合
无机组分	硅铝质	空心微珠	空心显微圆球体	莫来石、石英、玻璃相
		子母珠	内部包裹小球的球体	莫来石、石英、玻璃相
		多孔微珠	内部呈多孔状的球体	莫来石、石英、玻璃相
		实心微珠	实心球体	莫来石、石英、玻璃相
		多孔状颗粒	海绵状	莫来石、石英、玻璃相
		密实颗粒	碎屑状	莫来石、石英、玻璃相
	铁质	空心微珠	空心球体	磁铁矿、赤铁矿、玻璃相
		子母珠	内部包裹小球的球体	磁铁矿、赤铁矿、玻璃相
		实心微珠	实心球体	磁铁矿、赤铁矿、玻璃相
	钙质	空心微珠	空心球体	石灰、石膏、玻璃相
		子母珠	内部包裹小球的球体	石灰、石膏、玻璃相
		多孔微珠	内部呈多孔状的球体	石灰、石膏、玻璃相
		实心微珠	实心球体	石灰、石膏、玻璃相
有机组分	碳质	空心炭	多孔球状	有机质
		多孔炭	海绵状	有机质
		密实炭	碎屑状	有机质

淮北采煤沉陷地充填复垦地所取样品粉煤灰的形貌特征与贮灰场灰样无显著区别，所不同的是有作物微根毛（推测为小麦根系）分布于粉煤灰颗粒之间，并与粉煤灰紧密结合，表明作物根系可以在粉煤灰介质中生长发育，粉煤灰可以作为土壤基质使用。实

地取样观察与小麦盆栽试验也表明，作物根系在粉煤灰介质中发育良好。但是如果覆土种植，作物大部分根系则更倾向于在土壤中生长发育，反映了充填粉煤灰介质与土壤的差异。

3. 充填重构土壤的容重

淮北试验地充填重构土壤表层容重介于 1.23～1.46 g/cm³，比正常土壤耕作层容重（1.05～1.35 g/cm³）要高。分析认为表土覆盖施工时，机械运输和整平导致表层土壤结构破坏并严重压实。随着逐年耕作种植，土壤容重状况逐渐得到了改善，表现为重构表层土壤随着复垦年限的增加，容重呈下降趋势。各层粉煤灰之间容重差异不大，受上面土壤层压力影响与粉煤灰自然沉降，充填复垦粉煤灰较自然堆积粉煤灰容重要大，而且粉煤灰的容重呈逐渐增大的趋势，可能与上面土层黏粒淀积有关。

一般来说，砂质土壤容重在 1.2～1.8 g/cm³，黏质土壤容重在 1.0～1.5 g/cm³，壤质土壤介于两者之间。一般耕地土壤的耕作层容重范围在 1.05～1.35 g/cm³。一般耕地土壤的底土和紧实的耕层容重在 1.35～1.55 g/cm³。淮北粉煤灰充填复垦地的实地挖剖面，用 100 cm³ 环刀盒多点容重取样，样点容重平均值见表 8.6，土壤总孔隙度见表 8.7。

表 8.6　淮北采煤沉陷地粉煤灰充填重构土壤容重平均值　　（单位：g/cm³）

项目	复垦年限			
	1 年	4 年	8 年	12 年
0～20 cm 土壤	1.40	1.29	1.23	1.24
20～40 cm 土壤	1.46	1.33	1.28	1.23
30～50 cm 交界灰	—	0.85	0.91	0.89
40～60 cm 粉煤灰	—	0.84	0.92	0.90
60～80 cm 粉煤灰	—	0.84	0.89	0.90

表 8.7　淮北采煤沉陷地粉煤灰充填重构土壤总孔隙度　　（单位：%）

项目	复垦年限			
	1 年	2 年	8 年	12 年
0～20 cm 土壤	47.2	51.3	53.6	53.2
20～40 cm 土壤	44.9	49.8	51.7	53.6
30～50 cm 交界灰	—	59.5	56.7	57.6
40～60 cm 粉煤灰	—	60.0	56.2	57.1
60～80 cm 粉煤灰	—	60.0	57.6	57.1

8.6.2　充填重构土壤的水分特性试验

1. 充填重构土壤的含水量

粉煤灰的密度和上覆土壤的密度不同，所以重量含水量指标不适宜土层和灰层之间相互比较，而选用体积含水量可以较好地做到这一点。

淮北采煤沉陷地粉煤灰充填重构土壤剖面体积含水量的时间变化如表 8.8 和图 8.18 所示。重构土壤剖面的水分分布规律与一般农田土壤水分分布差异不大。土壤表层含水量有随耕作年限增加而递增的趋势，表明重构耕层土壤水分特性在逐年改善，而耕层以下变化不是很明显。

表 8.8　淮北采煤沉陷地粉煤灰充填重构土壤体积含水量 （单位：%）

项目	复垦年限			
	1 年	4 年	8 年	12 年
0～20 cm 土壤	22.4	27.1	33.2	36.0
20～40 cm 土壤	29.2	34.6	34.6	34.4
30～50 cm 交界灰	—	49.3	52.8	47.2
40～60 cm 粉煤灰	—	49.6	49.7	50.4
60～80 cm 粉煤灰	—	47.0	50.7	50.4

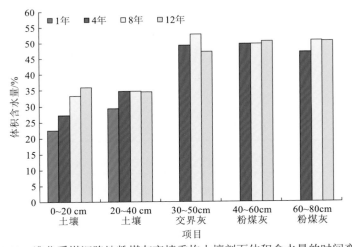

图 8.18　淮北采煤沉陷地粉煤灰充填重构土壤剖面体积含水量的时间变化

2. 充填重构土壤的入渗率

用单环法对淮北沉陷地粉煤灰充填复垦"土壤"的入渗特性进行实地试验，实测入渗曲线如图 8.19 所示。随着耕作年限的增加，重构土壤入渗率可以通过多年耕作种植得以逐年改善。复垦 4 年和 8 年的土地入渗率只有 0.11 mm/min 和 0.15 mm/min，远远小于

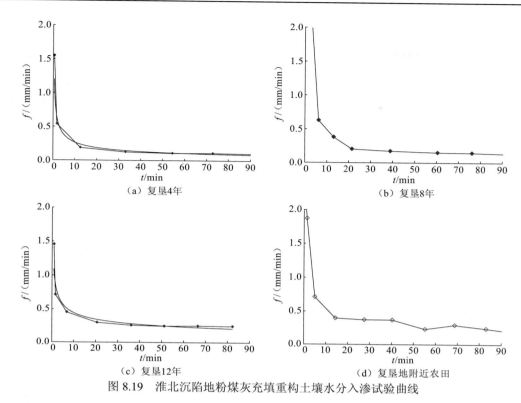

图 8.19　淮北沉陷地粉煤灰充填重构土壤水分入渗试验曲线

附近对照正常土壤 0.31 mm/min，认为与覆土工艺和覆土层压实等因素有关。经过 12 年的耕作种植，其水分入渗率为 0.24 mm/min，仍然小于一般农田土壤。但入渗率已达到对比农田土壤的 81%，入渗状况已经得到明显改善。

3. 纯粉煤灰的持水和水分入渗性能

粉煤灰的持水性能与粉煤灰颗粒组成、孔隙状况和颗粒构造等有关。用孔径 70 mm 的 PVC 管各 3 根，填入 30 cm 的干粉煤灰和土壤后，多次缓慢加入去离子水至有水淋出，用锥形瓶承接。然后在柱体上方放置一塑料片防止水分蒸发，静置 24 h 后，可由加水量减去淋出水量粗略得到粉煤灰近似的平均容积持水量 47.1%，对照土壤为 36.8%。静置 3 天后，继续做水分入渗试验，测得试验粉煤灰稳定入渗率平均为 0.10 mm/min，对照土壤为 0.21 mm/min。一般认为粉煤灰颗粒以粉粒和砂粒为主，类似轻壤，透水透气性能良好，渗透速度比土壤快，但试验粉煤灰入渗相对缓慢，可能与纯粉煤灰胶结作用有关。在淮北某些粉煤灰充填覆土复垦耕地某些地块上调查显示，在充填覆土复垦地块上大暴雨时存在积水迹象。

4. 充填重构土壤的 pH

图 8.20 为淮北采煤沉陷地粉煤灰充填重构土壤剖面 pH 随重构时间的变化情况。各采样点的 pH 分布在 8.16～9.2，与正常土壤差异较大。过高 pH 将会破坏土壤结构，影

响土壤养分有效性。粉煤灰的 pH 首先受燃煤品种、除尘器类型等因素的影响，充填复垦后由于剖面水分的垂向运动，进一步影响表层土壤的 pH，覆盖土层下面是几米厚的粉煤灰，将在相当长的时间内影响覆土层，改良重构土壤 pH 的难度较大。图 8.20 显示，随着复垦年限的增加，pH 问题不仅没有得到显著改善，而且覆土层还有增高的趋势，这与重构土壤剖面水分由粉煤灰层向覆土层的垂向运动有关。pH 问题是粉煤灰重构土壤生产力提高的重要限制性因素，粉煤灰充填复垦土壤不宜用于种植对高 pH 敏感的作物。但较高的 pH 对污染重金属类元素钝化效果明显。因此，采取适当措施，将 pH 控制在某一适当范围对改良粉煤灰充填重构土壤具有重要意义。

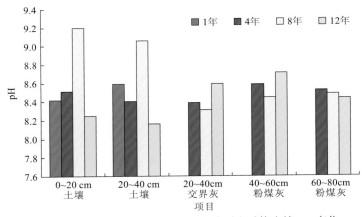

图 8.20　淮北采煤沉陷地粉煤灰充填覆土重构土壤 pH 变化

借鉴土壤改良方法，并从具体重构条件出发，重构土壤 pH 可以采用如下改良措施。

（1）施用有机肥料。利用有机肥分解时释放出的 CO_2 增加土壤中 $CaCO_3$ 的溶解度，降低重构土壤的 pH。

（2）施用硫、硫化铁（如酸性硫酸盐土壤的母质中含 FeS 及 FeS_2 较多）及绿矾（$FeSO_4$）或废硫酸等。

（3）施用生理酸性肥料。

（4）施用石膏，利用 Ca^{2+} 代换胶粒上的吸附性 Na^+，生成的硫酸钠可由雨水或灌溉水淋溶出土体。

（5）采取灌溉、排水等土壤水利改良措施有效改良重构土壤 pH 和去除过多的盐分。

（6）还可考虑混入酸性风化煤矸石。

从土壤重构角度考虑，沉陷地粉煤灰充填后再进行 pH 治理，费用较高，难度较大，而且需要一个相当长的时间过程。农用粉煤灰一般都是湿排灰，一般是通过管道水力输送到沉陷地，因此可以采取源头处理措施，在排放到沉陷地之前对农用粉煤灰进行分析化验，在此基础上进行粉煤灰预处理，淋洗掉粉煤灰过多的盐分，降低粉煤灰 pH，或通入烟道废气来中和其碱性，改善粉煤灰介质的土壤特性，达到要求后，再将其排放到沉陷地。进行粉煤灰前期处理，实施粉煤灰介质特性的全过程治理改良，应该可以改善沉陷地粉煤灰充填复垦效果。

5. 充填重构粉煤灰的常规养分含量

充填重构粉煤灰的常规养分含量及其变化受耕作、种植措施的影响较大，并可通过施肥措施得以迅速改善。因此，虽然进行了较多样品常规养分分析项目的测试，但还不是很全面，而只作为特例进行分析讨论。表 8.9 是灰场粉煤灰与淮北 8 年复垦土壤粉煤灰有机质、全氮、有效磷、有效钾、pH 及 CEC 分析表。

表 8.9　淮北粉煤灰重构土壤有机质、全氮、有效磷、有效钾及 pH 分析

项目	pH	有机质/（g/kg）	全氮/（g/kg）	有效磷/（mg/kg）	有效钾/（mg/kg）	CEC/（cmol/kg）
粉煤灰	9.25	—	—	3.38	132.1	7.2
8 年复垦土壤粉煤灰（30 cm）	8.31	5.2	0.22	6.49	97.4	10.3
8 年复垦土壤粉煤灰（80 cm）	8.48	4.3	0.16	8.70	120.6	8.1

重构土壤覆土层样品有机质含量分布为 0.4%～1.7%，随着耕作年限的增加，表层土壤里的有机质含量逐渐增加。粉煤灰为高温燃烧产物，有机质含量很少。分析表明重构土壤严重缺氮，而且随着重构时间的增长，土壤全氮含量没有明显的提高，所以施用有机肥与氮肥是必要的。

重构土壤有效磷和有效钾也与耕作种植制度关系密切（图 8.21）。粉煤灰有效磷的含量本来就不高，较高的 pH 又造成磷的固定，因此补充适宜品种的磷肥对提高作物产量也很重要。粉煤灰中的全钾含量较高，有效钾含量中等或较高。

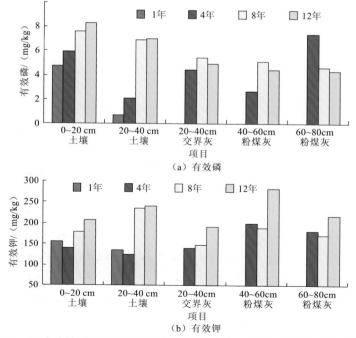

图 8.21　沉陷地粉煤灰充填重构土壤剖面有效磷、有效钾含量的时间变异性

重构土壤阳离子代换量 CEC 代表土壤对养分离子的吸附与保存能力（胡振琪 等，2004）。实地取得的粉煤灰样品（过 1 mm 筛）阳离子交换量只有 7.2 cmol/kg，而覆盖土壤阳离子交换量为 16.1 cmol/kg。所以粉煤灰复垦耕地覆盖适当的表土很重要，并施加一定量的有机肥和化肥。

《绿色食品 产地环境技术条件》（NY/T 391—2013）附录中对绿色食品产地土壤肥力分级参考指标做了规定，见表 8.10 土壤肥力的各个指标，1 级为优良，2 级为尚可，3 级为较差。依据此指标，可以看出土壤养分状况整体较差且欠协调。

表 8.10　土壤肥力分级参考指标

项目	级别	旱地	水田	菜地	园地	牧地
有机质 /（g/kg）	1	>15	>25	>30	>20	>20
	2	10～15	20～25	20～30	15～20	15～20
	3	<10	<20	<20	<15	<15
全氮 /（g/kg）	1	>1.0	>1.2	>1.2	>1.0	—
	2	0.8～1.0	1.0～1.2	1.0～1.2	0.8～1.0	—
	3	<0.8	<1.0	<1.0	<0.8	—
有效磷 /（mg/kg）	1	>10	>15	>40	>10	>10
	2	5～10	10～15	20～40	5～10	5～10
	3	<5	<10	<20	<5	<5
有效钾 /（mg/kg）	1	>120	>100	>150	>100	—
	2	80～120	50～100	100～150	50～100	—
	3	<80	<50	<100	<50	—
阳离子交换量 /（cmol/kg）	1	>20	>20	>20	>20	—
	2	15～20	15～20	15～20	15～20	—
	3	<15	<15	<15	<15	—
质地	1	轻壤、中壤	中壤、重壤	轻壤	轻壤	砂壤-中壤
	2	砂壤、重壤	砂壤、轻黏土	砂壤、中壤	砂壤、中壤	重壤
	3	砂土、黏土	砂土、黏土	砂土、黏土	砂土、黏土	砂土、黏土

参 考 文 献

蔡玮, 2017. TiO₂/粉煤灰催化臭氧氧化处理印染废水技术研究. 苏州: 苏州科技大学.

崔龙鹏, 白建峰, 史永红, 等, 2004. 采矿活动对煤矿区土壤中重金属污染研究. 土壤学报, 41(6):

896-904.

董霁红, 卞正富, 王贺封, 2007. 矿山充填复垦场地重金属含量对比研究. 中国矿业大学学报(4): 531-536.

巩玉玲, 2020. 淮南煤矸石充填复垦沉陷地多层土壤剖面重构的试验研究. 北京: 中国矿业大学(北京).

胡振琪, 魏忠义, 秦萍, 2004. 塌陷地粉煤灰充填复垦土壤的污染性分析. 中国环境科学(3): 56-60.

胡振琪, 魏忠义, 秦萍, 2005. 矿山复垦土壤重构的概念与方法. 土壤(1): 8-12.

胡振琪, 卞正富, 成枢, 等, 2008. 土地复垦与生态重建. 徐州: 中国矿业大学出版社.

李青青, 2016. 基于高光谱的煤矸石充填复垦地土壤重金属含量估算研究. 合肥: 安徽理工大学.

毛景东, 杨国治, 1994. 粉煤灰资源的农业利用. 生态与农村环境学报, 10(3): 73-75.

戚家忠, 胡振琪, 周锦华, 2002. 高潜水位矿区煤矸石充填复垦对环境的影响. 中国煤炭, 28(10): 39-41.

孙家君, 2008. 不同因素对李氏禾积累土壤中铜的影响. 桂林: 桂林理工大学.

孙俊民, 韩德馨, 2000. 煤粉颗粒中矿物分布特征及其对飞灰特性的影响. 煤炭学报, 25(5): 546-550.

王芳, 2017. 覆土厚度对矿区重构土壤呼吸特征的影响研究. 合肥: 安徽理工大学.

王国强, 赵华宏, 吴道祥, 等, 2001. 两淮矿区煤矸石的卫生填埋与生态恢复. 煤炭学报(4): 428-431.

王曦, 2014. 基于煤矸石充填的重构土壤水分运移特征及环境效应. 合肥: 安徽理工大学.

王心义, 杨建, 郭慧霞, 2006. 矿区煤矸石堆放引起土壤重金属污染研究. 煤炭学报, 31(6): 808-812.

魏忠义, 2002. 煤矿区复垦土壤重构研究. 北京: 中国矿业大学(北京).

吴家华, 刘宝山, 1995. 粉煤灰改土效应研究. 土壤学报(3): 334-340.

徐良骥, 黄璨, 章如芹, 等, 2014. 煤矸石充填复垦地理化特性与重金属分布特征. 农业工程学报(5): 211-219.

杨秀红, 胡振琪, 张学礼, 2006. 粉煤灰充填复垦土地风险评价及稳定化修复技术. 科技导报(3): 33-35.

张治国, 姚多喜, 郑永红, 等, 2010. 煤矿塌陷复垦区 6 种菊科植物土壤重金属污染修复潜力研究. 煤炭学报(10): 1742-1747.

赵艳玲, 彭鹏, 梁爽, 等, 2009. 压煤村庄搬迁与"挂钩流转"政策结合时指标归还的可行性研究: 以山东省某矿区为例. 国土资源科技管理, 26(1): 22-26.

周伯瑜, 1985. 略谈粉煤灰在农业生产上的应用. 环境保护(10): 11-12.

第9章　煤矸石山土壤重构

9.1　概　　述

9.1.1　煤矸石的来源、类型与矿物组成

煤矸石是采煤和洗煤过程中排放的固体废物。它既包括成煤过程中与煤层伴生的一种含碳量较低、比煤坚硬的黑灰色岩石，也包括巷道掘进过程中的掘进矸石，以及采掘过程中从顶板、底板及夹层里采出的矸石及洗煤过程中挑出的洗矸石。它作为煤炭开采和加工过程中的必然产物，产生量一般占原煤的 10%～30%。据不完全统计，我国煤矸石累计量已达 60 亿 t 以上，每年还以 7 亿 t 的速度不断增加，是我国目前工业排放的固体废弃物中数量最大的一种。

煤矸石不仅占用土地，而且污染环境，是矿区最主要的污染源。几乎每个矿山都有矸石山堆存，大型矿山还可有多座矸石山。我国曾经有 8 万多个煤矿井，1978～2018 年，全国煤炭年产量由 6.18 亿 t 增至近 36 亿 t，净增长 4.8 倍，煤矿数量由 8 万多处减至 5 900 处以下，减少 92.6%以上。我国的大小矸石山的数量有可能在万座以上。矸石山长期堆放，硫元素氧化导致内部温度升高，进一步引燃含碳煤矸石，因此矸石山容易自燃，并释放 SO_2、H_2S、CO_2、粉尘等大气污染物，是亟须解决的环境保护难题。

1. 煤矸石的来源

煤矸石是聚煤盆地煤层沉积过程的产物，是成煤物质与其他物质相结合而成的可燃性矿石。聚煤盆地的沉降运动的变化，引起植物遗体堆积速度和沼泽水面上升速度之间出现"不足补偿"。如沼泽水面上升速度大于植物遗体堆积速度，沼泽水面加深，沼泽环境变化，引起泥炭作用减弱或停止，低含炭泥层或泥沙层沉积，在其后的地质作用下，形成了煤层的顶板、底板或煤层中间的含碳质泥岩或其他成分的岩层。

煤矸石是采煤过程和洗煤过程中排放的固体废物，包括巷道掘进过程中的掘进矸石、采掘过程中从顶板和底板及煤层中的夹矸及洗煤过程中排出的矸石。煤矸石是由碳质泥岩、碳质页岩、碳质砂岩（广义上还包括砂岩、页岩、黏土）等组成的混合物。我国煤矸石主要来自石炭系、上二叠统、侏罗系至下白垩统等含煤地层。

狭义的煤矸石是指含碳量低的黑灰色岩石，是在成煤过程中产生，在采煤和洗煤过程中排放的那部分矸石。而广义的煤矸石可指煤矿在建井、开拓掘进、采煤和煤炭洗选过程中排出的含碳岩石及非含碳岩石，是煤矿建设、煤炭生产过程中所排放出的固体废

弃物的总称。根据煤矸石的产生和来源，一般露天煤矿剥离岩石及采煤岩石巷道掘进排出的煤矸石称为白矸，约占总矸石排放量的 45%，采煤过程中产生的普通矸石约占总矸石排放量的 35%，洗煤厂排出的选矸约占总矸石的 20%（表 9.1）。

表 9.1　煤矸石来源、类型及其所占比例

项目	煤矸石的来源和产生情况		
	露天开采剥离和采煤巷道掘进排出的	采煤过程中选出的	洗煤厂产生的矸石
矸石类型	白矸	普矸	低燃烧值的矸石
所占比例/%	45	35	20

目前，我国煤矸石年排放量达 400 万 t 的省份有山西、黑龙江、内蒙古、山东、河北、陕西、安徽、河南、新疆等。另外，四川和其他省份也排放有大量的煤矸石。露天煤矿产生的煤矸石主要是剥离煤层顶板及上覆岩层的岩石，其岩性主要是砾岩、砂岩和泥岩；地下采煤的开拓巷由于资源回收、减少损失等原因一般布置在煤层底板岩层中，掘进排矸是岩石矸。因此此类矸石一般是不具有燃烧值的白矸。露天煤矿回采过程中排出的煤矸石主要是煤中夹石层，一般是含碳砂岩、碳质泥岩等，此类煤矸石含有一定热值。地下采煤的准备巷道和回采巷道根据煤层多少和巷道位置的不同，产生的煤矸石含碳的多少不定，部分为具有低燃烧值的矸石。选煤厂排出的矸石是混入原煤中的伪顶和夹矸层，主要是伴生硫铁矿碳、粉砂岩、碳质泥岩和黏土岩等，这类矸石具有一定的块度、粒度，在其化学组成上含碳、硫、铁、铝等，因此具有一定的热值，含硫量高的煤矸石由于硫元素的氧化而在矸石山内部不断积聚热量，温度逐渐升高而引发煤矸石的自燃。

2. 煤矸石的类型

根据我国煤矸石来源的实际情况，矸石类型的划分是以矸石产出方式作为划分依据，并采用生产中一些习惯叫法命名，将煤矸石分为煤巷矸、岩巷矸、自燃矸、洗矸、手选矸和剥离矸六大类（王长根，1983）。

经过多年的实践与探索，煤矸石山可以依据其酸碱性进行划分。划分酸碱性对治理煤矸石山具有重要作用。酸性煤矸石山不仅污染严重，而且容易氧化产酸，极易引发自燃，是最难治理的，需要采用覆盖、中和、压实等特殊措施进行治理。非酸性煤矸石山（碱性煤矸石山），由于不容易自燃和产酸污染，治理的方法相对容易，甚至可以进行无覆盖土壤的植被恢复方法。

3. 矿物组成

不同区域的煤矸石是由不同种类的矿物组成，其含量相差也较大。一般来讲，煤矸石中的主要矿物有硅酸盐类矿物（石英、长石类、闪石类、辉石类）、黏土矿物（高岭土类、膨润土类、蒙脱石、伊利石、水云母类）、碳酸盐矿物（方解石、白云石、菱铁矿）、

硫化物（硫铁矿和白铁矿）、铝土矿（一水硬铝矿、一水软铝矿和三水铝矿）和其他矿物（石膏、磷灰石和金红石）。

9.1.2　煤矸石风化物的理化特性

煤矸石中软岩所占比例大，极易风化，风化产物具有某些土壤特性，可通过适当的土壤重构措施来加速风化物的土壤化进程和构造矸石山土壤。

1. 煤矸石风化物的物理特性

矸石山土壤重构初期，矸石风化介质结构性差，大孔隙多，毛管孔隙少，表层持水能力低，土壤保水保肥能力差。

王庄煤矸石山坡面稳渗率为 2.18 mm/min，刺槐林地稳渗率为 1.75 mm/min，其水分入渗曲线如图 9.1 所示。虽然水分入渗率高，但由于坡度大，在无有效植被覆盖的情况下，大暴雨时极易产生地表径流而造成剧烈的水矸流失，形成矸石山发育的冲沟系统（陈胜华 等，2013）。另一方面，矸石介质由于垂向入渗水流的作用，矸石山雨水渗漏损失严重，矸石淋溶作用强烈。

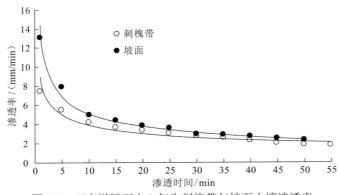

图 9.1　王庄煤矸石山 9 年生刺槐带与坡面土壤渗透率

煤矸石山土壤重构植被措施可通过根系的风化改良作用，通过减少大孔隙（非毛管孔隙）和增加毛管孔隙，提高介质持水量和保水保肥能力。表 9.2 为山西阳泉某矿矸石风化物与黄土的基本水分物理常数。

表 9.2　山西阳泉某矿矸石风化物与黄土的基本水分物理常数

介质特性	田间持水量/（g/kg）	凋萎系数/（g/kg）	有效水含量/（g/kg）	容重/（g/cm³）	密度/（g/cm³）	总孔隙度/%
矸石风化物	13.7	3.6	10.6	1.7	2.49	31.7
黄土	20.4	4.5	15.9	1.3	2.46	47.2

2. 煤矸石风化物的养分特征

对王庄煤矿内植被恢复前的煤矸石山的矸石和本地黄土的养分进行测试分析，测定结果列于表 9.3。煤矸石来源于煤层的特点决定了其有机质（并非全为腐殖质）和全氮质量分数丰富，分别为黄土的 20 倍和 5.7 倍，但速效磷、钾和氮相对缺乏（宋亚琴，2012）。煤矸石山风化物的速效养分缺乏。矸石风化物总体养分状况较差，部分矸石有机质测定数值虽然较高，但受矸石品种组成影响波动较大，另外与重铬酸钾法测定有机质方法有关，有机质质量分数是通过消耗的碳量计算出来的，若煤矸石里含有大量的碳，则可能对测定结果产生较大干扰。煤矸石总体养分元素含量仍不乐观，而且养分元素间极不协调，其土壤特性较差，需要根据具体情况进行施肥及改善其种植特性（胡振琪 等，2003）。

表 9.3　煤矸石和黄土的养分特性

样品	全氮/（g/kg）	全磷/（g/kg）	速效磷/（mg/kg）	速效钾/（mg/kg）	碱解氮/（mg/kg）	有机质/（g/kg）
煤矸石	2.04	0.73	2.7	94.9	39.2	116.3
黄土	0.71	0.85	2.9	95.7	24.8	5.8

积极而持续的土壤重构措施对矸石山植被恢复来说是十分必要的。据 Dancer 等（1977）的研究，在煤矿废弃物上至少要积累氮 750 kg/hm^2，一个自我维持的不依赖于外部氮源的生态系统才能建成。施入肥料和豆科植物的共生固氮是生态系统中氮输入的两个主要途径。Bradshaw 等（1982）在煤矿废弃物上试验推断：要想建立 750 kg/hm^2 的有机氮库，需连续施用肥料 15 年。而 Dancer 等（1977）的试验表明，豆科植物在煤矿废弃物上可以积累氮 100 kg/（hm^2·a），他们推断需要 50 年共生固氮才可积累够氮 750 kg/hm^2。施用氮肥和种植豆科植物虽然都可以改善矸石山氮素营养，但对矸石山有机氮库的形成速度则较为缓慢。

3. 煤矸石风化物的保肥性能

阳离子交换量代表土壤对养分离子的吸附与保存能力，是土壤保肥供肥能力的体现。经测定，平顶山试验样品煤矸石（1 mm）阳离子交换量为 10.7 cmol/kg。相关文献资料数据：协庄煤矸石山老矸石阳离子交换量为 16.83 cmol/kg，新矸石为 12.59 cmol/kg，阳泉某矿矸石山为 8.6 cmol/kg。而对于土壤来说，根据土壤养分等级分级标准中规定阳离子交换量在 20 cmol/kg 以上为保肥能力较强的土壤，10.5～20 cmol/kg 为保肥能力中等的土壤，小于 10.5 cmol/kg 为保肥能力较弱的土壤。虽然各地煤矸石特性有所不同，甚至有较大差异，但试验样品测试及相关文献数据均显示煤矸石的保肥能力较差。

9.1.3　煤矸石的污染特性

（1）煤矸石元素组成与土壤元素组成差别较大，试验土壤与煤矸石分别取自平顶山煤业集团八矿采煤沉陷地与附近矸石山。

从表 9.4 可以看出，除了元素 Cd，绝大部分试验矸石样品元素质量分数与试验土壤差别不大。试验矸石 Cd 的质量分数大大超过了土壤环境质量标准所规定的上限。试验土壤取自平顶山煤矿区八矿采煤沉陷地，这与附近煤炭开采及工业区分布有关，很可能是通过降尘方式而引起沉陷地复垦土壤 Cd 质量分数的超标。对人和动物来说，Cd 的危害性很大，联合国粮食及农业组织和世界卫生组织曾议定（1972 年）每人每周所摄取的 Cd 量限值为 0.4～0.5 mg。植物中的 Cd 多来源于土壤，土壤溶液中 Cd 的浓度大小直接影响植物吸收 Cd 的多少。但表 9.3 淋溶试验数据和矸石盆栽试验种植样品分析数据显示，由于矸石和土壤的高 pH，淋滤液与植物样品中的 Cd 质量分数均未超出有关标准。虽然如此，矸石与土壤中高 Cd 质量分数应该得到应有重视，可施用有机肥、施用石灰、施用钢渣等措施来减轻 Cd 污染，并且需要选择适宜种植品种避免作物对 Cd 的大量吸收。具有潜在酸度的矸石复垦的土壤应该作林灌及非食用作物种植用途。在其他矿区，根据大同、东胜等 12 个大矿区的资料统计，煤矸石中重金属元素的质量分数一般为：Hg 0.1～0.5 mg/kg、As 0.5～12.0 mg/kg、Cd 0.1～0.7 mg/kg、Cr 6～34 mg/kg、Pb 6.0～28.0 mg/kg。各元素的平均质量分数与土壤的背景值相差不大，除极个别矿井外，一般不会造成污染或污染轻微。

表 9.4　试验煤矸石与试验土壤部分污染性元素全量质量分数比较　（单位：mg/kg）

项目	As	Cd	Co	Cr	Cu	F	Hg	Ni	Pb	S	Zn
试验煤矸石	2.45	5.63	19.0	55.4	21.5	170	0.04	24.4	21.3	240	85.8
试验土壤	—	4.80	14.8	55.6	19.0	—	—	29.8	24.4	—	61.9
土壤环境质量一级标准	15	0.20	—	90	35	—	0.15	40	35	—	100
土壤环境质量二级标准	25	0.60	—	250	100	—	1.0	60	350	—	300
土壤环境质量三级标准	40	1.0	—	300	400	—	1.5	200	500	—	500

矸石山暴露在自然环境中，经多年风化后表面会形成一层约 10 cm 的风化层。矸石山表层岩石及其风化物中重金属质量分数测定结果见表 9.5。在绿色泥岩和碳质页岩中 Cd 质量分数较高，其他 3 种重金属离子在 3 种表层排弃物料中质量分数较低。表层风化物土壤 0～40 cm 层次中 Cd 的平均质量分数超过《土壤环境质量标准》（GB 15618—2018）的二级标准。Cr、Pb 在一些风化土壤样点中的质量分数超过了一些堆弃物中的原始质量分数，Cu 的变化不明显。表层风化物 Ni 平均质量分数超过土壤环境质量二级标准，但表层排弃物料中的 Ni 质量分数很低。表层物料与风化物 pH 呈中性或碱性，绿色泥岩的 pH 最高，为 8.60。

表 9.5　矸石山表层岩石及其风化物中重金属质量分数

表层物料	pH	Cd/（mg/kg）	Cr/（mg/kg）	Cu/（mg/kg）	Pb/（mg/kg）	Ni/（mg/kg）
绿色泥岩	8.60	0.82	94.42	41.04	58.81	ND
碳质页岩	7.80	1.06	85.42	48.79	50.09	15.08

表层物料	pH	Cd/（mg/kg）	Cr/（mg/kg）	Cu/（mg/kg）	Pb/（mg/kg）	Ni/（mg/kg）
油母页岩		ND	65.62	26.65	34.24	ND
风化物 0～20 cm	7.69	0.74	78.46	39.82	41.73	62.43
风化物 20～40 cm	7.59	0.87	81.52	41.33	37.93	73.20
环境质量二级标准	>7.5	0.60	250	100	350	60

注：ND 为未检出

（2）煤矸石的放射性。根据部分矿区有关资料，煤矸石天然放射性元素 ^{238}U、^{232}Th、^{232}Ra、^{40}K 的含量低于或接近于部分省份土壤中的含量，一般不属于放射性废物。但不排除个别矿点的煤矸石放射性异常。一般矸石用于生产建材及其制品，或用于生产农业肥料等，不会造成放射性污染。据平顶山与王庄矿方分析资料，本节研究的矸石山未发现放射性异常。

9.1.4　煤矸石山土壤重构的限制因素

煤矸石山土壤重构需要制订系统详细规划，提出具体的土壤重构措施。以下问题在矸石山重构中属于共性问题。

1. pH

pH 问题是矿山废弃物重构土壤中遇到的一个普遍问题，煤矸石中硫铁矿等缓慢风化导致的长期存在的潜在酸性。硫铁矿产生酸化的化学反应式为

$$FeS_2 + 3O_2 \longrightarrow FeSO_4 + SO_2 + 热量$$
$$2FeS_2 + 2H_2O + 7O_2 \longrightarrow 2FeSO_4 + 2H_2SO_4 + 热量$$
$$4FeSO_4 + 10H_2O + O_2 \longrightarrow 4Fe(OH)_3 + 4H_2SO_4$$

硫铁矿的氧化过程较为缓慢，往往新矸石样品测试为中性或碱性，但一段时间或若干年之后可能才会逐渐因不断风化而显示出其酸性（李鹏波 等，2012）。

重构初期在矸石物料中混合加入粉碎的石灰石是一种有效的方法，得到广泛应用。粉碎的石灰石混入煤矸石表层 2～3 m，对煤矸石特性改良作用显著：其一，石灰石颗粒在酸性环境中能持续中和矸石风化过程中表现的强酸性，从而使乔灌和种子易于生长萌发。有关实验表明，20～60 t/hm^2 石灰石即可使酸性煤矿废弃物基本得到改良；其二，石灰石可提供土壤介质丰富的钙质，Ca 元素在煤矸石中淋溶作用强烈，含量相对较低，但 Ca 在煤矸石特性改良中起着重要作用，这种作用在石灰石与肥料混合使用（如与氮肥和磷肥混合施用）时效果更为明显。

一般可采取播撒、深施并充分混合施用石灰及碱性的粉煤灰等措施。如果仅表层播撒效果甚微，不能中和根区以下酸性。需要根据潜在酸度的测试来确定石灰粉的用量，美国在酸性矸石废弃地种植中的施用量可达到 3 000～10 000 kg/hm^2。如果采取覆土重构

土壤方式，则必须在采取上述措施后再进行覆土。如果酸性问题不是很严重，选择适宜的植物是一种很好的解决方案。

2. 盐分含量过高

淋溶、浸出试验与矸石样品分析均表明矸石中可溶性盐类含量很高，对植物生长的影响很大。可溶性盐类过多是煤矸石重构土壤种植的第二大问题，很大程度上限制了作物生长及产量的提高。可溶性盐类过多问题可因长期雨水淋溶而得以逐步改善。一般如果是新矸石，需要自然雨水淋滤半年以上再考虑种植措施。

3. 缺乏氮、磷等营养性元素

植物生长对氮的需求很大，但煤矸石主要由矿物元素组成，一般含氮量极少，风化物质地又较差，因此需要经常性的少量施以氮肥。而对于磷，由于初期较高的 pH，磷元素容易被固定。可结合耕作施用氮肥、磷肥，并调节 pH，种植豆科类先锋植物一般是重构初期的选择。施用量需要根据矸石岩性与矿物成分的分析测试确定。

4. 矸石介质水分物理特性差

随着煤矸石风化的不断进行，以及在植物/作物的作用下，风化物的水分物理特性得以逐渐改善，可采取覆土、掺土、施用有机肥等措施，有效改善其水分特性。

5. 表层矸石风化深度小

自然条件下表层矸石存在一个风化厚度界限，比如 10 cm，其下风化微弱，植物/作物根系分布也很少。如何增加表层风化物厚度是值得进一步解决的关键问题之一。翻耕可有效增加风化层厚度，是需要采取的措施。覆土措施可人为增加表土层厚度。

9.2　矸石山生态修复的土壤剖面构型及重构工艺

9.2.1　废弃煤矸石山土壤剖面构型及重构工艺

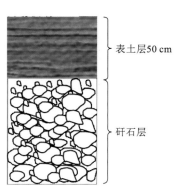
表土层50 cm

矸石层

图 9.2　直接覆盖土壤构型

煤矸石山立地条件较差，不适宜植物生长，还存在环境污染问题。煤矸石山治理一般都要求土壤覆盖，既可以控制大气污染，也可以为植物生长提供较好的生长介质。一般复垦土壤剖面构型主要有以下几种。

（1）直接覆盖土壤构型：覆盖土壤+矸石层型（图 9.2）。主要是在煤矸石山上直接覆盖 50 cm 左右的土壤，形成上土下矸的土壤剖面构型，主要用于不易自燃的矸石。即在堆放煤矸石之前采取一定的措施来预防煤矸石的自燃，将煤矸石中的可燃物，主要是残存煤及黄铁矿分离出来，减少煤矸石中硫铁矿及碳物质含量。在开采过程中不能将煤炭与木楔及油脂等易燃物混放。改变传统堆放方式，将松散的煤矸石山改变为采用分层压实并辅以周边覆土的方式来堆存煤矸石。这种方法不仅可以降低煤矸石自燃的可能性，还可以回收利用分选出来的残存煤，对煤矸石山自燃起到了有效的预防效果。

　　将传统的自然堆积方式改变为阶梯倾倒、分层平整的方式，使排矸面保持一定的层次和高度，每层采用黄土覆盖、压实进行封闭处理。通过规范煤矸石排放方式，杜绝因不合理排放而给环境带来的污染，并能有效地切断煤矸石氧气供应，防止煤矸石山自燃。

　　（2）表层土+隔离层+防燃材料+矸石层型：为了防止矸石的氧化自燃，矸石表面需要喷洒防燃材料如杀菌剂与还原菌的混合液，并进行碾压；然后在其上覆盖隔离层阻隔氧气的进入，最后在隔离层上覆盖植物生长的土壤介质（30～50 cm）。在煤矸石层（图 9.3）表面覆盖 20 cm 碱性粉煤灰（惰性材料），经重度碾压后，再覆盖 20 cm 的壤土或黏土作隔离层。然后用碾压机组多次碾压，使得惰性材料的容重达到 1.3～2.0 g/cm^3，煤矸石渗透率控制在 0.2×10^{-9}～0.4×10^{-9} m^2。对灭火区域和高温区域进行重点碾压（增加惰性材料的覆盖厚度及碾压强度）。在有些区域对煤矸石山表层煤矸石直接先行碾压也是一个很好的阻燃方法，其目的之一是减小煤矸石表层孔隙率，以便防渗；另外是通过改善松软基础，来构建覆盖隔离层。

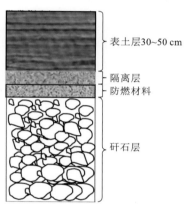

图 9.3　表层土+隔离层+防燃材料+矸石层型

（图中标注）表土层30~50 cm　隔离层　防燃材料　矸石层

　　隔离层的构建是防止煤矸石山自燃和复燃的有效措施，要求在整地后立地进行。该方法具有长效阻止煤矸石自燃的作用，并防止土壤酸化和盐渍化，能够满足植物的生长要求。

　　在植被生长介质层下方增加隔离层，有效地控制煤矸石自燃及污染物移动对植物生长的影响，达到煤矸石山防火控污的目标。在隔离层上覆盖土壤进行植被栽植，带有植被的表土层可有效防止下伏覆盖层因干燥脱水引起的干裂，从而保证维持其一定的空气阻隔性。另外，绿色植被层可有效防止风、雨对覆盖土的侵蚀，并减小外界温度对煤矸石山的影响。

　　（3）表层土+毛管阻滞层+隔离层+抑氧防燃材料+矸石层型（图 9.4）：为了保障隔离层保持一定水分不开裂，在隔离层上方增加粗颗粒的毛管阻滞层，使得在降雨或浇水时该层能蓄水，在干旱时，阻滞隔离层水分的损失。采用粗颗粒的材料如砂、石砾、砂质土壤等作为原料，覆盖在隔离层和植物生长介质之间，达到阻滞隔离带毛管、保持阻滞带水分的目的。需要首先建立隔离层（或阻隔层），然后在其上构建毛管阻滞层以防污染和隔离层的开裂，最后再构建植物生长介质层。

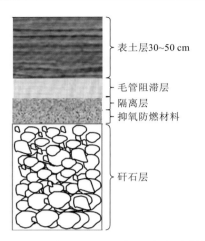

图 9.4   表层土+毛管阻滞层+隔离层+抑氧防燃材料+矸石层

煤矸石生态修复失败大都是复燃导致的，因此为了防止复燃，隔离层和防燃材料是至关重要的。

重构的工艺还是依据土壤重构的分层结构特征，进行分层构建，并注意各工序的紧密衔接。

9.2.2   新排煤矸石土壤剖面构型

新排矸石山的最上部的表面可以采用如已废弃矸石山的几种土壤剖面结构，其关键是边排边治过程中的结构。为防止氧化燃烧，采用分层堆放分层覆盖隔离的方式，即每堆放 2 m 即进行碾压，每堆放 6 m 后覆盖 0.3 m 阻燃材料作为隔离层，隔离层间隔以机械夯实，以达到隔绝空气的目的（图 9.5）。

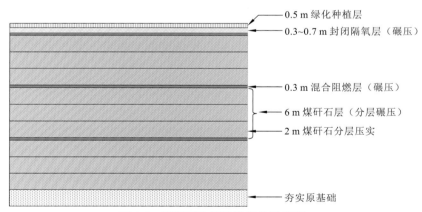

图 9.5   煤矸石边排边治堆放示意图

（1）若待回填区域存在裸露表土，则应在填方前剥离该区域表土及心土，挖掘深度为 2～5 m。所剥离土壤分类堆放，心土可供覆盖隔氧使用，表土可供后续煤矸石山绿化种植使用。

（2）剥离土壤后，碾压夯实原基础，夯实机械根据现场施工组织安排采用渣车、挖掘机或压路机等碾压，夯实系数不小于 0.86（根据项目区回填材料粒径等情况调整）。

（3）分层碾压夯实技术：分层回填，回填厚度 2 m 一层，喷洒氧化抑制剂后碾压夯实，夯实系数不小于 0.86（根据项目区回填材料粒径等情况调整）。

（4）逐层回填碾压至 6 m 时，覆盖沙子、粉煤灰、石灰、煤矸石渣（根据现场情况确定配合比）等混合阻燃封闭材料 30 cm 并碾压后再填第二层（混合层含水量 7%～14% 利于压实），6 m 层高采用压路机（15 t）或平碾碾压，夯实系数不小于 0.86，逐层碾压回填至设计基准标高-3 m 位置。

（5）回填至设计基准标高-3 m 平面时，覆盖沙子、粉煤灰、石灰、煤矸石渣、阻燃剂等混合阻燃封闭材料（配合比现场确定）30 cm，碾压夯实。

（6）煤矸石渣回填，表层覆盖沙子、粉煤灰、石灰、煤矸石渣（根据现场情况确定配合比）等混合阻燃封闭材料 30 cm，碾压夯实至设计基准标高-2 m 位置。

（7）煤矸石渣回填，表层覆盖沙子、粉煤灰、石灰、煤矸石渣（根据现场情况确定配合比）等混合阻燃封闭材料 30 cm，碾压夯实至设计基准标高-1 m 位置。

（8）表层覆盖沙子、煤矸石渣、粉煤灰、素土等混合阻燃密闭材料夯填至设计基准标高±0 m。

对于临时堆放在矸石绿色处置区待运出的矸石，采用喷洒氧化抑制剂的方式作为临时防火措施，同时在边排边治处置场设立喷水装置，控制大气污染。

9.3　煤矸石山土壤重构关键层的构建

酸性煤矸石污染和环境灾害的来源主要是煤矸石中硫化物的氧化，因此，控制煤矸石山硫化物的氧化成为酸性煤矸石山治理的重要途径。国内外研究已发现，煤矸石中黄铁矿的氧化除了因直接暴露在氧气中，在氧化亚铁硫杆菌（*Acidthiobacillus.ferroxidans*，简称 *A.f* 菌）等氧化菌的生物催化作用下，能显著加速 Fe^{2+} 向 Fe^{3+} 的转化，使化学反应速率提高了 50～60 倍，对煤矸石的酸化污染起着至关重要的作用。因此，抑制氧化亚铁硫杆菌等产酸菌的氧化活性，可以有效减少黄铁矿等硫化物的氧化和酸性废水的产生，并且有助于氨化菌等异养微生物的生长，从而有助于煤矸石山的植被恢复。

9.3.1　抑制氧化防燃材料的研制与施用

1. 杀菌剂的筛选

国外学者从 20 世纪 80 年代就开始研究在煤矸石山的治理中使用杀菌剂技术来抑制氧化和酸性的产生，取得了一定的进展。近年来，许多国内学者为从源头治理酸性煤矸石山，以原位污染控制为目的开展了大量研究。胡振琪等（2008）分别利用两种杀菌剂十二烷基硫酸钠（SDS）和苯甲酸钠（SBZ）进行了从源头控制煤矸石山酸化污染的实验，以菌液的酸碱性（pH）、氧化还原电位（Eh）、Fe^{2+}的氧化程度为指标，进行抑制 $A.f$ 菌氧化作用的因素的探讨。结果表明：当 SDS 浓度为 10 mg/L 时，Fe^{2+}氧化抑制率为 75.69%，当 SBZ 浓度为 30 mg/L 时，Fe^{2+}氧化抑制率为 75.89%（胡振琪 等，2009）。以 Fe^{2+} 的氧化速率为指标，对温度、pH 和 SDS 浓度进行了三种因素正交实验，结果表明：抑制 $A.f$ 菌的最佳效果条件为 25℃条件下，pH 为 3，且 $\rho(SDS)$ 为 7.5 mg/L。钟慧芳等（1987）通过研究硫铁矿氧化的机理发现，该过程受到特定微生物的催化后可加快 50～60 倍。因此，以 10 mg/L 的 SDS 和 30 mg/L 的 SBZ 作为杀菌剂，采用喷洒或浸润的方式处理煤矸石，对 Fe^{2+} 的氧化抑制率可达到 75%以上，能够极显著地抑制含硫煤矸石的氧化产酸和污染物释放。

在此基础上，将卡松（异噻唑啉酮）、三氯生、SDS 等多种杀菌剂按特定比例混合成复配杀菌剂，可以进一步提高对 $A.f$ 菌的抑制率，并且可添加保水剂作为载体制成缓释剂，从而极大地延长杀菌剂的有效时间。通过自煤矸石样品中分离纯化得到嗜酸性 $A.f$ 菌，选用 SDS、三氯生、卡松作为杀菌剂，测定了不同处理的 pH、Eh、Fe^{2+}氧化率，分析了杀菌剂对 $A.f$ 菌活性的抑制效果、最佳使用浓度及在不同环境中的稳定性（徐晶晶 等，2014）。结果表明：加入杀菌剂能有效抑制 Fe^{2+}氧化，从而防止溶液 pH 降低和 EC 升高。卡松浓度为 30 mg/L 时，Fe^{2+}氧化抑制率可达到 74.25%；三氯生浓度为 16 mg/L 时，Fe^{2+}氧化抑制率可达到 83.48%；SDS 浓度为 10 mg/L 时，Fe^{2+}氧化抑制率可达到 83.76%；在 pH 为 1.00～5.00、温度为-10～30℃的条件下，三种杀菌剂都能保持 80%以上的抑菌率。研究发现三种杀菌剂均在不同作用点、不同程度上有效地抑制 $A.f$ 菌活性而使其失活。其中，卡松则可以导致 $A.f$ 菌溢出少量蛋白和脂质，作用 3 h 会使 $A.f$ 菌表面出现明显裂纹和皱缩；三氯生可以令 $A.f$ 菌脂质少量外溢，作用 3 h 会使 $A.f$ 菌表面发生皱缩和破损，大量原生质流出；SDS 可以导致 $A.f$ 菌发生大量蛋白和脂质溢出，作用 3 h 即能够破坏 $A.f$ 菌表面结构，使得菌体形态扭曲变形。酸性煤矸石山污染和环境灾害的主要来源是煤矸石中硫化物的氧化，其中微生物（$A.f$ 菌）的催化氧化是主要原因之一，因此，利用杀菌剂能有效杀灭 $A.f$ 菌，从而达到抑制氧化、固定硫和降低温度（通过减缓氧化反应）的作用，对减少酸性水产生、降低煤矸石山自燃风险、控制污染扩散和促进植被恢复具有重要意义。

2. 还原菌的筛选

在煤矸石堆放初期，环境酸度呈现碱性或中性，反应速率非常缓慢；随着氧化反应进行，当堆体 pH 降低至 4.5 以下时，反应即进入持续自我氧化的高速循环反应阶段。因此，通过调控堆体 pH 能够将煤矸石氧化速率抑制在较低的水平。利用硫酸盐还原菌（sulfate-reducing bacteria，SRB）处理矿区废石堆场酸化污染是当前国际上最具有应用前景的方法之一。该方法属于微生物法，其基本原理是 SRB 在厌氧条件下转化硫酸盐，催化氧化有机碳和提高 pH，产生的 S^{2-}可以沉淀溶液中的重金属离子。该方法处理矿山酸性废水具有经济适用、无二次污染等优势。马保国等（2008）先后从山西、湖南等地的煤矸石山土壤样品中分离出了 SRB，实验表明，SRB 对煤矸石浸出液中 SO_4^{2-} 的去除率可达 90%以上，能够显著降低浸出液的酸性和重金属离子含量。采用好氧-厌氧交替分离方法，从煤矸石堆酸化土壤中分离、纯化出一株兼性厌氧的 SRB，分析菌株的 16S rRNA 基因序列、形态和生理生化特性，并利用柱状淋溶实验测定该菌株对煤矸石酸化污染的修复效果，结果表明：该菌株与枯草芽孢杆菌（*Bacillus subtilis*）具有 99.93%同源性，外形为杆状，大小为（0.4～0.6）μm×0.2 μm，最适生长温度范围为 25～35 ℃，在 pH 为 4～8 的环境中均生长良好。在无任何外加碳源的条件下，接种该菌株 18 天后，可将已酸化煤矸石的 pH 由 3.09 提升至 4.62，同时去除 48.25%的 SO_4^{2-}，有效控制煤矸石堆场高盐酸性废水的产生（Zhu et al.，2020）。可以将用于处理酸性废水的硫酸盐还原菌应用于煤矸石山酸化污染控制领域，提高环境 pH 以减缓硫铁矿氧化速率。将该 SRB 菌株应用于煤矿酸性废石堆的酸化污染修复中，外加少量碳源的条件下经过 21 天培养后，可将煤矸石浸出液的 pH 提升至 7.02。温度和碳源量是限制 SRB 活性的主要因子，在 30 ℃ 好氧培养条件下，接菌 6 天后可将培养液 pH 提升至 7.86，硫酸盐去除效率达到 66.68%。在无任何外加碳源的条件下，向酸化煤矸石中接种该菌株 18 天后，可将煤矸石的 pH 由 3.09 提升至 4.62，抑制煤矸石氧化循环反应；淋溶液中硫酸盐浓度由 4 399.28 mg/L 下降至 2 276.47 mg/L，去除率为 48.26%，可有效防止高盐淋溶水污染堆场周边土壤和水体（图 9.6）。

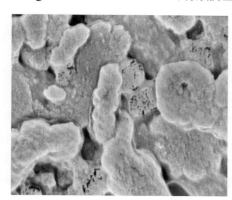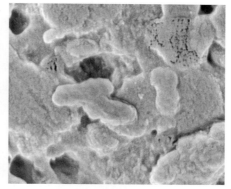

图 9.6　菌株 *Bacillus subtilis* S-19 的透射电镜照片

3. 杀菌剂与还原菌的耦合及其施用

根据 SRB 对杀菌剂耐受性较好的特点，SRB 与复合杀菌剂能够联合施用于煤矸石表面，SRB 可将杀菌剂作为自身碳源，达到最大化抑制硫铁矿氧化的效果。利用实验室前期分离的硫酸盐还原菌 *Bacillus subtilis* S-19，从 SDS、卡松和三氯生等有机杀菌剂中筛选出能与 S-19 协同使用的杀菌剂，分析 S-19 对有机杀菌剂的降解率，并利用柱状淋溶实验测定有机杀菌剂与 S-19 协同使用对煤矸石酸化污染的修复效果。结果表明：①在抑制 *T.f* 菌的最小抑菌浓度下，只有 SDS 对 S-19 生长无抑制效果，S-19 可利用 SDS 作为唯一碳源，7 天后 SDS 降解率为 86.90%。②向风化煤矸石填充柱内加入 50 mg/L 的 SDS 和 S-19 菌株 21 天后，淋溶液中 SO_4^{2-} 降低 72.19%，pH 由 3.15 上升至 5.21，效果显著高于单独使用 S-19 的处理。③接种 S-19 能够降低新排煤矸石淋溶液中的 SO_4^{2-} 和可溶性盐浓度，但不会提高 pH，SDS 协同 S-19 使用与单独使用 S-19 的处理效果没有显著差异。

　　煤矸石自燃的驱动力是氧化。在整形整地之后，应立即对裸露矸石喷洒氧化抑制剂，达到抑制氧化、防止燃烧的目的。主要方法为喷洒抑制氧化剂，该药剂由中国矿业大学（北京）土地复垦与生态重建研究所开发（专利号：ZL201410251289.4，ZL201410251274.8），是针对催化煤矸石氧化反应的嗜酸 *A.f* 菌所开发的专性杀菌剂，可实现对 *A.f* 菌活性的完全抑制。具体使用方法如下。

　　（1）将阴离子表面活性剂与非离子的高效广谱抗微生物剂进行物理混合，阴离子表面活性剂采用 8～15 mg/L 的 SDS，所述非离子的高效广谱抗微生物剂采用 10～18 mg/L 的三氯生。SDS 与三氯生的体积比为 1∶4～6。

　　（2）采用机械设备将该复合氧化抑制剂向煤矸石表面进行喷洒，具体施用量为 3.5～5 L/m^2。

9.3.2　隔离层的构建

　　隔离层的目的是阻隔氧气，起到长效防止煤矸石氧化自燃的作用。抑制氧化技术主要作为临时抑氧措施使用，若想达到长效防火目的，还需要采取物理方法阻隔氧气进入山体内部，从根本上防止煤矸石氧化。利用自制的煤矸石山覆盖层空气阻隔性测试专用设备进行现场实验，采用以黏土为主的惰性材料对煤矸石山进行覆盖，在厚度 30 cm、压实度 85%的条件下，氧气渗透率稳定低于 50×10^{-12} m^2，具有良好的阻隔性能。使用粒径较大的土壤作为覆盖材料时，需要增加隔离层厚度以满足隔氧要求，如粉土隔离层厚度需要 60 cm。碾压法的作用深度浅，相同的碾压强度和遍数下，随着覆土厚度的增大，平均紧实度呈下降趋势。因此，最为经济有效的做法为：每次松铺厚度的覆盖材料 20～40 cm，压实强度 100～150 kJ/m^3，碾压 3～5 遍后即可达到压实标准（压实度 85%）。为了节省土壤用量，可向土壤中掺入 20%～50%的粉煤灰作为替代，比例视土壤质地而定。对于新排矸石而言，应在堆储过程中采取分层碾压覆土的方式进行防火，具体做法为：将煤矸石按照每层厚度 2 m 进行压实，压实度不得小于 85%；逐层堆排至厚度达到 6 m 后覆盖一层由黄土、石灰及粉煤灰混合的惰性材料，厚度为 30 cm，碾压至压实度大于 85%；分层碾压覆盖直至达到矸石山设计标高（陈胜华，2014）。

　　结合山西阳泉煤矸石山治理现场进行野外试验，通过在煤矸石与覆盖土壤之间添加当地黏土和粉煤灰构造的不同隔离层，研究隔离层阻隔空气防治煤矸石自燃的效果（陈胜华 等，2014）。①自燃煤矸石山综合治理，在覆盖土壤之前，添加粉煤灰和黏土构成的隔离层，可有效阻隔空气，效果为粉煤灰与黏土混合（FNH）>粉煤灰与黏土分层（FNC）>单一黏土做隔离层（NN）>单一粉煤灰做隔离层（FF）。单纯使用粉煤灰或黏土做隔离层，初期渗透率小于阳泉煤矸石堆自燃的临界值 0.2×10^{-9} m^2，但随时间推移渗透率逐渐增大，从而失去封闭效果。两种材料混合使用要比单纯使用其中一种材料效果好。②以粉煤灰∶黏土=1∶2（体积比）比例充分混合构成的隔离层防自燃效果最佳，监测期间渗透率一直保持在低于 50×10^{-12} m^2 的水平，同时地温测定结果显示，粉煤灰和黏土混合使用构成的隔离层（包括粉煤灰与黏土混合和粉煤灰与黏土分层），温度从表入深变化较平稳，在土层深度 10～30 cm 处大致稳定在 10～15℃，表明该隔离层具有良好的隔氧阻燃效果。③利用黏土和粉煤灰构建隔离层，改善了传统的覆盖层结构。不同处理的隔离层，随土层深度增加，紧实度均呈现从表入里逐渐增大的趋势，从而形成"上松下紧"利于植被生长的理想剖面。掺有粉煤灰的隔离层具有较高的紧实度，其中粉煤灰与黏土分层构成的隔离层的紧实度一直保持在高于其他隔离层处理的水平，最大值约为 2 800 kPa。

9.3.3　毛管阻滞层的构建

国外早在 20 世纪 80 年代已经事实证明，单独覆盖黄土不能有效阻止煤矸石山内部黄铁矿氧化及自燃的发生，成本高且不利于植被恢复，而植被覆盖率低的黄土透气性好，利于空气贯入和水的渗入。中国也有矿区试验采用粉煤灰替代黄土进行覆盖，但没有深入理论研究。国内外的研究表明，直接覆盖土壤不是防止酸性煤矸石山自燃的好办法，需充分考虑防灭火和生态修复的融合。为有效控制燃烧和温度及污染物对植物生长的影响，可在植被生长介质层下方增加隔离层。在覆盖隔离层之上再覆盖自然土或营养土（或生物土），按具体情况选择表土层厚度（一般不低于 20 cm），在此基础上进行植被种植。采用粗颗粒的材料如砂、石砾、砂质土壤等作为原料，覆盖在隔离层和植物生长介质之间，起到阻滞隔离带毛管、保持阻滞带水分的作用。其厚度及不同质地条件下的不同厚度有待深入研究。

9.3.4　表土层的构建

用当地表土为最优，如能覆盖表土+心土更佳。带有植被的表土层可有效防止下伏覆盖层因干燥脱水引起的干裂，从而保证维持其一定的空气阻隔性（图 9.7）。另外，绿色植被层可有效防止风、雨对覆盖土的侵蚀，并减小外界温度对煤矸石山的影响。在有些区域对煤矸石山表层煤矸石直接先行碾压也是一个很好的阻燃方法。

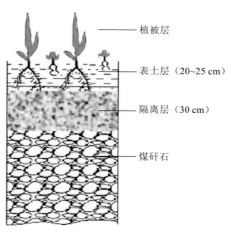

植被层

表土层（20~25 cm）

隔离层（30 cm）

煤矸石

图 9.7　表土层构建剖面图

9.4 酸性煤矸石山土壤重构工艺及效果

煤矸石山露天堆放极易发生风化，风化颗粒会随风雨漂浮和流动，污染大气环境和附近土壤及水环境；酸性煤矸石中含有的硫铁矿、硫、煤粉等物质，极易导致煤矸石山自燃，排放有毒有害气体对大气环境产生污染。此外，矸石中的盐分、重金属与有机物质等也会因受雨水冲刷、酸性等作用，渗入地表水及地下水中污染水体。煤矸石山的堆放因坡度大、自燃、雨水冲刷等作用，造成严重的经济损失和人员伤亡。鉴于酸性煤矸石山给环境带来的严重污染和危害，其原位治理与生态修复已刻不容缓，成为当前亟需解决的科学问题。基于多年的研究，提出酸性自燃诊断-安全灭火-有效防火-植被恢复的煤矸石山治理工艺（图9.8）。

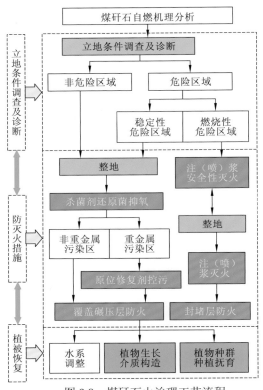

图 9.8 煤矸石山治理工艺流程

9.4.1 煤矸石山自燃诊断技术

针对煤矸石山治理调查中信息缺失空间坐标、深部着火位置不明的问题，首次发明了基于表面温度场的煤矸石山自燃诊断技术，能有效确定着火区位置，使得灭火注浆措施准确、有效。

自燃位置诊断是实施煤矸石山精确灭火治理的基础和前提。红外测温技术是煤矸石山表面温度勘测的首选方案,通过布设三角控制网建立矸石山表面与热像的对应关系,再进行插值提取红外热像的空间信息,该方法取代了传统的热电偶或地温温度计测温方式。

针对热红外影像缺乏对应空间信息的问题,将其与近景摄影测量技术结合。测量基站布设如图 9.9 所示。热红外影像由 MATLAB 软件生成灰度图,导入 ENVI 中进行处理;将煤矸石山照片导入 LensPhoto 软件中处理,生成煤矸石山表面空间位置点云;通过影像融合,构建出煤矸石山表面温度场的红外三维模型,点位误差可控制在 0.07 m 以内。

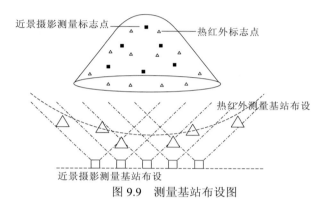

图 9.9　测量基站布设图

为尽量避免观测距离、环境湿度等因素对热红外监测数据造成误差,观测时应尽量选择气象条件较好的天气,以阳光照射不强、干燥、无风天气为佳;最佳观测距离为 13～18 m,不同距离下的温度误差补偿公式如下:

$$y = 0.021\,2x^3 - 1.864\,7x^3 + 48.424\,3x + 101.241\,7$$

由于自燃矸石山表面温度异常区与深部燃点的空间位置不对应,在获取表面温度差数据后,还需要对深部燃点位置进行诊断。以简单稳态线性模型理论为理论依据,通过计算表面特征温度点之间的温度比值,采用拟合逼近真实值的方法进行数值求解,提出了煤矸石山着火点深度反演模型。经实测检验,其与钻孔测温得出的着火点深度相比误差仅为 13 cm。

9.4.2　煤矸石山浅层喷浆与浅孔注浆相结合的灭火技术

针对煤矸石山自燃治理中危险大、效率低、易复燃的难题,学者们发明了煤矸石山浅层喷浆与浅孔注浆相结合的灭火技术、材料及大流量可变压力专用装备,提高了矸石山在不同立地条件下防火控污技术、材料及装备。

在研究自燃煤矸石山灭火技术中,主要包括挖除法、注浆法、氮气冷却法、覆盖法等,其中注浆法相较其他方法更加清洁环保、经济实用,但现有技术存在布管范围大、浆液浓度低等问题,灭火工法和设备材料亟待改进。

1. 钻孔注浆技术

通过钻孔打管，用高压将浆液注入煤矸石山高温区。当浆液接触到高温煤矸石区时，浆液中的水分蒸发可以带走大量热量，剩余的固体则包围于煤矸石表面或装填于煤矸石缝隙之中，减少煤矸石与氧气的进一步接触。通过降温与隔氧两方面作用，达到控火、灭火目的。

钻孔时根据温度勘测结果，精确布设注浆管至火源定位深度。注浆采用间隔交替式注浆法，即第一次注浆时先保留50%的注浆孔作为排气孔使用，待高温区降温后再进行交替。施工过程中遵循"从低温区到高温区、从边缘到中央"的原则，注浆孔和排气孔间隔排布，将水蒸气及时排出，防止注浆过程中发生汽爆。

浆液材料一般为黄土、石灰、粉煤灰等材料和水混合而成，配比根据应用场景不同而实时调整。在工程实践中，为增加灭火浆液的和易性，可以按照比例向浆液中加入聚苯烯酰胺类阻燃剂和耐火纤维，使固体含量由10%～20%提升至30%～50%，增加流动性能，抑制封堵层开裂。针对煤矸石自燃区域多分布在山体表面以下2.0～2.5 m位置的情况，打孔注浆深度一般为2.5～3.0 m；注浆管应在1.0～3.0 m深度侧壁均匀开孔，浆液扩散直径为2～3 m，因此注浆孔布设间距不应大于3 m×3 m。

2. 远距离喷浆技术

部分自燃煤矸石山表面温度较高，作业人员和车辆难以靠近施工，此时应先采取远距离喷浆法降低煤矸石山表面温度。该技术利用大功率泥浆喷射机自下而上等高线环带式作业，在30～50 m的安全距离向山体表面明火区或高温区喷浆灭火，可以有效减少自燃煤矸石山的烟雾，快速降温的同时避免汽爆，为后续灭火治理施工安全提供保障。

3. 浅层喷射注浆施工技术

浅层喷射注浆法是浇灌法的现代技术模式，采用大功率泥浆喷射机向煤矸石山坡面强力喷射，实现泥浆浇灌施工（图9.10）。其特点是作业危险性小，施工效率高，浆液覆盖均匀，渗透封堵效果好。喷射注浆法把封堵煤矸石缝隙、减少水流入渗和空气进入作为煤矸石山的防火、控火、灭火治理首要措施，采用以防为攻的计策，依据浇灌法、覆土法的原理向煤矸石山表面直接喷射泥浆。浅层喷射注浆防火、控火技术可在煤矸石山自燃的各发展阶段实施，针对煤矸石在三个发展时期的不同理化特点和煤矸石山的结构变化状况，分别采用不同的泥浆配方和喷射工艺施工，达到无火防火、有火控火的目标。

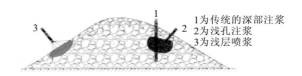

1为传统的深部注浆
2为浅孔注浆
3为浅层喷浆

图9.10　浅层注浆喷浆示意图

9.4.3　防火阻燃技术

注浆灭火后，虽然达到了灭火的目的，但煤矸石中硫含量较高（3.1%～5.5%），所以仍然具有潜在复燃的可能性，为此灭火后应实施防火工程。在低温下，煤与矸石中的黄铁矿易氧化，并释放热量，且温度在矸石内部不断积聚升高，当某一局部区域达到一定温度后，会导致煤矸石中的煤和可燃物燃烧。为此，抑制煤矸石中黄铁矿和可燃物质的氧化成为防火工程的关键。

防火关键是阻隔氧气与可燃烧物质的接触，为此可以采用添加碱性粉煤灰覆盖和构造隔离层的方法实现。同时由于煤矸石中氧化亚铁硫杆菌促进了黄铁矿的氧化，采用专杀氧化亚铁硫杆菌的方法可以减少黄铁矿的氧化和煤矸石降温的同时添加硫酸盐还原菌。

流程：使用杀菌剂+接种还原菌+碱性（黄土＋粉煤灰）材料覆盖。

在常温且潮湿的环境中，黄铁矿易发生一系列的反应。先是黄铁矿氧化生成亚铁离子与硫酸，亚铁离子进一步氧化生成三价铁离子，三价铁离子又加速黄铁矿的氧化再生成亚铁离子。若环境中有硫杆菌类细菌，整个反应速度显著提高至化学过程的 3 个数量级以上，并会释放出大量的热量。实践表明，水分可显著促进高硫煤层的自燃，且在硫铁矿的矿井水中，存在较多的硫杆菌属细菌。在矸石山的淋溶水中，也有大量此类细菌存在。这就是少的硫铁矿也会给煤矸石山自燃产生很大影响的原因。从发热量看，黄铁矿大约只有煤炭的 1/3，大致上与煤矸石相当。但在微生物作用下，黄铁矿在常温阶段，便可以比纯化学反应速度高 3～6 个数量级的速度进行氧化反应，放出大量的热量，这就是少量的黄铁矿也对矸石自燃有较大影响的原因，因此硫杆菌属细菌对煤矸石的自燃起了重要作用。所以用杀菌剂杀灭氧化产酸细菌尤为必要。

还原菌提高 pH 抑制硫氧化菌生长，接种还原菌剂固定硫来阻止其氧化散热。研制的杀菌剂是专性杀菌剂，具有专杀氧化产酸细菌，而对分离的还原菌无不良影响，甚至促进其生长，该菌剂要求在注浆灭火降温后或在未燃火低于 55 ℃煤矸石温度下结合覆盖材料使用。

黄土粉煤灰覆盖碾压法：黄土粉煤灰覆盖碾压法是在煤矸石山表面铺上粉煤灰和黄土，然后压实，以隔绝空气进入，使自燃煤矸石山内部空气耗尽后熄灭。它克服了国际上所采用的表面密封压实法的不足，有利于煤矸石山斜坡覆土与碾压，灭火效果较好。黄土粉煤灰覆盖碾压法工程分三个步骤进行，首先是按 30%粉煤灰＋70%黄土进行混合，加适量的水使其增加黏性，便于在斜坡上施工；其次，将黄土粉煤灰的混合物覆盖到自燃煤矸石山表面，并利用铲运机使其均匀覆盖，厚度控制在 50 cm 左右；最后，用牵引机组进行碾压，使黄土和粉煤灰的混合物与煤矸石山两面充分结合，并形成致密层，防止空气进入煤矸石山，从而达到灭火的目的。

9.4.4 煤矸石山植被恢复技术

针对煤矸石山缺乏适宜植物生长土壤，研发了适合植被生长的基质材料，包括添加煤基生物土改良的黄土和以植物胶黏合剂为核心的喷播材料；提出煤矸石山以灌木草本为主、少用乔木的植被群落配置模式和适宜的种群，实现了煤矸石山的生态修复。

生态修复是煤矸石山治理的最后阶段与最终目标。煤矸石山立地条件较差，可供植被生长的介质层较薄，且经过人为扰动后形成的重构土壤，肥力大幅下降。因此，煤矸石山生态修复主要分为植被生长介质层重构与适生植物群落配置两个方面。

针对隔离层不利于植物扎根的特点，在其上覆盖一层熟土作为植被生长介质层（图 9.11），厚度根据植物的根系深度确定，草本植物通常要求土壤覆盖厚度为 15 cm，灌木则应不小于 30 cm。对于部分未经整地的高陡坡面，可以采用机械喷播的方式覆绿，即按照一定比例将种子、土壤稳定剂、肥料、覆盖料、黏合剂和水混合均匀，用喷枪将混合物喷射到煤矸石山表面，形成一层膜状结构，充当植被生长的介质。

生长介质层15 cm 以上

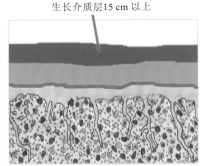

图 9.11　煤矸石植被生长介质层

结合煤矸石独特的立地条件，植被群落应以草灌结合为主，选择耐干旱、耐贫瘠、抗逆性强，并且具有一定水土保持效果的植物种。常用的煤矸石山复垦草本植物种有紫花苜蓿、野牛草、沙打旺、红豆草等，灌木种有紫穗槐、柠条、沙棘等。考虑不同煤矸石山的土壤理化性质和当地气候条件有所不同，植被恢复工程中也应该以适地适树为原则，选择适合当地气候与土壤条件的植被品种。

按照矿区废弃地植被恢复的目的，基于植物耐瘠薄、抗干旱、繁衍迅速、覆盖效果好、根系发达等特点，最大限度地体现水土保持生态效应。同时考虑常绿植物及观花、观型植物结合配置，营造适宜的生态景观效果，发挥植被群落的效能。植被配置模式主要有以下类型。

（1）纯植草型配置模式。以草本植物为主的植被配置模式，主要利用紫花苜蓿、高羊茅等植物喜温暖、半干旱气候，侧根发达，繁殖快，能快速适应环境的特点，起到防止降水冲刷的护坡作用，特别是煤矸石山边坡，采取植草护坡措施，以达到防止水土流失的目的。设计紫花苜蓿模式、高羊茅模式和高羊茅-紫花苜蓿模式 3 种单纯草本配置模式，主要播种在中坡位。

（2）草灌型配置模式。草灌型配置模式主要用于固坡或熟化土壤，防止水土流失，增加土壤有机质含量，促进煤矸石风化，提高土壤肥力，为引入乔木打下基础。单一的草本植物根系较浅，集中分布在土壤表层，较少能深入岩砾层中，因而固坡能力稍差。而灌木根系较草本植物深，能达到土壤较深层，草灌结合，其根系交织在一起，形成网络，固坡能力强。设计紫穗槐、紫穗槐-紫花苜蓿、紫穗槐-高羊茅、紫穗槐-高羊茅-紫花苜蓿、黄芪 5 种灌木或草灌型模式，主要集中在煤矸石山中上坡位。

（3）乔灌和乔草配置模式。这种模式的特点是树木和草本植物茂盛地覆盖地表，减少了地表水分蒸发，增加有机质含量。树木强大的深根系统和草本植物的浅根系统形成了网络结构，对固持煤矸石起到了很好的作用。从自然植被恢复看，自然植被恢复盖度在 20%以上的煤矸石废弃地即可采用乔木的模式，在乔草复合型配置中，乔木占 65%，草本占 35%为宜。

对于酸性自燃的煤矸石山，在斜坡上应构建以草本为主的草本灌木群落；在平台上构建以灌木为主的灌木草本群落；在覆土较厚的区域可以使用生态节水型多功能树盘零星种植乔木。

9.5　小康煤矿煤矸石土壤重构案例

9.5.1　研究区概况

小康煤矿有新旧合并的一座煤矸石山，煤矸石山堆存量 146.6 万 m^3，煤矸山表面积 12.5 万 m^2，占地 157.5 亩。小康煤矿因夹矸多，导致煤矸石堆存量大，主要用于井下回填及销售。煤矸石场占地面积较大且凌乱，场地内既有堆成的矸石山体，也有堆放大小不一的散乱堆体；既有正在堆放的掘进煤矸石，也有临时堆放等待外运的洗选煤矸石，还有需要烧砖利用、不断挖掘取走的破损的煤矸石堆。由于无序取用煤矸石，仅有大约 50%的矸石山体较为完整，且有多处自燃现象，产生烟尘和扬尘，造成一定的环境污染。

9.5.2　煤矸石问题诊断

1. 地形地貌特征

使用无人机航空摄影测量技术采集煤矸石山及周边地区的高分辨率可见光影像并进行数据处理，获取项目区域正射影像及数字高程模型，从中提取煤矸石山占地面积、表面积、堆存量、表面坡度及植被覆盖等详细地形地貌信息。

煤矸石山海拔为 80.5～145.8 m，相对高差 65.3 m。整座煤矸石山占地面积为 10.5 万 m^2，煤矸石山表面积为 12.5 万 m^2，煤矸石堆存量为 146.6 万 m^3，地形地貌概况见图 9.12。

小康煤矿煤矸石山表面无覆土，煤矸石堆放方式为堆排。煤矸石山绿化情况如图 9.13 所示。

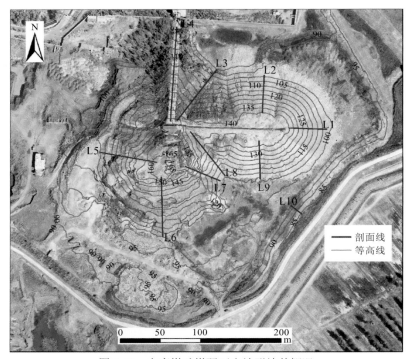

图 9.12　小康煤矿煤矸石山地形地貌概况

图 9.13　小康煤矿煤矸石山覆绿现状

2. 煤矸石理化特征分析

康煤矿煤矸石山表面由于堆积时间不长，其表面风化层厚度较小，厚度在 4～10 cm，由于堆排的掘进煤矸石大部分均属砂岩或砂砾岩性质，顶板属砂砾岩或油页岩性质，煤层底板在井田东北部上分层底板为砂砾岩，其余各地段煤层底板由泥岩、粉砂岩、细砂岩组成，以粉砂岩为主，洗选煤矸石属泥岩性质，由此判断该煤矸石山属易风化性质。

采样与制样按照《工业固体废物采样制样技术规范》（HJ/T 20—1998）进行，检测分析按照《危险废物鉴别标准　浸出毒性鉴别》（GB 5085.3—2007）、《固体废物浸出毒性浸出方法　水平振荡法》（HJ 557—2010）进行。由煤矸石浸泡实验可知：煤矸石浸出液中各种污染物浓度均低于《危险废物鉴别标准　浸出毒性鉴别》（GB 5085.3—2007）中相应污染物浓度的限值，且煤矸石不在《国家危险废物名录》中，由此判定：煤矿所排煤矸石属于非危险废弃物。

同时浸出液各项分析指标均未超过《煤炭工业污染物排放标准》（GB 20426—2006）中最高允许排放浓度，且 pH 为 6～9，根据《一般工业固体废物储存、处置场控制标准》（GB 18599—2001）规定，本矿煤矸石属第 I 类一般工业固体废物。

3. 煤矸石山周边大气状况

依据《环境空气质量标准》（GB 3095—2012）二级浓度限值要求，各点位 SO_2、NO_2、CO 监测结果均符合标准要求。目前该地区环境空气质量状况良好，虽然大多数情况下不超标，但是可能在雨后或特殊条件下，存在短期的自燃或扬尘严重、超过质量标准的可能性。

4. 煤矸石自燃情况

使用无人机搭载热红外相机获取煤矸石山热红外影像，通过数据处理及目视解译手段检测煤矸石山表面温度异常区域。详细情况如图 9.14 和图 9.15 所示。

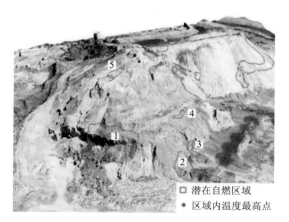

图 9.14　小康煤矿煤矸石潜在自燃区域三维图（正面）

共发现小康煤矿煤矸石山表面有 14 个潜在自燃区域，总面积 8 053 m²，最小区域面积 39 m²，最大区域面积 3 006 m²，煤矸石山表面最高温度达到 107.21 ℃。煤矸石山潜在自燃区域面积较大，分布范围较广。在实地考察过程中，上述潜在自燃区域有明显异味，自燃情况较为严重。

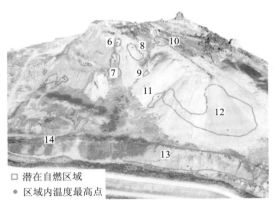

图 9.15　小康煤矿煤矸石潜在自燃区域三维图（背面）

9.5.3　煤矸石山整形方案

1. 坡体整形

小康煤矿只有一座孤立较高的煤矸石山，其整形方法应从上至下进行，以轨道为施工便道，履带式挖掘机可爬至煤矸石山顶，从山顶开始进行整形施工。将山体坡度降到15%以下，山体高度下降至合适高度，沿坡面一定垂直距离设置平台，预留出截排水沟位置。

以废弃煤矸石为材料制作烧结砖或发泡砖，沿坡脚砌筑挡土墙，挡墙内部设置一定宽度的封闭带，防止空气从坡脚进入山体，引起氧化自燃。

1）削坡垫坡工序

测量放线→削坡开挖→矸石的堆存和处理→人工削坡→清渣→边坡检查、处理与验收→特殊问题处理。

2）削坡垫坡方法

测量放样控制边坡开口线，坡度尺与水平尺联合检验校核的方式控制反铲削坡精度，机械操作手的熟练技术技能控制边坡的平整度。根据工序，在测量人员放出设计开口线后，现场施工人员立即在开口线上打桩、拉线，然后反铲就位开挖；在临近设计边坡时，现场施工人员采用水平尺和自制的坡度尺跟踪检验并校核坡比，测量队定期检查边坡是否符合设计要求；开挖边坡的平整度则靠机械操作手的技术技能控制。

煤矸石开挖采用机械与人工相结合的方法施工，削坡机械采用反铲与装载机开挖，自卸汽车运输至指定地点进行堆排碾压。

2. 削坡开挖

（1）首先进行测量定位，根据设计图确定开挖范围、深度、坡度及分层情况。

（2）对边坡开口线的控制。由测量人员现场放样、现场施工人员和质检人员跟踪打桩，然后现场施工人员根据交样单挂线立杆，控制开口线。

（3）削坡开挖必须符合设计图纸、文件的要求。对施工方确认其基础不能满足设计图纸所规定的开挖要求的部位，严格按施工方的指示进行。

（4）反铲削坡过程控制。首先要控制其行走方向，履带板要与边坡面平行，这样对操作手的视觉感官有莫大的好处，可以依据履带板行走来控制相邻部位的坡度一致，避免或减少频繁的检验校核工作。

（5）在局部坡面较长或地质条件较差的部位，主要采用反铲分层接力的方法开挖，挖掘次序从上到下，根据坡面长度不同用 1～2 台反铲在作业面上同时挖坡，边挖边将煤矸石向上传递，并装入装载机。

（6）将煤矸石运至指定地点堆放，堆高为 2 m 一层进行碾压，边堆边压，堆至 6 m 进行换层。

（7）开挖时严格控制开挖深度，预留 20 cm 的保护层。该层只能由人工开挖以保护堤身原状土不受扰动，以便控制边坡，避免超挖和欠挖。

（8）开挖中遇到坚硬孤石时，按施工方的指示进行施工处理。

（9）开挖过程中随时注意煤矸石层的变化，挖掘机距边坡保持一定的安全距离，确定每次的挖装深度，避免出现异常情况，保证设备安全。

（10）所有削坡开挖除施工方另有指示外均为旱地开挖，开挖前在坡底挖好截水设施，坡面挖好排水设施，并对开挖施工中的施工用水排除；同时根据施工现场的需求设置临时排水设施与截水设施；开挖过程中准备排污泵用来排水。施工中确保排水畅通，防止由于排水不畅而引起坡体自燃及气爆。

9.5.4　煤矸石山灭火方案

小康煤矿煤矸石山堆积量约 146.6 万 m³，表面积为 12.5 万 m²，占地面积为 157.5 亩。其中，潜在自然燃区域总面积 8 053 m²，山体表面最高温度达到 107.21 ℃。主要自燃区域为山体东南侧边坡，以及南侧长 160 m、宽 110 m 的平台。该煤矸石山潜在自燃区域面积较大，分布范围较广，可采取挖除冷却法与注浆法相结合的灭火方法：对于体积小、自燃较为严重的南侧平台区域以挖掘法为主，既可以起到灭火的作用，又方便进行后续的整形整地施工；对东南侧边坡以注浆法为主，优先灭除火源，再进行覆土隔氧措施，防止复燃。

9.5.5　煤矸石山土壤重构方案

1. 煤矸石山抑氧隔氧防火层构建

煤矸石自燃的驱动力是氧化。在整形整地之后，应立即对裸露煤矸石喷洒氧化抑制剂，达到抑制氧化、防止燃烧的目的。

主要方法为喷洒氧化抑制剂，该药剂由中国矿业大学（北京）土地复垦与生态重建研究所开发（专利号：ZL201410251289.4，ZL201410251274.8），是针对催化煤矸石氧化反应的嗜酸 A.f 菌所开发的专性杀菌剂，可实现对 A.f 菌活性的完全抑制。具体使用方法如下。

（1）将阴离子表面活性剂与非离子的高效广谱抗微生物剂进行物理混合，阴离子表面活性剂采用 8～15 mg/L 的 SDS，所述非离子的高效广谱抗微生物剂采用 10～18 mg/L 的三氯生。SDS 与三氯生的体积比为 1∶4～1∶6。

（2）采用机械设备将该复合氧化抑制剂向煤矸石山表面进行喷洒，具体施用量为 3.5～5 L/m²。

2. 煤矸石山隔氧防火层构建

本研究区煤矸石山采用隔氧防火技术、分层碾压回填技术、环坡脚封闭技术和全坡面封闭防火技术，在此不再进行详细介绍。

1）分层碾压回填

自燃煤矸石经过冷却降温后，逐层回填至选定的填方区。回填作业采用分层碾压回填的施工方法。除此之外，小康煤矿在未来开采过程中所产生的煤矸石也同样采用该方法进行防火处理。

（1）考虑小康煤矿周边地区获取表土较为困难，若待回填区域存在裸露表土，则应在填方前剥离该区域的表土及心土，挖掘深度 2～5 m，所剥离土壤分类堆放，心土可供覆盖隔氧使用，表土可供后续煤矸石山绿化种植使用。

（2）剥离土壤后，碾压夯实原基础，夯实机械根据现场施工组织安排采用渣车、挖掘机或压路机等碾压，夯实系数不小于 0.86。

（3）分层碾压夯实技术：分层回填，回填厚度 2 m 一层碾压夯实，夯实系数不小于 0.86。

（4）逐层回填碾压至 6 m 时，覆盖沙子、粉煤灰、石灰、矸石渣等混合阻燃封闭材料 30 cm，喷洒防火浆液碾压后再填第二层（混合层含水量 7%～14%利于压实），6 m 层高采用压路机（15 t）或平碾碾压，夯实系数不小于 0.86，逐层碾压回填至设计基准标高-3 m 位置。

（5）回填至设计基准标高-3 m 平面时，覆盖沙子、粉煤灰、石灰、矸石渣、阻燃剂等混合阻燃封闭材料 30 cm，碾压夯实。

（6）矸石渣回填，表层覆盖沙子、粉煤灰、石灰、矸石渣等混合阻燃封闭材料 30 cm，碾压夯实至设计基准标高-2 m 位置。

（7）矸石渣回填，表层覆盖沙子、粉煤灰、石灰、矸石渣等混合阻燃封闭材料 30 cm，碾压夯实至设计基准标高-1 m 位置。

（8）表层覆盖沙子、矸石渣、粉煤灰、素土等混合阻燃密闭材料夯填至设计基准标高±0 m。

2）环坡脚封闭

为确保防复燃彻底，隔绝空气流通，防止产生烟囱效应，对治理区坡面坡脚处进行封闭防复燃，封堵坡脚进风口。施工流程：坡脚开沟→降温→分层碾压回填→上层用沙子、粉煤灰、渣石等混合材料密实。

环坡脚封闭防复燃开挖尺寸：宽 3.5 m，平均深度 3.5 m。

3）全坡面封闭防火

抑氧措施通常仅作为临时措施，最终整地和灭火措施后，应在煤矸石山表面覆盖惰性材料以构建隔氧层。具体做法如下。

（1）覆盖材料：构建煤矸石山隔氧覆盖层的最佳材料为粉土或者粉黏土。为节约土源、废物利用，可向其中添加一定比例的粉煤灰，配制成混合材料。粉煤灰添加比例根据土壤类型不同而有所区别，粉土为 50%，粉质黏土为 20%～30%。

（2）覆盖厚度：为保证覆盖层对空气的阻隔性能，粉质黏土的理想覆盖厚度为 15～20 cm，粉土的理想覆盖厚度为 70 cm。

（3）最优含水量：通过分析粉土和粉质黏土的天然含水量、风干含水量及其轻型击实条件下的最优含水量，最终得出实际施工中覆盖材料的最优含水量为 15%，即在该含水量下覆盖材料的压实性能最佳。

（4）压实功能：根据实际施工经验与力学实验结果相结合，得出最经济有效的压实指标大致在 100～150 kJ/m^3。碾压法作用深度较浅，一定的碾压遍数可满足轻度压实的要求（质量标准为压实度 86%），在覆盖材料含水量接近最优含水量（相差不超过±2%）的条件下，每次松铺厚度 20～40 cm，反复碾压 3～5 遍。

植被恢复层在上述抑氧隔氧层之上，直接覆盖植物生长介质层的方法，主要有两种：①植物生长介质层的构建。最佳的植物生长介质材料是土壤，覆盖至少 30 cm 的土壤用于种植草灌植物。②客土改良土壤技术。点状客土主要是用于客土量大、投资高、难度大，并且在植被恢复前容易造成客土流失、有机质淋失的固体废物。对于采取坑栽或者石砾坡的林地复垦，一般需在坑内放少许客土，覆土厚度一般在 100 cm 以上，根据所选树种的立地要求一般树坑为 1.0～1.5 m^2，坑面反向倾斜，以便蓄水保土。

可根据土源具体情况确定介质层构建技术。乔木恢复区土壤重构厚度不小于 1 m，灌木恢复区土壤厚度不小于 0.7 m，草地恢复区及其他区域土壤厚度不低于 0.3 m。

参 考 文 献

陈胜华，2010. 自燃煤矸石山表面温度场测量及覆压阻燃试验研究. 北京：中国矿业大学(北京).

陈胜华，郭陶明，胡振琪，2013. 自燃煤矸石山覆盖层空气阻隔性的测试装置及其可靠性. 煤炭学报，38(11): 2054-2060.

陈胜华, 胡振琪, 陈胜艳, 2014. 煤矸石山防自燃隔离层的构建及其效果. 农业工程学报, 30(2): 235-243.

胡振琪, 张光灿, 魏忠义, 等, 2003. 煤矸石山的植物种群生长及其对土壤理化特性的影响. 中国矿业大学学报(5): 25-29, 33.

胡振琪, 张明亮, 马保国, 等, 2008. 利用专性杀菌剂进行煤矸石山酸化污染原位控制试验. 环境科学研究(5): 23-26.

胡振琪, 马保国, 张明亮, 等, 2009. 高效硫酸盐还原菌对煤矸石硫污染的修复作用. 煤炭学报, 34(3): 400-404.

李鹏波, 胡振琪, 吴军, 等, 2012. 煤矸石山的危害及绿化技术的研究与探讨. 矿业研究与开发(4): 93-96.

马保国, 胡振琪, 张明亮, 等, 2008. 高效硫酸盐还原菌的分离鉴定及其特性研究. 农业环境科学学报(2): 608-611.

宋亚琴, 2012. 潞安矿区土地复垦生态重建研究. 阜新: 辽宁工程技术大学.

王长根, 1983. 关于煤矸石分类和命名问题的探讨. 煤炭科学技术(6): 42-45.

徐晶晶, 胡振琪, 赵艳玲, 等, 2014. 酸性煤矸石山中氧化亚铁硫杆菌的杀菌剂研究现状. 中国矿业, 23(1): 62-65.

钟慧芳, 蔡文六, 李雅芹, 1987. 黄铁矿的细菌氧化. 微生物学报, 27(3): 264-270.

BLOOMFIELD H E, BRADSHAW A D, 1982. Nutrient deficiencies and the aftercare of reclaimed derelict land. Applied Ecology, 19: 151-159.

DANCER W S, HANDLEYANDLEY J F, BRADSHAW A D, 1977. Nitrogen accumulation in kaolin mining wastes in Cornwall.I.Natural communities. Plant and Soil, 48: 153-167.

ZHU Q, HU Z, RUAN M, 2020. Characteristics of sulfate-reducing bacteria and organic bactericides and their potential to mitigate pollution caused by coal gangue acidification. Environmental Technology & Innovation, 20: 101142.

第 10 章　重构土壤质量检测与评价

10.1　重构土壤质量检测

　　土壤质量是指土壤生态系统，维持系统内生物的生产力、保护系统生态环境及促进生物健康的能力。土壤质量的评价标准包括两个方面内容，即土壤的生产质量（土壤肥力）和环境质量。土壤肥力是土壤养分、水分、热量和空气等方面供应和协调作物生长的综合能力，具体表现在土壤物理特性和土壤养分状况两个方面。传统的土壤质量检测方法需要实地挖剖面、采样和室内测试分析，既费时又费力，且获取数据仅为点位信息（何瑞珍 等，2011，2009）。为快速获取重构土壤复垦耕地土壤质量信息，必须采用更高效的土壤检测手段来克服传统检测手段诸多缺点。基于探地雷达的重构土壤无损检测技术则大幅提高重构土壤质量检测效率，是一种有效且可靠的土壤质量检测方法。针对较大尺度的重构土壤检测需求，可以采取遥感检测手段，依据图像像元值与实地样点数据间的关系反演得到土壤质量相关信息，与探地雷达土壤检测技术相同，均为无损土壤检测技术。

10.1.1　传统土壤质量检测方法

　　传统土壤质量检测流程主要包括布点采样、样品制备、分析方法、资料统计分析等步骤，其中布点采样对土壤质量检测至关重要，它决定了土壤质量检测的可靠性。土壤采样点数量和布设位置的确定十分关键，若样点布设不当，会使土样没有代表性，也会使获得的数据存在较大误差（许红卫 等，2000）。根据《土壤环境监测技术规范》（HJ/T 166—2004），传统土壤质量检测布点方式主要有简单随机法、分块随机法、系统随机法。目前国内外常用的土壤采样布点方法主要有主观判断采样、简单随机采样、规则网格采样、分区采样及混合采样等（任振辉 等，2006）。这些采样布置方法都假定采样区的土壤特征是随机进行空间变异的，样本完全独立且服从某类型的概率分布，采样区的土壤特征可通过样本均值、方差等进行描述。而事实上，土壤特征的变化并非完全随机，在不同尺度上土壤特征均呈现出一定的空间结构，具有明显的空间相关性（陈天恩 等，2009）。针对以上几种常用采样点布设方法所存在的一些不足，不少研究者对现有采样点布设方法进行了优化改进。任振辉等（2006）通过对试验田土壤密集采样，测定其 N、P、K、OM 等成分的含量，利用经典的数理统计、地学统计及分形理论与方法，对数据变化规律进行分析，最终确定出能够保证以足够精度反映出土壤肥力分布的空间差异性的最大采样间距。陈天恩等（2009）利用经典统计学方法确定合理的采样点数目，并基于地统计学的半方差函数拟合与 Kriging 法确定合理的采样点布局，选择典型地区的土壤肥力进行空间变异分析和采样点布置的优化设计，且具有良好可行性。杨琳等（2011）通过对与土壤在空间分布具有协同变化的环境因子进行聚类分析，寻找可代表土壤性状空间分布的不同等级类型的代表性样点，建立一套基于代表性等级的采样设计方法，大幅提高了土壤采样效率。同时，《土壤环境监测技术规范》（HJ/T 166—2004）中还规定了土壤采样的基础样品数量，由均方差和绝对偏差、变异系数和相对偏差来计算实验所需样品数量，土壤检测的布点数量要满足样本容量的基本要求，即上述由均方差和绝对偏差、变异系数和相对偏差计算样品数是样品数的下限数值。此外，实际工作中还需根据调查目的、调查精度和调查区域环境状况等因素确定土壤布点数量。

传统土壤质量检测布点采样过程较为烦琐，需要考虑众多因素，且工作量大。使用土钻、环刀等工具在样本点处取规定深度剖面样或混合样后，土样制备仍然面临工作量巨大的问题。取好的土样需要在风干室和磨样室中进行风干、研磨、细磨、分装等处理，在样本数量较大时，整个土样制备过程工作量极大，需要耗费大量时间。同时，传统土壤质量检测的样品保存也要注意诸多问题，要严格防止土壤样品混错、交叉污染等情况出现。

土壤质量检测需要化验分析土壤的多个指标，如 pH、容重、全氮、全磷、有机质等理化性质指标，总砷、总汞、总铬等重金属含量指标，以及有机物含量指标。土壤容重的检测需要将样品在特定温度下烘干至恒重后称量，之后采用容重计算公式进行计算；而土壤 pH 和电导率检测则需要将风干土样过 2 mm 筛后，准确地称取 5 g 置于 50 mL 高型烧杯中。再加入 25 mL 去离子水，搅 1～2 min，静置 30 min 以后，采用 pH 计测定土壤 pH、利用电导率仪测定土壤电导率（付艳华，2017）。使用气相或液相色谱法检测土壤中 6 种特种多环芳烃含量，使用分光光度法或原子吸收光谱法检测土壤中总砷、总汞、总铬、铜、锌、铅、镉、氧化稀土等指标含量。通过各类分析方法获取土壤质量各项指标，整理检测数据，采用反距离法和 Kriging 法等检测数据进插值获取监测区域的土壤质量指标，利用地统计学知识分析土壤质量并进行评价（王秀 等，2005；许红卫，2004；雷咏雯 等，2004）。

传统土壤质量检测为保证足够的准确性，需要保证采样数量，这无可避免地对检测区域土壤造成扰动，尤其是采煤复垦地重构土壤的质量评价，长时间序列的大量土壤采样必然对重构土壤结构造成破坏，可能导致重构土壤复垦技术评价出现偏差。并且土壤检测指标较多，需要耗费大量人力物力。因此，一种方便快捷且结果可靠的重构土壤无损检测技术对土壤重构复垦技术的应用意义重大。

10.1.2 基于探地雷达的重构土壤无损检测技术

对矿山生态修复重构土壤的质量检测是评价重构方法效果及保障复垦耕地生产力的重要手段，但传统的质量检测技术均需要现场采样、挖剖面，费力费时，且仅能获取重构土壤质量点状数据。基于探地雷达设备的重构土壤无损检测技术能大幅提升土壤质量检测效率，无须大量实地采样工作即可获取土壤重构区域大量检测数据，省时省力，且对重构土壤无破坏性。因此使用基于探地雷达的土壤无损检测技术对重构土壤质量检测具有重要意义（胡振琪 等，2005）。

1. 探地雷达探测技术

探地雷达是一种高效的浅层地球物理探测技术，以其快速便捷、抗干扰和场地适应性强的特点，广泛应用于地质勘测、工程施工条件的检测、资源环境的监测、军事及道路和土壤剖面精细刻画等多个领域。探地雷达以微波信号为载体，具有穿透能力，能够准确地实现地下目标体等隐伏物体和工程的空间位置。其工作原理是通过向地面发射高频的脉冲电磁波，电磁波在地下的有耗介质中传播时，当遇到介电性质差异的目标体时，如孔洞、地下管线及不同分层界面时，电磁波发生反射，回波信号被接收天线获取并直接数字化，利用存储设备完成数据的连续采集，在此基础上，通过研究电磁波的传播特性，根据雷达影像中的波形、强度及双程走时等参数，从而判断目标体的空间位置、几何形态，实现不可见目标体的无损检测（王新静，2014）。因探地雷达的探测方式不同其工作原理略微有差异，目前常用的探地雷达测量方式主要有剖面法、共源极法和共中心点法等（Nakashima et al.，2001；李大心，1994）。

1）剖面法

间隔一定距离的发射天线与接收天线沿测线同步移动，形成由多条记录组成的探地雷达时间剖面图像。图像横坐标为天线在地表测线上的位置，纵坐标为雷达脉冲发射到接收的双程走时，从而测量测线下方地下各个反射面的起伏变化。图 10.1 为剖面法天线的工作原理。

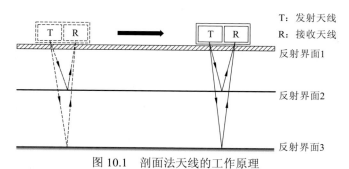

图 10.1　剖面法天线的工作原理

2）共源极法

发射天线固定在某一点，接收天线沿着测线连续移动，在两个相隔一定空间的接收站收集数据。这些数据可以根据天线的位置转换成共中心点法（图 10.2）。

3）共中心点法

通过发射天线和接收天线相对同一个点的位置对称、步进式移动，记录不同偏移的雷达数据。这种观察方法较容易控制。其工作原理和共源极法类似，都是在移动过程中在固定点位接收数据，但前者只移动接收天线，后者发射天线、接收天线均移动。

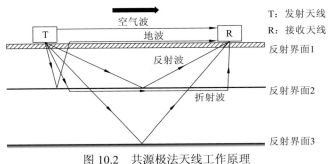

图 10.2　共源极法天线工作原理

2. 基于探地雷达的重构土壤分层检测技术

　　煤矿区重构土壤的分层主要受复垦工艺的影响，表土剥离、充填复垦等都会使重构土壤中形成明显的层次结构，而经过一定时间的耕种，其土壤层次还会发生进一步的演变。重构土壤的层次结构是影响土壤质量的一个重要因素，因此利用探地雷达电磁波在土壤层次结构中的传播特性建立物理模型，研究探地雷达对土壤中层次结构的探测能力（陈宝政，2005）。

　　1）基于探地雷达的重构土壤分层检测物理模型试验

　　I. 试验设计

　　在室外使用长宽分别为 240 cm、120 cm 的长方体木箱作为容器进行物理模型试验（图 10.3），降低背景环境对探地雷达发射、接收电磁波的干扰。试验设置两种土壤分层结构：①底部铺垫厚度 10 cm 的黏质土壤和粉煤灰按 5∶1 的质量比例混合后的土壤，试验过程中在粉煤灰混合土壤上方覆盖 10 cm 黏质土壤，并以 10 cm 为间隔不断增加黏质土壤厚度至 60 cm，同时使用探地雷达对其进行测量；②底部铺垫 15 cm 厚度的细沙土，同样以 10 cm 为间隔增加黏质土壤厚度至 60 cm，并同时使用探地雷达进行测量。试验测量时各类土壤的平均湿度相同，质量比均为 11.5%。试验中各层土壤在铺设的过程中对表面进行平整。

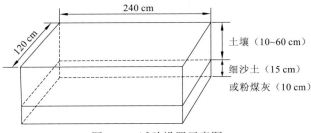

图 10.3　试验设置示意图

　　试验设置中，由于下层细沙土颗粒比上层的土壤颗粒小，且颗粒大小均匀，两层物质界面十分明显[图 10.4（a）]。而颗粒结构直径很小的粉煤灰与土壤混合后，均匀紧密的包裹在土壤颗粒外（图 10.5），由于上下两层土壤颗粒大小基本相同，两层土壤交界处有厚度约 1 cm 的混合层，如图 10.4（b）所示。

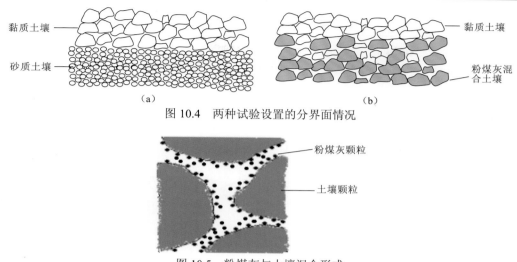

图 10.4　两种试验设置的分界面情况

图 10.5　粉煤灰与土壤混合形式

II. 探地雷达数据采集

采用美国地球物理探测设备公司 SIR-2 型探地雷达，用共剖面法沿模型长轴中线位置获取试验雷达图像，该型探地雷达详细参数见表 10.1。获取的雷达图像是反映测线下方整个模型剖面不同介质层交界面分布的时间剖面图，其中横坐标为天线水平方向位置（或雷达信号的道数），纵坐标为雷达脉冲双程传播时间。经过图像处理后，获得反映模型剖面的实际图像。

表 10.1　探地雷达的主要参数设置

参数	天线频率 400 MHz
每道的采样点数	512
记录时窗/ns	20/40
叠加次数	20
样点记录长度/位	16
滤波/MHz	50~850
扫描/（次/s）	160
增益	手动

III. 数据处理与分析

对获取的探地雷达数据进行处理分析，主要包括频谱变换、滤波、偏移、图像增强等。首先，通过频谱变换获得雷达信号中各频率能量分布情况，为后续一维滤波处理提供依据。图 10.6 是用 400 MHz 天线探地雷达获取的原始数据，图 10.7 为频谱变换处理后的雷达图像（横坐标为雷达扫描道数，纵坐标为电磁波频率），图像亮度代表能量强弱，亮度越高能量越强。由图 10.7 可知，雷达图像中能量主要集中在 150~400 MHz。

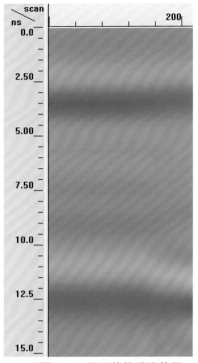

图 10.6　处理前的雷达数据

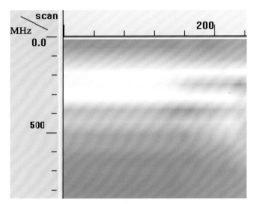

图 10.7　频谱变换后的探地雷达图像

接下来对原始雷达图像进行一维滤波、反褶积滤波和二维空间滤波。一维滤波用于过滤掉信号中系统产生的低频振荡和高频噪声等成分，保留主要频率成分。二维空间滤波用来剔除地面背景干扰、侧面反射等形成的"X"形干扰波。利用反褶积滤波去除电磁波在介质传播过程中多次反射对雷达图像的影响。同一反射界面处多次反射现象会导致雷达图像中出现多个等间距反射层，为雷达图像解译带来困难，当上覆土壤厚度较薄时表现更为明显。图 10.8 是上覆土壤厚度为 10 cm 时得到的雷达图像，图中存在明显的多次反射现象。

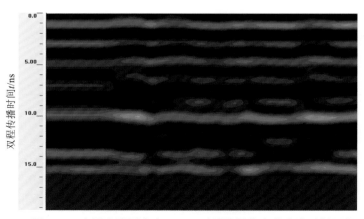

图 10.8　上覆土壤厚度为 10 cm 时雷达图像中的多次反射现象

探地雷达天线发射的电磁波具有固定波束宽度，造成点状反射体在雷达图像剖面上呈双曲线形态，并使反射界面的位置失真。通过偏移处理将反曲线两叶上的能量回归到顶点上，即可使绕射波收敛、反射波归位，使处理后的雷达图像深度剖面更加接近实际土壤剖面，便于做土壤层次解释。在实验土壤中放置金属管，用于模拟土壤中点状反射物。图 10.9、图 10.10 分别为偏移处理前后的探地雷达图像，图中 A 为一金属管的圆截面，雷达图像中表现为双曲线形状，偏移处理后成为一点。B 为地下土层形成的反射，可以看出处理前后有明显的不同。

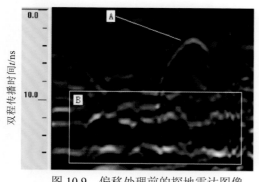
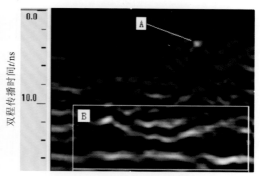

图 10.9　偏移处理前的探地雷达图像　　　　图 10.10　偏移处理后的探地雷达图像

由于多层土壤存在电性差别不大导致界面处反射不明显的情况，还需对雷达图像进行反射回波幅度的变换、道间平衡加强等图像增强处理，得到处理结果。

IV. 检测结果分析

图 10.11 为粉煤灰混合土壤上覆不同厚度的黏质土壤后获取的处理后雷达图像，图中 A 反射面为空气与土壤的交界面。图 10.11（a）中 A、B 及 C 反射面的双程传播时间相差均约为 2 ns。模型中土壤的平均湿度相同，质量比均为 11.5%。此时根据电磁波在一般土壤中的 10 cm/ns 波速估算，可以断定 B 反射面为模型中两层土壤的交界面；C 反射面为模型下层粉煤灰混合土壤与地面的交界面。

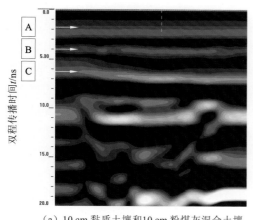
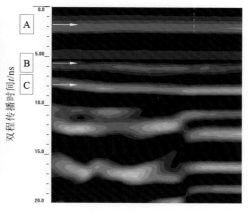

（a）10 cm 黏质土壤和10 cm 粉煤灰混合土壤　　　（b）20 cm 黏质土壤和10 cm 粉煤灰混合土壤

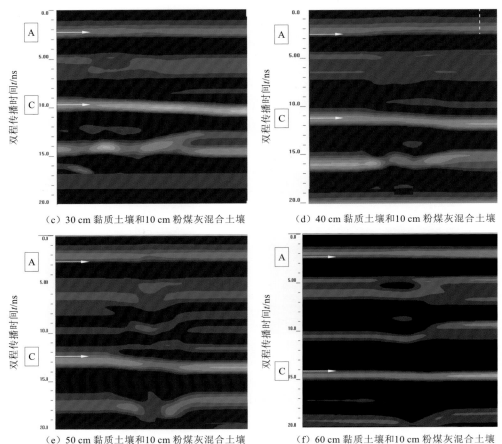

（c）30 cm 黏质土壤和 10 cm 粉煤灰混合土壤　　（d）40 cm 黏质土壤和 10 cm 粉煤灰混合土壤

（e）50 cm 黏质土壤和 10 cm 粉煤灰混合土壤　　（f）60 cm 黏质土壤和 10 cm 粉煤灰混合土壤

图 10.11　粉煤灰混合土壤上覆不同厚度黏质土壤获取的雷达图像

随着上层黏质土壤厚度增加到 20 cm，B 和 C 反射面同时向下移动约 2 ns，但是 B 反射面相对微弱。当上层覆盖土壤增加到 30 cm 时，B 反射面在雷达图像中已经很难反映出来，此时 C 反射面信号仍然较强。当上层覆盖土壤增加到 60 cm 时，雷达图像中 C 反射面信号仍清晰可辨。上述现象主要有两个影响因素：一是地表土壤结构较模拟实验土壤更加紧密，导致二者电磁特性差异较大，产生较强的 C 反射面信号；二是上层土壤与下层粉煤灰混合土壤交界处有厚度约 1 cm 的混合层，使此处电磁特性变化出现一个渐变过程，导致电磁特性对比不明显，减弱电磁波的反射，且随着上层黏质土壤厚度增加，电磁波传播过程中信号衰减也随之增加。实验中反射面 B 的出现说明粉煤灰的加入使土壤电磁特性发生了明显变化，并可以通过探地得到反映。粉煤灰改良土壤是复垦土壤的一种常用重构方式，试验说明探地雷达可以对粉煤灰改良土壤和原土壤进行区分。

图 10.12 是下垫砂质土壤试验中的雷达图像最终处理结果。图中 A 反射面为空气与土壤的交界面，B 反射面为上层土壤与下层砂质土壤的交界面，C 反射面为下层砂质土壤与地表土壤的交界面。随着上层土壤厚度的增加，反射面 B 和 C 的双程走时以 2 ns 左右间隔同步增加。B 反射面雷达信号强度仍弱于 C 反射面，但差别不大，且明显强于

上一模型中 B 反射面的信号强度。当上覆土壤厚度达到 60 cm 时，B 反射面仍然反应明显。由此可见，由于上层土壤与砂质土壤存在清晰分层界面，使得电磁波在界面处有较强的反射。

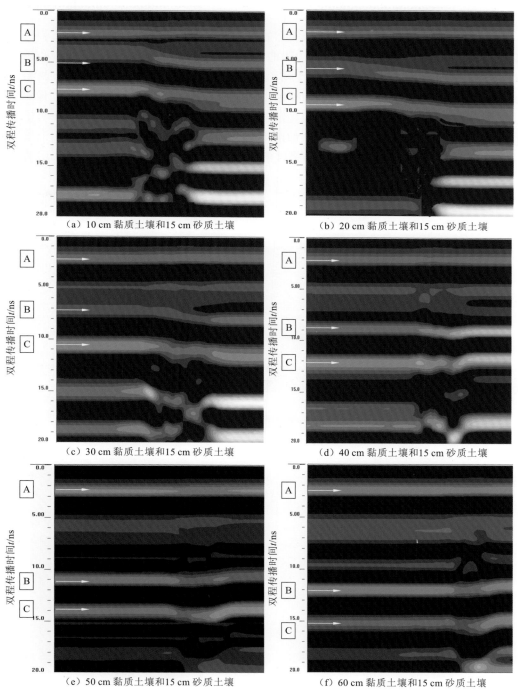

(a) 10 cm 黏质土壤和15 cm 砂质土壤　　　　(b) 20 cm 黏质土壤和15 cm 砂质土壤

(c) 30 cm 黏质土壤和15 cm 砂质土壤　　　　(d) 40 cm 黏质土壤和15 cm 砂质土壤

(e) 50 cm 黏质土壤和15 cm 砂质土壤　　　　(f) 60 cm 黏质土壤和15 cm 砂质土壤

图 10.12　砂质土壤上覆不同厚度黏质土壤获取的雷达图像

试验中反射面 B 的出现说明黏质土壤与砂质土壤电磁特性具有一定差异，在黄河下游采煤沉陷区引黄河泥沙充填的复垦区域，使用探地雷达对重构土壤分层结构进行检测是可行的。

2）实际应用案例

为研究探地雷达检测土壤层次的实际效果，开展了大田实地测量试验。试验地点为江苏省徐州市一块于 2001 年末复垦的耕地，采用剖面法进行测量，雷达天线中心频率为 500 MHz。在一条测线的中部开挖一土壤剖面，深 1.0 m，以便对探地雷达的检测结果进行验证。图 10.13 显示的是处理后的探地雷达图像。图 10.14 显示的是同一图像第 417 道和第 493 道的单道波形。虽然效果无法与物理模型的试验相比，但图 10.14 明显地显示出信号根据波形可大体分成 4 段，如图中横线所示。图 10.15 是实验地点的土壤剖面照片，可明显看到 4 个分层，如图中横线所示。第一层为松散的表土层；第二层的土壤

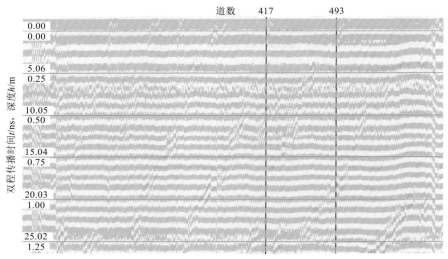

图 10.13　处理后的野外实测探地雷达图像

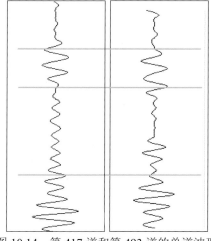

图 10.14　第 417 道和第 493 道的单道波形

图 10.15　实验地点的土壤剖面照片

颗粒较小，质地紧密，土壤偏黏质；第三层较第二层土壤颗粒稍大，质地较松，土壤偏砂质；第四层质地更为松散。上面三层均为黄土层，第四层为一层黑土层。探地雷达的检测结果与实际的土壤剖面能很好吻合。

3. 基于探地雷达的重构土壤介电常数测量技术

1）介电常数测量基本原理

依据电磁波理论，电磁脉冲在导电介质中传播时，其传播速度与介质的常数 ε 有关。土壤属低损耗介质，介电常数近似等于实际测得的介电常数，称为土壤表观介电常数。对于高频电磁波，当介质为非磁性材料时，电磁波在介质中的传播速度 v 与此介质的介电常数 ε 有如下的关系：

$$v = \frac{c}{\sqrt{\varepsilon}} \quad 或 \quad \varepsilon = \left(\frac{c}{v}\right)^2 \tag{10.1}$$

式中：c 为电磁波在真空中的速度。

当土壤层的反射界面非常理想时，存在电磁波反射，且可获得土壤厚度数据，如两种不同类型的土壤或土壤与金属表面，则可以通过实际土壤厚度数据计算土壤层间的复介电常数（Serbin et al., 2004）。

已知反射层厚度：

$$v = \frac{2L}{t_r} \tag{10.2}$$

$$\varepsilon_r = \left(\frac{ct_r}{2L}\right)^2 \tag{10.3}$$

式中：ε_r 为介质的复介电常数，F/m；c 为真空中的光速，cm/ns（这里取为 30 cm/ns）；L 为介质的厚度，cm；t_r 为介质中电磁波的传播时间，ns。通过式（10.2）和式（10.3）即可计算得到土壤介电常数。

2）实验方法与介电常数测算

在每种土壤介质底层放置铁板，铁板对电磁波有强反射作用，因此在探地雷达图像中清晰地确定反射界面的位置，从而计算铁板上土壤的介电常数。图 10.16 为三种介质（复垦土壤、砂、砂砾）与铁板组合的模拟实验模型。

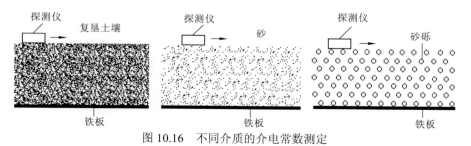

图 10.16　不同介质的介电常数测定

图 10.17、图 10.18 为 400 MHz 天线探地雷达获取的沙砾与铁板组合模型纵向剖面信号数据，纵向为电磁波信号的走时，横向为侧线的位置，即天线沿着模型表面拖动的走向。图 10.17 和图 10.18 是同一数据的两种表现形式，前者为彩色图，后者为 B-scan。彩色图有利于目视解译，红色代表波峰，蓝色代表波谷，根据波峰、波谷的振幅大小赋予色彩饱和度，振幅越高色彩饱和度越高，但这种表示方法在具体的标定计算中并不方便。

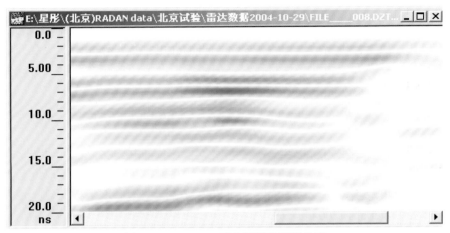

图 10.17 400 MHz 天线探测砂的彩色图

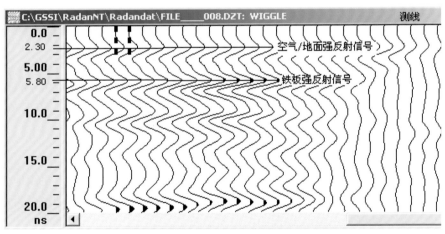

图 10.18　400 MHz 天线探测砂的 B-scan 信号

实验旨在从探测信号中获取控制因素的相关信息，图 10.18 中可以看到明显的空气/地表强反射信号、铁板强反射信号，从而确定剖面中地面位置走时和铁板位置走时为 5.80-2.30＝3.50 ns。

已知介质厚度 $L=25$ cm，根据式（10.3）得：$\varepsilon_r=(30\times3.50/(2\times25))^2=4.41$ F/m。模拟实验主要把人为扰动过的土壤覆盖在模型表层，这也与实际复垦的操作类似，因此重构土壤介电常数可以采用相同的方法测算。

4. 基于探地雷达的重构土壤水分检测技术

传统方法测量复垦土壤水分如烘干法、电阻法、中子散射法、时域反射技术（time domain reflectometry，TDR）等不能够提供大尺度、快速的数据采集。由于复垦技术的特殊性，在复垦作业过程中，造成复垦后的土壤层次性、内部空隙结构明显与非扰动土壤不同，人为及机械的深层次干扰造成复垦后的土地生产力低下甚至土壤恶化（胡振琪，2006）。因此使用探地雷达对复垦土壤水分进行实时监测，及时发现问题，进行土壤改良，促进复垦工艺的改进，有其现实意义。

1）试验材料和方法

由于探地雷达容易受周围建筑及金属的影响，为减少背景环境的干扰，试验地点选在野外空旷地。搭建物理模型的方法进行试验，物理模型的大小为 2.40 m×1.20 m×0.70 m（图 10.19），底层中部为砾石，作为铺设试验复垦土壤的基础；表层为复垦土壤。为揭示不同盐分、重金属污染等多因素条件下探地雷达信号的变化规律，建立探地雷达探测土壤水分的数学模型，分别设置原状土、轻度盐分、中度盐分、重度盐分、铜污染、铅污染复垦土壤的 6 个物理模型。

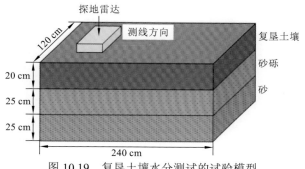

图 10.19　复垦土壤水分测试的试验模型

对复垦土壤进行自然风干处理，尽可能降低水分含量，以扩大水分系列的跨度范围（陈星彤，2008）。因为探地雷达对杂质敏感（如石块），探地雷达的中心频率的波长应尽量为土壤中杂质尺寸的 10 倍以上。当信号中心频率为 400 MHz 时，杂质的尺寸应该小于 7.5 cm。因此试验准备土样时将石块剔除，使土样质地均匀，石块的含量低于 1%，且直径小于 3 cm，复垦土壤颗粒组成见表 10.2。根据土壤盐分、重金属污染的国家标准，添加盐分（$CaCl_2$）、重金属化合物（$CuCl_2$，$Pb(NO_3)_2$）到复垦土壤中。试验模型复垦土壤 $CuCl_2$、$Pb(NO_3)_2$ 添加量分别为 66.39 g、140.55 g，添加盐分的复垦土壤盐分含量见表 10.3。本次试验采用的探地雷达设备为美国 GSSI 公司的 SIR-2 系统，天线的中心频率为 400 MHz。需要使用的其他仪器设备还有环刀、烘箱、电子天平、电导率仪、铂黑电极等。

表 10.2　土壤的颗粒组成　　　　　　　　（单位：mm）

项目	<0.02	0.2~0.02	>0.2
复垦土壤组成比例/%	32.43	47.21	20.36

表 10.3　复垦土壤的盐分

项目	原土	轻度盐分	中度盐分	重度盐分
全盐/%	0.31	1.36	4.25	5.78
氯盐/%	0.023	0.347	0.883	1.363

使用探地雷达沿测线推进，获取测线下方整个模型剖面的雷达图像，并对原始图像进行数据处理与分析。同时采用环刀采集土样，3 次重复保证数据的非偶然性。向各实验模型复垦土壤添加水分，每次用 $2\times10^{-3}\,m^3$ 喷壶加水，每次喷 6 壶，以保证水分喷洒均匀，并同时进行探地雷达测量与环刀土壤采样。持续向复垦土壤加水 5 次，添加水量如表 10.4 所示，此时土样局部积水呈泥泞状，因此停止加水，而试验中每个模型有 6 个递增的水分系列值。

表 10.4　20 cm 厚复垦土壤的添加水量

项目	未加	第一次	第二次	第三次	第四次	第五次
添加水的体积/m³	0.00	1.20×10^{-2}	2.40×10^{-2}	3.60×10^{-2}	4.80×10^{-2}	6.00×10^{-2}

实验室测定土壤水分、容重、密度等参数，土壤水分采用烘干法，土壤密度采用比重瓶法。烘干法获得的水分含量为土壤质量含水量，探地雷达信号表现的介电常数和含水量的关系式中，含水量为土壤体积含水量，因此，需要进行转化，质量含水量和体积含水量的换算公式：

$$\theta_v = \theta_m \rho_b \tag{10.4}$$

式中：θ_m 为质量含水量，%；θ_v 为体积含水量，%；ρ_b 为复垦土壤的容重，g/cm³。

2）复垦土壤相关数据获取

I. 不同条件下复垦土壤介电常数测定

使用基于探地雷达的重构土壤介电常数测量方法进行不同水分条件下各盐分含量、重金属污染模型复垦土壤介电常数测定。由于物理模型试验中复垦土壤下方铺垫材料为砂砾与砂，与复垦土壤电磁特性差异较大，起到与介电常数测定模拟试验中铁板相似作用。在已知各物理模型复垦土壤厚度的情况下，根据探地雷达采集的雷达图像测定介电常数，测量结果见表 10.5。

表 10.5　不同水分条件下各盐分含量、重金属污染复垦土壤介电常数　　（单位：F/m）

不同水分条件	原始土	轻度盐分	中度盐分	重度盐分	铜污染	铅污染
水分 1	9.07	9.11	9.07	8.26	10.46	10.04
水分 2	10.33	10.73	10.69	10.45	11.3	11.05
水分 3	11.65	12.29	11.6	11.69	13.19	13.37
水分 4	13.61	13.99	13.66	14.04	15.76	14.77
水分 5	15.16	15.92	15.21	16.99	19.78	19.09
水分 6	20.61	20.25	19.54	22.34	29.96	24.93

II. 复垦土壤孔隙度计算

孔隙度根据实测的土壤容重和密度按式（10.5）计算：

$$p = 1 - \rho_b / \rho \tag{10.5}$$

式中：p 为孔隙度，%；ρ_b 为容重，g/cm³；ρ 为密度，g/cm³。各模型复垦土壤孔隙度计算结果见表 10.6。

表 10.6　不同水分条件下各盐分含量、重金属污染复垦土壤孔隙度　（单位：%）

不同水分条件	原始土	轻度盐分	中度盐分	重度盐分	铜污染	铅污染
水分 1	59.62	60.38	61.13	60.38	61.51	62.55
水分 2	58.11	59.25	59.62	57.74	59.25	58.80
水分 3	57.36	57.74	58.87	56.60	56.98	55.06
水分 4	56.23	56.23	56.23	52.45	53.21	53.18
水分 5	54.34	54.72	54.72	51.32	47.92	49.81
水分 6	50.94	48.30	50.19	47.92	43.77	44.94

III. 复垦土壤电导率计算

试验采用 DDS-IIA 型电导仪 DTA-1 铂黑电极测定模型复垦土壤导电率，见表 10.7。

表 10.7　不同水分条件下各盐分含量、重金属污染复垦土壤电导率

不同水分条件	原始土	轻度盐分	中度盐分	重度盐分	铜污染	铅污染
水分 1	0.78	0.93	1.08	1.23	1.47	1.25
水分 2	0.80	0.97	1.16	1.30	1.50	1.43
水分 3	0.82	0.99	1.20	1.37	1.50	1.53
水分 4	0.86	1.05	1.28	1.43	1.63	1.60
水分 5	0.90	1.11	1.34	1.57	1.47	1.25
水分 6	1.03	1.23	1.47	1.69	1.50	1.43

3）水分探测模型建立

I. 探地雷达探测水分与烘干法比较

1980 年加拿大农业土地资源研究中心的 Top 等将 TDR 方法用于测定土-水混合物的介电常数，电磁脉冲在土壤中传播时，其介电常数与土壤容积含水量有很好的相关性，与土壤类型、密度等几乎无关，并提供了如下的经验公式：

$$\theta_v = -5.3 \times 10^{-2} + 2.92 \times 10^{-2} \varepsilon_r - 5.5 \times 10^{-4} \varepsilon_r^2 + 4.3 \times 10^{-6} \varepsilon_r^3 \tag{10.6}$$

式中：θ_v 为体积水分含量，%；ε_r 为土壤的相对介电常数，F/M。探地雷达和 TDR 均采用微波技术，因此此处先按照 Top 的经验公式计算探地雷达探测的土壤水分含量，并与烘干法的样品测试结果进行对比，分析发现不论是原始复垦土壤，还是添加盐分、重金属，探地雷达探测复垦土壤体积含水量均高于烘干法测试的含水量，且在体积水分含量低时，偏差比较大，随着体积含水量的增加，二者的偏差逐渐降低。

II. 探地雷达探测水分和电导率的关系

从图 10.20～图 10.25 可以看出，在含水量变化较大的情况下，土壤电导率与含水量密切相关。在不同的控制条件下，土壤体积含水量和电导率呈递增的关系。

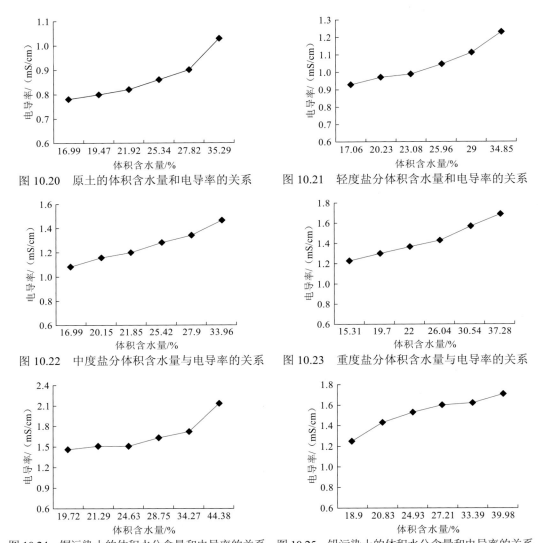

图 10.20 原土的体积含水量和电导率的关系　图 10.21 轻度盐分体积含水量和电导率的关系

图 10.22 中度盐分体积含水量与电导率的关系　图 10.23 重度盐分体积含水量与电导率的关系

图 10.24 铜污染土的体积水分含量和电导率的关系　图 10.25 铅污染土的体积水分含量和电导率的关系

III. 探地雷达探测水分和孔隙度的关系

从图 10.26～图 10.31 可以看出，在不同的控制条件下，土壤体积含水量和孔隙度呈递减的关系。

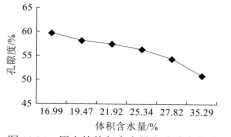
图 10.26　原土的体积含水量和孔隙度的关系

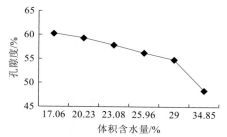
图 10.27　轻度盐分土的体积含水量和孔隙度的关系

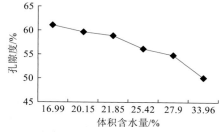
图 10.28　中度盐分土的体积含水量和孔隙度的关系

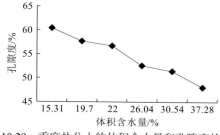
图 10.29　重度盐分土的体积含水量和孔隙度的关系

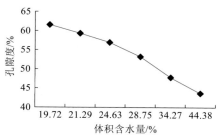
图 10.30　铜污染土的体积含水量和孔隙度的关系

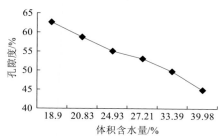
图 10.31　铅污染土的体积含水量和孔隙度的关系

Ⅳ. 探地雷达探测水分的标定

对表 10.5 中测定的介电常数及其对应的实测土壤含水量进行多项式拟合，获取如下方程：

$$\theta_{v1} = -4.933\,2 + 2.843\,2\varepsilon_r - 4.99\times10^{-2}\varepsilon_r^2 + 3.233\times10^{-4}\varepsilon_r^3 \tag{10.7}$$

均方差为 0.033 907。

标定土壤水分含量时，式（10.7）只考虑了复垦土壤的介电常数，没有考虑电导率。然而，从图 10.20～图 10.31 可以看出，复垦土壤的水分含量不仅和土壤的介电常数有关，而且和电导率有关。这属于多因素的问题，因此将式（10.7）作为一个变量，来完成多次、多元方程的标定。采用逐步回归的方法，对偏相关系数最大的变量进行回归系数显著性检验，决定此变量是否进入或剔出回归方程，重复上述步骤，直至无变量被引入、可剔除为止。

经过 5 次的回归处理，得到表 10.8。

表 10.8　加入变量 θ_{v1} 的逐步回归

参数	coeff	t-stats	p-val
孔隙度 p	$3.355\,34\times10^{-3}$	$1.361\,8$	$0.178\,1$
多项式拟合 θ_{v1}	$1.004\,34$	$545.129\,8$	$0.000\,0$

注：coeff 为回归系数；t-stats 为回归系数的显著性检验值；p-val 为拒绝原假设的值。下同

其中，常数项为 $-0.292\,804$，回归系数的平方为 $0.999\,982$，均方差为 $0.030\,388\,6$。回归模型为

$$\theta_{v2} = 3.355\,34\times10^{-3} p + 1.004\,3\theta_{v1} - 0.292\,804 \tag{10.8}$$

从表 10.8 可以看出，孔隙度的 p 值变化不显著，因此把孔隙度剔除回归方程，得到表 10.9。

表 10.9　删除变量 p 的逐步回归

参数	coeff	t-stats	p-val
孔隙度 p	$3.355\,34\times10^{-3}$	$1.361\,8$	$0.178\,1$
多项式拟合 θ_{v1}	$1.001\,97$	$1\,872.730\,5$	$0.000\,0$

其中，常数项为 $-0.044\,351\,9$，回归系数的平方为 $0.999\,982$，均方差为 $0.030\,590\,7$。回归模型为

$$\theta_{v3} = 1.004\,3\theta_{v1} - 4.435\,19\times10^{-2} \tag{10.9}$$

如果测试结果要求的精度低，可以使用涉及变量少、更简捷的式（10.9）。若要求精度高，则采用式（10.8），但需要添加一个变量。

把 θ_{v1} 代入式（10.8）、（10.9），得到

$$\begin{cases} \theta_{v4} = 3.327\times10^{-4}\varepsilon_r^3 - 5.011\,2\times10^{-2}\varepsilon_r^2 + 2.855\,5\varepsilon_r + 3.355\,3\times10^{-3} p - 0.524\,74 \\ \theta_{v5} = 3.229\,3\times10^{-4}\varepsilon_r^3 - 4.999\,7\times10^{-2}\varepsilon_r^2 + 2.848\,7\varepsilon_r - 4.987\,1 \end{cases} \tag{10.10}$$

总之，探地雷达探测复垦土壤体积含水量是切实可行的，不需要挖剖面、采集土样和探针探测。采用取土样等方法虽然精度高，但更适于小尺度的调查和研究。如果对于大范围的土地进行检测，则工作量过于巨大，难以满足实际工程的需要，实效性差。探地雷达的微波探测技术可为复垦地区大面积的快速探测提供实时数据。

5. 基于探地雷达的重构土壤盐分污染监测技术

土壤含盐量是土壤的一个物理参数，它对于植物生长具有重要的意义。同时土壤盐分状况对土壤环境有重要的影响，土壤盐分变化的监测是农业、环境等研究工作中的基础工作。近年来，随着对植物营养需求及溶质输运研究的发展，特别是无机污染物迁移研究的逐步兴起，如何快速测定土壤溶液的化学组成变得越来越重要（陈星彤，2006）。已有研究表明，在土壤入渗和物质迁移研究中常根据电导率确定土壤中溶质的浓度，即土壤溶液中溶质的浓度与电导率呈线性关系。在含水量一定时，土壤体积电导率和土壤

溶液电导率存在线性关系，因此土壤溶质的含量及迁移可直接通过土壤的体积电导率进行确定。但在含水量变化较大时，土壤体积电导率与含水量密切相关，直接用土壤的体积电导率来指示溶质的含量就较为困难（孙玉龙 等，2000，1997）。为此，通过分析复垦土壤盐分与探地雷达电磁波信号振幅间的关系，建立探地雷达探测土壤盐分污染的数学模型。

1）检测试验材料和方法

探地雷达重构土壤盐分污染检测技术试验利用各物理模型的体积含水量、盐分含量数据及对应探地雷达测量数据，进行数学模型的构建。

2）数据处理及结果分析

I. 时域微波信号衰减及波动性分析

土壤盐分含量与探地雷达电磁波信号衰减及振幅密切相关（表 10.10、表 10.11），这也是试验充分排除水分对信号的影响，合理进行盐分解译的关键。在相同盐渍化的模型中，体积含水量相同，而信号振幅明显不同。主要原因是头文件显示信号的增益范围设置不统一，因此数据提取之前，首先需要进行增益的调整（陈星彤 等，2008）。通过上述方法，提取信号振幅，结果见表 10.11。

表 10.10　不同水分、盐分信号的衰减

不同水分条件	原始土壤	轻度盐渍化	中度盐渍化	重度盐渍化
水分 1	4.88	5.81	6.76	8.07
水分 2	4.69	5.58	6.69	7.58
水分 3	4.53	5.32	6.64	7.55
水分 4	4.39	5.29	6.58	7.19
水分 5	4.36	5.24	6.48	7.18
水分 6	4.28	5.15	6.27	6.74

表 10.11　不同盐分信号的振幅

不同水分条件	原始土壤	轻度盐渍化	中度盐渍化	重度盐渍化
水分 1	50.72	35.79	27.01	21.83
水分 2	58.82	48.85	38.15	32.70
水分 3	65.34	62.70	39.46	33.29
水分 4	70.40	64.31	46.99	40.78
水分 5	71.75	66.72	50.13	41.07
水分 6	74.61	71.22	55.09	49.67

II. 盐渍化程度的标定

对盐分的标定方法采用多元线性逐步回归方法，标定复垦土壤盐分含量（sal）和信号振幅（amp）、体积水分含量（θ_v）的关系。未加入变量时，回归模型的系数见表 10.12。

表 10.12　全部变量的逐步回归

参数	coeff	t-stats	p-val
振幅值（amp）	−0.111 021	−5.545 7	0.000 0
体积水分含量（θ_v）	$2.405\,93\times10^{-3}$	0.044 1	0.965 2

其中，常数项为 2.925，回归系数的平方为 $-4.440\,89\times10^{-16}$，均方差为 2.237 67。

从表 10.12 可以看出，振幅的 p 值非常显著，因此首先把振幅加入回归方程，得到表 10.13。

表 10.13　加入变量 amp 的逐步回归

参数	coeff	t-stats	p-val
振幅值（amp）	−0.111 021	−5.545 7	0.000 0
体积水分含量（θ_v）	0.170 956	7.289 3	0.000 0

其中，常数项为 8.556 53，回归系数的平方为 0.583 972，均方差为 1.477 51。回归模型为

$$\text{sal} = -0.111\,021\text{amp} + 8.556\,53 \tag{10.11}$$

从表 10.13 可以看出，体积水分含量的 p 值非常显著，因此再次把 θ_v 加入回归方程，得到表 10.14。

表 10.14　加入变量 θ_v 的逐步回归

参数	coeff	t-stats	p-val
振幅值（amp）	−0.111 021	−5.545 7	0.000 0
体积水分含量（θ_v）	0.170 956	7.289 3	0.000 0

其中，常数项为 7.852 32，回归系数的平方为 0.881 869，均方差为 0.804 882。回归模型为

$$\text{sal} = -0.111\,021\text{amp} + 0.179\,056\theta_v + 7.853\,23 \tag{10.12}$$

土壤可溶性盐是盐渍化土壤的一个重要属性。快速、准确地掌握可溶盐分的变化情况将对复垦土壤的质量监测和复垦技术的改良起着积极的作用。

6. 基于探地雷达的重构土壤容重检测技术

1）试验材料和方法

设计不同土壤层次结构下土壤紧实度变化的三个模型（王萍，2010），试验模型大

小设置如图 10.32 所示。实际上，模型 2 是由模型 1 试验完成后在原状土上依次铺设粗砂、过筛土得到的，模型 3 则是在模型 2 基础上铺设细砂得到的。试验模型由下及上依次为原状土、粗砂、过筛土和细砂（表 10.15），其中原状土已去除杂质但未进行粒径分极，厚度 40 cm；中部粗砂粒径 2 mm～6 cm，厚度 25 cm；中上部为过筛土，厚度 15 cm，土壤粒径<5 mm；最上层为细砂，粒径<2 mm，厚度 30 cm。

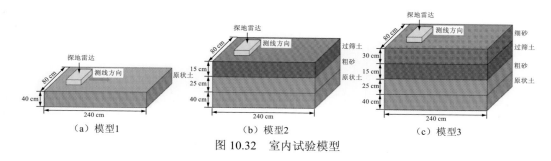

（a）模型1　　　　　　（b）模型2　　　　　　（c）模型3

图 10.32　室内试验模型

表 10.15　各物理模型试验设计

物理模型	土层结构（从底部开始）	实验土层与添加成分
模型 1	原状土	原状土
模型 2	原状土+粗砂+过筛土	过筛土
		过筛土添加有机质
		过筛土添加有机质、水
模型 3	原状土+粗砂+过筛土+细砂	细砂
		细砂添加有机质
		细砂添加有机质、水

　　为考虑更多影响因素，构建精度更高的土壤容重反演模型，试验过程中需要向物理模型中依次添加有机质与水。使用探地雷达沿测线获取模型 1 中原状土雷达图像，并使用环刀取样进行试验土壤颗粒组成、含水量、有机质含量、可溶性盐分含量、黏粒含量等参数的实验室测定。探地雷达获取模型 2 中过筛土雷达图像，实验室测定过筛土的各项参数；然后向过筛土中添加有机质，并进行雷达图像获取与土壤参数测定；最后向过筛土中添加水分，待水分沉降结束后获取雷达图像与测定土样参数。模型 3 中细砂按照与模型 2 中过筛土相同程序进行处理分析。水分含量通过烘干法测定，土壤有机质和可溶性盐分含量分别采用重铬酸钾外加热法和残渣烘干法测定，黏粒含量使用激光粒度仪测定。需要使用的仪器设备有探地雷达、环刀、烘箱、电子天平等。各模型中材料在实验室测定的理化特性参数见表 10.16（质量含水量需要转化为体积含水量）。

表10.16　模型中材料实验室测定的理化特性参数

材料和处理	容重/（g/cm³）	体积含水量/%	有机质/（g/kg）	盐分/（g/kg）	黏粒含量/%
原状土-模型1	1.34	25.67	15.27	0.14	6.14
过筛土-模型2	1.26	8.27	8.45	0.24	0.92
过筛土添加有机质-模型2	1.24	7.51	30.40	1.17	1.93
过筛土添加有机质、水-模型2	1.20	34.99	39.85	0.71	5.84
细砂-模型3	1.50	3.71	1.27	0.12	11.27
细砂添加有机质-模型3	1.49	4.08	8.02	0.44	0
细砂添加有机质、水-模型3	1.63	23.70	16.54	0.23	0

2）探地雷达测量数据分析与提取

使用探地雷达测量的剖面法获取模拟试验土壤准确垂直深度（图10.33），室内模型的材料铺设和层次是人为设定的，根据探地雷达接收的电磁波波形影像读取土壤层次位置，利用 EKKO_View 软件计算出相应位置的电磁波速度，如图10.34、图10.35所示。

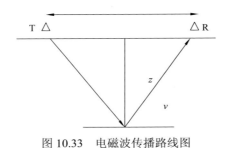

图10.33　电磁波传播路线图

T 代表发射天线，R 代表接收天线，z 代表垂直探测深度，v 代表电磁波速度

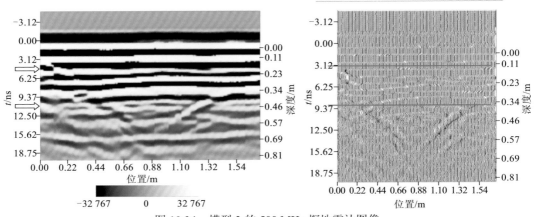

图10.34　模型3的500 MHz探地雷达图像

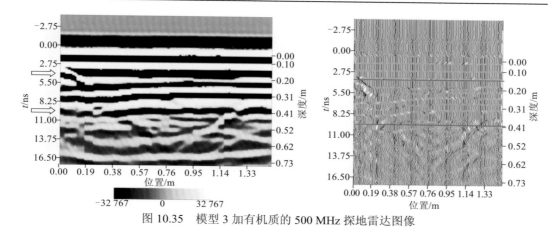

图 10.35　模型 3 加有机质的 500 MHz 探地雷达图像

图像处理后可以直观地从图像中观测出不同材料的分界面。通过标定材料分层的深度，可计算得到不同频率雷达探测电磁波在原状土、过筛土和细砂中的传播速度及相应材料的介电常数（表 10.17）。研究发现，即使是同一种物质，不同主频的探地雷达探测得的介电常数也有差别。因此在讨论土壤容重与电磁波传播参数、介质电性参数间关系时，选取分层信息更为详细的 500 MHz 天线探测结果进行研究。

表 10.17　电磁波在模型中的传播速度和介质相对介电常数

天线频率/MHz	材料和处理	速度/（m/ns）	相对介电常数
500	原土-模型 1	0.062	23.41
	过筛土-模型 2	0.082	13.38
	过筛土添加有机质-模型 2	0.084	12.76
	过筛土添加有机质水-模型 2	0.076	15.58
	细砂-模型 3	0.103	8.48
	细砂添加有机质-模型 3	0.109	7.58
	细砂添加有机质水-模型 3	0.097	9.57
250	原土-模型 1	0.070	18.37
	细砂-模型 3	0.090	11.11
	细砂添加有机质水-模型 3	0.089	11.36

3）相关关系分析及反演模型建立

基础数据显示（表 10.17）：三种材料、五大因子组合下的土壤容重可分为 5 个等级（1.20，1.24～1.26，1.34，1.49～1.50，1.63）；体积含水量分为 4 个等级（3.71%～4.08%，7.51%～8.27%，23.70%～25.67%，34.99%）；有机质分为 4 个等级（1.27 g/kg，8.02～8.45 g/kg，15.27～16.54 g/kg，30.40～39.85 g/kg）；可溶性盐分含量分为 3 个等级（0.12～

0.14 g/kg，0.23～0.44 g/kg，0.71～1.17 g/kg）；黏粒含量分为 3 个等级（0%～1.93%，5.84%～6.14%，11.27%）。土壤含水量数据表明土壤处于非饱和水分条件，符合研究范围；影响因子的差异为下面的统计分析奠定了基础。

电磁波传播速度的变化和介质介电常数的差异是介质多种因子共同作用的结果，真实反映容重与电磁波速度、介质介电常数的相关关系，必须要考虑水分、有机质、可溶性盐分和黏粒等因子的影响。对两相关变量之外的某一或某些影响相关的其他变量进行控制，使用偏相关分析法分析计算控制其他变量影响后的相关系数。5 个土壤因子与电磁波传输速度之间的偏相关系数和零假设成立的概率见表 10.18。

表 10.18　电磁波速度与各因子间偏相关分析结果表

参数	容重	体积含水量	有机质	盐分	黏粒含量
偏相关系数	0.917	−0.810	0.772	−0.739	−0.209
零假设成立概率	0.261	0.399	0.438	0.471	0.866

电磁波在土壤介质中的传播速度同时受到土壤容重、体积含水量、有机质、盐分、黏粒质量的影响，容重与电磁波传播速度相关性较高，零假设成立概率较小，容重越大电磁波速度越高。土壤水分对电磁波速度的影响与容重相反，水分越大，电磁波速度越低。将土壤容重、体积含水量和电磁波速度单独进行分析，当容重接近或一致时，体积含水量越高，电磁波速度越低。当土壤中体积含水量接近时，容重越大，电磁波速度越高，如图 10.36 所示。多元线性回归分析分别建立了容重与电磁波速度及其余 4 个因子间的线性组合，定量描述了变量之间的线性依存关系。线性回归方程、R^2 判定系数见表 10.19。通过使用强迫引入法、强迫剔除法、向前引入法、向后剔除法和逐步引入-剔除法，比较经调整的判定系数，选择多变量和单变量的回归方程各一组。比较表 10.18 和表 10.19，黏粒这个因子因为具有较高的零假设成立概率和较小的相关系数，被最早从回归方程中剔除。这样的数学拟合，有利于使用探地雷达根据实时测定的电磁波速度估算土壤容重。

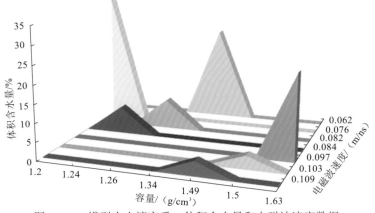

图 10.36　模型内土壤容重、体积含水量和电磁波速度数据

表 10.19　容重与电磁波速度及其余四大因子的多元线性回归分析

序号	回归方程	R	R^2	经调整的 R^2
1	$B = 0.432 + 7.642V + 0.043W - 0.055M + 1.275S + 0.002C$	0.966	0.934	0.603
2	$B = 0.459 + 7.558V + 0.042W - 0.053M + 1.218S$	0.965	0.932	0.796
3	$B = 0.682 + 7.892V + 0.010W - 0.008M$	0.895	0.801	0.601
4	$B = 2.359 - 30.751V + 217.005V^2$	0.751	0.564	0.346
5	$B = 1.012 + 5.013V - 0.004M$	0.744	0.554	0.331
6	$B = 1.782 - 11.138V + 783.066V^3$	0.740	0.548	0.322
7	$B = 0.793 + 6.701V$	0.680	0.463	0.355
8	$B = 2.691 + 0.535\ln V$	0.645	0.416	0.300

注：V 代表电磁波速度，W 代表体积含水量，M 代表有机质含量，S 代表可溶性盐分含量，C 代表黏粒含量

4）数学反演模型的检验

利用实地试验对室内模型试验进行检验的大致思路：①根据实地探测结果，测算探地雷达电磁波传播速度；②计算除容重之外其余 4 个因子，代入回归方程计算得出土壤容重的估计值；③将回归方程计算的介质容重与传统方法测定的容重进行比较，得出准确率。

I. 确定填土层深度，提取电磁波速度

实地探地雷达探测试验不同于模型试验，模型试验中各个层次的厚度和埋深是已知的，而实地试验中需要根据相关的地质、水文和施工资料进行推测、估计。试验地土地整理时间为 2006 年，整理时由于施工工艺原因，土层厚度可能在 60 cm 左右浮动，下部为压实砂石，整理后用于种植灌木。从多条测线雷达图像中可以比较清晰地分辨出填土层和砂石层，如图 10.37 所示，并设定分界面埋深为 60 cm。

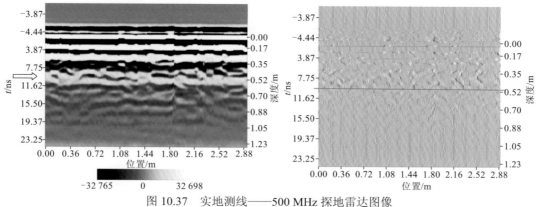

图 10.37　实地测线——500 MHz 探地雷达图像

500 MHz 和 250 MHz 主频探地雷达探测土层电磁波的传播速度和相应土壤介电常数见表 10.20。

表 10.20　电磁波在填土层中的传播速度和相应的介电常数

天线频率/MHz	测线	速度/（m/ns）	介电常数
500	1	0.101	8.82
	2	0.101	8.82
	3	0.11	7.44
250	1	0.106	8.01
	2	0.12	6.25
	3	0.086	12.17

II. 填土层土壤因子测定

土壤有机质含量、盐分含量仍旧由前文介绍的方法进行测定。土壤体积含水量是在得知质量含水量和土壤容重的条件下换算得到的。在没有土壤容重的情况下，可采用传统的 Top 公式计算介质体积含水量（陈星彤，2006）。

实地试验区填土层土壤因子测定结果见表 10.21。

表 10.21　实地填土层土壤体积含水量、有机质含量、可溶性盐含量和黏粒含量

测线	体积含水量/%	有机质含量/（g/kg）	可溶性盐含量/（g/kg）	黏粒含量/%
1	16.48	1.99	0.21	0.48
2	16.48	3.67	0.2	0.02
3	13.55	3.17	0.19	2.03

选择探地雷达图像效果更佳的 500 MHz 主频雷达的测定结果，将各因子数值分别代入 8 个回归方程进行估计，估计结果列在表 10.22。

表 10.22　土壤容重的估计结果　　　　　　　　　　　　（单位：g/cm³）

测线	方程 1	方程 2	方程 3	方程 4	方程 5	方程 6	方程 7	方程 8
1	2.07	2.06	1.63	1.47	1.51	1.46	1.47	1.46
2	1.97	1.96	1.61	1.47	1.50	1.46	1.47	1.46
3	1.93	1.92	1.66	1.60	1.55	1.60	1.53	1.51

III. 探地雷达测定土壤容重精度评价

通过与传统测定的土壤容重进行比较（表 10.23），8 个回归方程的估计精度平均值都在 70% 以上，这一结果证明了探地雷达速度及其他相关因子反演土壤容重的可行性和准确度。各个回归方程估计的精度均高于 70%，其中方程 5（$B=1.012+5.013V-0.004M$）的精度最高，为 96.87%。可溶性盐分和黏粒含量因子在本研究中显著性差异较低，是造成它们参与的回归方程分析结果并不高于其他回归方程的主要原因。尽管本研究结果中存在一定的误差，这跟试验模拟较为简单，数据量不够丰富有一定关系，可通过增加测试次数、改变土壤类型、更新试验地点的方式对现有回归方程进行纠正。

表 10.23　填充层土壤容重和估计值相应的精度

测线	土壤容重/（g/cm³）	精度/%							
		方程 1	方程 2	方程 3	方程 4	方程 5	方程 6	方程 7	方程 8
1	1.59	69.71	70.15	97.61	92.25	94.99	92.07	92.44	92.10
2	1.54	72.37	72.50	95.16	95.25	97.64	95.06	95.44	95.09
3	1.52	73.20	73.49	90.77	94.60	97.98	94.80	99.33	99.35

7. 基于探地雷达的重构土壤穿透阻力检测技术

土壤紧实度又叫土壤硬度、土壤坚实度、土壤穿透阻力。土壤紧实度是指土壤抵抗外力的压实和破碎的能力。土壤穿透阻力大小与容重、孔隙度、颗粒组成、有机质和水分含量都密切相关。研究使用探地雷达对室内模型和实地现场进行测量的同时，应用土壤紧实度仪检测介质材料纵剖面的紧实度，每间隔 2.5 cm 记录紧实度数据，因此可以参照随距离变化的探地雷达振幅信息，分析紧实度对探地雷达电磁波传播能量的影响；同时，根据土壤穿透阻力对介质介电常数的影响，探讨穿透阻力与探地雷达电磁波传播能量衰减的关系（王萍，2010）。模拟试验设置及实地试验设置与上小节中相同。

1）试验材料和方法

重构土壤穿透阻力检测技术试验利用获取的各物理模型土壤颗粒组成、含水量、有机质含量、可溶性盐分含量、黏粒含量等数据及对应探地雷达测量数据，并使用紧实度仪加测土壤穿透阻力数据，进行反演模型的构建。

2）穿透阻力与电磁波传播参数的相关变化

为研究土壤穿透阻力与电磁波传播参数之间的相关变化，分别分析土壤穿透阻力对电磁波传播速度和电磁波振幅的影响（500 MHz 主频雷达）。水分对电磁波传播影响较大，研究中会适当结合水分含量进行分析。

基于分析不同材料内部电磁波传播参数与穿透阻力的相关变化，选取探地雷达电磁波在每一材料内部的最大振幅、相应位置处土壤穿透阻力及水分含量作为研究的基础数据（表 10.24）。

表10.24　模型内电磁波最大振幅、土壤穿透阻力和水分含量数据

材料和处理	最大振幅/mV	穿透阻力/kPa	水分含量/%
原状土-模型1	32 324	210.25	7.51
过筛土-模型2	17 208.5	219	23.7
过筛土添加有机质-模型2	32 452	280.5	4.08
过筛土添加有机质、水-模型2	31 113.33	284.1	8.27
细砂-模型4	32 582	315.33	3.71
细砂添加有机质-模型4	10 226.25	632	25.67
细砂添加有机质、水-模型4	19 435	1 193.5	34.99

　　由图 10.38 中可以看出，水分和土壤的穿透阻力都与电磁波的最大振幅呈负相关关系，即在水分含量越高或者土壤穿透阻力越大的情况下，电磁波在介质内的最大振幅越小。由图 10.39 可知，含水量小于 10% 和大于 20% 条件下的电磁波传播参数差异显著，土壤穿透阻力在超出和低于 500~600 kPa 时电磁波的传播参数差异同样显著。

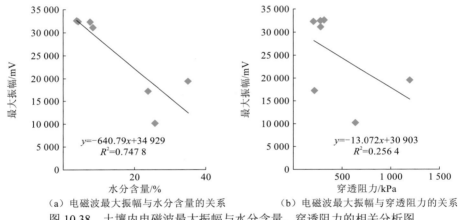

（a）电磁波最大振幅与水分含量的关系　　（b）电磁波最大振幅与穿透阻力的关系

图 10.38　土壤内电磁波最大振幅与水分含量、穿透阻力的相关分析图

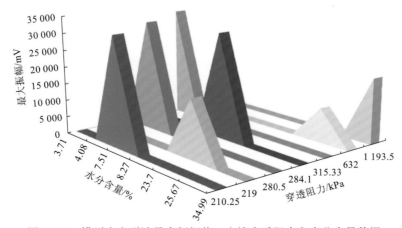

图 10.39　模型内电磁波最大振幅值、土壤穿透阻力和水分含量数据

3）相关关系分析及反演模型建立

土壤穿透阻力与有机质、盐分、黏粒等因子的共同作用造成电磁波传播过程中的能量衰减，究其原因是这些因子共同改变电磁波传播介质的电性特征。揭示土壤穿透阻力单一因子对探地雷达电磁波能量的影响，需要对各因子共同作用的结果进行偏相关分析。

I. 相关性分析

为分析紧实度与介质水分、有机质、盐分和颗粒组成等因子对探地雷达振幅信息的共同影响，实验计算了各种材料填充设计 15 cm 厚度内振幅的平均信息及平均穿透阻力数据（表 10.25）。由表 10.25 大致可知，土壤穿透阻力虽然与容重同为反映介质紧实特性的因子，但对探地雷达振幅信息的影响却有所不同。将表 10.25 的数据与测定的水分、有机质、可溶性盐分和黏粒含量带入 SPSS 软件进行偏相关分析，分析结果见表 10.26。实验结果分析发现：①各因子都对电磁波的振幅产生明显的影响，且各自的独立影响作用较强。土壤水分对电磁波振幅的影响最大，且独立影响性最强，零假设成立的概率为 0.006。黏粒含量与振幅的正相关作用最大，意味着介质中粒径<2 μm 的颗粒含量越高，电磁波振幅会越高。②穿透阻力对电磁波能量的影响低于水分和黏粒，呈现负相关关系，偏相关系数可达-0.657，尽管零假设成立的概率不够高，但通过分析穿透阻力与其他因子的相关关系发现其他因子对穿透阻力的独立作用较弱。当同一介质水分条件一致时，穿透阻力越小，电磁波振幅就越大。

表 10.25　剖面平均紧实度数据与探地雷达记录的振幅信息

材料和处理	穿透阻力/kPa	500 MHz 雷达探测平均振幅/mV	250 MHz 雷达探测平均振幅/mV
原土-模型 1	631.50	6 286.96	4 246.33
筛土原状-模型 3	227.97	18 837.70	—
筛土有机质-模型 3	185.58	19 425.21	—
筛土有机质水-模型 3	119.79	7 844.39	—
细砂原状-模型 4	210.33	20 870.60	10 378.50
细砂有机质-模型 4	166.42	20 663.40	—
细砂有机质水-模型 4	185.29	6 534.69	6 225.75

表 10.26　500 MHz 雷达电磁波振幅与五大因子的偏相关分析结果

与振幅的相关对象	偏相关系数	零假设成立概率
穿透阻力	-0.657	0.156
水分	-0.935	0.006
有机质	-0.617	0.192
可溶性盐分	0.653	0.160
黏粒	0.804	0.054

II. 反演模型建立

电磁波振幅的变化同时受到多个因子的影响，多元线性回归分析分别建立了土壤穿透阻力与电磁波振幅及其余 4 个因子间的线性组合，定量描述变量之间的线性依存关系。线性回归方程、R^2 判定系数见表 10.27。通过使用强迫引入法、强迫剔除法、向前引入法、向后剔除法和逐步引入-剔除法，对经调整的判定系数进行比较，并各选一组多变量和单变量的回归方程。此数学拟合过程，有助于在实时测定的电磁波振幅基础上，借助探地雷达估算出土壤紧实造成的穿透阻力。

表 10.27　土壤穿透阻力与电磁波振幅和其余四大因子的多元线性回归分析

序号	回归方程	R	R^2	经调整的 R^2
1	$CP = 6\,622.968 - 0.171A - 221.573W - 123.226M + 4\,019.238S + 241.775C$	0.871	0.758	0.456
2	$CP = 6\,079.036 - 0.128A - 169.754W - 88.334M + 75.221C$	0.852	0.727	0.508
3	$CP = 5\,374.372 - 0.110A - 137.450W - 77.776M$	0.848	0.719	0.579
4	$CP = 2\,534.434 - 0.049A - 128.178M$	0.780	0.609	0.497
5	$CP = -2\,954.152 + 0.686A - 2.633 \times 10^{-5}A^2$	0.661	0.437	0.276
6	$CP = -1\,713.984 + 0.358A - 6.485 \times 10^{-10}A^3$	0.643	0.414	0.246

注：CP 代表土壤穿透阻力，A 代表电磁波振幅，W 代表体积含水量，M 代表有机质含量，S 代表可溶性盐分含量，C 代表黏粒含量

在基于探地雷达的重构土壤穿透阻力检测技术的实际应用中，根据相关的地质、水文和施工资料进行推测、估计重构土壤层次与各层次厚度及埋深，结合探地雷达探测数据测算电磁波在重构土壤中的传播速度与振幅，并通过实地采样测定重构土壤含水量、有机质含量、可溶性盐分含量、黏粒含量等参数，通过多源线性回归分析得到反演模型，推算得到试验区重构土壤穿透阻力。

10.1.3　基于遥感的重构土壤质量检测技术

遥感技术的迅速发展为地表土壤、植被、生态环境监测研究提供了丰富的数据源及快速高效的研究手段，目前遥感技术已广泛应用于矿区生态环境监测中，国内外已有不少研究将遥感技术用于矿区重构土壤质量检测，并取得良好效果。

1. 基于遥感的重构土壤质量检测技术体系

1）数据采集与预处理

I. 数据采集

遥感技术根据工作平台层面可以分为地面遥感、航空遥感（航空飞机、无人机）、航天遥感（人造卫星、飞船、航天飞机），而根据传感器波段数量又有多光谱遥感、高光

谱遥感之分。目前，矿区复垦重构土壤质量检测所采用的遥感技术多为地面高光谱遥感技术，使用光谱波段范围在 350～2 500 nm 内的地物光谱仪采集土壤样本光谱数据（陈元鹏 等，2019；王世东 等，2019；石朴杰 等，2018；南锋，2017；徐良骥 等，2017；许吉仁 等，2014；陈书琳，2014；谭琨 等，2014），其中 ASD FieldSpec 系列是使用最广泛的地物光谱仪。该系列地物光谱仪采样间隔：1.377 nm（350～1 050 nm 区间）和 2 nm（1 000～2 500 区间），光谱分辨率为 3 nm@700 nm、8.5 nm@1 400 nm、6.5 nm@2 100 nm，输出波段数 2 150 个。该系列光谱仪是室内暗室测量，使用固定功率卤素灯为样本提供光源，调整光源与土壤样本距离及照射角度，使其满足实验需求。为提高数据信噪比，每个土壤样品测定东南西北 4 个方向，各方向分别测 5 次光谱曲线，最后取测得光谱曲线的平均值为该样品的实际反射光谱曲线。

早期，使用地物光谱仪的地面遥感相对于卫星遥感能提供更多的光谱数量，而卫星遥感受限于光谱数量仅能进行部分土壤指标检测，如土壤含水量（常鲁群 等，2007）。但近年来，卫星遥感技术不断发展，越来越多的能满足土壤质量检测的高光谱遥感卫星投入使用，如澳大利亚 ARIES-1、我国高分五号卫星，使得土壤质量检测手段更加丰富（赵瑞 等，2020）。

通过文献分析可以发现，基于地面遥感的重构土壤质量检测仍然需要采集足够数量的土壤样本，最后所得到的土壤指标数据仍然是点位数据。同时，基于高光谱卫星遥感的重构土壤质量检测偏向于大尺度检测而难以进行小尺度土壤质量检测，两者研究应用都有其显著困难。近年来，无人机遥感的出现则很好地解决了这个问题。价格低廉、稳定可靠的无人机作为搭载平台，配合小型化、高性能化的高光谱传感器，能够快速获取监测区域土壤光谱数据，配合地面适当数量的土壤样本采集，进行地面土壤质量指标反演（胡忠正，2019）。

II. 数据预处理

对于地物光谱仪获取的高光谱数据，多采用标准正态变换、多元散射校正、Savitzky-Golay 9 点平滑、微分处理（一阶微分、二阶微分）、倒数的对数、倒数、连续统去除等处理手段对原波段光谱反射率进行预处理（石朴杰 等，2018）。

对于卫星遥感数据，数据预处理需要对原始影像进行去云、辐射定标、大气校正、几何校正等操作，获取土壤反射率数据。对于高光谱卫星遥感数据，数据预处理除进行辐射校正、几何校正外，还需要进行坏波段取出、条纹去除等操作（赵瑞 等，2020）。

2）遥感反演模型构建

I. 土壤质量指标与土壤光谱反射率相关性分析

在构建土壤质量指标与土壤光谱反射率遥感反演模型前，需要分析土壤光谱反射率与各指标的相关关系，通过计算 Pearson 相关系数或 Spearman 相关系数，对光谱反射率各种变换形式进行相关性分析，并保留通过显著性检验的波段。

II. 反演模型构建

目前，国内外土壤质量指标遥感反演模型构建通常采用的是偏最小二乘法、多元线性逐步回归等方法，在非线性回归模型构建中，多采用随机森林回归、支持向量机回归、人工神经网络等方法。以上反演模型构建均有大量研究，并取得了较好的反演效果。

利用土壤采样点的光谱反射率各种变换形式与土壤质量各指标构建线性或非线性回归模型，根据决定系数（R^2）、F 统计量、均方根误差等指标评价所构建的回归反演模型效果，从而筛选最佳光谱预测模型。

III. 反演模型精度验证

为评价各重构土壤质量最佳反演模型的精度，将一部分土壤样点光谱数据作为验证数据集，对比分析反演模型拟合反演值与实测值差值及整体变化趋势，并绘制散点图，计算重构土壤各指标反演值与实测值的相关系数、均方根误差，从而评价所构建反演模型的反演精度。

2. 基于遥感的重构土壤质量检测技术应用

目前，遥感技术已广泛应用于煤矿区重构土壤质量检测研究中，国内外学者针对重构土壤质量各类指标遥感检测也有大量研究。许吉仁等（2014）以徐州柳新矿区复垦农田土壤—小麦为研究对象，采用传统采样检测方法分析土壤—小麦中重金属镉含量，利用便携式高光谱相机获取样品光谱信息，经数据预处理后，选择具有显著相关的土壤和小麦镉污染胁迫敏感波段作为相关因子，建立基于支持向量机的矿区复垦农田土壤—小麦镉含量高光谱估测模型，土壤的估测模型相关系数为 0.947，具有较高精度。陈元鹏等（2019）以工矿复垦区为实验区域，结合高光谱遥感数据与实测土壤重金属含量，利用回归分析与特征选择方法，构建基于高光谱数据的土壤重金属含量反演经验模型，并使用粒子群算法有效降低特征波段变量维度，进一步提高模型反演精度，使验证集决定系数 R^2 由 0.76 提高至 0.84，反演精度较高。石朴杰等（2018）以永城矿区复垦农田为例，在土样有机质含量测定和高光谱数据测量的基础上，对土壤高光谱数据进行多种预处理，并与有机质实测含量进行相关性分析，利用相关系数进行 $P=0.01$ 水平显著检验，确定敏感波段，建立一元线性回归、多元逐步回归和偏最小二乘回归等多种有机质含量与高光谱估测模型，得到精度较高的土壤有机质含量反演结果。另外，基于无人机热红外遥感的重构土壤水分含量快速检测技术研究也在迅速开展，越来越多的土壤质量指标的遥感检测技术产生，这将大幅提高矿区复垦重构土壤检测的效率和可靠性，为矿区受损生态环境恢复带来巨大便利。

10.2　重构土壤质量评价

进行矿区重构土壤质量的评价，首先需建立其评价指标体系：根据重构土壤的特殊性确定指标体系的结构，再根据现有的文献资料和土壤重构经验选取适合重构土壤质量评价的指标因子，综合评价矿区复垦重构土壤的质量。

10.2.1　重构土壤质量评价指标体系构建

重构土壤质量评价指标的选择，是评价指标体系建立的第一步。根据评价目的，确定必要的评价指标，为综合评价重构土壤质量奠定基础。

1. 评价指标选取原则

1）标准化原则

充分运用现有的国家标准和相关行业标准，如《全国耕作类型区、耕地地力等级划分》（NY/T 309—1996）、《农用地分等定级规程》、《土壤环境监测技术规范》（HJ/T 166—2004）、《绿色食品　产地环境技术条件》（NY 391—2000）、《耕地质量验收技术规范》（NY/T 1120—2006）和《土壤侵蚀分类分级标准》（SL 190—2007）等的现有评价指标和等级标准，减少重复性工作（朱德举，2006）。

2）主导性原则

与其他类型区域相比，矿区重构土壤在实际利用与管理中情况比较复杂，在众多的土壤特性中，需找出主导因素，从而减少重复计算的工作量，真正掌握矿区重构土壤质量的指标。

3）特征性原则

按照农用地分等定级野外诊断指标评价的原则，所选用的指标应是比较稳定的农用地质量因子，以便使根据此指标评判的农用地等别在一段时期内稳定（张凤荣 等，2001）。但是对于矿区这个特殊的研究区域，重构土壤质量在短时间内有较大变化，因而指标的选择应尽可能反映出重构土壤质量变化，并非拘泥于稳定的指标（周伟 等，2012）。

4）可量化原则

定性指标通常无法直接代入计量模型进行测算，即使定性指标在一定条件下转化为定量化指标，但转化过程很可能对评价结果的准确性造成不良影响。因此，为使测算结果具有更好的准确性和客观性，应尽量使用定量化指标。

5）可操作原则

构建评价指标体系的最终目的是用于实践，因此设立的评价指标必须具有较强的可操作性。在选取指标时，尽可能选取那些能通过实际监测、调查、查阅相关统计年鉴等较易获取数据的指标。同时，在设置上应充分考虑指标的现实性及模型预测的支持性，保证评价的客观性和准确性，防止指标评价体系的笼统化、一般化。

2. 重构土壤质量评价指标体系

土壤质量是土壤多种功能的综合体现，对土壤质量的评价必须建立在对土壤实现其功能的能力评价基础上，并根据土壤的物理质量、化学质量和生物学质量指标进行测定和评价。因而，选择合适的土壤质量指标是评价土壤质量的基础和关键（路鹏 等，2007）。

　　影响土壤质量评价指标选择的因素有很多，如土壤质量定义的复杂性，控制生物地球化学过程的各种物理、化学、生物学因子及其在时空和强度上的变化等。根据相关领域国家标准和行业标准及大量土壤质量评价领域相关文献阅读整理，土壤质量指标通常包括土壤质量物理指标、土壤质量化学指标和土壤质量生物指标三大类（路鹏 等，2007；陈龙乾 等，1999；赵其国 等，1997）。土壤质量物理指标通常包括：土壤质地，土层和根系深度，土壤容重和渗透率，田间持水量，土壤持水特征，土壤含水量和土壤温度等；土壤质量化学指标通常包括：有机全碳和氮，pH，电导率，矿化氮，磷和钾等；土壤质量生物指标包括：微生物生物量碳和氮，潜在可矿化氮，土壤呼吸量，生物量碳/有机总碳，呼吸量/生物量等。通常，土壤质量评价研究中，很难全面获取以上所有指标的相关资料，研究者会根据研究目的、研究区域情况、各指标与研究相关性、数据获取难易程度等因素进行土壤指标的取舍，从而构建一个满足研究区土壤质量评价的具有较强可操作性及稳定性评价的指标体系。

　　在研究矿山复垦土壤的物理特性及其在深耕措施下的改良研究中，以土壤生产力定量评价来评估复垦土壤质量，并选取土质、土壤容重、穿透阻力、入渗率、潜在土壤持水量、导水率、大孔隙度、pH、有机质、电导率、潜在根介质深度、团粒稳定性、盐碱度、石粒含量 14 个物理特性指标，采用模糊土壤生产力系数（productivity index，PI）模型，综合评价矿山复垦土壤生产力（胡振琪，1991）。陈龙乾等（1999）以徐州煤矿区为研究区，选取土壤物理特性、土壤养分、土壤酸碱度、土壤有毒物质 4 个因素层下的土壤质地、有效土层厚度、耕层砾石含量、耕层结构、土壤有机质、土壤全氮、土壤有效磷、土壤全钾、土壤 pH、镉、汞、砷、铅、氟等土壤质量指标，提出采用复垦土壤质量评价指数来评价复垦土壤质量。李鹏飞等（2019）以内蒙古准格尔旗黑岱沟露天煤矿为研究区，选取电导率、容重、有机质、全氮、速效氮、全磷、速效磷、全钾、速效钾、阳离子交换量、钠吸附比、过氧化氢酶、碱性磷酸酶、尿酶、蔗糖酶、微生物碳、微生物氮等指标，构建基于主成分分析的评价指标最小数据集，通过非线性和线性两种评价方法对研究区土壤质量进行评价。张华等（2001）通过查阅分析国内外土壤质量评价相关文献，总结了当前土壤质量评价常用指标，见表 10.28。

表 10.28　常用土壤质量分析性指标

指标层	指标
土壤质量物理指标	通气性
	团聚稳定性
	容重
	黏土矿物学性质
	颜色
	湿度（干、润、湿）
	障碍层深度
	导水率

续表

指标层	指标
土壤质量物理指标	氧扩散率
	粒径分布
	渗透阻力
	孔隙连通性
	孔径分布
	土壤强度
	土壤耕性
	结构体类型
	温度
	总孔隙度
	持水性
土壤质量化学指标	盐基饱和度
	阳离子交换量
	污染物有效性
	污染物浓度
	污染物活动性
	污染物存在状态
	交换性钠百分率
	养分循环速率
	pH
	植物养分有效性
	植物养分含量
	钠交换比
土壤质量生物指标	有机碳
	生物量
	碳和氮
	总生物量
	细菌
	真菌
	潜在可矿化氮
	土壤呼吸
	酶
	脱氢酶

指标层	指标
土壤质量生物指标	磷酸酶
	硫酸酯酶
	生物碳/总有机碳
	呼吸/生物量
	微生物群落指纹
	培养基利用率
	脂肪酸分析
	氨基酸分析

10.2.2 重构土壤质量综合评价

反映土壤质量的指标多样，单一或少量指标难以反映土壤综合特性，因此需要建立综合评价手段对土壤质量进行综合评价。国内相关研究人员总结了国际上常用的几种评价方法，包括变量指标克立格法、土壤质量动力学方法、土壤质量综合评分法、土壤相对质量评价法，国内研究常用的评价方法有评分法、分等级定级法、模糊评价法、聚类分类、地统计方法、层次分析法、多元统计分析法、综合指数法、系统评价模型等（刘占锋 等，2006；张华 等，2001）。本书选取国内外研究常用的几种评价方法进行介绍。

1. 模糊 PI 模型

1）模糊 PI 模型构建

土壤生产力是土壤质量评价的重要标准，胡振琪（1991）使用模糊 PI 模型来评价重构土壤质量。PI 模型由 Neill 于 1979 年提出，其前提假设：一些土壤特性是影响作物生长和最终产量的主要因素。整个土壤剖面对作物生长的适应性是每个土层土壤适应性条件的总和。每个土层土壤适应性为 0~1 区间上的值，0 表示最不适宜，1 表示最适宜条件。整个土壤剖面的 PI 计算公式如下：

$$PI = \sum_{i=1}^{m}(A_i \times B_i \times C_i \times WL_i) \tag{10.13}$$

式中：PI 为土壤生产力系数；A_i 为第 i 土层潜在土壤持水量的适应性；B_i 为第 i 层土壤容重的适应性；C_i 为第 i 层 pH 的适应性；WL_i 为第 i 层的权重；m 为土层总数。

但由于该模型没有考虑土壤特性之间的相对重要性，且最终结果是若干小于 1 的数的积，最终 PI 值变得很小，失去了适应性的含义，所以该模型缺少数学的严密性，仅仅是一种粗略的经验公式而已。为解决区域性的土壤生产力评价，即在该区域内，假定气候、田间管理、作物因素均一致，用模糊集理论开发一种评价土壤生产力的模糊 PI 模型。

多层次模糊数学综合评价（决策）模型已被广泛应用。基本的单层次综合评价模型具有以下三个因素。

（1）因素集：$U=\{u_1,u_2,\cdots,u_n\}$ 是影响最终结果的因素（如土壤特性）。其中 U 中存在模糊子集 $W=\{w_1,w_2,\cdots,w_n\}$，称为权重集。U 和 W 一一对应。

（2）评语集：$V=\{v_1,v_2,\cdots,v_m\}$，其中模糊子集 $B=\{b_1,b_2,\cdots,b_m\}$ 称为结果集。对于 v_i 评语，对应结果元素 b_i。

（3）单因素评价（决策）集：定义为从 U 到 V 上的模糊映射，$R=\{r_{11},r_{12},\cdots,r_{nm}\}$。对于每个 u_i，对应一个评价子集 $R_1=\{r_{11},r_{12},\cdots,r_{1m}\}$。$r_{ij}$ 代表 u_i 对 v_i 的隶属度，其值范围为 0～1。模糊数学中的隶属函数与 Neill 的 PI 模型的适应函数一致，土壤特性对作物生长的适应程度即是模糊数学中的隶属度。

根据评价土壤生产力的特点，模糊 PI 模型为两层结果单评语模型。单评语为 $V=\{$土壤生产力好$\}$，即土壤特性的综合特征最适宜于作物生长。算子取（×，+）。模型为

$$\text{PI}=\sum_{i=1}^{n}(w_i\cdot r_i) \tag{10.14}$$

式中：PI 为土壤生产力系数；n 为土壤特性数目；w_i 为第 i 个土壤特性的权重 $\left(\sum_{i=1}^{n}w_i=1\right)$；$r_i$ 为第 i 个土壤特性在整个土壤断面上的加权平均适应程度。

$$r_i=\sum_{j=1}^{L_i}(\text{RL}_{ij}\cdot\text{WL}_j) \tag{10.15}$$

式中：RL_{ij} 为第 i 个土壤特性第 j 土壤层的适应程度；WL_j 为第 j 土壤层的权重 $\left(\sum_{j=1}^{L_i}\text{WL}_j=1\right)$；$L_i$ 为第 i 个土壤特性的土壤层数。建立合理的适应性函数（隶属函数，RL_{ij}）是成功进行评价的关键。在每一土层中，每个土壤特性都对应一适应性函数。尽管土壤特性的适应性函数是随着土层的变化而变化的，但由于邻近土层的变化不大，这种适应性函数的变化也不大。因此忽略这种土壤特性的适应性函数随着土深的变化而变化的影响，对每一土壤特性仅建立一个适应性函数。基于模糊数学中介绍的方法建立 14 个土壤特性的适应性函数（表 10.29）。

表 10.29　14 个物理特性的适应性函数

土壤特性名称	土壤特性水平	适应性函数
	壤土	$\mu=0.90$
土质	黏壤土	$\mu=0.60$
	砂土、黏土	$\mu=0.30$
	$D_b\leqslant 1.30$	$\mu=1.00$
土壤容重 D_b /（g/cm³）	$1.30<D_b\leqslant 1.55$	$\mu=1.88-0.68\times D_b$
	$1.55<D_b\leqslant 1.80$	$\mu=5.98-3.32\times D_b$
	$1.80<D_b$	$\mu=0.00$

土壤特性名称	土壤特性水平	适应性函数
穿透阻力 PEN/MPa	PEN $\leqslant$ 1.20	$\mu = 1.00$
	1.20 < PEN $\leqslant$ 1.50	$\mu = 1.60 - 0.50 \times PEN$
	1.50 < PEN $\leqslant$ 2.50	$\mu = 2.125 - 0.85 \times PEN$
	2.50 < PEN	$\mu = 0.00$
入渗率 i/（cm/h）	6.0 $\leqslant i \leqslant$ 12.5	$\mu = 1.00$
	2.5 $\leqslant i \leqslant$ 6.0	$\mu = 0.142 + 0.143 \times i$
	0.1 < i < 2.5	$\mu = i / 5$
	12.5 < $i \leqslant$ 18	$\mu = 2.14 - 0.09 \times i$
	18 < i < 25.4	$\mu = 1.716 - 0.067\ 6 \times i$
	$i \leqslant 0.1$ 或 $i \geqslant 25.4$	$\mu = 0.00$
潜在土壤持水量 PAWC/%	PAWC > 20	$\mu = 1.00$
	PAWC $\leqslant$ 20	$\mu = PAWC / 20$
导水率 HC/（cm/h）	0.5 $\leqslant$ HC $\leqslant$ 5.0	$\mu = 1.00$
	0.001 < HC < 0.5	$\mu = (2.004\ 0 \times HC - 0.020)^{0.442}$
	5.0 < HC < 35	$\mu = 7 / 6 - HC / 30$
	HC $\leqslant$ 0.001 或 HC $\geqslant$ 35	$\mu = 0.00$
大孔隙度 MP/%	MP $\geqslant$ 10	$\mu = 1.00$
	1.0 < MP < 10	$\mu = 0.111 \times MP - 0.111$
	MP $\leqslant$ 1.0	$\mu = 0.00$
pH	5.5 $\leqslant$ pH $\leqslant$ 7.5	$\mu = 1.00$
	5.0 < pH < 5.5	$\mu = 0.12 - 0.16 \times pH$
	2.9 $\leqslant$ pH $\leqslant$ 5.0	$\mu = 0.446 \times pH - 1.31$
	7.5 < pH < 8.5	$\mu = 2.5 - 0.2 \times pH$
	8.5 $\leqslant$ pH < 9.0	$\mu = 14.4 - 1.6 \times pH$
	pH $\leqslant$ 2.9 或 pH $\geqslant$ 9.0	$\mu = 0.00$
有机质 OM/%	OM $\geqslant$ 2	$\mu = 1.00$
	0.3 < OM < 2	$\mu = (0.588\ 2 \times HC - 0.176\ 5)^{0.376\ 2}$
	OM $\leqslant$ 0.3	$\mu = 0.00$
电导率 EC/（dS/m）	EC $\geqslant$ 16	$\mu = 0.00$
	2.0 < EC < 16	$\mu = 1.14 - 0.07 \times EC$
	EC $\leqslant$ 2.0	$\mu = 1.00$

续表

土壤特性名称	土壤特性水平	适应性函数
潜在根介深度 RM/cm	RM ≤ 5.0	$\mu = 0.00$
	5.0< RM < 40.0	$\mu = 0.028\,6 \times RM - 0.144$
	40.0 ≤ RM	$\mu = 1.00$
团粒稳定性 AS/%	AS ≤ 5.0	$\mu = 0.00$
	25.0 < AS < 50.0	$\mu = AS / 25 - 1.0$
	50.0 ≤ AS	$\mu = 1.00$
盐碱度 SAR	SAR ≥ 10.0	$\mu = 0.00$
	4.0 < SAR < 10.0	$\mu = 10 / 6 - SAR / 6$
	SAR ≤ 4.0	$\mu = 1.00$
石粒含量 SC（%体积）	SC ≤ 4.0	$\mu = 1.00$
	3.0 < SC < 50.0	$\mu = (50 / 47 - SC / 47)^{1.1}$
	SC ≥ 50.0	$\mu = 0.00$

对某一单因素的适应性 RL_{ij} 计算，又有三种不同的实际情况，可以用以下方法处理。

（1）仅有一个样本点：

$$RL_{ij} = \mu_{ij} \tag{10.16}$$

式中：μ_{ij} 为第 i 土壤特性在第 j 土层的适应程度。

（2）样本为 $[a, b]$ 区间上的连续值，则

$$RL_{ij} = \frac{1}{b-a} \cdot \int_a^b \mu(u_{ij}) \cdot d(u_{ij}) \tag{10.17}$$

（3）多个样本点：

$$RL_{ij} = \frac{1}{nn} \sum_{k=1}^{nn} c_k \mu(u_{ij})_k \tag{10.18}$$

式中：$\mu(u_{ij})_k$ 为第 i 土壤特性第 j 土壤层第 k 个样本的适应程度；c_k 为第 k 样本的权重；nn 为第 i 个土壤特性的总样本点数。

模糊 PI 模型不仅考虑了土壤特性的权重，而且考虑了土壤层的权重。土壤特性的权重是根据专家经验而确定。土壤层的权重是基于 Horn 开发的根活动区水的衰竭深度：

$$L_D = 0.152 \cdot \lg[(R + R^2 + 6.45) / (D + D^2 + 6.45)]^{\frac{1}{2}} \tag{10.19}$$

式中：L_D 为在深度 D 处的衰竭水值；D 为土深，cm；R 为总的根深，cm。L_D 在两个深度上的积分被认为反映了该深度区域上的土壤权重。本位在用此法时，取总根深 R 为 100 cm。这种方法已被证明对于种子发芽和生长初期是十分有用的。

模糊 PI 模型的灵活性大，土壤特性的数目、种类均可依据评价区条件和评价目的进行调整，且每个土壤特性可根据本身取样的特点采集不同深度的土样。

2）基于模糊 PI 模型的综合评价步骤

传统的方法比较产量，常用产量值本身。但由于各年气候不同，给不同年份产量对

比带来不少困难。本书引入产量系数 CYI 概念可以解决传统方法的弊端，即 CYI 是当年谷物产量（CY）与该区域当年调整的目标产量（ATY）之比：

$$CYI = CY/ATY \qquad (10.20)$$

式中：CYI 为产量系数；CY 为当年产量值；ATY 为该区域当年调整的目标产量（由农业厅计算）。

CYI 与 PI 的关系可以用回归方法得出 CYI =f（PI）。一般用一组或多组典型资料评价 PI，并比较预计 CYI 的误差。借助这种方法，可以调整土壤特性与土壤层之间的权重，直到 CYI 与 PI 关系产生最小的 CYI 预计误差，且有最好的回归关系方程（此法类似于地质统计学中的交叉检验）。

模糊 PI 模型的评价步骤如下。

（1）选择主要影响作物生长和产量的土壤特性 U。

（2）建立适应性函数 r_{ij}。

（3）确定初始土壤特性和土壤层的权重 w_i 和 WL_{ij}。

（4）输入原始土壤特性资料，用模糊 PI 模型计算 PI。

（5）计算 CYI。

（6）调整 w_i 和 WL_{ij}，并进行 CYI 与 PI 的回归，直到预计的 CYI 与实际 CYI 平均误差最小。

3）土壤生产力定量评价数学模型的应用

选取平顶山和沛县两个泥浆泵复垦土地作为试验地，并以试验地邻近的农田作为对照，评价泥浆泵复垦土地生产力及其与农田土地生产力的差异。

I. 参数的选择与原始数据

选择土壤容量（D_b）、入渗率（i）和有机质（OM）三个特征参数作为评价土地生产力的参数，它们分别代表土壤的物理特性、水力特性和营养特性。其原始数据列于表10.30。

表 10.30　平顶山、沛县三种参数的原始数据

土壤特性	试验场	试验田	深度/cm			
			0～20	20～40	40～60	60～80
土壤容重 /（g/cm³）	平顶山	农田	1.16	1.55	1.56	1.49
		复垦地	1.33	1.47	1.37	1.058
	沛县	农田	1.32	1.64	1.42	1.42
		复垦地	1.41	1.34	1.33	1.46
入渗率 /（cm/h）	平顶山	农田	11.8			
		复垦地	2.16			
	沛县	农田	3.6			
		复垦地	0.36			

续表

土壤特性	试验场	试验田	深度/cm			
			0～20	20～40	40～60	60～80
有机质/%	平顶山	农田	1.9	1.23		
		复垦地	0.49	0.54		
	沛县	农田	1.62	0.51		
		复垦地	0.7	0.41		

II. 参数的适应性函数

由于土壤特性的适应性随着土壤层次的变异不太大，不妨假定土壤特性的适应性与土壤深度无关。三个参数的适应性函数如下。

（1）土壤容重的适应性函数 $\mu(D_b)$ 曲线如下：

$$\mu(D_b)=\begin{cases} 1, & D_b \leqslant 1.30 \\ 1.88-0.68D_b, & 1.3 < D_b \leqslant 1.55 \\ 5.98-3.32, & 1.55 < D_b < 1.80 \\ 0, & D_b \geqslant 1.80 \end{cases} \tag{10.21}$$

（2）入渗率的适应性函数 $\mu(i)$ 曲线如下：

$$\mu(i)\begin{cases} 1, & 6.0 \leqslant i \leqslant 12.5 \\ 0.142+0.143i, & 2.5 \leqslant i < 6.0 \\ i/5, & 0.1 < i < 2.5 \\ 2.14-0.09i, & 12.5 < i \leqslant 18 \\ 1.716-0.067\,6i, & 18 < i < 25.4 \\ 0, & i \geqslant 25.4 \text{ 或 } i \leqslant 0.1 \end{cases} \tag{10.22}$$

（3）有机质的适应性函数 $\mu(\text{OM})$ 曲线如下：

$$\mu(\text{OM})\begin{cases} 1, & \text{OM} \geqslant 2.0 \\ (0.588\,2\times\text{OM}-0.176\,5)^{0.376\,2}, & 0.3 < \text{OM} < 2 \\ 0, & \text{OM} \leqslant 0.3 \end{cases} \tag{10.23}$$

III. 权重的选择

（1）土壤特性权重（WF）：由于选取的三个土壤参数分别代表三种典型的土壤特性，对作物生长有同等重要的影响，取近乎等权即 $\text{WF}=(W_{D_b},W_i,W_{\text{OM}})=(0.3,0.3,0.4)$。

（2）土壤层次的权重（WL）：根据式（10.15）推算可得：单土层的权重视为 1（供入渗率评定用）；两土层的权重 $\text{WF}=(0.7,0.3)$（供土壤有机质评定用）；四土层的权重为 $\text{WL}=(0.522,0.256,0.147,0.075)$（供土壤容重评定用）。

IV. 土壤生产力综合评价

（1）从土壤生产力的评价结果（表 10.31）可以看出：复垦土壤生产力不及农业土壤，说明复垦土壤需要改良。通过平顶山和沛县两个试验场比较，平顶山优于沛县。沛县土壤条件较差的主要原因是有机质含量较低和入渗特性较差，沛县农业土壤在 20～40 cm 土层中的土壤容重适应性差，说明压实问题严重，亟须耕作以改良。

表 10.31　平顶山、沛县土壤生产力定量评价结果一览表

试验田	土壤特性	土壤特性在各土壤层中的适应性				土壤适应性	土壤生产力 PI
		0～20 cm	20～40 cm	40～60 cm	60～80 cm		
平顶山农田	土壤容重	1	0.826	0.801	0.867	0.916	0.916
	入渗率	1				1	
	有机质	0.977	0.797			0.923	
平顶山复垦地	土壤容重	0.975 6	0.880 4	0.948 4	1	0.919 1	0.609
	入渗率	0.432				0.432	
	有机质	0.438 4	0.478 4			0.450 5	
沛县农田	土壤容重	0.982 4	0.535 2	0.914 4	0.914 4	0.852 8	0.761
	入渗率	0.656 8				0.656 8	
	有机质	0.909 2	0.455 3			0.773	
沛县复垦地	土壤容重	0.921 2	0.968 8	0.975 6	0.887 2	0.938 8	0.508
	入渗率	0.072				0.072	
	有机质	0.580 2	0.356 9			0.513 2	

（2）从土壤特性的适应性分析：复垦土地土壤容重特性的适应性均在 0.90 以上且略优于农业土地，说明泥浆泵复垦构造的土壤无压实问题存在，土壤强度适宜于作物根系生长。而入渗特性和有机质的适应性远远不如农业土壤，说明需要进行排灌系统建设以改良土壤水力特性，需要土壤培肥以增加土壤肥力。

（3）模糊 PI 模型评价的最大特点：不仅给出了土壤生产力 PI 的结果，而且给出了每一主要特性在各个土壤层中对作物生长的适应性。土壤容重在不同土层中对作物生长的适应性，从中不难发现复垦土壤优于农业土壤，沛县农业土壤的 20～40 cm 土层中压实明显，不利于作物根系伸展。

总之，应用模糊 PI 模型评价土壤生产力，可以定量评价土壤和分等定级农用土地，也可以评定复垦土地生产力以判定矿区复垦重构土壤质量，该模型具有广泛的应用前景。

2. 综合指数法模型

指数和法是目前土壤质量评价采用较多的方法。指数和法是把土壤质量指标与土壤质量的关系简化为一种线性关系，可用式（10.24）来表示：

$$S = B_0 + B_1 S_1 + B_2 S_2 + \cdots + B_q S_q + E \qquad (10.24)$$

式中：S 为土壤质量指数；B_i 为指标权重；E 为误差项。

以邹城市平阳寺镇 2001 国家投资复垦项目区为试验区，通过实地调查采样及化验分析，获取矿区复垦土地相关指标参数及变化趋势，构建评价指标体系，利用综合指数法模型评价矿区土地复垦中施用蘑菇废料对复垦重构土壤质量的影响（刘雪冉，2010；孙海运，2010）。

1）指标选取

根据复垦土壤特性，参考前人研究成果，选取土壤物理性状、化学性状和微生物特性三个方面的指标，其中土壤物理性状选取土壤紧实度、土壤容重、土壤含水量、土壤砂粒（20～2 000 μm）含量、土壤粉粒（2～20 μm）含量和土壤黏粒（<2 μm）含量 6 项指标，土壤化学性状选取土壤有机质、碱解氮、速效磷、有效钾、电导率和 pH 6 项指标，土壤微生物活性选取土壤细菌、真菌、放线菌和微生物总量 4 项指标，总计 16 项指标构成评价土壤质量的指标体系。

2）指标权重的确定

参照前面质量评价方法，指标权重确定按照相关系数法确定。各指标平均相关系数及权重见表 10.32。

表 10.32　指标平均相关系数及权重

指标	平均相关系数	权重	指标	平均相关系数	权重
有机质	0.203 6	5.44	放线菌	0.344 4	9.20
碱解氮	0.221 3	5.91	微生物总量	0.332 4	8.88
速效磷	0.194 4	5.19	容重	0.140 7	3.76
速效钾	0.191 3	5.11	含水量	0.195 2	5.22
电导率	0.228 4	6.10	砂粒	0.194 2	5.19
土壤酸度	0.192 2	5.14	粉粒	0.157 5	4.21
细菌	0.332 1	8.88	黏粒	0.149 4	3.99
真菌	0.339 6	9.07	紧实度	0.325 3	8.69

3）指标参数获取

在试验区布设 9 个采样点，分别为：地块 1（对照样点，未破坏土地），地块 2（2001 年复垦后用作耕地），地块 3（2002 年复垦后种树，未覆蘑菇废料），地块 4（2002 年复垦后种树，2005 年覆蘑菇废料），地块 5（2002 年复垦后种树，2004 年覆蘑菇废料），地块 6（2002 年复垦后种树，2007 年覆蘑菇废料），地块 7（2002 年复垦后种树，2006 年覆蘑菇废料），地块 8（2002 年充填粉煤灰复垦种树），地块 9（2002 年复垦后用作耕地）。各样点土壤紧实度在现场利用紧实度仪分 6 层（0～7.62 cm、7.62～15.24 cm、15.24～22.86 cm、22.86～30.48 cm、30.48～38.1 cm、38.1～45.72 cm）进行观测，同时挖掘土壤剖面，按上述层次采集土壤样品进行土壤性状分析。土壤容重采用容重环刀法，含水量用烘干法，颗粒分析采用 Rise 激光颗粒仪测定。采集土样时所用小刀随时进行灭菌，防止土样被污染，各采取土样 1 kg，装入无菌纸袋，带回实验室放置在 4 ℃冰箱中备用，并做微生物检测。

I. 土壤紧实度

复垦后用于耕地(地块 2、地块 9)表层土壤紧实度较低,分别为 68.9 kPa 和 34.5 kPa,明显低于未破坏土地和其他处理土地。未破坏土地表层土壤紧实度较大(413 kPa),但低于复垦后用于林地的地块。表层土壤紧实度最大的是充填粉煤灰复垦的地块(地块 8,1 378 kPa)。未施蘑菇废料(地块 3)和施蘑菇废料 2 年的地块(地块 7)表层土壤紧实度较小(482 kPa),而刚施用的地块 6 和施用时间较长的地块 4、地块 5 较大(826 kPa)(图 10.40)。

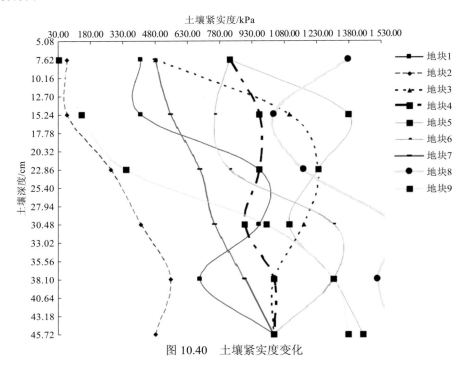

图 10.40 土壤紧实度变化

II. 土壤容重

2005 年、2006 年施用蘑菇废料的(地块 4、地块 7)表层土壤容重都高于未破坏土地。未施用蘑菇废料的地块(地块 3)、复垦后的耕地(地块 2、地块 9)和 2007 年施用蘑菇废料地块(地块 6)小于未破坏土地(1.48 g/cm^3)。粉煤灰充填复垦的处理地块 8 表层土壤容重最小(1.18 g/cm^3),2004 年施用蘑菇废料的地块最大(地块 5,1.73 g/cm^3)(图 10.41)。

III. 土壤含水量

未覆蘑菇废料的地块 3 表层土壤含水量最低(7.14%),覆蘑菇料 1 年的地块 7 最高(17.02%),其次为粉煤灰充填的地块 8(16.45%)和未破坏地块(16.82%),而耕地处于较低水平,其他地块基本是随着覆蘑菇废料的时间的延长而增加。在垂直方向上,第二层(15.24 cm)土壤含水量,覆蘑菇废料 1 年的地块 7 含水量最高(19.76%),2001 年复垦

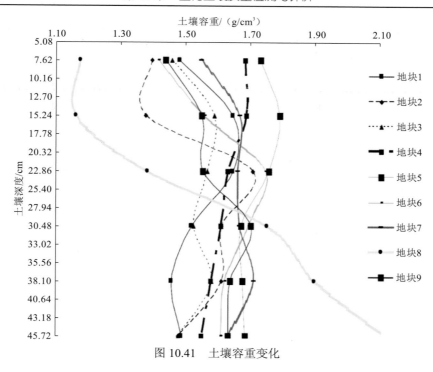

图 10.41　土壤容重变化

后用作耕地的地块 2 最低（10.05%）。覆蘑菇废料的地块 4、地块 5、地块 6 随着覆蘑菇废料年限的增加，土壤含水量也随之增加并逐渐接近未破坏土地的土壤含水量（图 10.42）。

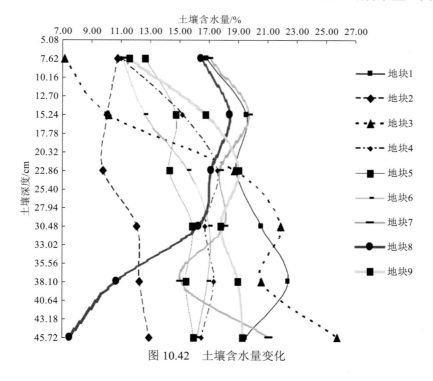

图 10.42　土壤含水量变化

IV. 土壤黏粒质量分数

在表层土壤中，施蘑菇废料 4 年的地块 5 土壤黏粒质量分数最高（14.40%），未覆蘑菇废料的地块 3 土壤黏粒质量分数最低（0.02%）。覆蘑菇废料的地块 5、地块 6、地块 7 表层土壤黏粒质量分数均高于未破坏的地块 1（3.41%）。在垂直方向，施蘑菇废料的地块 4、地块 5、地块 6、地块 7 在 2～3 层土壤黏粒质量分数出现峰值，该层土壤比较紧实。未覆蘑菇废料和充填粉煤灰的土地（地块 2、地块 3、地块 8、地块 9）在第 3 层（22.86 cm）土壤黏粒质量分数出现比较低的谷值。从整个剖面来看，施蘑菇废料的地块在整个剖面多个层的土壤黏粒质量分数明显高于未施蘑菇废料的地块（图 10.43）。

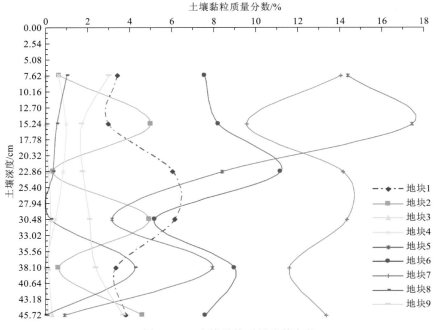

图 10.43　土壤黏粒质量分数变化

V. 土壤粉粒质量分数

在土壤表层，施蘑菇废料 1 年用于林地的地块 7 土壤粉粒质量分数最高（75.44%），未覆蘑菇废料用于林地的地块 3 最低（51.06%）。施蘑菇废料的地块 4、地块 5、地块 6、地块 7 的表层土壤粉粒质量分数随蘑菇废料施用年限的增加呈递减趋势，其中施蘑菇废料 1 年的地块 7 为 75.44%，而施蘑菇废料 4 年的地块 4 为 65.27%。表层土壤粉粒质量分数除地块 7 土壤（75.44%）高于未破坏土地地块 1（72.55%），其他地块均低于未破坏土地。从整个剖面来看，施蘑菇废料的地块 4、地块 5、地块 6、地块 7 表层土壤粉粒质量分数相对较高（图 10.44）。

VI. 土壤砂粒质量分数

未覆蘑菇废料地块 3 的土壤砂粒质量分数最高（48.92%），施蘑菇废料 1 年的地块 7 土壤砂粒质量分数最低（10.5%）。施蘑菇废料年限较短的地块 5、地块 6、地块 7 均低于未破坏土地地块 1（24.04%），而施蘑菇废料 4 年的地块 4（34.11%）高于未破坏土地（图 10.45）。

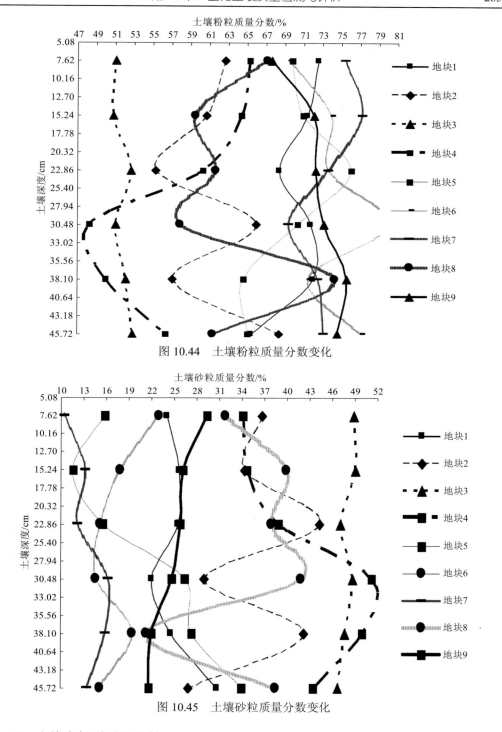

图 10.44　土壤粉粒质量分数变化

图 10.45　土壤砂粒质量分数变化

VII. 土壤有机质质量分数

2001 年复垦后直接用作耕地的地块 2 表层有机质质量分数最高,达到了 27.98 mg/kg,而充填粉煤灰的地块 8 表层有机质质量分数最低,只有 4.38 mg/kg。在土壤的垂直剖面上，地块 2 有机质质量分数在第 2～3 层之间迅速减少，由 27.98 mg/kg 减少到 7.85 mg/kg；施用蘑菇废料的地块随着深度的增加，有机质质量分数减少，并且随着施用蘑菇废料时间的增加，土壤通体有机质质量分数都减少。充填粉煤灰地块通体变化不大，质量分数较少（图 10.46）。

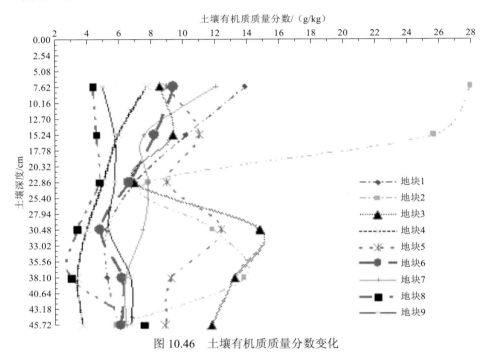

图 10.46　土壤有机质质量分数变化

VIII. 土壤碱解氮质量分数

在未破坏地块的表层土壤碱解氮质量分数最高，达到了 65.53 mg/kg，直接复垦为耕地的地块（块地 2）和充填粉煤灰的地块（地块 8）表层碱解氮的质量分数其次，达到了 50 mg/kg。施用蘑菇废料地块 4、地块 5、地块 6 表层碱解氮的质量分数比未施用蘑菇废料的地块质量分数低；而施用蘑菇废料的地块 7 质量分数比较高，达到了 40.67 mg/kg。在土壤垂直剖面上，随着深度的增加，土壤中碱解氮的质量分数总体来说是减少，但是地块 2、地块 3、地块 6 在第 2 层到第 3 层之间，出现了增加的现象。随着深度增加，未破坏地块碱解氮质量分数迅速降低，达到第 4 层时质量分数基本稳定；施用蘑菇废料地块通体质量分数比较稳定，相对来说变化较小，但质量分数较低（图 10.47）。

IX. 土壤速效磷质量分数

地块 9 表层土壤速效磷的质量分数达到了 49.70 mg/kg，主要是人为因素（施用有机和无机肥料）造成的；其次是复垦时直接覆土并用于耕地的地块（地块 2）表层速效磷的质量分数在 27.98 mg/kg；未施用蘑菇废料的地块 3 表层土壤速效磷质量分数最低，只有 0.98 mg/kg。充填粉煤灰的地块 8 表层土壤速效磷质量分数（4.38 mg/kg）比未破坏地地块的质量分数（5.95 mg/kg）稍低。在土壤的垂直剖面上，未破坏地块速效磷的质量分数相对比较稳定，有所减少，在第 5～6 层，有所增加；复垦后直接用于耕地的地

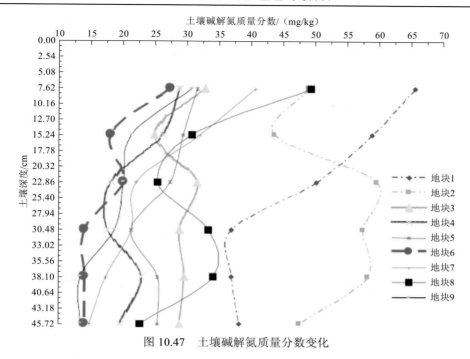

图 10.47　土壤碱解氮质量分数变化

块质量分数在第 2 层迅速降低，减少 25.41 mg/kg，深度再增加，质量分数基本稳定不变；复垦后直接种植树木地块（地块 3）的速效磷质量分数在第 3～4 层大量增加，接着质量分数减少；施用蘑菇废料的地块 5（2004 年施用）质量分数较高，并且随深度增加，质量分数也一直在增加（图 10.48）。

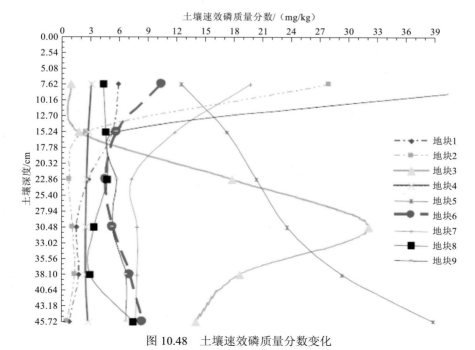

图 10.48　土壤速效磷质量分数变化

X. 土壤有效钾质量分数

地块 2、地块 3、地块 4 的表层有效钾质量分数比未破坏土地地块 1 的质量分数低（70 mg/kg），尤其是地块 4 质量分数只有 40 mg/kg。复垦年限对于土壤有效钾的质量分数也有较大影响，2002 年复垦地块（地块 9）有效钾质量分数要比 2001 年复垦地块（地块 2）的质量分数高，主要是由于作物吸收。在垂直剖面上，2～3 层，未破坏地块速效钾质量分数减少，并且达到了谷值（55 mg/kg），随着深度再增加，含量又逐步提高；在第 2 层，施用蘑菇废料的地块速效钾质量分数减少，由于作物根系的吸收，同时随着深度的增加，含量又有增加，并随着施用蘑菇废料时间的增加，土壤通体质量分数都减少；充填粉煤灰的地块速效钾质量分数在第 2 层减少，在第 3～4 层迅速增加，主要是由于作物根系在第 2 层大量存在，吸收大量有效钾，而在第 3～4 层由于淋溶淀积，有效钾质量分数增加（图 10.49）。

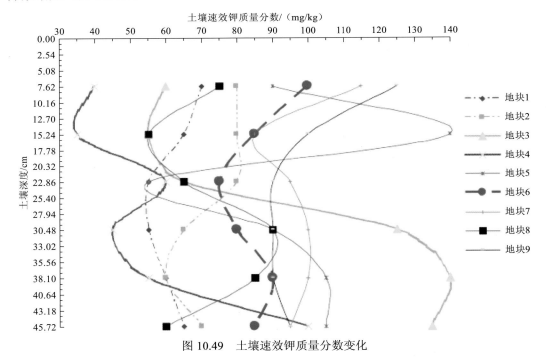

图 10.49　土壤速效钾质量分数变化

XI. 土壤 pH

复垦后地块表层土壤的碱性比较大，远大于未破坏地块（7.26），不利于作物的生长；随着蘑菇废料施用年限的增加，土壤碱性下降，由地块 6 的 8.24 降低到地块 5 的 7.92。表层土壤 pH 最大地块是地块 8，达到了 8.29。从土壤垂直剖面上可以看出，复垦后土壤通体碱性要比未破坏地块大；在土壤剖面的第 2～3 层，未破坏土壤 pH 明显地增加，在第 4 层达到最大值 7.65。地块 4（2005 年施用蘑菇废料）随着深度的增加，碱性逐步增大，在第 4 层达到最大 8.21，不过深度比较大。地块 6 和地块 7 随着深度增加，土壤酸碱度变化不大，但碱性比较大。地块 8 充填粉煤灰通体变化比较小，碱性比较大，但对于只充填煤矸石的地块碱性要小（图 10.50）。

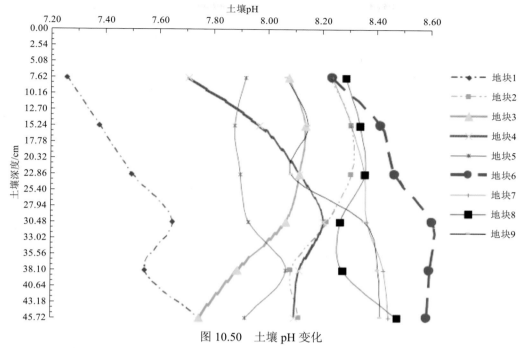

图 10.50　土壤 pH 变化

XII. 土壤电导率

复垦后地块表层土壤的电导率一般比未破坏地块要大（62 μS/cm），只有地块 3、地块 4 电导率比较小，土壤中含盐量比较小。充填粉煤灰的地块 8 的电导率达到 138 μS/cm，土壤含盐量比较高。在土壤垂直剖面上，地块 4 通体比较稳定，变化较小，并且含盐量比较小，比未破坏地块要小。施用蘑菇废料的地块 5、地块 6、地块 7 在第 3~4 层电导率增加，在第 5 层达到峰值，随着深度的增加，电导率下降。地块 3 在剖面上变化最大，在第 2~3 层，由 54 μS/cm 增加到 137 μS/cm，随着深度的更加，电导率逐步增加（图 10.51）。

XIII. 土壤中细菌数量

在表层，未破坏地块与地块 7（2006 年施蘑菇废料）的土壤中含有细菌数量相接近；地块 3、地块 4、地块 5、地块 6 的土壤细菌数量相接近，在土壤表层细菌数量只有 $83×10^5$ 个/g·土。地块 7 的表层土壤所含细菌数量要比地块 4、地块 5、地块 6 多，说明相应的土壤中养分含量也就比较高。地块 2（2001 年复垦）的表层细菌量达到了 $740×10^5$ 个/g·土，要比施用蘑菇废料地块多。地块 9 的表层细菌含量达到了 $152×10^6$ 个/g·土，主要是人工施用有机肥料。在土壤的垂直剖面上，随着深度的增加，未破坏地块 1 中的细菌数量没有地块 7 多。而施用蘑菇废料的地块 4、地块 5、地块 6 在垂直剖面上，随着深度的加大，细菌数量的变化也比较缓慢，是由于土壤的紧实度比较大，通体比较紧实，不利于生物的生长。在表层，地块 4、地块 5（2004 年和 2005 年施料）的细菌数量相差不是太大，但随着深度的加深，在第 4 层时，两者也产生了明显的差别，地块 5 显著好于地块 4，并且超过了未破坏地块。充填粉煤灰的地块 8 细菌含量较低，并且随着深度的增加，

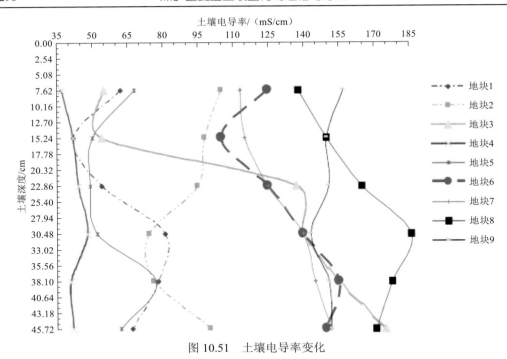

图 10.51　土壤电导率变化

细菌数量大量减少，第 4 层时只有 8×10^5 个/g·土；而充填煤矸石的地块 3 细菌含量要比地块 8 高。地块 2 要比地块 1 土壤通体中细菌含量高，说明随着复垦时间的增加，深耕细作为细菌的生存提高了较好的生存空间（图 10.52）。

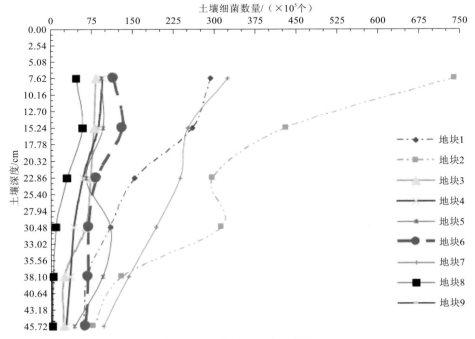

图 10.52　土壤细菌数量变化

XIV. 土壤真菌数量

在土壤表层，充填粉煤灰的地块 8 土壤中真菌的数量最小，只有 30×10^3 个/g·土。充填蘑菇废料的地块（地块 4、地块 5、地块 6、地块 7）与未破坏地块（地块 1）表层土壤含有真菌数量（80×10^3 个/g·土）相差不大，其中真菌数量最少的是地块 6（2007 年施用蘑菇废料），最多的是地块 7（2006 年施用蘑菇废料），表层土壤真菌是 103×10^3 个/g·土。充填蘑菇废料的地块要比没有充填蘑菇废料的地块 3、地块 8 表层含有真菌数量多。在土壤垂直剖面上，2~3 层，施用蘑菇地块与未破坏地块的土壤中真菌数量相对比较稳定，随着深度的增加，减少较慢，并且地块 5（2004 年施料）土壤中真菌数量要比地块 4（2005 年施用蘑菇废料）多，而地块 4 土壤中真菌数量要比地块 6 多。而随着深度的增加，地块 6（2007 年施用蘑菇废料）土壤中真菌减少速度最慢。地块 2、地块 9 的表层真菌数量多，随着深度的增加，真菌数量大量减少（图 10.53）。

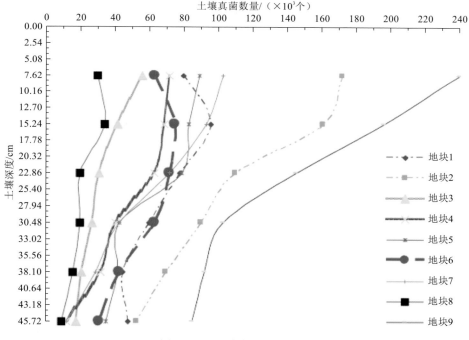

图 10.53 土壤真菌数量变化

XV. 土壤放线菌数量

在土壤表层，地块 3、地块 8 的放线菌数量最小，施用蘑菇废料地块表层放线菌的数量没有未破坏地块多，并且随着蘑菇废料施用时间的增加，放线菌的数量减少。复垦时间较早的地块 2（2001 年复垦）要比地块 3 含有放线菌数量多。在土壤垂直剖面上，放线菌总的变化趋势也是随着深度的增加，数量减少。在第 2~4 层，地块 3、地块 8 的放线菌数量大致相同，随着深度的增加，地块 3 的放线菌数量增加。施用蘑菇废料的地块 4、地块 6 与地块 1 在垂直剖面上变化趋势相似，随着深度的增加，放线菌的数量减少，并且通体没有地块 1 含有放线菌数量多。在第 2~3 层，地块 5 的土壤中含有放线菌数量要比地块 1 小，随着深度再增加，地块 5 超过了未破坏地块 1，说明蘑菇废料可以深松土壤。地块 7 的土壤中通体比地块 1 更加适合放线菌数量的增加，此时蘑菇废料养分被充分分解（图 10.54）。

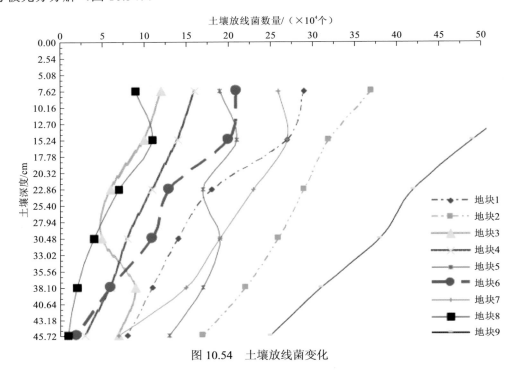

图 10.54　土壤放线菌变化

4）指标隶属度确定

土壤有机质含量、碱解全氮含量、有效磷含量、速效钾含量、细菌数量、真菌数量、放线菌数量、微生物总量、砂粒含量、粉粒含量、含水量等采用戒上型隶属度函数计算其隶属度，土壤容重、电导率、pH、紧实度、黏粒含量采用戒下型隶属度函数计算其隶属度。

根据研究区实际情况，确定各指标的临界值，具体方法是把各指标的最小值作为 x_1，最大值作为 x_2，各指标临界值见表 10.33。

表 10.33　各指标临界值

参数	有机质含量 / (g/kg)	碱解氮含量 / (mg/kg)	有效磷含量 / (mg/kg)	速效钾含量 / (mg/kg)	电导率 / (mS/cm)	pH	细菌数量 / (×10⁵ 个)	真菌数量 / (×10³ 个)
x_1	3.00	0.81	0.79	35.00	37.00	7.26	2.00	9.00
x_2	27.98	65.53	59.53	140.00	186.00	8.61	1 520.00	240.00

参数	放线菌数量 / (×10⁴ 个)	微生物总量 / (×10⁵ 个)	容重 / (g/cm)	含水量 /%	砂粒含量 /%	粉粒含量 /%	黏粒含量 /%	紧实度 /kPa
x_1	0.95	2.19	1.16	6.82	0.50	0.01	0.00	34.45
x_2	57.00	1 528.10	2.12	25.80	99.99	80.15	94.06	1 584.70

戒上型隶属度函数（图 10.55）为

$$f(x) = \begin{cases} 0.1, & x \leqslant x_1 \\ 0.9(x-x_1)/(x_2-x_1)+0.1, & x_1 \leqslant x \leqslant x_2 \\ 1.0, & x \geqslant x_2 \end{cases} \quad （10.25）$$

戒下型隶属度函数（图 10.56）为

$$f(x) = \begin{cases} 0.1, & x \geqslant x_2 \\ 0.9(x_2-x)/(x_2-x_1)+0.1, & x_1 \leqslant x \leqslant x_2 \\ 1.0, & x \leqslant x_1 \end{cases} \quad （10.26）$$

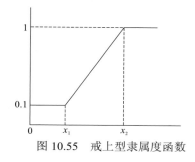

图 10.55　戒上型隶属度函数

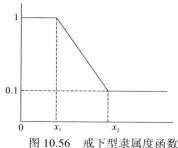

图 10.56　戒下型隶属度函数

根据隶属度计算公式计算各个指标的隶属度。

5）蘑菇废料施用的复垦土壤质量综合评价

根据各指标隶属度，采取综合指数法模型计算各个土层的土壤质量综合分值，见图 10.57，统计结果见表 10.34。

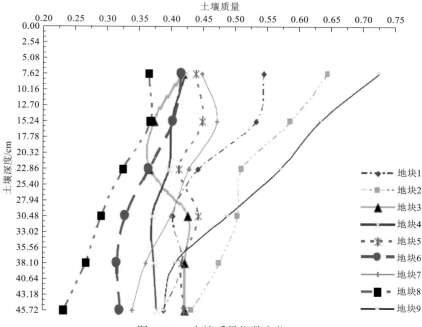

图 10.57　土壤质量指数变化

表 10.34   土壤质量描述性统计

地块	平均	标准差	方差	峰度	偏度	变异系数/%
1	0.46	0.067	0.004 5	-1.84	0.71	14.81
2	0.53	0.077	0.006 0	-0.39	0.62	14.69
3	0.40	0.027	0.000 7	-1.68	-0.96	6.73
4	0.39	0.020	0.000 4	-0.53	0.74	5.12
5	0.43	0.015	0.000 2	-2.54	0.057	3.59
6	0.36	0.044	0.001 9	-2.14	0.46	12.23
7	0.41	0.051	0.002 6	-1.52	-0.23	12.46
8	0.31	0.055	0.003 0	-1.52	-0.20	17.74
9	0.53	0.13	0.017	-1.33	0.32	24.73

各地块之间土壤质量指数差异明显。复垦后用作耕地的（地块 2、9）土壤质量较高，整个剖面平均为 0.53，最低为地块 8，即充填粉煤灰复垦后种树又没有施用蘑菇废料的地块，其平均土壤质量指数仅 0.31。表层土壤质量和整个剖面变化趋势一样，复垦用作耕地的土壤质量较高，土壤质量指数分别为 0.64 和 0.73，其次为未破坏土地，质量指数为 0.54，最低为充填粉煤灰复垦的土壤，土壤质量指数仅为 0.37，复垦后种树施用蘑菇废料的地块土壤质量介于期间。

从图 10.57、表 10.34 可以看出，整个剖面土壤质量变异最大的是复垦后用于耕地的地块 9，变异系数达到 24.73%，其次是粉煤灰充填复垦的地块 8，变异系数为 17.74%。未破坏地块 1 和 2001 年复垦的地块 2 变异系数也比较大，达到 14.81% 和 14.69%。耕地中由于人为耕作施肥，使表层土壤养分增加，物理性状改善，微生物数量增加，致使土壤质量大幅度增加，而下层受到的影响较小，所以土壤质量垂直变异较大。而复垦后种树的地块 3、地块 4、地块 5、地块 6、地块 7 土壤质量变异系数较小，特别是施用蘑菇废料时间较长的地块 4、地块 5 更小，分别为 5.12% 和 3.59%。施用时间较短的地块 6、地块 7 变异较大，和未破坏地块差异不大。施用蘑菇废料时间较短的地块，对表层土壤影响较大，对下层影响较小，造成了整个剖面的垂直分异。随着时间的推移表层蘑菇废料逐渐分解殆尽，加之分解过程中的向下淋溶，对下层土壤起到一定的改善作用，使整个剖面土壤质量趋于一致。

3. 内梅罗综合污染指数模型

针对矿区复垦重构土壤的重金属污染评价是采煤沉陷地粉煤灰充填覆土土壤重构效果研究的组成部分（魏忠义，2002）。通过土壤环境质量评价，可为进一步改进土壤重构措施与工艺提供依据。此部分主要针对沉陷地粉煤灰充填重构土壤的重金属污染。充填粉煤灰来自电厂煤粉的燃烧产物，在燃烧过程中多数重金属类元素得到了不同程度的富集，其特性与普通土壤有较大差别。充填复垦后的粉煤灰会不同程度地影响覆土层。以安徽淮北粉煤灰充填复垦土壤为例，对粉煤灰充填覆土重构土壤重金属类污染元素进行评价，并分析其在土壤剖面上的垂向变化与时间变化。

1）评价方法选择

环境质量评价方法是环境质量评价的核心，采用不同的评价方法，可导致评价结果的差异。环境质量现状评价方法有多种，根据简明、可比、可综合的原则，本重金属类污染评价决定采用内梅罗综合污染指数法（李秋洪，1998）。

单项污染指数计算公式为

$$P_i = C_i / S_i \tag{10.27}$$

式中：P_i 为土壤中重金属类污染元素 i 的单项污染指数；C_i 为土壤中重金属类污染元素 i 的实测数据；S_i 为重金属类污染元素 i 的评价标准。

$P_i < 1$，重构土壤未污染，判定为合格，适宜作物种植；

$P_i > 1$，重构土壤污染，判定为不合格，不适宜某些作物种植，P_i 越大说明重构土壤受到的此种污染越严重。

内梅罗综合污染指数法：

$$P_{综} = [0.5(C_i / S_i)^2_{\max} + 0.5(C_i / S_i)^2_{ave}]^{0.5} \tag{10.28}$$

式中：$P_{综}$ 为内梅罗综合污染指数；$(C_i / S_i)_{\max}$ 为土壤各单项污染指数的最大值；$(C_i / S_i)_{ave}$ 为土壤各单项污染指数的平均值。

内梅罗综合污染指数法突出高浓度污染物对土壤环境质量的影响，可较全面地反映各污染物对土壤的不同作用，表 10.35 为内梅罗综合污染指数法土壤污染分级标准。

表 10.35　内梅罗综合污染指数法土壤污染分级标准

等级划分	$P_{综}$	污染等级	污染水平
1	$P_{综} \leqslant 0.7$	安全	清洁
2	$0.7 < P_{综} \leqslant 1$	警戒级	尚清洁
3	$1 < P_{综} \leqslant 2$	轻污染	土壤轻污染，作物开始受污染
4	$2 < P_{综} \leqslant 3$	中污染	土壤、作物均受到中度污染
5	$P_{综} > 3$	重污染	土壤、作物受污染已相当严重

2）评价因子选择

《土壤环境质量标准　农用地土壤污染风险管控标准（试行）》（GB 15618—2018）中列出 Cd、Hg、As、Cu、Pb、Cr、Zn、Ni 等 11 项指标，其中重金属类元素 8 项。

2000 年农业部发布的中华人民共和国农业行业标准《绿色食品　产地环境技术条件》土壤环境质量要求中列出 Cd、Hg、As、Pb、Cr、Cu 6 项重金属类指标。

综合考虑，选择 Cd、Hg、As、Pb、Cr、Cu 、Zn、Ni 8 项重金属元素作为评价因子。

3）评价标准选择

《土壤环境质量标准　农用地土壤风险管控标准（试行）》（GB 15618—2018）中规定了土壤污染风险筛选值，见表 10.36。

表 10.36　《土壤环境质量标准 农用地土壤污染风险管控标准（试行）》（GB 15618—2018）
土壤污染风险筛选值

（单位：mg/kg）

污染物项目[①][②]		风险筛选值			
		pH<5.5	5.5<pH≤6.5	6.5<pH≤7.5	pH>7.5
Cd	水田	0.3	0.4	0.6	0.8
	其他	0.3	0.3	0.3	0.6
Hg	水田	0.5	0.5	0.6	1.0
	其他	1.3	1.8	2.4	3.4
As	水田	30	30	25	20
	其他	40	40	30	25
Cu	水田	150	150	200	200
	其他	50	50	100	100
Pb	水田	80	100	140	240
	其他	70	90	120	170
Cr	水田	250	250	300	350
	其他	150	150	200	250
Zn		200	200	250	300
Ni		60	70	100	190

注：①重金属和类金属砷均按元素总量计；②对于水旱轮作地，采用其中较严格的风险筛选值

农业部 2000 年发布的农业行业标准《绿色食品 产地环境技术条件》（NY/T 391—2000）土壤环境质量要求中列出了 Cd、Hg、As、Pb、Cr、Cu 6 项重金属类指标，并规定了土壤中各项污染物的含量限值，见表 10.37，总的来说比《土壤环境质量标准 农用地土壤污染风险管控标准（试行）》（GB 15618—2018）对应各项指标要求更要严格。

表 10.37　《绿色食品 产地环境技术条件》（NY/T 391—2000）土壤中各项污染物的含量限值

（单位：mg/kg）

污染物	旱田			水田		
	pH<6.5	6.5<pH≤7.5	pH>7.5	pH<6.5	6.5<pH≤7.5	pH>7.5
Cd	0.30	0.30	0.40	0.30	0.30	0.40
Hg	0.25	0.30	0.35	0.30	0.40	0.40
As	25	20	20	20	20	15
Pb	50	50	50	50	50	50
Cr	120	120	120	120	120	120
Cu	50	60	60	50	60	60

注：①果园土壤中的 Cu 限量为旱田中的 Cu 限量的 1 倍；②水旱轮作用的标准值取严不宽

针对淮北沉陷地粉煤灰充填覆土复垦土壤的作物种植利用方式，考虑选择《土壤环境质量标准 农用地土壤风险管控标准（试行）》（GB 15618—2018）作为评价指标。而以前《绿色食品 产地环境技术条件》（NY/T 391—2000）所规定的土壤中各项污染物的含量限值作为参考。

4）评价结果与分析

以淮北采煤沉陷地粉煤灰充填覆土重构土壤取样测试分析数据为依据，测试分析样品为 1 年、4 年、8 年、12 年等不同复垦年限地块的不同剖面深度的多点混合平均样。样品中 Cd、Pb、Cr、Cu、Zn、Ni 等含量为发射光谱分析法测定，Hg、As 等含量为原子吸收光谱法测定。

I. Cd 的单项污染指数

表 10.38 分析显示，粉煤灰充填覆土重构土壤的覆土层和粉煤灰层 Cd 污染均很严重，但覆土层污染相对轻微。图 10.58 显示随着复垦年限的增加，充填粉煤灰中 Cd 的层间迁移趋势不明显。

表 10.38　Cd 的单项污染指数表

项目	复垦年限			
	1 年	4 年	8 年	12 年
0～20 cm 土壤	11.2	12.3	13.8	16.5
20～40 cm 土壤	11.8	13.3	15.5	15.8
30～50 cm 交界灰	—	14.7	17.8	20.8
40～60 cm 粉煤灰	—	15.2	17.7	18.5
60～80 cm 粉煤灰	—	16.8	16.3	14.7

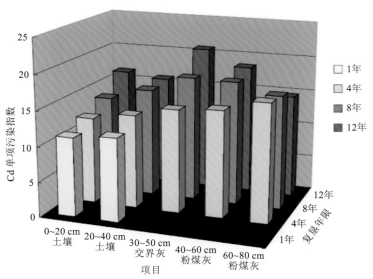

图 10.58　土壤剖面 Cd 单项污染指数的时间变化

II. Hg 的单项污染指数

表 10.39 及图 10.59 显示：粉煤灰充填层 Hg 的污染指数多数大于 1，说明存在 Hg 污染；覆土层 Hg 污染指数很小且不随时间变化，表明没有 Hg 污染，而且 Hg 的向上迁移性极弱，但不排除随着土壤特性的变化，或由于植物根系的作用而导致 Hg 污染的发生。

表 10.39　Hg 的单项污染指数表

项目	复垦年限			
	1 年	4 年	8 年	12 年
0～20 cm 土壤	0.05	0.05	0.05	0.05
20～40 cm 土壤	0.05	0.05	0.05	0.05
30～50 cm 交界灰	—	1.34	0.84	1.64
40～60 cm 粉煤灰	—	1.58	1.80	8.51
60～80 cm 粉煤灰	—	5.81	0.53	2.69

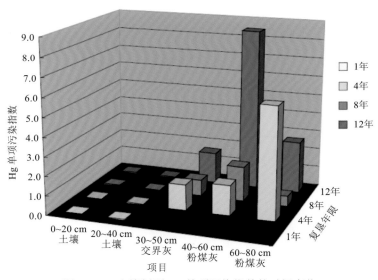

图 10.59　土壤剖面 Hg 单项污染指数的时间变化

III. As 的单项污染指数

表 10.40 及图 10.60 显示，As 的单项污染指数均远远小于 1，所以重构土壤不存在 As 污染。从图 10.64 可以看出也不存在明显的重构土壤剖面 As 的污染指数的时间变化规律。但表层覆盖土壤中 As 的含量较高，可能与附近采矿与燃煤电厂产生的降尘或雨水沉降有关。

表 10.40　As 的单项污染指数表

项目	复垦年限			
	1 年	4 年	8 年	12 年
0~20 cm 土壤	0.29	0.11	0.30	0.42
20~40 cm 土壤	0.22	0.10	0.40	0.43
30~50 cm 交界灰	—	0.08	0.11	0.08
40~60 cm 粉煤灰	—	0.11	0.22	0.13
60~80 cm 粉煤灰	—	0.11	0.06	0.11

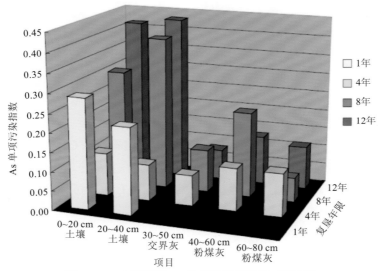

图 10.60　土壤剖面 As 单项污染指数的时间变化

IV. Pb 的单项污染指数

表 10.41 中 Pb 单项污染指数远小于 1，所以重构土壤不存在 Pb 污染。从图 10.61 看也不存在明显的重构土壤剖面各层次间的迁移规律与 Pb 的污染指数的时间变化规律。

表 10.41　Pb 的单项污染指数表

项目	复垦年限			
	1 年	4 年	8 年	12 年
0~20 cm 土壤	0.06	0.10	0.06	0.09
20~40 cm 土壤	0.04	0.07	0.07	0.07
30~50 cm 交界灰	—	0.17	0.07	0.10
40~60 cm 粉煤灰	—	0.10	0.09	0.20
60~80 cm 粉煤灰	—	0.06	0.06	0.17

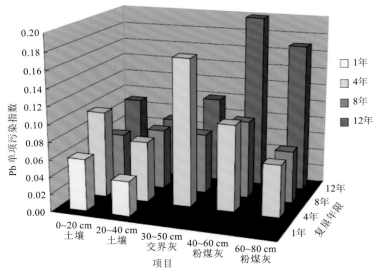

图 10.61　土壤剖面 Pb 单项污染指数的时间变化

V. Cr 的单项污染指数

表 10.42 中 Cr 单项污染指数小于 1，所以重构土壤不存在 Cr 污染。从图 10.62 可以看出不存在剖面各层次间无明显的迁移规律，说明 Cr 在重构土壤中的移动性很弱。粉煤灰层的 Cr 含量相对略高于覆土层，重构土壤剖面各层 Cr 的污染指数的时间变化规律也不明显，而与具体地块充填粉煤灰元素的化学特性差异有关。

表 10.42　Cr 的单项污染指数表

项目	复垦年限			
	1 年	4 年	8 年	12 年
0～20 cm 土壤	0.22	0.14	0.22	0.19
20～40 cm 土壤	0.20	0.16	0.24	0.37
30～50 cm 交界灰	—	0.26	0.37	0.38
40～60 cm 粉煤灰	—	0.25	0.37	0.34
60～80 cm 粉煤灰	—	0.20	0.37	0.31

VI. Cu 的单项污染指数

表 10.43 中 Cu 单项污染指数大多数小于 1，所以重构土壤不存在 Cu 污染或污染轻微。图 10.63 显示粉煤灰层 Cu 的污染指数相对较高，但无明显的层次间迁移规律，说明其迁移性很弱。复垦 12 年地块粉煤灰层 Cu 的污染指数大于 1，存在 Cu 污染。

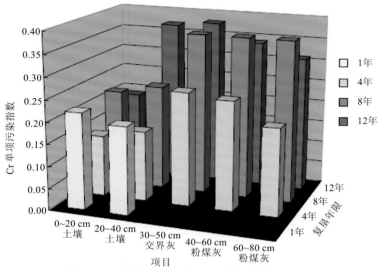

图 10.62　土壤剖面 Cr 单项污染指数的时间变化

表 10.43　Cu 的单项污染指数表

项目	复垦年限			
	1 年	4 年	8 年	12 年
0～20 cm 土壤	0.24	0.44	0.36	0.68
20～40 cm 土壤	0.20	0.16	0.48	0.40
30～50 cm 交界灰	—	0.84	0.92	1.00
40～60 cm 粉煤灰	—	0.80	0.92	1.24
60～80 cm 粉煤灰	—	0.04	0.72	1.16

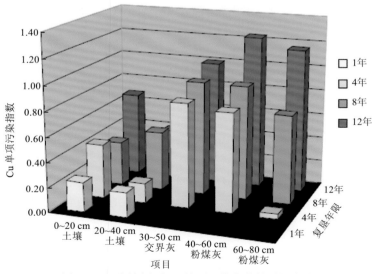

图 10.63　土壤剖面 Cu 单项污染指数的时间变化

VII. Zn 的单项污染指数

表 10.44 中 Zn 的污染指数整体都较高，但个别分析数据波动较大，认为与粉煤灰 ICP 分析样品中的粗矿物颗粒有关。如果去除其影响，Zn 的污染指数分布在 1.05～5.87，说明土壤 Zn 的污染较严重。从图 10.64 可以看出，覆土层 Zn 的污染指数较大，可能来自气流对矿尘或烟尘的远距离输送和雨水沉降，与覆土层高含量 Cd 的来源相同。

表 10.44　Zn 的单项污染指数表

项目	复垦年限			
	1 年	4 年	8 年	12 年
0～20 cm 土壤	2.18	2.30	3.37	2.10
20～40 cm 土壤	2.25	2.33	5.03	3.57
30～50 cm 交界灰	—	1.15	5.87	11.83
40～60 cm 粉煤灰	—	1.50	0.30	1.22
60～80 cm 粉煤灰	—	4.03	1.05	1.55

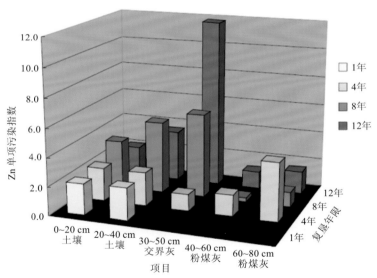

图 10.64　土壤剖面 Zn 单项污染指数的时间变化

VIII. Ni 的单项污染指数

从表 10.45 可以看出，Ni 在重构土壤各层中的污染指数基本上小于 1，说明作为一般农田不存在 Ni 污染。图 10.65 显示不存在明显的剖面纵向迁移规律。

表 10.45　Ni 的单项污染指数表

项目	复垦年限			
	1 年	4 年	8 年	12 年
0~20 cm 土壤	0.10	0.50	0.63	0.57
20~40 cm 土壤	1.00	0.53	0.70	0.70
30~50 cm 交界灰	—	0.80	0.67	0.83
40~60 cm 粉煤灰	—	0.73	0.73	1.03
60~80 cm 粉煤灰	—	0.40	0.73	0.97

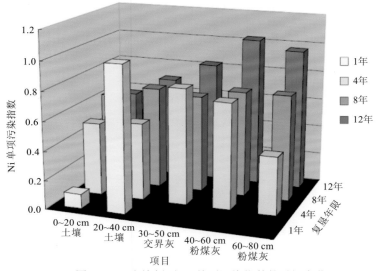

图 10.65　土壤剖面 Ni 单项污染指数的时间变化

　　将以上单项污染指数计算成果应用于内梅罗综合污染指数法计算公式,得到综合污染指数(表 10.46)。按照内梅罗综合污染指数法土壤污染分级标准,$P_综$>3 时土壤即为重度污染,表中 $P_综$ 范围为 8~15,多数超过 10,根据以往普通农田评价经验可认为沉陷地粉煤灰充填覆土重构土壤重金属污染较为严重。

表 10.46　粉煤灰充填覆土重构土壤内梅罗综合污染指数 $P_综$

项目	复垦年限			
	1 年	4 年	8 年	12 年
0~20 cm 土壤	8.02	8.81	9.90	11.72
20~40 cm 土壤	8.46	9.52	11.14	11.23
30~50 cm 交界灰	—	10.53	12.81	15.06
40~60 cm 粉煤灰	—	10.90	12.67	13.37
60~80 cm 粉煤灰	—	12.12	11.66	10.57

图 10.66 显示了内梅罗综合污染指数随土层深度和重构时间的变化情况。比较发现，其变化规律与 Cd 的污染指数变化规律十分相似（图 10.58），这主要源于所选内梅罗综合污染指数法的计算方法，该方法突出高浓度污染物对土壤环境质量的影响，可较为综合全面地反映各污染物对土壤的污染程度。

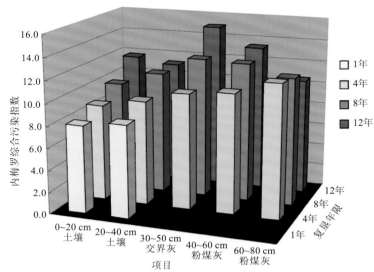

图 10.66 沉陷地粉煤灰充填覆土重构土壤内梅罗综合污染指数的时间变化

但是，以上是利用常规土壤评价方法来对沉陷地粉煤灰充填覆土重构土壤重金属污染进行分析评价，评价对象较为特殊，应该与普通土壤区别对待，并需要有关部门制定相关适用标准。

参 考 文 献

常鲁群, 卞正富, 邓喀中, 2007. GIS 支持下的矿区土壤含水量遥感反演及变化规律. 金属矿山, 368(2): 55-57.

陈宝政, 2005. 利用微波探地雷达检测复垦土壤的关键技术研究. 北京: 中国矿业大学(北京).

陈龙乾, 邓喀中, 徐黎华, 等, 1999. 矿区复垦土壤质量评价方法. 中国矿业大学学报, 28(5): 3-5.

陈书琳, 2014. 微生物复垦中植物及土壤理化参数的高光谱反演研究. 北京: 中国矿业大学(北京).

陈天恩, 陈立平, 王彦集, 等, 2009. 基于地统计的土壤养分采样布局优化. 农业工程学报, 25(S2): 49-55.

陈星彤, 2006. 多约束条件复垦土壤微波信息挖掘. 北京: 中国矿业大学(北京).

陈星彤, 高荣久, 王宇亮, 等, 2008. 复垦土壤盐分污染的微波无损探测及定量分析. 辽宁工程技术大学学报(自然科学版)(2): 309-311.

陈元鹏, 张世文, 罗明, 等, 2019. 基于高光谱反演的复垦区土壤重金属含量经验模型优选. 农业机械学报, 50(1): 170-179.

付艳华, 2017. 高潜水位煤矿区沉陷湿地土壤有机碳特征. 北京: 中国矿业大学(北京).

何瑞珍, 2011. 探地雷达检测土壤物化质量的关键技术研究. 北京: 中国矿业大学(北京).

何瑞珍, 胡振琪, 王金, 等, 2009. 利用探地雷达检测土壤质量的研究进展. 地球物理学进展, 24(4): 1483-1492.

胡振琪, 1991. 矿山复垦土壤的物理特性及其在深耕措施下的改良. 徐州: 中国矿业大学.

胡振琪, 陈宝政, 陈星彤, 2005. 应用探地雷达检测复垦土壤的分层结构. 中国矿业, 14(3): 73-75.

胡振琪, 陈星彤, 卢霞, 等, 2006. 复垦土壤盐分污染的微波频谱分析. 农业工程学报, 22(6): 56-60.

胡忠正, 2019. 机载高光谱影像反演土壤重金属含量的经验模型选择与特征提取. 北京: 中国地质大学(北京).

黄昌勇, 2000. 土壤学. 北京: 中国农业出版社: 102-104.

雷咏雯, 危常州, 李俊华, 等, 2004. 不同尺度下土壤养分空间变异特征的研究. 土壤, 36(4): 376-381, 391.

李大心, 1994. 探地雷达方法与应用. 北京: 地质出版社.

李鹏飞, 张兴昌, 郝明德, 等, 2019. 基于最小数据集的黄土高原矿区复垦土壤质量评价. 农业工程学报, 35(16): 265-273.

李秋洪, 1998. 无公害农业产品生产技术. 北京: 中国农业科技出版社: 36-57.

刘雪冉, 2010. 矿区复垦土壤压实特征及蘑菇料施用改良效果研究. 泰安: 山东农业大学.

刘占锋, 傅伯杰, 刘国华, 等, 2006. 土壤质量与土壤质量指标及其评价. 生态学报, 26(3): 901-913.

路鹏, 苏以荣, 牛铮, 等, 2007. 土壤质量评价指标及其时空变异. 中国生态农业学报, 60(4): 190-194.

南锋, 2017. 黄土高原煤矿区复垦农田主要土壤养分高光谱反演. 太原: 山西农业大学.

任振辉, 吴宝忠, 2006. 精细农业中最佳土壤采样间距确定方法的研究. 农机化研究(6): 82-85.

石朴杰, 王世东, 张合兵, 等, 2018. 基于高光谱的复垦农田土壤有机质含量估测. 土壤, 50(3): 558-565.

孙海运, 2010. 山东济宁矿区复垦土壤理化特征及修复技术研究. 北京: 中国矿业大学(北京).

孙玉龙, 郝振纯, 1997. 土壤电导率及土壤溶液电导率与土壤水分之间关系. 河海大学学报(自然科学版), 25(6): 69-73.

孙玉龙, 郝振纯, 2000. TDR 技术及其在土壤水分及土壤溶质测定方面的应用. 灌溉排水, 19(1): 37-41.

谭琨, 叶元元, 杜培军, 等, 2014. 矿区复垦农田土壤重金属含量的高光谱反演分析. 光谱学与光谱分析, 34(12): 3317-3322.

王萍, 2010. 探地雷达检测土壤紧实性的实验研究和信号反演. 北京: 中国矿业大学(北京).

王世东, 石朴杰, 张合兵, 等, 2019. 基于高光谱的矿区复垦农田土壤全氮含量反演. 生态学杂志, 38(1): 294-301.

王新静, 2014. 风沙区高强度开采土地损伤的监测及演变与自修复特征. 北京: 中国矿业大学(北京).

王秀, 苗孝可, 孟志军, 等, 2005. 插值方法对 GIS 土壤养分插值结果的影响. 土壤通报, 36(6): 826-830.

魏忠义, 2002. 煤矿区复垦土壤重构研究. 北京: 中国矿业大学(北京).

徐良骥, 李青青, 朱小美, 等, 2017. 煤矸石充填复垦重构土壤重金属含量高光谱反演. 光谱学与光谱分析, 37(12): 3839-3844.

许红卫, 2004. 田间土壤养分与作物产量的时空变异及其相关性研究. 杭州: 浙江大学.

许红卫, 王珂, 2000. 田间土壤采样数据的统计特征与空间变异性研究. 浙江大学学报(农业与生命科学版), 26(6): 85-89.

许吉仁, 董霁红, 杨源譞, 等, 2014. 基于支持向量机的矿区复垦农田土壤-小麦镉含量高光谱估算. 光子学报, 43(5): 108-115.

杨琳, 朱阿兴, 秦承志, 等, 2011. 一种基于样点代表性等级的土壤采样设计方法. 土壤学报, 48(5): 938-946.

张凤荣, 安萍莉, 胡存智, 2001. 制定农用地分等定级野外诊断指标体系的原则、方法和依据. 中国土地科学, 15(2): 31-34.

张华, 张甘霖, 2001. 土壤质量指标和评价方法. 土壤, 33(6): 326-330, 333.

赵其国, 孙波, 张桃林, 1997. 土壤质量与持续环境 I. 土壤质量的定义及评价方法. 土壤(3): 113-120.

赵瑞, 崔希民, 刘超, 2020. GF-5 高光谱遥感影像的土壤有机质含量反演估算研究. 中国环境科学, 40(8): 3539-3545.

周伟, 曹银贵, 白中科, 等, 2012. 煤炭矿区土地复垦监测指标探讨. 中国土地科学, 26(11): 68-73.

朱德举, 2006. 土地评价(修订版). 北京: 中国大地出版社.

NAKASHIMA Y, ZHOU H, SATO M, 2001. Estimation of groundwater level by GPR in an area with multiple ambiguous reflections. Journal of Applied Geophysics, 47(3-4): 241-249.

SERBIN G, 2005. GPR measurement of crop canopies and soil water dynamics-implications for radar remote sensing//Proceedings of the Tenth International Conference on Ground Penetrating Radar. Delft, Netherlands: 479-500.

附录　单个土体描述

剖　面　1

剖面 1 位于山东省邹城市太平镇北林村东,35°25′05″N,116°50′14″E,海拔 39 m;地下水位 3～5 m。原土地利用类型为耕地,复垦时间为 1998 年 10 月,复垦工艺为挖深垫浅,种植时间为 1999 年 10 月,现土地利用类型为耕地[附图 1（a）],旱作玉米、小麦等,产量 500 kg/亩,覆盖度 95%左右,一年两熟或两年三熟。形态特征[附图 1（b）]如下。

A,0～18 cm,干时棕 7.5YR 4/5,润时棕 7.5YR 4/3;壤质,团粒状结构,少量黏粒胶膜;干时松散,润时疏松,湿时稍黏着,稍塑;泡沫反应无;多量中等粗细根系;多量细—中等大小的孔洞状或蜂窝状孔隙;多量动物及活动痕迹（蚯蚓）;与下层呈清晰平滑过渡。

C_1,18～27 cm,干时棕 7.5YR 4/6,润时棕 7.5YR 4/3;壤质,团块状结构,中量黏粒胶膜;干时坚硬,润时坚实,湿时黏着,稍塑;泡沫反应无;中量细根系;多量细的孔洞状孔隙;多量动物及活动痕迹（蚂蚁）;与下层呈清晰间断过渡。

C_2,27～36 cm,干时棕 7.5YR 4/6,润时棕 7.5YR 4/3;壤质,团块状结构,中量黏粒胶膜;干时坚硬,润时坚实,湿时黏着,稍塑;泡沫反应无;多量极细根系;少量很细以下蜂窝状孔隙;少量动物及活动痕迹（蚂蚁）,少量煤渣侵入体;与下层呈渐变不规则过渡。

C_3,36～63 cm,干时棕 7.5YR 4/4,润时棕 7.5YR 4/3;壤质,团块状结构,中量黏粒胶膜;干时很坚硬,润时坚实,湿时黏着,稍塑;泡沫反应无;少量极细根系;与下层呈渐变不规则过渡。

C_4,63～110 cm,干时暗棕 7.5YR 3/4,润时棕 7.5YR 4/3;黏壤,块状结构,多量黏粒胶膜;干时极坚硬,润时坚实,湿时黏着,中塑;泡沫反应无。

（a）土地利用类型　　　　　　　　　　　　（b）剖面图

附图 1　剖面 1 土地利用类型及剖面图

剖　面　2

剖面 2 位于山东省邹城市太平镇平阳寺村西，35°28′13″N，116°46′56″E，海拔 40 m；地下水位 3～5 m。原土地利用类型为耕地，复垦时间为 2001 年 9 月，复垦工艺为挖深垫浅，种植时间为 2003 年 3 月，现土地利用类型为林地［附图 2（a）］，覆盖度 95%左右。形态特征［附图 2（b）］如下。

A，0～20 cm，干时棕 10YR 4/4，润时灰黄棕—浊黄棕 7.5YR 4/2.5；壤质，团粒状结构，少量黏粒胶膜；干时松散，润时疏松，湿时稍黏着，稍塑；泡沫反应弱；多量中等粗细根系；多量细—中等大小的孔洞状或蜂窝状孔隙；多量动物及活动痕迹（蚯蚓）；与下层呈清晰波状过渡。

C_1，20～34 cm，干时浊黄橙 10YR 6/4，润时浊棕 7.5YR 5/3.5；壤质，团块状结构，中量黏粒胶膜；干时稍坚硬，润时疏松，湿时稍黏着，稍塑；泡沫反应弱；中量细根系；多量细的孔洞状孔隙；多量动物及活动痕迹（蚂蚁）；与下层呈模糊不规则过渡。

C_2，34～49 cm，干时浊黄棕 10YR 5/3，润时暗红棕 5YR 3/4；黏壤，中量黏粒胶膜，团块状结构，干时坚硬，润时坚实，湿时黏着，中塑；泡沫反应弱；多量极细根系；少量很细以下蜂窝状孔隙；多量动物及活动痕迹（蚂蚁）；中量铁锰胶膜（浊红棕—亮红棕 5YR 5/5）；与下层呈模糊不规则过渡。

C_3，49～61 cm，干时浊黄橙 10YR 6/3.5，润时灰黄棕 10YR 4/2；黏壤，团块状结构，多量黏粒胶膜；干时很坚硬，润时坚实，湿时黏着，中塑；泡沫反应中等，少量白色石灰结核；少量极细根系；少量石砾侵入体；多量铁锰胶膜（浊红棕—亮红棕 5YR 5/5），多量、中等大小的铁锰锈纹、锈斑（浊棕—亮棕 7.5YR 5/5）；与下层呈渐变不规则过渡。

C_4，61～83 cm，干时浊黄橙 10YR 6/3，润时棕 5YR 5/4；黏壤，多量黏粒胶膜，团块状结构，干时很坚硬，润时很坚实，湿时黏着，中塑；泡沫反应强，少量白色石灰结核；多量铁锰胶膜（浊红棕—亮红棕 5YR 5/5），结构体表面有多量、中等大小的铁锰锈纹、锈斑（浊棕—亮棕 7.5YR 5/5）；与下层呈模糊不规则过渡。

C_5，83～110 cm，干时浊黄棕 10YR 5/4，润时浊黄棕—黄棕 10YR 5/5；黏壤，团块状结构，中量黏粒胶膜；干时很坚硬，润时很坚实，湿时黏着，中塑；泡沫反应中等。

　　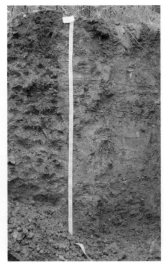

（a）土地利用类型　　　　　　　　　　　（b）剖面图

附图 2　剖面 2 土地利用类型及剖面图

剖　面　3

剖面 3 位于山东省邹城市太平镇平阳寺村南，35°26′51″N，116°49′19″E，海拔 40 m；地下水位 3～6 m；土地利用类型为耕地[附图 3（a）]，旱作玉米、小麦等，产量 500 kg/亩，覆盖度 95%左右，一年两熟或两年三熟。形态特征[附图 3（b）]如下。

A，0～38 cm，干时棕 10YR 4/6，润时浊黄棕—棕 10YR 4/3.5；壤质，团粒状结构；干时松散，润时疏松，湿时稍黏着，稍塑；泡沫反应无；多量中等粗细根系；多量细—中等大小的孔洞状孔隙；多量动物及活动痕迹（蚯蚓）；与下层呈模糊平滑过渡。

B$_1$，38～57 cm，干时浊黄棕—黄棕 10YR5/5，润时棕 7.5YR 4/3；壤质，团块状结构；干时稍坚硬，润时疏松，湿时稍黏着，稍塑；泡沫反应无；中量细根系；多量细的孔洞状孔隙；多量动物及活动痕迹（蚂蚁）；与下层呈模糊平滑过渡。

B$_2$，57～110 cm，干时黄棕 10YR 5/6，润时棕 7.5YR 4/4；壤质，块状结构；干时稍坚硬，润时疏松，湿时稍黏着，稍塑；泡沫反应无；少量极细根系；少量很细以下蜂窝状孔隙；少量动物及活动痕迹（蚂蚁），与下层呈模糊平滑过渡。

C，110～150 cm，干时黄棕 10YR 5/6，润时棕 7.5YR 4/4；壤质，块状结构；干时稍坚硬，润时稍坚实，湿时黏着，中塑；泡沫反应无。

（a）土地利用类型　　　　　　　　　　（b）剖面图

附图 3　剖面 3 土地利用类型及剖面图

剖 面 4

剖面 4 位于江苏省徐州市贾汪区青山泉镇姚庄，34°24′37″N，117°23′16″E，海拔 29 m；地下水位约 2 m。原土地利用类型为耕地，复垦时间为 2000 年 10 月，粉煤灰充填复垦，种植时间为 2001 年 3 月，现土地利用类型为林地[附图 4（a）]，覆盖度 85%左右。形态特征[附图 4（b）]如下。

A，0~31 cm，干时暗棕 10YR 3/4，润时极暗棕 7.5YR 2/3；黏壤，团块状结构；干时稍坚硬，润时疏松，湿时稍黏着，中塑；泡沫反应强；多量中等粗细根系；多量细—中等大小的孔洞状或蜂窝状孔隙；多量动物及活动痕迹（蚯蚓）；少量粉煤灰混合侵入体；与下层呈清晰平滑过渡。

C₁，31~54 cm，干时黑棕 10YR 2/2，润时黑 7.5YR 2/1；黏壤，团块状结构；干时坚硬，润时疏松，湿时稍黏着，中塑；泡沫反应无；中量细根系；中量细的蜂窝状孔隙；少量动物及活动痕迹（蚯蚓）；少量粉煤灰混合侵入体；与下层呈清晰不规则过渡。

C₂，54~100 cm，干时浊黄棕 10YR 4/3，润时灰棕—棕 7.5YR 4/2.5；黏壤，块状结构；干时坚硬，润时疏松，湿时稍黏着，中塑；泡沫反应弱；少量很细以下蜂窝状孔隙；中量粉煤灰混合侵入体。

（a）土地利用类型 （b）剖面图

附图 4 剖面 4 土地利用类型及剖面图

剖　面　5

　　剖面 5 位于江苏省徐州市贾汪区青山泉镇四清村，34°25′01″N，117°35′04″E，海拔 26 m；地下水位约 2 m。原土地利用类型为耕地，复垦时间为 2003 年 1 月，面状煤矸石充填复垦，种植时间为 2003 年 10 月，现土地利用类型为耕地[附图 5（a）]，旱作大豆等，覆盖度 95%左右，一年两熟或两年三熟。形态特征[附图 5（b）]如下。

　　A，0～23 cm，干时黑棕 10YR 3/2，润时黑棕—极暗棕 7.5YR 2/2.5；黏壤，碎状结构；干时稍坚硬，润时疏松，湿时稍黏着，中塑；泡沫反应强；多量中等粗细根系；多量细—中等大小的孔洞状或蜂窝状孔隙；多量动物及活动痕迹（蚯蚓），少量石砾侵入体；与下层呈清晰平滑过渡。

　　C_1，23～65 cm，干时黑棕 10YR 2/2，润时黑棕 7.5YR 3/1；黏壤，团块状结构；干时坚硬，润时坚实，湿时稍黏着，中塑；泡沫反应弱；中量细根系；多量细的孔洞状孔隙；中量煤矸石侵入体；与下层呈清晰间断过渡。

　　C_2，65～92 cm，干时暗棕 10YR 3/4，润时灰棕 7.5YR 4/2；壤质，块状结构，干时很坚硬，润时坚实，湿时稍黏着，稍塑；泡沫反应强；多量极细根系；少量很细以下蜂窝状孔隙；少量煤矸石侵入体；与下层呈渐变不规则过渡。

　　C_3，92～110 cm，干时浊黄棕 10YR 5/3，润时浊棕 10YR 5/4；壤质，块状结构；干时很坚硬，润时坚实，湿时稍黏着，稍塑；泡沫反应强；少量极细根系；有少量小石灰结核，结构体表面有少量铁锰锈斑（亮棕 7.5YR 5/8）。

　　　　（a）土地利用类型　　　　　　　　　　　　　　　　（b）剖面图

附图 5　剖面 5 土地利用类型及剖面图

剖　面　6

剖面 6 位于江苏省徐州市贾汪区老矿办事处东，34°26′26″N，117°28′06″E，海拔 37 m；地下水位约 3 m。土地利用类型为耕地[附图 6 (a)]，旱作小麦、大豆等，覆盖度 100%。形态特征[附图 6 (b)]如下。

A，0～38 cm，干时黑棕 10YR 3/2，润时暗棕 7.5YR3/3；壤质，团粒状结构；干时松散，润时疏松，湿时稍黏着，稍塑；泡沫反应无；多量中等粗细根系；多量细—中等大小的孔洞状或蜂窝状孔隙；多量动物及活动痕迹（蚯蚓）；与下层呈清晰平滑过渡。

B$_1$，38～52 cm，干时黑棕 10YR 2/2，润时黑棕 7.5YR 3/1；壤质，团块状结构；干时松散，润时疏松，湿时稍黏着，稍塑；泡沫反应无；中量细根系；多量细的孔洞状孔隙；多量动物及活动痕迹（蚯蚓）；与下层呈模糊平滑过渡。

B$_2$，52～72 cm，干时暗棕 10YR 3/3，润时棕 7.5YR 4/3；壤质，团块状结构；干时松散，润时疏松，湿时稍黏着，稍塑；泡沫反应无；多量极细根系；少量很细以下蜂窝状孔隙；少量动物及活动痕迹（蚂蚁）；与下层呈清晰波状过渡。

B$_3$，72～90 cm，干时黑棕 10YR 2/2，润时黑棕 7.5YR 3/1；壤质，块状结构，多量黏粒胶膜；干时稍坚硬，润时疏松，湿时稍黏着，中塑；泡沫反应无；多量极细根系；少量很细以下蜂窝状孔隙；与下层呈渐变不规则过渡。

C，90～120 cm，干时暗棕 10YR 3/4，润时灰棕—棕 7.5YR 4/3；黏壤，块状结构，中量黏粒胶膜；干时稍坚硬，润时疏松，湿时稍黏着，中塑；泡沫反应无。

（a）土地利用类型　　　　　　　　　　（b）剖面图

附图 6　剖面 6 土地利用类型及剖面图

剖　面　7

　　剖面7位于江苏省徐州市贾汪区老矿办事处西，34°26′29″N，117°25′28″E，海拔29 m；地下水位约3 m。原土地利用类型为耕地[附图7（a）]，复垦时间为2007年9月，外源土充填复垦。形态特征[附图7（b）]如下。

　　A，0～15 cm，干时黑棕10YR 2/3，润时灰棕7.5YR 4/2；黏壤，团块状结构，少量黏粒胶膜；干时松散，润时疏松，湿时稍黏着，中塑；泡沫反应弱；与下层呈渐变不规则过渡。

　　C₁，15～43 cm，干时黑棕10YR 2/2，润时灰棕7.5YR 4/2；黏壤，块状结构，中量黏粒胶膜；干时坚硬，润时坚实，湿时稍黏着，中塑；泡沫反应弱；少量灰白2.5Y 8/2石灰结核；与下层呈模糊不规则过渡。

　　C₂，43～70 cm，干时棕10YR 3/2，润时暗棕7.5YR 3/3；黏壤，团块状结构，中量黏粒胶膜；干时坚硬，润时坚实，湿时黏着，中塑；泡沫反应弱；中量灰白2.5Y 8/2石灰结核；与下层呈清晰平滑过渡。

　　C₃，70～100 cm，干时浊黄棕10YR 5/4，润时棕7.5YR 4/3；黏壤，团块状结构，中量黏粒胶膜；干时很坚硬，润时坚实，湿时黏着，中塑；泡沫反应强；很多（60%～80%）0.2～0.5 cm的灰白2.5Y 8/2石灰结核；与下层呈突变波状过渡。

　　C₄，100～130 cm，干时棕10YR 4/4，润时棕7.5YR 4/3；黏壤，团块状结构；干时坚硬，润时坚实，湿时黏着，中塑；泡沫反应弱，大量（80%以上）0.2～0.5 cm的灰白2.5Y 8/2石灰结核。

（a）土地利用类型　　　　　　　　　　　　　　　（b）剖面图

附图7　剖面7土地利用类型及剖面图

剖 面 8

剖面 8 位于江苏省徐州市贾汪区泉旺头村西，34°26′17″N，117°25′30″E，海拔 27 m；地下水位约 3 m。原土地利用类型为耕地，复垦时间为 2002 年 10 月，复垦工艺为泥浆泵挖深垫浅，种植时间为 2003 年 10 月，现土地利用类型为耕地[附图 8（a）]，旱作棉花等，覆盖度 70%左右。形态特征[附图 8（b）]如下。

A，0~20 cm，干时浊黄棕 10YR 5/3，润时棕灰 7.5YR 4/1；壤质，团块状结构；干时松散，润时疏松，湿时稍黏着，稍塑；泡沫反应强；多量中等粗细根系；多量孔洞状或细小的蜂窝状孔隙；与下层呈模糊不规则过渡。

C₁，20~47 cm，干时浊黄棕 10YR 5/3，润时棕灰 7.5YR 4.5/1；壤质，团块状结构；干时松散，润时疏松，湿时稍黏着，稍塑；泡沫反应强；中量细根系；多量细的蜂窝状孔隙；与下层呈清晰波状过渡。

C₂，47~62 cm，干时灰黄棕 10YR 5/2，润时灰棕 7.5YR 4.5/2；壤质，团块状结构，中量黏粒胶膜；干时坚硬，润时坚实，湿时稍黏着，稍塑；泡沫反应强；少量锈纹锈斑或铁锰胶膜；与下层呈清晰间断过渡。

C₃，62~100 cm，干时棕灰 10YR 5/1，润时棕灰 7.5YR 4.5/1，中量黑 7.5YR 2/1 塘泥，腥臭味；壤质，团块状结构，中量黏粒胶膜；干时坚硬，润时坚实，湿时稍黏着，稍塑；泡沫反应强。

（a）土地利用类型　　　　　　　　　　　　（b）剖面图

附图 8　剖面 8 土地利用类型及剖面图

剖　面　9

剖面9位于安徽省淮北市杜集区矿山集街道西，33°58′59″N，116°51′02″E，海拔31 m；地下水位约2.5 m。原土地利用类型为耕地，复垦时间为2004年1月，粉煤灰充填复垦，种植时间为2005年10月，现土地利用类型为耕地[附图9（a）]，旱作大豆等，覆盖度95%左右，一年两熟或两年三熟。形态特征[附图9（b）]如下。

A，0～14 cm，干时浊黄橙10YR 6/3，润时灰棕7.5YR 4/2；黏壤，块状结构；干时稍坚硬，润时坚实，湿时黏着，中塑；泡沫反应无；多量中等粗细根系；多量细—中等大小的孔洞状或蜂窝状孔隙；有少量铁锰锈纹（亮棕7.5YR 5/6）；与下层呈清晰平滑过渡。

C$_1$，14～43 cm，干时浊黄橙10YR 6/4，润时棕7.5YR 4/3；壤质，团块状结构，少量黏粒胶膜；干时坚硬，润时很坚实，湿时稍黏着，稍塑；泡沫反应无；中量细根系；多量细的蜂窝状孔隙；有少量铁锰锈纹（亮棕7.5YR 5/6）；与下层呈清晰波状过渡。

C$_2$，43～59 cm，干时浊黄橙10YR 6/3与棕灰10YR 5/1混合，润时浊棕7.5YR 5/3.5；壤质，块状结构；干时坚硬，润时很坚实，湿时稍黏着，稍塑；泡沫反应强；中量粉煤灰混合侵入体；与下层呈清晰间断过渡。

C$_3$，59～89 cm，干时浊黄橙10YR 6/3，润时棕7.5YR 4/3.5；壤质，块状结构，中量黏粒胶膜；干时很坚硬，润时很坚实，湿时稍黏着，稍塑；泡沫反应强；有少量铁锰锈纹（亮棕7.5YR 5/6）；与下层呈清晰间断过渡。

C$_4$，89～130 cm，干时黑棕10YR 3/1，润时黑7.5YR 2/1；屑粒状结构；很多粉煤灰；干时极松散，润时疏松，湿时无黏着，无塑；泡沫反应无。

（a）土地利用类型　　　　　　　　　　（b）剖面图

附图9　剖面9土地利用类型及剖面图

剖　面　10

剖面 10 位于安徽省淮北市相山区任圩街道南，33°57′38″N，116°49′52″E，海拔 34 m；地下水位约 1 m。土地利用类型为耕地[附图 10（a）]，旱作大豆等，覆盖度 95%左右，一年两熟或两年三熟。形态特征[附图 10（b）]如下。

A，0～18 cm，干时灰黄棕 10YR 4/2，润时黑棕 7.5YR 3/1；壤质，团粒状结构，少量黏粒胶膜；干时稍坚硬，润时疏松，湿时稍黏着，稍塑；泡沫反应无；多量中等粗细根系；多量细—中等大小的孔洞状或蜂窝状孔隙；多量动物及活动痕迹（蚯蚓）；与下层呈清晰平滑过渡。

B₁，18～31 cm，干时棕灰 10YR 4/1，润时棕 7.5YR 4/3；壤质，团块状结构，少量黏粒胶膜；干时稍坚硬，润时疏松，湿时稍黏着，中塑；泡沫反应无；中量细根系；多量细的孔洞状孔隙；与下层呈清晰波状过渡。

B₂，31～62 cm，干时浊黄棕 10YR 5/3，润时棕 7.5YR 4/5；黏壤，块状结构，少量黏粒胶膜；干时稍坚硬，润时稍坚实，湿时黏着，中塑；泡沫反应无；有中量铁锰锈纹（亮黄棕 10YR 6/6）；与下层呈模糊平滑过渡。

C₁，62～100 cm，干时浊黄橙 10YR 6/4，润时浊棕—亮棕 7.5YR 5/5；黏壤，块状结构，中量黏粒胶膜；干时坚硬，润时稍坚实，湿时黏着，中塑；泡沫反应无；有中量铁锰锈纹（亮黄棕 10YR 6/6）。

（a）土地利用类型　　　　　　　　　　　　（b）剖面图

附图 10　剖面 10 土地利用类型及剖面图

剖　面　11

　　剖面 11 位于安徽省淮北市相山区任圩街道东，33°57′43″N，116°50′33″E，海拔 31 m；地下水位约 2 m。原土地利用类型为耕地，复垦时间为 2004 年 10 月，复垦工艺为挖深垫浅，种植时间为 2005 年 10 月，现土地利用类型为耕地［附图 11（a）］，旱作玉米、棉花等，覆盖度 95% 左右。形态特征［附图 11（b）］如下。

　　A，0～20 cm，干时灰黄棕 10YR 4/2，润时黑棕 7.5YR 3/2；壤质，团粒状结构；干时松散，润时疏松，湿时稍黏着，稍塑；泡沫反应弱；多量中等粗细根系；多量细—中等大小的孔洞状或蜂窝状孔隙；多量动物及活动痕迹（蚯蚓）；与下层呈模糊不规则过渡。

　　C₁，20～38 cm，干时灰黄棕 10YR 4/2，润时黑棕 7.5YR 3/1；黏壤，团块状结构；干时稍坚硬，润时疏松，湿时稍黏着，稍塑；泡沫反应弱；中量细根系；多量细的蜂窝状孔隙；与下层呈清晰间断过渡。

　　C₂，38～62 cm，干时浊黄橙 10YR 7/3，润时灰棕 7.5YR 4/2；黏壤，块状结构；干时很坚硬，润时坚实，湿时黏着，中塑；泡沫反应强；多量极细根系；少量很细以下蜂窝状孔隙；有中量铁锰锈纹（浊红棕 5YR 5/4），少量石灰结核（橙白 7.5YR 8/1.5）；与下层呈突变平滑过渡。

　　C₃，62～100 cm，干时灰黄棕 10YR 4/2，润时黑 7.5YR 2/1；壤质，团块状结构，少量铁锰胶膜及中量腐殖质或黏粒胶膜；干时稍坚硬，润时疏松，湿时稍黏着，中塑；泡沫反应无。

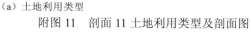

（a）土地利用类型　　　　　　　　　　　　　　（b）剖面图

附图 11　剖面 11 土地利用类型及剖面图

剖　面　12

剖面 12 位于安徽省宿州市萧县龙城镇邵庄村，34°10′36″N，116°57′28″E，海拔 35 m；地下水位约 2 m。原土地利用类型为耕地，复垦时间为 2004 年 7 月，复垦工艺为泥浆泵挖深垫浅，种植时间为 2006 年 10 月，现土地利用类型为耕地[附图 12（a）]，旱作大豆等，产量 130 kg/亩，覆盖度 95%左右。形态特征[附图 12（b）]如下。

A，0～22 cm，干时浊黄橙 10YR 7/3，润时浊红棕 5YR 4/4；壤质，团粒状结构；干时坚硬，润时疏松，湿时稍黏着，稍塑；泡沫反应强；多量中等粗细根系；多量细—中等大小的孔洞状或蜂窝状孔隙；多量动物及活动痕迹（蚯蚓）；与下层呈模糊平滑过渡。

C$_1$，22～44 cm，干时浊黄橙 10YR 7/4，润时浊红棕 5YR 4/3；黏壤，团块状结构；干时坚硬，润时疏松，湿时稍黏着，稍塑；泡沫反应强；中量细根系；多量细的孔洞状孔隙；与下层呈清晰波状过渡。

C$_2$，44～61 cm，干时浊黄橙 10YR 7/2.5，润时暗红棕 5YR 3/2.5；砂壤，屑粒状结构；干时松散，润时疏松，湿时无黏着，无塑；泡沫反应强；多量极细根系；少量很细以下蜂窝状孔隙；少量黑灰色铁锰胶膜，与下层呈模糊不规则过渡。

C$_3$，61～100 cm，干时浊黄橙 10YR 7/3，润时灰棕 5YR 4/2；砂壤，屑粒状结构；干时松散，润时疏松，湿时无黏着，无塑；泡沫反应强；少量极细根系。

（a）土地利用类型　　　　　　　　　　　　　　　（b）剖面图

附图 12　剖面 12 土地利用类型及剖面图

剖　面　13

　　剖面 13 位于安徽省宿州市萧县龙城镇孟楼村，34°10′21″N，116°57′51″E，海拔 34 m；地下水位约 2 m。原土地利用类型为耕地[附图 13（a）]，复垦时间为 2008 年 7 月，复垦工艺为泥浆泵挖深垫浅。形态特征[附图 13（b）]如下。

　　A，0～16 cm，干时浊黄橙 10YR 7/2.5，润时灰棕 5YR 4/2；砂壤，团块状结构；干时松散，润时疏松，湿时无黏着，无塑；泡沫反应强；多量中等粗细根系；多量细—中等大小的蜂窝状孔隙；与下层呈清晰平滑过渡。

　　C_1，16～34 cm，干时浊黄橙 10YR 7/3，润时浊红棕 5YR 4/4；砂壤，团块状结构；干时松散，润时疏松，湿时无黏着，无塑；泡沫反应强；中量细根系；多量细的蜂窝状孔隙；与下层呈模糊波状过渡。

　　C_2，34～64 cm，干时浊黄橙 10YR 7/3，润时浊红棕 5YR 4/3；砂壤，团块状结构；干时松散，润时疏松，湿时无黏着，无塑；泡沫反应强；中量细根系；多量细的蜂窝状孔隙；与下层呈清晰平滑过渡。

　　C_3，64～100 cm，干时浊黄橙 10YR 7/3，润时暗红棕 5YR 3/6；壤质，团块状结构，少量黏粒胶膜；干时松散，润时疏松，湿时稍黏着，稍塑；泡沫反应强；多量极细根系；少量很细以下蜂窝状孔隙；多量亮棕 7.5YR 5/8 锈纹锈斑或铁锰胶膜。

（a）土地利用类型　　　　　　　　　　　（b）剖面图

附图 13　剖面 13 土地利用类型及剖面图

剖　面　14

　　剖面 14 位于河南省商丘市永城市高庄镇葛店村，33°54′56″N，116°35′09″E，海拔 32 m；地下水位约 3 m。原土地利用类型为耕地，复垦时间为 1998 年 10 月，复垦工艺为挖深垫浅，种植时间为 2000 年 10 月，现土地利用类型为耕地[附图 14（a）]，旱作玉米、小麦等，产量 500 kg/亩，覆盖度 95% 左右，一年两熟或两年三熟。形态特征[附图 14（b）]如下。

　　A，0～20 cm，干时浊黄橙—浊黄棕 10YR 5.5/3，润时棕 10YR 4/6；壤质，团块状结构；干时很坚硬，润时很坚实，湿时稍黏着，稍塑；泡沫反应强；多量中根系；多量蜂窝状很细孔隙；结构体中少量浊棕—亮棕 7.5YR 5/5 铁锰锈纹、锈斑和少量黑色 10YR 2/1 铁锰结核，与下层呈模糊平滑过渡。

　　AB，20～40 cm，干时浊黄橙 10YR 6/3，润时棕 10YR 4/6；黏壤，块状结构；干时极坚硬，润时极坚实，湿时黏着，中塑；泡沫反应强；少量极细根系；多量蜂窝状很细孔隙；结构体中少量黑色 10YR 2/1 铁锰结核，与下层呈清晰波状过渡。

　　C₁，40～62 cm，干时浊黄橙 10YR 7/3，润时棕 10YR 4/6；黏壤，块状结构；干时极坚硬，润时极坚实，湿时黏着，中塑；泡沫反应强；少量极细根系；多量蜂窝状很细孔隙；与下层呈模糊波状过渡。

　　C₂，62～80 cm，干时浊黄橙 10YR 7/3，润时浊黄棕 10YR 5/4；砂壤，团块状结构；干时松软，润时极疏松，湿时稍黏着，稍塑；泡沫反应强；少量极细根系；多量蜂窝状很细孔隙；与下层呈清晰波状过渡。

　　C₃，80～115 cm，干时浊黄橙 10YR 7/3，润时棕 10YR 4/6；黏壤，块状结构；干时极坚硬，润时极坚实，湿时黏着，中塑；泡沫反应强；少量极细根系；少量亮黄棕 10YR 7/6 锈纹锈斑。

（a）土地利用类型　　　　　　　　　　　　　　　（b）剖面图

附图 14　剖面 14 土地利用类型及剖面图

剖 面 15

剖面 15 位于河南省商丘市永城市城厢乡刘岗村，33°57′32″N，116°21′29″E，海拔 34 m；地下水位 3～5 m。原土地利用类型为耕地［附图 15（a）］，复垦时间为 2008 年 10 月，复垦工艺为挖深垫浅。形态特征［附图 15（b）］如下。

A，0～40 cm，干时浊黄橙 10YR 7/3，润时浊黄橙 10YR 6/4；黏壤；团块状结构；干时极坚硬，润时极坚实，湿时黏着，中塑；泡沫反应强；中量石灰结核；有少量贝壳、螺蛳壳等；与下层呈模糊不规则过渡。

C_1，40～85 cm，干时浊黄橙 10YR 7/3，润时浊黄橙 10YR 6/4；黏壤；团块状结构；干时极坚硬，润时极坚实，湿时黏着，中塑；泡沫反应强；中量蜂窝状细孔隙；中量石灰结核；与下层呈模糊不规则过渡。

C_2，85～140 cm，浊黄橙 10YR 7/4，润时浊黄橙 10YR 6/4；黏壤，团块状结构，干时极坚硬，润时极坚实，湿时黏着，中塑；泡沫反应强；中量石灰结核。

（a）土地利用类型

（b）剖面图

附图 15 剖面 15 土地利用类型及剖面图

剖　面　16

剖面 16 位于河南省商丘市永城市陈集镇陈四楼村，34°02′26″N，116°23′53″E，海拔 35 m；地下水位约 3 m。原土地利用类型为耕地[附图 16（a）]，复垦时间为 2008 年 10 月，复垦工艺为挖深垫浅。形态特征[附图 16（b）]如下。

A，0～40 cm，干时浊黄橙 10YR 7/3，润时棕 10YR 6/4；壤质，团块状结构；干时坚硬，润时坚实，湿时稍黏着，稍塑；泡沫反应强；少量中根系；中量断续蜂窝很细孔隙；少量亮黄棕 10YR 7/6 锈纹锈斑，与下层呈模糊不规则过渡。

C₁，40～90 cm，干时浊黄橙 10YR 7/3，润时棕 10YR 6/4；壤质，团块状结构；干时很坚硬，润时坚实，湿时稍黏着，稍塑；泡沫反应强；少量亮黄棕 10YR 7/6 锈纹锈斑，与下层呈模糊不规则过渡。

C₂，90～150 cm，干时浊黄橙 10YR 7/3，润时棕 10YR 6/4；壤质，团块状结构；干时很坚硬，润时坚实，湿时稍黏着，稍塑；泡沫反应强；中量亮黄棕 10YR 7/6 锈纹锈斑；有少量石块。

（a）土地利用类型　　　　　　　　　　　　　（b）剖面图

附图 16　剖面 16 土地利用类型及剖面图

剖　面　17

　　剖面 17 位于河南省商丘市永城市陈集镇陈小楼村，34°14′37″N，116°23′47″E，海拔 36 m；地下水位约 2 m。原土地利用类型为耕地［附图 17（a）］，复垦时间为 2007 年 10 月，复垦工艺为挖深垫浅。形态特征［附图 17（b）］如下。

　　A，0～20 cm，干时浊黄橙 10YR 7/2.5，润时棕 10YR 4/4；壤质，团块状结构；干时坚硬，润时坚实，湿时稍黏着，稍塑；泡沫反应强；中量细极根系；多量断续蜂窝很细孔隙；结构体中少量黄棕 10YR 7/8 锈纹锈斑，与下层呈模糊不规则过渡。

　　C_1，20～60 cm，干时浊黄橙 10YR 7/2，润时棕 10YR 4/4；黏壤，团块状结构；干时坚硬，润时坚实，湿时黏着，中塑；泡沫反应强；中量极细根系；中量断续蜂窝状或管道状很细孔隙；结构体中少量黄棕 10YR 7/8 锈纹锈斑，与下层呈清晰波状过渡。

　　C_2，60～100 cm，干时浊黄橙 10YR 7/3，润时棕 10YR 4/4；黏壤，团块状结构；少量极细根系；少量断续蜂窝状或管道状微孔隙；干时坚硬，润时坚实，湿时黏着，中塑；泡沫反应强；结构体中少量黄棕 10YR 7/8 锈纹锈斑，与下层呈模糊不规则过渡。

　　C_3，100～130 cm，干时浊黄橙 10YR 7/3，润时浊黄棕 10YR 5/4；砂壤，屑粒状结构；少量极细根系；少量断续蜂窝状或管道状微孔隙；干时松软，润时极疏松，湿时稍黏着，稍塑；泡沫反应强。

（a）土地利用类型　　　　　　　　　　　　　（b）剖面图

附图 17　剖面 17 土地利用类型及剖面图

剖 面 18

剖面 18 位于河南省商丘市永城市高庄镇王庄村，34°06′39″N，116°21′25″E，海拔 37 m；地下水位 3～5 m。土地利用类型为耕地［附图 18（a）］，旱作玉米、小麦等，产量 500 kg/亩，覆盖度 95%左右，一年两熟或两年三熟。形态特征［附图 18（b）］如下。

A，0～20 cm，干时浊黄橙 10YR 7/2.5，润时浊黄橙——浊黄棕 10YR 5.5/4；壤质，团粒状结构；干时稍坚硬，润时稍坚实，湿时黏着，中塑；泡沫反应强；多量中根系；多量断续蜂窝状或管道状孔隙；与下层呈模糊平滑过渡。

AB，20～48 cm，干时浊黄橙 10YR 7/4，润时浊黄棕 10YR 5/4；黏土，块状结构；干时很坚硬，润时很坚实，湿时黏着，强塑；泡沫反应强；中量极细根系；中量断续蜂窝状或管道状很细孔隙；与下层呈清晰平滑过渡。

B₁，48～80 cm，干时浊黄橙 10YR 7/4，润时浊黄棕 10YR 5/4；黏土，块状结构；少量极细根系；少量断续蜂窝状或管道状微孔隙；干时很坚硬，润时很坚实，湿时极黏着，强塑；泡沫反应强；与下层呈模糊波状过渡。

B₂，80～110 cm，干时浊黄橙 10YR 7/4，润时浊黄棕 10YR 5/4；壤质，团块状结构；少量极细根系；少量断续蜂窝状或管道状微孔隙；干时稍坚硬，润时稍坚实，湿时稍黏着，稍塑；泡沫反应强；与下层呈模糊平滑过渡。

C，110～150 cm，干时淡黄橙 10YR 7/3，润时浊黄棕 10YR 5/3.5；砂壤，团块状结构；干时松软，润时疏松，湿时无黏着，无塑；泡沫反应强。

（a）土地利用类型　　　　　　　　　　　　　（b）剖面图

附图 18　剖面 18 土地利用类型及剖面图

剖　面　19

　　剖面 19 位于河南省平顶山市东高皇乡辛南村，33°45′03″N，113°23′25″E，海拔 96 m；地下水位 1～2 m。原土地利用类型为耕地，复垦时间为 2005 年 8 月，复垦工艺为条带式直接覆土（山脚生土），种植时间为 2007 年 10 月，现土地利用类型为耕地［附图 19（a）］，旱作玉米、小麦等，产量 100～150 kg/亩，覆盖度 75%左右。形态特征［附图 19（b）］如下。

　　A，0～29 cm，干时浊黄橙 10YR 6/4，润时浊红棕 5YR 4/4；壤质，团块状结构，少量黏粒胶膜；干时稍坚硬，润时疏松，湿时稍黏着，稍塑；泡沫反应强；多量中等粗细根系；多量细—中等大小的孔洞状或蜂窝状孔隙；多量动物及活动痕迹（蚯蚓）；与下层呈突变平滑过渡。

　　C₁，29～44 cm，干时浊黄橙 10YR 6/3，润时暗红棕 5YR 3/2；黏壤，块状结构，多量腐殖质—黏粒胶膜；干时稍坚硬，润时坚实，湿时黏着，中塑；泡沫反应中；中量细根系；少量细的蜂窝状孔隙；多量动物及活动痕迹（蚂蚁）；与下层呈模糊波状过渡。

　　C₂，44～75 cm，干时浊黄棕 10YR 5/4，润时极暗红棕 5YR 2/3；黏壤，块状结构，中量黏粒胶膜；干时稍坚硬，润时坚实，湿时黏着，中塑；泡沫反应中；多量极细根系；少量很细以下蜂窝状孔隙；多量动物及活动痕迹（蚂蚁）；与下层呈模糊平滑过渡。

　　C₃，75～110 cm，干时棕 10YR 4/4，润时黑棕—极暗红棕 5YR 2/2.5；黏壤，块状结构，中量黏粒胶膜；干时稍坚硬，润时坚实，湿时黏着，中塑；泡沫反应弱；少量极细根系。

（a）土地利用类型　　　　　　　　　　　（b）剖面图
附图 19　剖面 19 土地利用类型及剖面图

剖 面 20

剖面 20 位于河南省平顶山市东高皇乡辛北村，33°51′16″N，113°17′33″E，海拔 104 m；地下水位 1～2 m。原土地利用类型为耕地，复垦时间为 2004 年 9 月，充填复垦（条带式下填煤矸石，上覆山脚土），种植时间为 2005 年 10 月，现土地利用类型为耕地[附图 20（a）]，旱作大豆等，产量 50 kg/亩，覆盖度 65%左右。形态特征[附图 20（b）]如下。

A，0～33 cm，干时亮红棕 5YR 5/6，润时浊红棕—亮红棕 5YR 5/5；黏壤，团块状结构，少量黏粒胶膜；干时稍坚硬，润时疏松，湿时黏着，中塑；泡沫反应弱；多量中等粗细根系；多量细—中等大小的孔洞状或蜂窝状孔隙；多量动物及活动痕迹（蚯蚓）；与下层呈模糊不规则过渡。

C₁，33～60 cm，干时浊红棕—亮红棕 5YR 5/5，润时浊红棕—红棕 2.5YR 4/5；壤质，团块状结构，中量黏粒胶膜；干时坚硬，润时坚实，湿时稍黏着，稍塑；泡沫反应中；中量细根系；多量细的孔洞状孔隙；多量动物及活动痕迹（蚂蚁）；与下层呈模糊不规则过渡。

C₂，60～89 cm，干时亮红棕 5YR 5/6，润时浊红棕 2.5YR 4/4；黏壤，团块状结构，中量黏粒胶膜；干时坚硬，润时坚实，湿时黏着，中塑；泡沫反应中；多量极细根系；少量很细以下蜂窝状孔隙；少量动物及活动痕迹（蚂蚁），少量煤矸石侵入体；与下层呈清晰间断过渡。

C₃，89～120 cm，干时浊黄橙 10YR 6/4，润时棕 7.5YR 4/4；黏壤，块状结构，中量黏粒胶膜；干时坚硬，润时坚实，湿时黏着，中塑；泡沫反应强；少量极细根系；少量煤矸石侵入体；与下层呈渐变不规则过渡。

（a）土地利用类型 （b）剖面图

附图 20 剖面 20 土地利用类型及剖面图

剖　面　21

　　剖面 21 位于河南省襄城县湛北乡南武湾村北，33°45′17″N，113°25′48″E，海拔 83 m；地下水位约 1 m。原土地利用类型为耕地，复垦时间为 2004 年 11 月，复垦工艺为条带式直接覆土（山脚生土），种植时间为 2007 年 5 月，现土地利用类型为耕地［附图 21（a）］，旱作玉米、小麦等，产量 50 kg/亩，覆盖度 65%左右。形态特征［附图 21（b）］如下。

　　A，0～25 cm，干时浊黄棕 10YR 6/4，润时暗棕 7.5YR 3/4；壤质，团粒状结构，多量腐殖质胶膜；干时松散，润时疏松，湿时稍黏着，稍塑；泡沫反应中；多量中等粗细根系；多量细—中等大小的蜂窝状孔隙；多量动物及活动痕迹（蚯蚓）；与下层呈清晰平滑过渡。

　　C_1，25～63 cm，干时亮红棕 5YR 5/6，润时浊红棕—红棕 2.5YR 4/5；黏壤，团块状结构；干时稍坚硬，润时坚实，湿时黏着，中塑；泡沫反应无；中量细根系；多量细的蜂窝状孔隙；多量动物及活动痕迹（蚂蚁）；与下层呈模糊波状过渡。

　　C_2，63～100 cm，干时浊红棕—亮红棕 5YR 5/5，润时浊红棕 2.5YR 4/4；黏壤，块状结构；干时稍坚硬，润时坚实，湿时黏着，中塑；泡沫反应中；多量极细根系；少量很细以下蜂窝状孔隙；少量动物及活动痕迹（蚂蚁）。

（a）土地利用类型

（b）剖面图

附图 21　剖面 21 土地利用类型及剖面图

剖 面 22

剖面 22 位于河南省襄城县湛北乡南武湾村南，33°43′43″N，113°24′39″E，海拔 79 m；地下水位约 1 m。原土地利用类型为耕地［附图 22（a）］，复垦时间为 2007 年 11 月，复垦工艺为条带式直接覆土（山脚生土）。形态特征［附图 22（b）］如下。

A，0～25 cm，干时浊黄棕 7.5YR 5/4，润时暗红棕—浊红棕 5YR 3.5/3；壤质，团粒状结构，少量黏粒胶膜；干时松散，润时疏松，湿时稍黏着，稍塑；泡沫反应强；多量中等粗细根系；多量细—中等大小的孔洞状或蜂窝状孔隙；多量动物及活动痕迹（蚯蚓）；与下层呈模糊不规则过渡。

C_1，25～49 cm，干时亮红棕 5YR 5/8，润时红棕 2.5YR 4/6；黏壤，团块状结构，中量黏粒胶膜；干时稍坚硬，润时坚实，湿时黏着，中塑；泡沫反应中；中量细根系；多量细的孔洞状孔隙；多量动物及活动痕迹（蚂蚁）；与下层呈清晰间断过渡。

C_2，49～82 cm，干时暗红棕 5YR 3/4，润时暗红棕 2.5YR 3/3；黏壤，团块状结构，中量黏粒胶膜；干时坚硬，润时坚实，湿时黏着，中塑；泡沫反应中；多量极细根系；少量很细以下蜂窝状孔隙；与下层呈渐变不规则过渡。

C_3，82～110 cm，干时红棕 5YR 4/8，润时浊红棕—红棕 2.5YR 4/5；黏壤，团块状结构，中量黏粒胶膜；干时很坚硬，润时坚实，湿时黏着，中塑；泡沫反应强；少量极细根系；多量白色石砾、石块。

（a）土地利用类型　　　　　　　　　　　　　　（b）剖面图

附图 22　剖面 22 土地利用类型及剖面图

剖　面　23

　　剖面 23 位于河南省平顶山市东高皇乡任寨村北，33°43′03″N，113°25′06″E，海拔 78 m；地下水位约 1 m。土地利用类型为耕地[附图 23（a）]，旱作玉米、小麦等，产量 50 kg/亩，覆盖度 95%左右。形态特征[附图 23（b）]如下。

　　A，0～27 cm，干时棕 10YR 4/4，润时棕 7.5YR 4/3；壤质，团粒状结构，少量黏粒胶膜；干时松散，润时疏松，湿时稍黏着，稍塑；泡沫反应无；多量中等粗细根系；多量细—中等大小的孔洞状或蜂窝状孔隙；多量动物及活动痕迹（蚯蚓）；与下层呈清晰平滑过渡。

　　B$_1$，27～47 cm，干时浊黄橙 10YR 6/4，润时棕 7.5YR 4/4；壤质，团块状结构，少量黏粒胶膜；干时松散，润时疏松，湿时稍黏着，稍塑；泡沫反应弱；中量细根系；多量细的孔洞状孔隙；多量动物及活动痕迹（蚂蚁）；与下层呈渐变波状过渡。

　　B$_2$，47～78 cm，干时浊黄棕 10YR 5/4，润时棕 7.5YR 4/3；壤质，块状结构，少量黏粒胶膜；干时松散，润时疏松，湿时稍黏着，稍塑；泡沫反应弱；多量极细根系；少量很细以下蜂窝状孔隙；与下层呈清晰波状过渡。

　　C，78～110 cm，干时棕 10YR 4/6，润时暗棕 7.5YR 3/4；壤质，块状结构，少量黏粒胶膜；干时稍坚硬，润时坚实，湿时稍黏着，稍塑；泡沫反应无；少量极细根系。

（a）土地利用类型　　　　　　　　　　　　（b）剖面图

附图 23　剖面 23 土地利用类型及剖面图

索　引